全国水利行业"十三五"规划教材
"十四五"时期水利类专业重点建设教材

材料力学（第3版）

主 编 李晓丽 胡 敏
副主编 贺 云

·北京·

内 容 提 要

本书为全国水利行业"十三五"规划教材、"十四五"时期水利类专业重点建设教材，内容涵盖了材料力学所基本要求的轴向拉压杆件、材料的力学性能、剪切、扭转、弯曲、应力状态与强度理论、压杆稳定、能量法等内容。每章都附有小结和习题。

本书适合土木工程、水利水电工程、农业水利工程、森林工程、农业机械化及其自动化、机械设计制造及其自动化、道路桥梁与渡河工程、新能源科学与工程、材料科学与工程、车辆工程、地质工程、交通工程及相关专业的师生使用，也可作为一般工程技术人员的参考书。

图书在版编目（CIP）数据

材料力学 / 李晓丽, 胡敏主编. -- 3版. -- 北京：中国水利水电出版社, 2024. 11. -- （全国水利行业"十三五"规划教材）（"十四五"时期水利类专业重点建设教材）. -- ISBN 978-7-5226-2884-4

Ⅰ．TB301

中国国家版本馆CIP数据核字第2024ZD9353号

书　名	全国水利行业"十三五"规划教材 "十四五"时期水利类专业重点建设教材 **材料力学（第 3 版）** CAILIAO LIXUE
作　者	主　编　李晓丽　胡　敏 副主编　贺　云
出版发行	中国水利水电出版社 （北京市海淀区玉渊潭南路1号D座　100038） 网址：www.waterpub.com.cn E-mail：sales@mwr.gov.cn 电话：（010）68545888（营销中心）
经　售	北京科水图书销售有限公司 电话：（010）68545874、63202643 全国各地新华书店和相关出版物销售网点
排　版	中国水利水电出版社微机排版中心
印　刷	天津嘉恒印务有限公司
规　格	184mm×260mm　16开本　19.5印张　475千字
版　次	2005年7月第1版第1次印刷 2024年11月第3版　2024年11月第1次印刷
印　数	0001—2000 册
定　价	**55.00元**

凡购买我社图书，如有缺页、倒页、脱页的，本社营销中心负责调换

版权所有·侵权必究

第 3 版前言

本书是"十四五"时期水利类专业重点建设教材，是编者们多年教学经验的总结，也是近年来材料力学教学改革的阶段性成果，是在全国水利行业"十三五"规划教材（普通高等教育）《材料力学》（申向东主编，中国水利水电出版社 2017 年 9 月，第 2 版）的基础上修订而成的。

教材的修订紧密结合教育部新工科创新人才培养理念，依据材料力学课程教学基本要求和教学大纲的执行情况进行编写。编写过程中充分借鉴国内外同类教材的长处，融入现代信息技术，力求实现课程体系和内容上的提升，在为读者提供必要基础知识的同时，也利于其创新能力的培养。本书的编写能够满足机械类、水利类、土木类、农业工程、林业工程等专业材料力学课程的教学要求，同时兼顾其他相近专业的教学特点。使用本教材时，可根据各专业不同要求和学时数对内容酌情取舍，具有较广泛的适应性。

本书加入了部分数字化资源。每章起始处提供思维导图，便于读者清晰把握知识脉络；每章加设习题及答案，通过扫描二维码可以轻松实现重点、难点知识的自我学习效果测试。此外，制作了高质量的配套课件支持使用本书的老师开展教学。

参加编写工作的有李晓丽、胡敏、贺云等 6 名教师。内蒙古农业大学李晓丽、胡敏担任主编，贺云担任副主编。各部分分工如下：李晓丽编写第 9 章；胡敏编写第 4、10、12 章；贺云编写第 1、2 章；王萧萧（内蒙古工业大学）编写第 3、11 章；芒来编写第 6、7 章；张强编写第 5、8 章及附录Ⅰ、Ⅱ；最后由李晓丽和胡敏统稿。本书的编写和出版得到了内蒙古农业大学、内蒙古工业大学及中国水利水电出版社的大力支持和帮助，谨此一并向他们表示衷心的感谢。

本书在编写过程中，吸收、引用了部分国内优秀材料力学教材的观点、例题及习题，编者在此谨向这些教材的编著者深表感谢。

本书的编者虽力求精益求精，但限于编者水平，书中难免存在一些差错和疏漏，敬请读者批评指正。

编者

2024 年 8 月

第 2 版前言

本书为全国水利行业"十三五"规划教材，是作者结合近年来教学改革的阶段性成果，并在高等学校"十二五"精品规划教材《材料力学》（申向东任主编，中国水利水电出版社 2005 年 7 月出版，已发行 20000 余册）的基础上修订编写的。

在本书的修订编写过程中力求做到内容精炼，由浅入深，便于自学，并特别重视反映现代水利工程、土木工程、农业工程的特点，以培养和造就"厚基础、强能力、高素质、广适应"的复合型应用人才为宗旨，阐述材料力学基本概念、基本原理和基本方法的基础上，力求实现在体系上和内容上的更新，为读者今后继续学习和掌握新方法、新技术提供必要的材料力学基础知识，也为读者的独立思考留有空间，以利于创新能力的培养。全书共 12 章，内容包括材料力学所基本要求的轴向拉压杆件、材料的力学性能、剪切、扭转、弯曲、应力状态与强度理论、压杆稳定、能量法等内容。采用本书时，可根据各专业的不同要求和学时数对内容酌情取舍。

参加本书编写工作的有：申向东（第 1 章、第 6 章、第 7 章、第 8 章、附录），王萧萧（第 2 章、第 3 章、第 5 章），陈小芳（第 4 章、第 12 章），高潮（第 9 章），梁莉（第 10 章、第 11 章）。本书由申向东任主编，全书由申向东统稿。

本书由李平教授审阅，同时，本书的编写和出版得到了中国水利水电出版社以及参编高等院校的大力支持和帮助，在此一并表示衷心的感谢。

本书编写过程中，吸收、引用了部分国内优秀材料力学教材的观点、例题及习题。编者在此谨向这些教材的编著者深表感谢。

本书编写过程中，编者虽夙兴夜寐、尽心尽力，但限于编者水平，书中定有不少缺陷，敬请读者批评指正。

编者
2017 年 1 月

第 1 版前言

为了满足目前各农业院校工科专业教育教学改革的需求,在高等学校水电类精品规划教材指导委员会与中国水利水电出版社共同组织下,由内蒙古农业大学、甘肃农业大学、东北农业大学、宁夏大学等 4 所高校为农业水利工程、水利水电工程、土木工程、给水排水工程、环境工程、森林工程、机械工程、交通运输及相关专业编写了这本材料力学教材。本书成书之前,大部分内容以讲义形式经过上述 4 所高校有关专业试用。

本书是参照教育部高等学校力学教学指导委员会非力学类专业力学基础课程教学指导分委员会提出的材料力学课程教学基本要求进行编写的。在编写过程中力求做到内容精炼,由浅入深,便于自学。同时全面体现了 4 所高校近年来的教学成果,并特别重视反映现代水利工程的特点。以培养和造就"厚基础、强能力、高素质、广适应"的创造性复合型人才为宗旨,在阐述材料力学基本概念、基本原理和基本方法的基础上,将经典内容与计算机数值分析方法相结合,力求实现在经典基础上的更新,为读者今后继续学习和掌握新方法、新技术提供必要的材料力学基础知识,也为读者的独立思考留有空间,以利于创新能力的培养。

本书前 12 章为应当掌握的基本部分,第十三章、第十四章与带 * 的节为专题部分。采用本教材时,可根据各专业的不同要求和学时数对内容酌情取舍。

参加本书编写工作的有:甘肃农业大学郭松年(第一章、第二章、第三章),内蒙古农业大学赵占彪(第四章、第十二章、附录),内蒙古农业大学李昊(第五章),内蒙古农业大学申向东(第六章、第七章、第八章、第十四章),内蒙古农业大学李平(第九章),东北农业大学赵淑红(第十章、第十一章),宁夏大学张学科(第十三章)。全书由申向东任主编,郭松年任副主编。

本书的编写和出版得到了高等学校水电类精品规划教材指导委员会、中国水利水电出版社、内蒙古农业大学以及参编院校的大力支持和帮助，谨此，向他们表示衷心的感谢。

限于编者水平，书中定有不少缺点错误，敬请读者批评指正。

编者

2005 年 4 月

目 录

第 3 版前言
第 2 版前言
第 1 版前言

第 1 章　绪论 …………………………………………………………………… 1
   1.1　材料力学的任务及研究对象 ……………………………………………… 1
   1.2　材料力学的基本假设 ……………………………………………………… 3
   1.3　外力、内力与截面法、应力 ……………………………………………… 4
   1.4　应变与胡克定律 …………………………………………………………… 6
   1.5　构件变形的基本形式 ……………………………………………………… 8
   1.6　材料力学的研究方法 ……………………………………………………… 9
   小结 ……………………………………………………………………………… 10
   习题 ……………………………………………………………………………… 11

第 2 章　轴向拉伸与压缩 ……………………………………………………… 13
   2.1　轴向拉伸与压缩的概念 …………………………………………………… 13
   2.2　轴向拉伸或压缩时横截面上的内力 ……………………………………… 13
   2.3　轴向拉伸或压缩时横截面上的应力 ……………………………………… 16
   2.4　失效、许用应力、安全系数 ……………………………………………… 19
   2.5　轴向拉伸或压缩时的强度计算 …………………………………………… 20
   2.6　轴向拉伸或压缩时的变形分析 …………………………………………… 23
   2.7　拉伸或压缩的超静定问题 ………………………………………………… 27
   2.8　应力集中的概念 …………………………………………………………… 34
   小结 ……………………………………………………………………………… 36
   习题 ……………………………………………………………………………… 36

第 3 章　材料的力学性能 ……………………………………………………… 44
   3.1　拉伸或压缩时材料的力学性能 …………………………………………… 44
   3.2　温度和时间对材料力学性能的影响 ……………………………………… 50
   小结 ……………………………………………………………………………… 52
   习题 ……………………………………………………………………………… 52

第 4 章 连接件的剪切与挤压强度计算 ············· 55
  4.1 剪切 ············· 55
  4.2 挤压 ············· 58
  4.3 焊接的实用计算 ············· 64
  小结 ············· 65
  习题 ············· 66

第 5 章 扭转 ············· 70
  5.1 扭转的概念 ············· 70
  5.2 外力偶矩和扭矩 ············· 71
  5.3 薄壁圆筒的扭转与纯剪切的有关概念 ············· 75
  5.4 圆轴扭转时的应力与强度条件 ············· 77
  5.5 圆轴扭转时的变形和刚度条件 ············· 82
  5.6 非圆形截面杆扭转的概念 ············· 86
  小结 ············· 88
  习题 ············· 89

第 6 章 弯曲内力 ············· 92
  6.1 弯曲变形与梁 ············· 92
  6.2 弯曲内力与内力图 ············· 94
  6.3 剪力图和弯矩图 ············· 100
  6.4 载荷、剪力和弯矩间的关系 ············· 104
  6.5 按叠加原理作弯矩图 ············· 112
  6.6 平面刚架的弯曲内力 ············· 113
  小结 ············· 114
  习题 ············· 115

第 7 章 弯曲应力 ············· 122
  7.1 弯曲的基本概念 ············· 122
  7.2 纯弯曲时梁的正应力分析 ············· 124
  7.3 纯弯曲正应力公式和变形公式的应用与推广 ············· 127
  7.4 横弯曲时的切应力分析 ············· 129
  7.5 弯曲强度计算 ············· 132
  7.6 开口薄壁截面梁的切应力弯曲中心的概念 ············· 137
  7.7 提高梁抗弯强度的措施 ············· 139
  小结 ············· 144
  习题 ············· 144

第 8 章 弯曲变形 ············· 150
  8.1 梁的挠度和转角 ············· 150
  8.2 挠曲线近似微分方程 ············· 151

8.3 用积分法求弯曲变形 ··· 152
8.4 用叠加法求弯曲变形 ··· 158
8.5 梁的刚度校核 ··· 164
8.6 提高弯曲刚度的主要措施 ··· 165
小结 ·· 166
习题 ·· 166

第 9 章 应力状态分析和强度理论 ·· 170
9.1 概述 ·· 170
9.2 二向应力状态分析——解析法 ·· 171
9.3 二向应力状态分析——图解法 ·· 179
9.4 三向应力状态简介 ·· 183
9.5 一般应力状态下的应力-应变关系 ·· 186
9.6 复杂应力状态下的变形比能 ·· 189
9.7 强度理论 ·· 191
9.8 强度理论的选择和应用 ·· 195
小结 ·· 198
习题 ·· 200

第 10 章 组合变形 ··· 204
10.1 组合变形的概念和实例 ··· 204
10.2 斜弯曲 ··· 205
10.3 拉伸（压缩）与弯曲组合 ··· 210
10.4 偏心压缩截面核心 ··· 213
10.5 扭转与弯曲组合 ·· 216
小结 ·· 219
习题 ·· 219

第 11 章 能量法 ·· 227
11.1 应变能的计算 ··· 227
11.2 单位载荷法 ·· 231
11.3 图形互乘法 ·· 236
*11.4 互等定理 ··· 237
小结 ·· 239
习题 ·· 240

第 12 章 压杆稳定 ··· 243
12.1 压杆稳定的概念 ·· 243
12.2 两端铰支的细长压杆的临界压力、欧拉公式 ·· 246
12.3 其他支座条件下细长压杆的临界力 ··· 248
12.4 欧拉公式的适用范围、临界应力总图 ·· 250

12.5	压杆的稳定计算与压杆的合理截面	256
12.6	提高压杆稳定性的措施	262
小结		264
习题		265

附录 I　截面的几何性质 …… 271

- I.1　截面的静矩和形心 …… 271
- I.2　截面的惯性矩、惯性积及极惯性矩 …… 273
- I.3　平行移轴公式 …… 276
- I.4　惯性矩和惯性积的转轴公式・形心主轴和形心主惯性矩 …… 277
- 小结 …… 278
- 习题 …… 279

附录 II　型钢规格表 …… 281

- 附表 II.1　热轧等边角钢（GB/T 706—2016） …… 281
- 附表 II.2　热轧不等边角钢（GB/T 706—2016） …… 288
- 附表 II.3　热轧工字钢（GB/T 706—2016） …… 292
- 附表 II.4　热轧槽钢（GB/T 706—2016） …… 294

材料力学符号表 …… 297

参考文献 …… 298

第1章 绪　　论

第1章
思维导图

本章主要介绍材料力学的任务及研究对象，材料力学的基础知识、基本假设以及研究方法等。

1.1　材料力学的任务及研究对象

1.1.1　材料力学的任务

在工程实际中，建筑物和机械都是由一些构件（member）或零件组成的。作用在建筑物和机械上的外力通常称为载荷（load）。例如，桥梁受到车辆的作用力、水坝受到的水压力、车床主轴受到的切削力以及物体的自重等。建筑物中承受载荷而起骨架作用的部分称为结构（structure）。

实践表明，要使结构物或机械能正常地工作，就必须保证组成它的每个构件在载荷作用下能正常工作，因此在工程中对所设计的构件都有一定的要求。

（1）强度要求。强度（strength）是指构件或材料抵抗破坏的能力。强度有高低之分。在一定的载荷作用下，说某种材料的强度高，就是指这个构件或这种材料不易破坏。所谓破坏，是指构件断裂或发生过大的塑形变形。

（2）刚度要求。刚度（stiffness）是指构件或材料抵抗变形的能力。在工程中，对一构件来说，只满足强度要求是不够的，如果变形过大，也会影响正常使用。因此，工程中对构件的变形常根据不同的工作情况给予一定的限制，使构件在载荷作用下产生的弹性变形不能超过一定的范围。这就要求构件具有足够的刚度。

（3）稳定性要求。稳定性（stability）是指承受载荷作用时构件在其原有形状下的平衡应保持为稳定的平衡。

例如，现浇混凝土结构中的柱（图1.1），在外力作用下要发生变形，它的截面要不发生折断或者裂开的破坏。又如，各种桥梁的桥面结构（图1.2），采取什么形式才能保证不发生破坏，也不发生过大的弹性变形，既要保证桥梁具有足够的强度，又要保证有足够的刚度，同时，还要具备重量轻、节省材料等优点。再如，各类大型体育场钢的结构（图1.3）不仅需要有足够的强度和刚

图1.1　现浇混凝土房屋

度，而且还要保证有足够的稳定性，否则在施工和运行过程中会由于局部杆件或整体结构的不稳定性而导致整体结构的坍塌，造成巨大的损失。

图1.2 大型桥梁

图1.3 大型体育场钢架

要使构件满足上述3个方面的要求，只要把构件的尺寸做得粗厚些并选用优质材料来制作就可以了，但是这样做又可能造成材料的浪费和结构的笨重，有时也不美观，可见安全可靠与经济适用两者间常是矛盾的。材料力学的任务就是为构件的强度、刚度、稳定性要求提供必要的理论基础和计算方法，使设计的构件在形状、尺寸和选用的材料诸方面既满足承载能力要求又经济实用。

材料力学是应用力学的分支，它既属固体力学的研究范畴，又属于工程设计的重要部分之一。所以它的基本任务是研究构件在外力作用下的变形、受力及破坏的规律，为合理设计构件提供有关强度、刚度与稳定性分析的基本理论与计算方法。

构件的强度、刚度和稳定性问题均与所选用材料的力学性质有关，材料的力学性质是指材料在力的作用下抵抗变形和破坏等方面表现出来的性能，这些力学性能均需通过材料实验来测定。此外，有些单靠现有理论解决不了的问题，需借助实验来解决。因此，实验研究和理论分析同样重要，都是完成材料力学的任务所必需的手段。

1.1.2 材料力学的研究对象

工程实际中的构件，形状多种多样，按照其几何特征，主要可分为杆件（rods）、板件（plat）及块体（block）。

一个方向尺寸远大于其他两个方向尺寸的构件，称为杆件（图1.4）。杆件是工程中最常见、最基本的构件。

杆件的形状与尺寸由其轴线与横截面确定。轴线通过横截面的形心，横截面与轴线相互正交。根据轴线与横截面的特征，杆件可分为直杆与曲杆、等截面杆与变截面杆等。

一个方向尺寸远小于其他两个方向尺寸的构件，称为板件（图1.5）。平分板件厚度的几何面，称为中面（middle plane）。中面为平面的板件称为板［图1.5（a）］；中面为曲面的板件称为壳（shell）［图1.5（b）］。

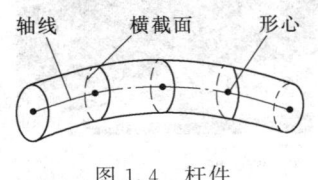

图1.4 杆件

三个方向尺寸基本相同的构件，称为块体（图1.6），材料力学的主要研究对象是杆件，以及由若干杆件组成的简单杆系。

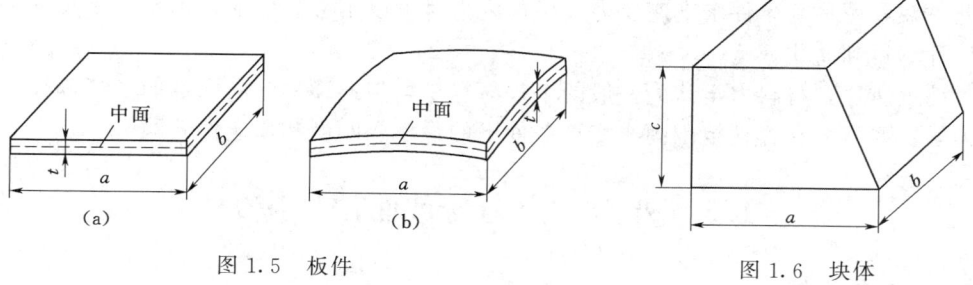

图1.5 板件　　　　　　　　图1.6 块体

同时也研究一些形状与受力均比较简单的板与壳。至于一般较复杂的杆系与板壳问题等，则属于结构力学、弹性力学等专业的研究范畴。

1.2 材料力学的基本假设

理论力学主要研究物体在外力作用下的平衡和运动规律。物体的微小变形是次要因素，从而可以把物体抽象成刚体。在材料力学中，研究物体的强度、刚度和稳定性问题时，变形则成为一个主要因素，而且刚度分析需要考察变形，所以，材料力学必须把物体看成可变形的固体，简称变形固体（deformation solid）。

工程中使用的固体材料是多种多样的，而且其微观结构和力学性质也非常复杂，为了简化问题，通常对变形固体做如下基本假设。

1.2.1 均匀连续性假设

该假设认为组成物体的物质毫无空隙地充满了整个物体的几何容积。实践证明，在工程中将构件抽象为连续、均匀的变形体，所得到的计算结果是令人满意的。根据这一假设，从构件截取任意微小部分进行研究，可将其结果推广到整个物体。同时，也可以将那些用大尺寸试件在实验中获得的材料性质用到任意微小部分上去。

1.2.2 各向同性假设

该假设认为材料沿各个方向的力学性质都是相同的。常用的工程材料（如钢、塑料、玻璃以及浇筑得很好的混凝土等）都可认为是各向同性材料。如果材料沿不同方向具有不同的力学性质，则称为各向异性材料。根据这个假设，研究材料在任一方向的力学性质，就可以将其结论用于其他任何方向，即不考虑材料的方向性问题。

1.2.3 弹性小变形假设

固体材料在载荷作用下所发生的变形可分为弹性变形和塑性变形。载荷卸除后能完全消失的变形称为弹性变形，不能消失的变形称为塑性变形。如取一段直的钢丝，用手将它弯成一个圆弧，若圆弧的曲率不大，则放松后钢丝又会变直，这种变形就是弹性变形；若变形的圆弧曲率过大，则放松后弧形钢丝的曲率虽然会减小，但却不能再变直了，残留下来的那一部分变形就是塑性变形。一般来说，当载荷不超过一定的范围时，材料将只产生弹性变形。弹性变形可能很小也可能相当大，在材料力学中通常做出小变形假设。在工程实际中大多数构件在载荷作用下的变形符合小变形假设，因此，在利用平衡条件求支座反力、构件内力时可以不考虑变形，仍用原来尺寸，从而使计算得到简化。

综上所述，材料力学认为一般的工程材料是均匀连续、各向同性的变形固体。材料力学主要研究在弹性范围内小变形条件下的强度、刚度和稳定性问题。

1.3 外力、内力与截面法、应力

1.3.1 外力

材料力学的研究对象是构件，因此，对于所研究的对象来说，其他构件和物体作用于其上的力均为外力（external force），包括载荷与约束力。

按照外力的作用方式，可分为表面力与体积力。作用在构件表面的外力称为表面力（surface force）。例如，作用在高压容器内壁的气体或液体压力是表面力，两物体间的接触压力也是表面力。作用在构件各质点上的外力，称为体积力。例如，构件的重力与惯性力均为体积力。

按照表面力在构件表面的分布情况，又可分为分布力与集中力。连续分布在构件表面某一范围的力称为分布力（distributed force）。如果分布力的作用面积远小于构件的表面面积，或沿杆件轴线的分布范围远小于杆件长度，则可将分布力简化为作用于一点的力，称为集中力（concentrated force）。

按照载荷随时间变化的情况，可分为静载荷（static load）与动载荷（dynamic load）。随时间变化极缓慢或不变化的载荷，称为静载荷。其特征是在加载过程中，构件的加速度很小，可以忽略不计。随时间显著变化或使构件各质点产生明显加速度的载荷，称为动载荷。例如，锻造时汽锤锤杆受到的冲击力为动载荷，图1.7所示连杆所受压力 F_P 随时间变化，也属于动载荷。

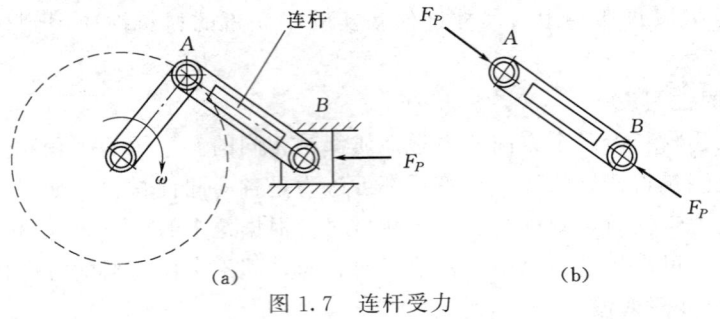

图1.7 连杆受力

构件在静载荷与动载荷作用下的力学行为不同，分析方法也不完全相同，但前者是后者的基础。

1.3.2 内力与截面法

物体在外力或其他因素（如温度变化）作用下将产生变形，其内部各点间的相对位置将有变化，从而产生抵抗变形的相互作用力，就是材料力学中所研究的内力（internal force）。材料力学所研究的内力一般是由外力引起的，内力将随外力的变化而变化，外力增大，内力也增大，外力去掉后，内力将随之消失。

内力的分析与计算是材料力学解决构件的强度、刚度和稳定性问题的基础，必须熟练掌握。

由刚体静力学可知，为了分析两物体之间的相互作用力，必须将该两物体分离。同样，要分析构件的内力，例如要分析图 1.8 (a) 所示物体某一截面上的内力，可设想用一平面把物体截为两部分，取其中的任意部分为研究对象；将去掉部分对留下部分的作用以力的形式表示，此力就是该截面上的内力；然后用静力平衡条件求出构件截开面上的内力，这种方法称为截面法 (method of section)。由于在基本假设中已假设物体是均匀、连续的变形体，所以内力在截面上也是连续分布的。通常是将截面上的分布内力用位于该截面形心处的合力（简化为主矢和主矩）来代替 [图 1.8 (b)]。因构件在外力作用下处于平衡状态，所以截开后的保留部分也是平衡的。

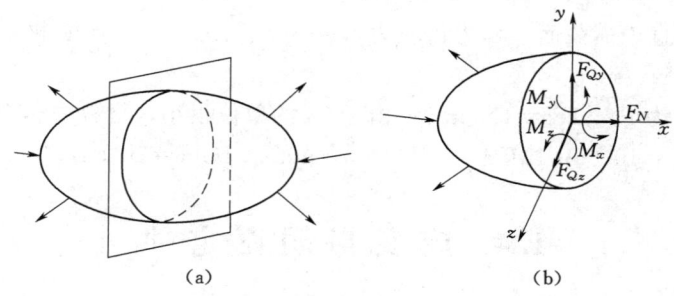

图 1.8 截面法示意图

用截面法求解的步骤如下：

(1) 截开：假想在需求内力截面处将物体截成两部分。

(2) 代替：将两部分中的任一部分留下作为研究对象，并把弃去部分对留下部分的作用以力的形式代替。

(3) 平衡：建立研究对象的平衡条件，由已知的外力求出截面上的未知内力。

必须指出，在用截面法求内力的过程中，静力学中的力（或力偶）的可移性原理是有限制的。

1.3.3 应力

构件截面上的分布内力集度称为应力 (stress)。如图 1.9 (a) 所示为任一受力构件，现研究 $m-m$ 截面上点 M 处的应力，在截面上取一微小面积 ΔA，设微小面积 ΔA 的分布内力的合力为 ΔF_P，则 $\dfrac{\Delta F_P}{\Delta A}$ 为这一微小面积 ΔA 范围内单位面积上的内力。称 $\dfrac{\Delta F_P}{\Delta A}$ 为微小面积 ΔA 的平均应力，用 p_m 表示，即 $p_m = \dfrac{\Delta F_P}{\Delta A}$。

当所取的面积趋于无穷小时，上述平均应力趋于一极限值，这一极限值称为截面上一点处的应力。

若将 ΔF_P 沿截面法向与切向分解，得法向与切向分量 ΔF_N 与 ΔF_Q。根据应力定义有

第1章 绪 论

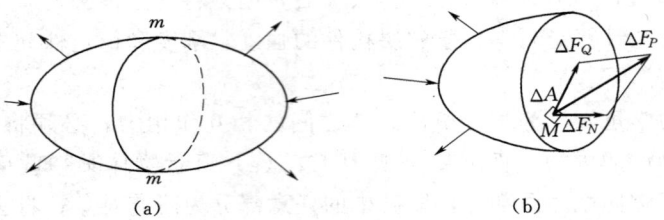

图 1.9 截面上的应力表示

$$\left.\begin{array}{l}\sigma=\lim\limits_{\Delta A\to 0}\dfrac{\Delta F_N}{\Delta A}=\dfrac{\mathrm{d}F_N}{\mathrm{d}A}\\[2mm]\tau=\lim\limits_{\Delta A\to 0}\dfrac{\Delta F_Q}{\Delta A}=\dfrac{\mathrm{d}F_Q}{\mathrm{d}A}\end{array}\right\} \quad (1.1)$$

其中，σ 垂直于横截面，称为正应力（normal stress）；τ 与横截面相切，称为切应力（shearing stress）。

应力的单位为 Pa（$1\text{Pa}=1\text{N/m}^2$）。由于 Pa 的单位很小，材料力学中常采用 kPa 和 MPa 表示（$1\text{kPa}=10^3\text{Pa}$；$1\text{MPa}=10^6\text{Pa}=1\text{N/mm}^2$；$1\text{GPa}=10^9\text{Pa}$）。

1.4 应变与胡克定律

1.4.1 应变

当构件受外力作用后，构件各质点的位置要发生相应的变化（图1.10），即产生了变形。变形的大小是用位移和应变这两个量来度量的。

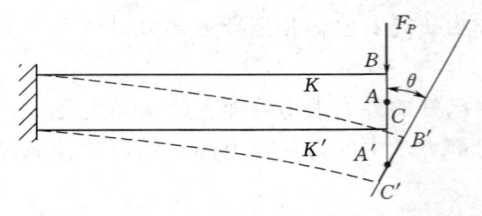

图 1.10 位移与变形

位移是指位置的改变，即构件发生变形后，构件中各质点及各截面在空间位置上的改变。位移可分为线位移和角位移。如图1.10中，AA' 为线位移，θ 为角位移。

不同点的线位移以及不同截面的角位移一般都不相同，它们都是位置的函数。

为了说明应变，从图1.10所示的构件中，围绕某点 K 截取一微小六面体［图1.11（a）］来研究。

此微小六面体的变形有以下方式：

(1) 沿棱边方向的伸长和缩短。如沿 x 方向原长为 Δx，变形后为 $\Delta x+\Delta u$［图1.11（b）］，Δu 是沿 x 方向的伸长量，称为绝对伸长。但 Δu 还不足以说明沿 x 方向的伸长程度，因为 Δu 还与边长 Δx 的大小有关，因而取相对伸长 $\dfrac{\Delta u}{\Delta x}$ 来度量沿 x 方向的变形。$\dfrac{\Delta u}{\Delta x}$ 实际上是 Δx 范围内单位长度的平均伸长量，仍与所取的 Δx 的长短有关，为了消除尺寸的影响，取下列极限：

1.4 应变与胡克定律

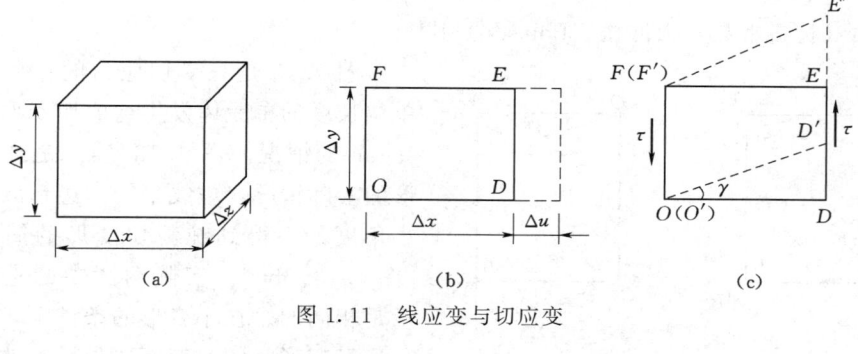

图 1.11 线应变与切应变

$$\varepsilon_x = \lim_{\Delta x \to 0} \frac{\Delta u}{\Delta x}$$

式中：ε_x 为 K 点处沿 x 方向的线应变。

（2）棱边夹角的改变。如棱边 OD 和 OF 间的夹角变形前为直角，变形后该直角减小 γ [图 1.11 (c)]，角度的改变量 γ 称为切应变（又称剪应变）。O 点关于 x 和 y 方向的切应变定义为

$$\gamma_{xy} = \lim_{\substack{\Delta x \to 0 \\ \Delta y \to 0}} \left(\angle D'O'F' - \frac{\pi}{2} \right)$$

式中：Δx 和 Δy 分别为微段 $\overline{OD}$ 和 $\overline{OF}$ 长度；γ_{xy} 为微段 $\overline{OD}$ 和 $\overline{OF}$ 所夹直角的改变量。

在小变形的条件下，直角的改变量可用正切代替。

$$\gamma_{xy} = \tan\left(\angle D'O'F' - \frac{\pi}{2} \right)$$

构件中不同点处的正应变及切应变一般也是各不相同的，它们也是位置的函数。

1.4.2 胡克定律

应变与应力是相对应的，且存在着一定的关系。正应变与正应力相对应，切应变与切应力相对应。对于图 1.12 只受单向正应力作用下具有单位长度的单元体发生线应变的情况，沿着正应力的方向，有纵向线应变 ε，在垂直于正应力的方向，同时又有横向应变 ε' 产生。即在单向拉伸时，纵向伸长，横向缩短。实验结果表明：若在弹性范围内（见第 3 章）加载（应力小于某一极限值），正应力与纵向线应变之间存在着线性关系。

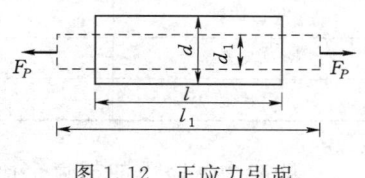

图 1.12 正应力引起线应变

$$\sigma = E\varepsilon \quad \text{或} \quad \varepsilon = \frac{\sigma}{E} \tag{1.2}$$

式中：E 为弹性模量（modulus of elasticity）或杨氏模量，其量纲与应力相同。

式 (1.2) 称为胡克定律（Hooke law）。

若在弹性范围内加载（应力小于某一极限值），纵向正应力 σ 产生有纵向应变 ε；在垂直于正应力的方向，同时又有横向应变 ε'，二者存在线性关系。

$$\varepsilon' = -\mu\varepsilon \tag{1.3}$$

式中：μ（材料常数）为泊松（Poisson）比。

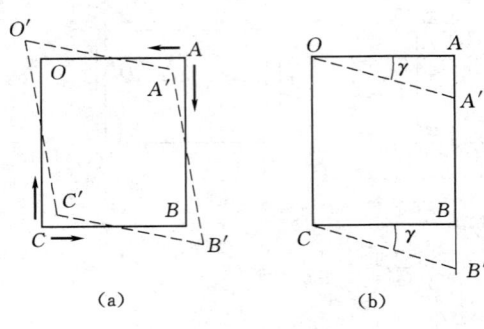

图 1.13 切应力引起切应变

图 1.13 是只受切应力的作用下具有单位长度的单元体发生纯剪切变形（见第 5 章）的情况。图 1.13（a）是纯剪切变形的实际情况，虚线平行四边形顺转一微小角度，将得到纯剪切变形的简化表示[图 1.13（b）]。实际两图中的直角改变量是相同的。在小变形的条件下，纯剪切变形只有形状的改变而边长没有改变。实验结果表明：若在弹性范围内加载（应力小于某一极限值）。

$$\tau = G\gamma \quad 或 \quad \gamma = \frac{\tau}{G} \tag{1.4}$$

式中：G 为剪切弹性模量（shear modulus）或切变模量，它表征了材料抵抗剪切弹性变形的能力，其量纲与应力相同。

E、G、μ 是表征材料力学性能的 3 个弹性常数，对各向同性材料而言，实验和理论均可以证明三者之间满足如下关系：

$$G = \frac{E}{2(1+\mu)} \tag{1.5}$$

工程中几种常用材料的 E、G、μ 值见表 1.1。

表 1.1　　　　　　几种常用材料的 E、G、μ 值

材　料	E/GPa	G/GPa	μ
碳钢	196.0~216.0	78.5~79.4	0.24~0.28
合金钢	194.0~206.0	78.5~79.4	0.25~0.30
灰口铸铁	78.5~157.0	44.1	0.23~0.27
铜及其合金	72.6~128.0	41.2	0.31~0.42
铝合金	69.6	26.5	0.33

一般应力状态下的胡克定律将在第 9 章讨论。

1.5　构件变形的基本形式

工程实践中，构件的变形各不相同，这些变形通常可以归结为以下四种基本形式。

1.5.1　轴向拉伸与压缩

当构件两端作用一对大小相等、方向相反、共线且作用线与杆轴线重合的外力时，构件将产生轴向伸长或压缩变形，如图 1.14 所示。

1.5.2 剪切

构件上作用一对大小相等、方向相反、作用线相距很近的横向力时,构件将产生剪切变形,如图1.15所示。

1.5.3 扭转

在一对方向相反、作用面垂直于杆轴线的外力偶作用下,构件将产生扭转(torsion)变形,即构件的横截面绕轴线发生相对转动,如图1.16所示。

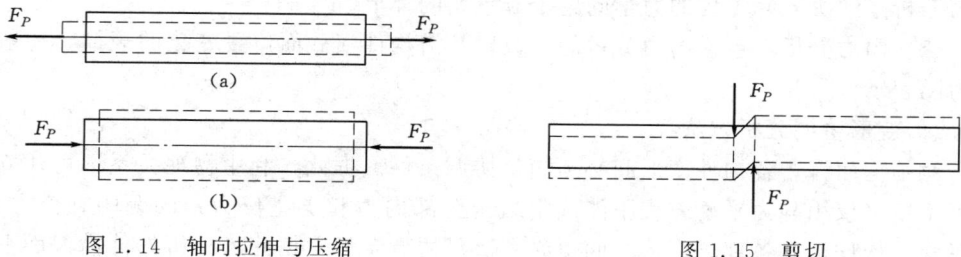

图1.14 轴向拉伸与压缩   图1.15 剪切

1.5.4 弯曲

在一对方向相反、作用面在构件的纵向平面内的外力偶作用下,构件将发生弯曲(bend)变形,变形后的轴线变为曲线,如图1.17所示。

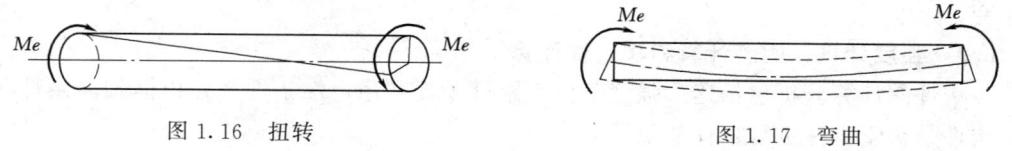

图1.16 扭转   图1.17 弯曲

工程中,实际构件的变形,可能只是某一种基本变形,也可能是几种基本变形同时存在的组合变形。

以后各章将就上述基本变形形式及同时存在两种或两种以上的基本变形的组合情况,分别加以讨论。

1.6 材料力学的研究方法

分析构件受力后发生的变形以及由于变形而产生的内力,需要采用截面法并利用静力平衡的方法来确定。但采用平衡的方法只能确定横截面上内力的合力,并不能确定横截面上各点内力的大小分布。研究构件的强度、刚度和稳定性,不仅需要确定内力的合力,还要知道内力的大小分布。

内力是不可见的,构件在外力作用下产生的变形是可见的,同时各部分的变形相互协调,变形通过物性关系与内力相联系。

材料力学研究构件的强度、刚度和稳定性。研究的主线是外力—内力—应力—变形。构件的强度都与材料的力学性质有密切关系。材料的力学性质包括前述的材料常数和衡量材料破坏的强度指标及塑性指标,而这些指标要通过应力和应变来衡量。在材料力学的范围内，构件内应力和应变的分布和构件横截面上的内力分量有确定的关系，这种关系的确定需要对构件的变形规律进行研究。

1.6.1 平衡方法

杆件整体若是平衡的，则其上任何局部都一定是平衡的，这是分析材料力学中各类平衡问题的基础。

（1）外力分析：包括主动力性质和大小的确定，约束的简化，力学模型的建立。外力分析是解决实际工程的力学问题十分重要的环节。

（2）内力分析：包括内力分量的个数以及沿构件横截面位置变化的规律，一般用内力图表示。

1.6.2 变形协调分析方法

对结构而言，各构件变形间必须满足协调条件。据此，利用物理关系即可建立求解静不定（仅用静力平衡方程不能确定结构全部内力和支座反力）问题的补充方程。对于弹性构件，其各部分变形之间也必须满足协调条件。据此，分析杆件横截面上的应力时，通过"平面假设"，并借助于物理关系，即可得到横截面上的应力分布规律。

（1）应力分析：确定杆件横截面上的应力分布，确定在危险截面上危险点的位置，计算危险点的应力。

（2）变形分析：确定杆件最大变形可能发生的位置，利用变形公式计算变形或应变。

1.6.3 强度计算、刚度计算和稳定性计算

构件的计算分析包括建立强度条件、刚度条件和稳定性条件，并根据相关条件判断构件是否安全并进行构件的设计。

1.6.4 叠加法

在线弹性和小变形的条件下，且当变形不影响外力作用时，作用在杆件或杆件系统上的载荷所产生的某些效应是载荷的线性函数，因而力的独立作用原理成立。据此，可将复杂载荷分解为若干基本或简单的情形，分别计算它们所产生的效果，再将这些效果叠加便得到复杂载荷的作用效果，这一方法称为叠加法。这种方法可用于确定复杂载荷下的位移、组合载荷作用下的应力、确定应力强度因子等。正确而巧妙地应用结构与载荷的对称性与反对称性，则是叠加法的特殊情形。

材料力学是一门实践性很强的技术基础课，研究问题的方法具有一般性，其内容对工程实际非常重要，而且也是学习变形体力学理论的基础。

小　　结

本章的主要内容如下：

（1）材料力学的任务是解决强度、刚度和稳定性三大问题。

强度是指构件抵抗破坏的能力；刚度是指构件抵抗弹性变形的能力；稳定性是指构件维持其原有平衡状态的能力。

（2）材料力学的基本假设：均匀连续性、各向同性和小变形假设。

（3）内力是外力作用下，构件各部分之间的相互作用力，它与杆件的变形同时发

生。求内力的方法为截面法，用截面法求内力时应注意以下两点：

1) 若所取隔离体有约束，画受力图和列平衡方程时，不要漏掉约束反力。

2) 不能任意应用力的等效原理。

（4）应力是一点处的内力集度。应力是与截面和点这两个因素分不开的，同一截面上不同点的应力值一般是不同的；同一点位于不同截面上的应力值一般也不相同。构件在外力作用下，其横截面上应力的分布规律需通过分析才能知道，轴向拉压杆横截面上的应力是均匀分布的。

（5）杆件在轴向拉压时，同时产生轴向与横向变形。横向线应变与轴向线应变间的关系为 $\varepsilon' = -\mu\varepsilon$。

（6）杆件变形的基本形式：轴向拉伸与压缩、剪切、扭转、弯曲四种。

习　题

第1章基础
知识测试

1.1　构件的稳定性指（　　）。

A. 在外力作用下构件抵抗变形的能力

B. 在外力作用下构件保持原有平衡态的能力

C. 在外力作用下构件抵抗破坏的能力

1.2　构件的刚度是指（　　）。

A. 在外力作用下构件抵抗变形的能力

B. 在外力作用下构件保持原有平衡态的能力

C. 在外力作用下构件抵抗破坏的能力

1.3　根据均匀性假设，可认为构件的（　　）在各点处相同。

A. 应力　　B. 应变　　C. 材料的弹性常数　　D. 位移

1.4　下列结论中正确的是（　　）。

A. 内力是应力的代数和　　B. 应力是内力的平均值

C. 应力是内力的集度　　D. 内力必大于应力

1.5　如题1.5图所示三个微元体，虚线表示其受力的变形情况，则微元体（a）的剪应变 $\gamma_a = $ _____；微元体（b）的剪应变 $\gamma_b = $ _____；微元体（c）的剪应变 $\gamma_c = $ _____。

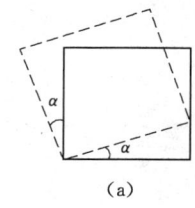　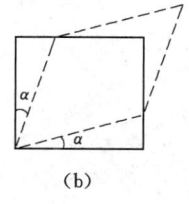　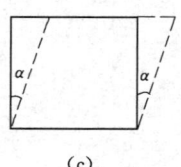

(a)　　　　　　(b)　　　　　　(c)

题1.5图

1.6　杆件横截面上的总应力，可分解为_____应力和_____应力。

1.7　截面法是分析杆件_____的基本方法。

1.8　判断题。

(1) 材料力学主要研究杆件受力后变形与破坏的规律。(   )

(2) 内力只能是力。(   )

(3) 若物体各点均无位移，则该物体必定无变形。(   )

(4) 截面法是分析应力的基本方法。(   )

1.9 材料力学的基本假设对研究问题起到什么作用？

1.10 举工程、生活实例说明强度、刚度、稳定性的概念。

1.11 举例说明杆件的基本变形及其变形特征。

1.12 举例说明什么情况下有位移就有变形，什么情况下有位移不一定有变形。

1.13 在工程实例中，分析钢筋混凝土梁中的钢筋主要承受什么力，梁将如何变形？

第1章习题
参考答案

1.14 古今中外，工程或机械结构失效的事故频有发生，请查阅相关资料，举一例并试着了解和探究事故发生的原因。

1.15 谈谈工程或机械事故带来的警示，以及力学在所学专业中的作用。

1.16 作为未来的工程师，应该秉持哪些基本素质？怎样理解工匠精神？

第 2 章 轴 向 拉 伸 与 压 缩

第 2 章
思维导图

本章主要介绍轴向拉伸与压缩杆件的内力、应力、强度和变形,利用截面法研究轴向拉伸与压缩杆件不同截面的内力情况;结合杆件的变形特点与破坏特点,研究不同截面上的应力及其破坏规律;并建立轴向拉伸与压缩变形杆件的强度条件;分析研究变形规律。

2.1 轴向拉伸与压缩的概念

承受轴向拉伸与压缩的构件在工程中是十分常见的,如钢木组合桁架中的钢拉杆(图 2.1);起重机吊装重物 W 时[图 2.2(a)];吊索 AB 受拉力 F_P 的作用[图 2.2(b)]。

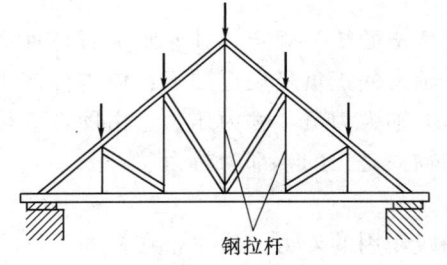

图 2.1 轴向受力构件

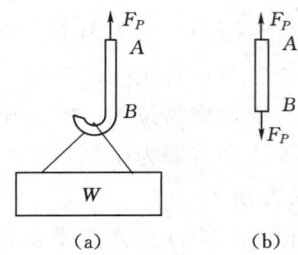

图 2.2 轴向受拉构件

这些构件受力的共同特点是:构件两端受一对沿着杆轴线的大小相等、方向相反且共线的外力 F_P 作用(图 2.3)。当两个外力相互背离构件时,构件受拉而伸长,称为轴向拉伸(图 2.3);当两个外力相互指向构件时,构件受压而缩短,称为轴向压缩(图 2.4)。

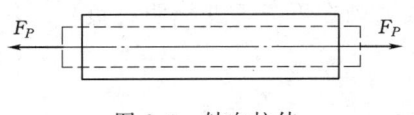

图 2.3 轴向拉伸

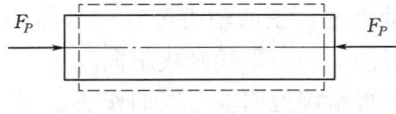

图 2.4 轴向压缩

2.2 轴向拉伸或压缩时横截面上的内力

2.2.1 轴力

为了对构件进行强度、刚度和稳定性问题研究,首先必须了解构件内任意横截面

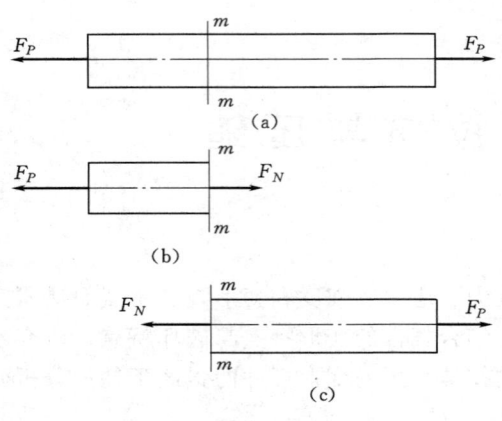

图 2.5 横截面上的内力

上的内力情况。关于内力的计算方法，已在第 1 章中阐述。如图 2.5（a）所示，一杆受拉力 F_P 作用，求其横截面 $m-m$ 上的内力。应用截面法，其主要步骤如下：

（1）截开：在需求内力的截面处，假想在 $m-m$ 处将杆截开分为两部分[图 2.5（a）]。

（2）替代：在这两部分中，任取一部分作为研究对象，如图 2.5（b）所示，在该段上除 F_P 外，还有横截面上的内力 F_N。显然内力 F_N 垂直于横截面，并与杆的轴线重合。

（3）平衡：考察所取部分杆段在原有的外力及内力 F_N 共同作用下处于平衡，根据平衡条件得

$$\sum F_x = 0, \quad F_N - F_P = 0$$
$$F_N = F_P$$

在材料力学中，对于内力的符号有着严格的统一规定，其原则为对杆件产生相同变形效果的内力具有相同的符号。因此，轴力的正负号规定如下：使构件产生拉伸变形的轴力为正，称为拉力；产生压缩变形的轴力为负，称为压力。由图 2.5 可见，无论是以左段还是右端为研究对象，得到的轴力是正的，都为拉力。

2.2.2 轴力图

在工程中，构件往往会受到多个沿轴线作用的外力，这时，在杆的不同横截面上将产生不同的轴力。对于等直杆，进行强度分析时，需要以杆的最大轴力为依据，因此必须计算出杆件各个横截面上的轴力，从而确定最大轴力值。

此时需按外力分段计算轴力。为了直观地反映出杆的各截面上轴力沿杆长的变化规律，并找出最大轴力及其所在横截面的位置，通常需要画出轴力图。其方法是：以平行杆轴线的坐标为横坐标，其上各点表示横截面的位置，以垂直于杆轴线的纵坐标表示横截面上轴力的大小，画出的反映轴力与横截面位置关系的图线，即为轴力图。正的轴力画在横坐标的上方，负的轴力画在下方，并标明正负号（勿将轴力图上的阴影线画成斜向线）。

现举例说明轴力图的作法。

【例题 2.1】 一等直杆及受力情况如图 2.6（a）所示，试求出杆的轴力并画出轴力图。

解：

（1）计算轴力。DE 段：假想沿横截面 1-1 处将杆截开。为计算方便，取右段杆为研究对象，如图 2.6（b）所示，假定 F_{N1} 为拉力，由平衡方程得

$$\sum F_x = 0, \quad F_{N1} - 20 = 0$$

$F_{N1} = 20\text{kN}$

结果为正，说明与假定 F_{N1} 为拉力的方向是一致的。

CD 段：假想沿横截面 2-2 处将杆截开。为计算方便，取右段杆为研究对象，如图 2.6（c）所示，假定 F_{N2} 为拉力，由平衡方程得

$\sum F_x = 0$，$F_{N2} + 25 - 20 = 0$

$F_{N2} = -5\text{kN}$

结果为负，说明假定的 F_{N2} 为拉力与实际情况相反，应为压力。

同理可求得 BC 段：假想沿横截面 3-3 处将杆截开，取右段杆为研究对象，如图 2.6（d）所示。由平衡方程得

$F_{N3} = 55 - 25 + 20 = 50(\text{kN})$

结果为正，表示 F_{N3} 为拉力。

同上可求得 AB 段任一横截面上的轴力，如图 2.6（e）所示，由平衡方程可得

$F_{N4} = -40 + 55 - 25 + 20 = 10(\text{kN})$

结果为正，说明 F_{N4} 是拉力。

在求上述各横截面的轴力时，也可取左段杆为研究对象，这时首先由全杆的平衡方程求出左端的约束反力 F_{Ax}，再按照上述步骤计算轴力。

（2）建立直角坐标系，绘制轴力图。因 DE、CD、BC、AB 4 段

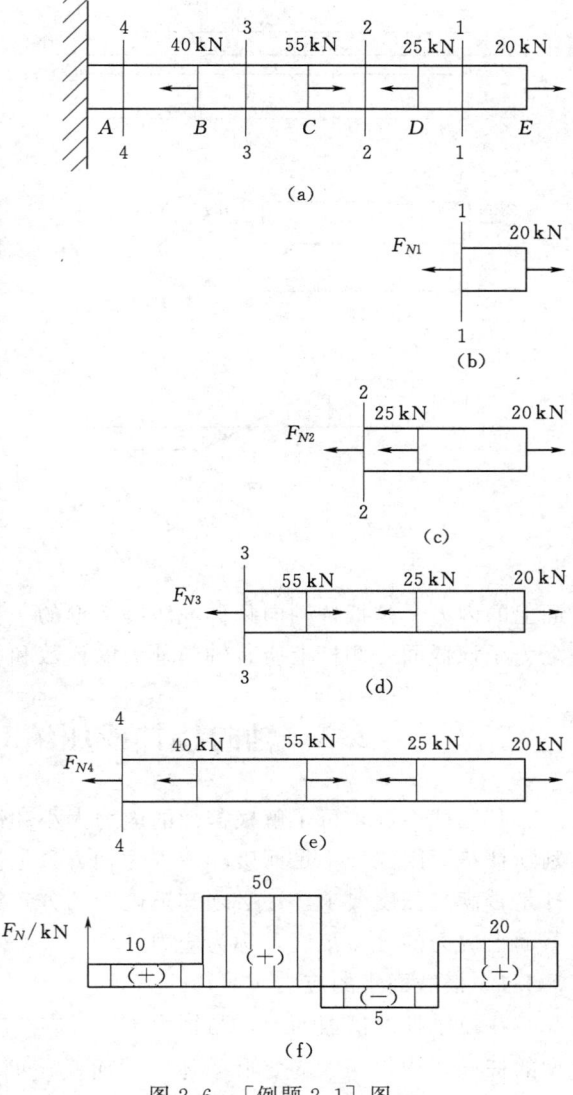

图 2.6 ［例题 2.1］图

内均无载荷作用，故各段内各横截面上的轴力分别与横截面 1-1、2-2、3-3、4-4 上的轴力相等。按轴力图的做法，画出轴力图如图 2.6（f）所示。$|F_N|_{\max}$ 发生在 BC 段内任一横截面上，其值为 50kN。由轴力图还可看出，在杆集中力作用处的左右两侧横截面上，轴力有突变，且突变值等于集中力的大小。

【例题 2.2】 图 2.7（a）所示杆，除 A 端和 D 端各有一集中力作用外，BC 段作用有沿杆轴线方向均匀分布的外力，集度为 2kN/m。画出杆的轴力图。

解：

（1）计算轴力。利用截面法列平衡方程求出：

AB 段：

第 2 章 轴向拉伸与压缩

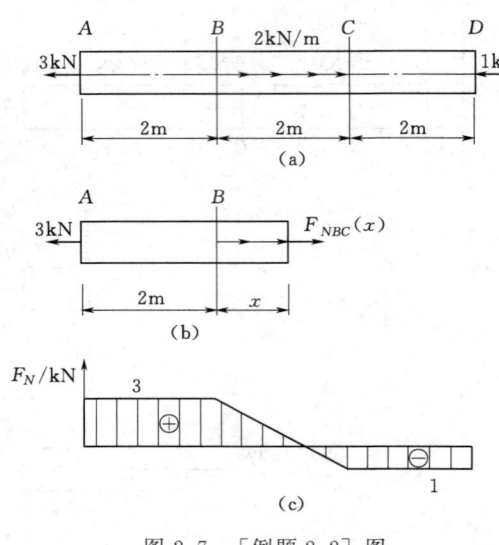

图 2.7 ［例题 2.2］图

$F_{NAB} = 3\text{kN}$

CD 段：

$F_{NCD} = -1\text{kN}$

BC 段：假设在距 B 点为 x 处将杆截开，取左段杆为研究对象，如图 2.7 (b) 所示。由平衡方程可求得 x 截面的轴力为

$$F_N(x) = 3 - 2x \quad 0 \leqslant x \leqslant 2\text{m}$$

由此可见，在 BC 段内，$F_N(x)$ 沿杆长线性变化。当 $x = 0$ 时，$F_N = 3\text{kN}$；当 $x = 2\text{m}$ 时，$F_N = -1\text{kN}$。

（2）建立直角坐标系，绘制轴力图，如图 2.7 (c) 所示。通过以上计算可知，轴力的物理意义及其计算规则为：轴力是杆受轴向拉伸或压缩时横截面上的内力，是抵抗轴向拉伸或压缩变形的一种抗力；某一横截面上的轴力，在数值上等于该截面一侧杆上所有轴向外力的代数和；轴力以拉力为正，压力为负。

2.3 轴向拉伸或压缩时横截面上的应力

利用截面法，可了解横截面的内力大小和性质，但只分析拉压杆的轴力，还不能判断杆是否因强度不足而破坏。因为轴力只是杆横截面上分布内力系的合力。要判断杆是否满足强度要求，还必须知道内力的分布集度，以及材料承受载荷的能力。杆件截面上内力的分布集度，称为应力。

2.3.1 横截面上的应力

在拉压杆的横截面上，与轴力 F_N 对应的应力是法向应力 σ（即正应力）。由于假设的杆件是均匀连续的变形固体，因而横截面上处处都有内力存在。若以 A 表示横截面面积，则微面积 $\mathrm{d}A$ 上的内力元素 $\sigma \mathrm{d}A$（微内力）则构成一个垂直于横截面的平行力系，其合力就是轴力 F_N。于是有如下关系：

$$F_N = \int_A \sigma \mathrm{d}A \tag{2.1}$$

由于应力 σ 的分布规律未知，因而式（2.1）尚不能直接用来计算正应力。

应力的分布规律不能直接观察到，但构件在受力后引起内力的同时，还会发生变形，构件的受力和变形之间存在一定的关系，因此为了求得 σ 的分布规律，可从研究构件变形入手。

为了观察和分析构件的变形，如图 2.8 (a) 所示，加载前在其表面上画出两条横线 AB、CD，两条纵线 EF、GH。加载后构件发生变形，如图 2.8 (b) 所示，变形后的 AB、CD、EF、GH 分别记作 $A'B'$、$C'D'$、$E'F'$、$G'H'$，发现 AB 和 CD

2.3 轴向拉伸或压缩时横截面上的应力

仍为直线,且垂直于轴线,只是分别平行地移至 $A'B'$ 和 $C'D'$。根据这一现象,可以假设:变形前为平面的横截面,变形后仍保持为平面且仍垂直于轴线,这就是平面假设(plane assumption)。由此假设可知,所有纵向纤维的伸长是相等的;根据均匀连续性假设,所有纵向纤维的力学性能相同。由以上两条可推想各纵向纤维的受力也是相同的。所以横截面上各点的正应力 σ 相等,即正应力均匀分布于横截面上。于是由式(2.1)得

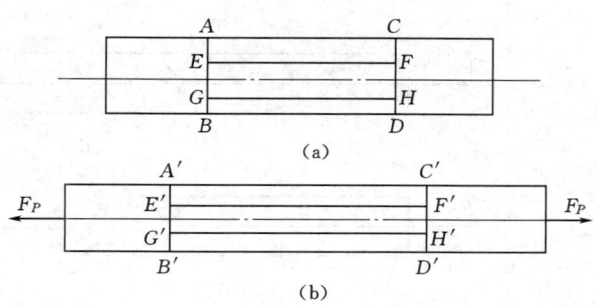

图 2.8 轴向拉伸

$$F_N = \sigma \int_A dA = \sigma A \tag{2.2}$$

$$\sigma = \frac{F_N}{A} \tag{2.3}$$

式(2.3)为轴向拉杆横截面上正应力的计算公式。该式同样可用于 F_N 为压力时的压应力计算。当受压杆为细长杆时容易被压弯,则属于稳定性问题。规定:拉应力为正,压应力为负。

推导式(2.3)使用了平面假设的条件,因而该式只适用等截面直杆,且外力合力与构件轴线重合。对于截面沿杆轴缓慢变化的直杆,外力合力与轴线重合,式(2.3)可写成

$$\sigma(x) = \frac{F_N}{A(x)} \tag{2.4}$$

式中:$\sigma(x)$ 和 $A(x)$ 表示这些量都是横截面位置(坐标 x)的函数。

2.3.2 斜截面上的应力

以上分析了轴向拉伸或压缩时直杆横截面上的正应力,但不同材料的实验表明,拉(压)杆的破坏并不总是沿横截面发生,有时却是沿斜面发生的。为此应进一步讨论斜截面上的应力。

设直杆的轴向拉力为 F_P[图 2.9(a)],横截面面积为 A,由式(2.3)可得横截面上的正应力 σ 为

$$\sigma = \frac{F_N}{A} = \frac{F_P}{A} \tag{2.5}$$

设与横截面成 α 角的斜截面 k-k 的面积为 A_α,A_α 与 A 之间的关系应为

$$A_\alpha = \frac{A}{\cos\alpha} \tag{2.6}$$

若沿截面 k-k 假想地把构件截开,以 $F_{N\alpha}$ 表示斜截面 k-k 上的内力[图 2.9(b)],由左段的平衡方程可知 $F_{N\alpha} = F_P$。

根据 2.3.1 节证明横截面上正应力均匀分布的方法,可知斜截面上的应力也是均匀分布的。若以 p_α 表示斜截面 k-k 上的应力,于是有

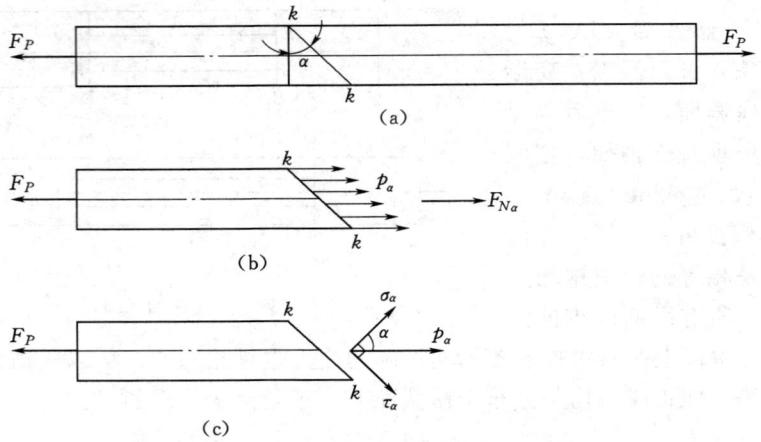

图 2.9 斜截面应力

$$p_\alpha = \frac{F_{N\alpha}}{A_\alpha} = \frac{F_P}{A_\alpha} \tag{2.7}$$

将式 (2.6) 代入式 (2.7) 中,并注意到式 (2.5) 所表示的关系,得

$$p_\alpha = \frac{F_P}{A}\cos\alpha = \sigma\cos\alpha \tag{2.8}$$

把应力 p_α 分解成垂直于斜截面的正应力 σ_α 和相切于斜截面的切应力 τ_α [图 2.9 (c)],即

$$\sigma_\alpha = p_\alpha \cos\alpha = \sigma\cos^2\alpha \tag{2.9}$$

$$\tau_\alpha = p_\alpha \sin\alpha = \sigma\cos\alpha\sin\alpha = \frac{\sigma}{2}\sin2\alpha \tag{2.10}$$

由式 (2.9) 及式 (2.10) 可知,σ_α 和 τ_α 都是 α 的函数,所以都随着斜截面方位角 α 的不同而变化。当 $\alpha = 0°$ 时,$\sigma_\alpha = \sigma_{\max} = \sigma$,$\tau_\alpha = 0$;$\alpha = 45°$ 时,$\sigma_\alpha = \frac{\sigma}{2}$,$\tau_\alpha = \tau_{\max} = \frac{\sigma}{2}$;$\alpha = 90°$ 时,$\sigma_\alpha = 0$,$\tau_\alpha = 0$。

上述结论说明:

(1) 当 $\alpha = 0°$ 时,$\sigma_\alpha = \sigma$ 是 σ_α 中的最大值,即通过拉杆内横截面某一点的正应力,是通过该点的所有不同方位截面上正应力中的最大值。

(2) 当 $\alpha = 45°$ 时,$\tau_\alpha = \frac{\sigma}{2}$ 是 τ_α 中的最大值,即与横截面成 45° 的斜截面上的切应力,是拉杆所在不同方位截面上切应力中的最大值。

(3) 当 $\alpha = 90°$ 时,平行于杆轴线的纵向截面上没有任何应力。

由此可知,铸铁拉伸破坏时,断裂面之所以与轴线相垂直,是由于最大正应力所引起;而铸铁压缩破坏时,断裂面与轴线约成 45°,以及低碳钢拉伸到屈服时,出现与轴线成 45° 的滑移线则是由于最大切应力所引起。

2.4 失效、许用应力、安全系数

在工程中,构件的破坏形式通常表现为**脆性断裂**(brittle rupture)和**塑性流动**(plastic flow)两种。发生脆性断裂的构件,破坏前不产生明显的变形;发生塑性流动的构件,破坏前会产生显著的塑性变形。把材料破坏时对应的应力称为危险应力或极限应力,用 σ_{jx} 表示。由材料力学性质的研究可知,表征塑性材料(见第 3 章)破坏的行为是屈服,表征脆性材料(见第 3 章)破坏的行为是断裂。因此,塑性材料的屈服极限 σ_s 和脆性材料的强度极限 σ_b 分别被定义为两类材料的极限应力。杆件在载荷作用下产生的应力称为**工作应力**(working stress)。杆件材料所允许承受的最大应力称为材料的**许用应力**(allowable stress),用 $[\sigma]$ 表示。为保证构件有足够的强度,在载荷作用下构件的工作应力 σ 显然应低于极限应力。但实际中还应使构件具有必要的安全储备,一般应使工作应力不超过许用应力 $[\sigma]$,而 $[\sigma]$ 按如下两式计算:

对塑性材料:

$$[\sigma] = \frac{\sigma_s}{n_s}$$

对脆性材料:

$$[\sigma] = \frac{\sigma_b}{n_b}$$

其中,大于 1 的系数 n_s 或 n_b 称为**安全系数**(safety factory)。由于脆性材料抗拉强度极限和抗压强度极限不等,其许用拉应力 $[\sigma]^+$ 和许用压应力 $[\sigma]^-$ 的数值也是不同的。

根据不同工况对结构和构件的要求,正确选择安全系数是重要的工程任务。绝大多数情形下都是根据有关规定选择安全系数的,总原则是既安全又经济。具体选择时一般需要考虑以下几方面:

(1) 材料性能方面。包括材料的均匀程度、质地好坏,是塑性还是脆性,以及冶炼、机械加工等过程都会使材料的成分和强度有差别。

(2) 工程方面。构件在服役期可能遇到的各种意外情况,如短时间的超载或临时的不利工作条件,经历多次"启动(加载)—运行—停车(卸载)"的过程,这些都会使材料强度减小。

(3) 载荷方面。构件可能承受的载荷类型,绝大多数设计载荷很难精确已知,只能是工程估算的结果,此外使用场合的变化或变更,也会引起实际载荷的变化。有动载荷、循环载荷、冲击载荷的作用,安全系数则应大些。

(4) 失效形式方面。可能发生的失效形式,如脆性材料失效(断裂)前没有明显的预兆,而是突然发生。而塑性材料失效时有明显的变形,在失效前有预兆,能知道超载的存在。由此可知,前一种情形则取较大的安全系数。

(5) 分析计算方面。分析方法的不精确性,所有工程设计方法,都以一定的简化假定作基础,由此得到的计算应力只是实际应力的近似。方法精度越高,安全系数则可越小。

(6) 工作环境方面。构件所处的工况情况，对于在腐蚀或锈蚀等难以控制的恶劣条件下工作的构件，安全系数则应较大。

如何合理选择安全系数，是一个复杂而重要的问题。安全系数过小，会导致构件不安全，甚至造成事故；安全系数过大，会造成材料的浪费，结构的笨重，影响美观。所以，在确定安全系数时要合理处理安全与经济之间的矛盾。许用应力和安全系数的数值，可在相关行业的一些规范中查到。如何深入了解工程实际，深刻理解规范的科学本质，在兼顾经济和安全的前提下，科学地选取安全系数，不是单纯靠学习本课程知识就可以做到的，而是需要长期实际工作的锻炼和积累。

安全系数的规范也不是固定不变的，随着科学技术的飞速发展，各种计算技术、实验技术与测试仪器等方面的进步，人们对于客观世界的认识会不断深入。与此同时，设计水平、工艺水平及产品质量也会不断提高，安全系数的规范必将更加完善和合理。

2.5 轴向拉伸或压缩时的强度计算

为了保证杆件安全可靠地正常工作，必须使构件内最大工作应力 $\sigma_{\max}$ 不超过材料的许用应力 $[\sigma]$，即

$$\sigma_{\max} \leqslant [\sigma] \tag{2.11}$$

拉压构件的安全工作条件为最大工作应力 $\sigma_{\max}$ 小于或等于许用应力 $[\sigma]$，即

$$\sigma_{\max} = \left(\frac{F_N}{A}\right)_{\max} \leqslant [\sigma] \tag{2.12}$$

上述公式称为构件轴向拉伸与压缩时的强度条件。根据强度条件可解决以下三种类型的工程问题。

(1) 强度校核：已知构件的几何尺寸、受力大小以及许用应力，校核构件的强度是否安全，也就是验证强度条件式 (2.12) 是否满足。如果满足，则构件的强度是安全的；否则，是不安全的。

(2) 截面设计 (design the section)：已知构件的受力大小以及许用应力，根据设计准则，计算所需要的构件最小横截面面积，进而设计出合理的横截面尺寸。根据式 (2.12) 可得

$$A \geqslant \frac{F_{N\max}}{[\sigma]} \tag{2.13}$$

当外力与材料的许用应力均为已知时，根据强度条件设计构件横截面尺寸。

(3) 确定许可载荷：已知构件的横截面尺寸以及材料的许用应力，根据强度条件计算出构件所能承受的最大轴力，进而确定其所能承受的最大载荷。

$$F_{N\max} \leqslant A[\sigma] \tag{2.14}$$

【例题 2.3】 空心圆截面杆如图 2.10 所示，外径 $D=18\text{mm}$，内径 $d=15\text{mm}$，承受轴向荷载 $F_P=22\text{kN}$ 作用，杆的许用应力 $[\sigma]=156\text{MPa}$，试校核杆的强度。

2.5 轴向拉伸或压缩时的强度计算

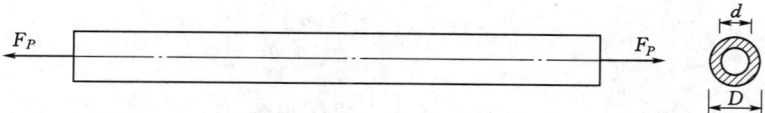

图 2.10 [例题 2.3] 图

解：
分析此问题为强度校核问题。
(1) 受力分析：确定危险杆，计算最大内力。
$$F_{N\max}=F_P=22\text{kN}$$
(2) 应力分析：杆件横截面上的应力为
$$\sigma_{\max}=\frac{F_{N\max}}{A}=\frac{22\times10^3}{\pi\left[\left(\frac{18}{2}\right)^2-\left(\frac{15}{2}\right)^2\right]\times(10^{-3})^2}=283\times10^6(\text{Pa})=283(\text{MPa})$$

(3) 校核强度：$\sigma_{\max}=283\text{MPa}>[\sigma]=156\text{MPa}$。
可见该杆件不满足强度要求。

【**例题 2.4**】 结构尺寸及受力如图 2.11（a）所示。设 AB、CD 视为刚体，BC 和 EF 为圆截面钢杆，两杆材料均为 Q235 钢，其许用应力 $[\sigma]=160\text{MPa}$，若已知荷载 $F_P=39\text{kN}$，试设计两杆所需的直径。

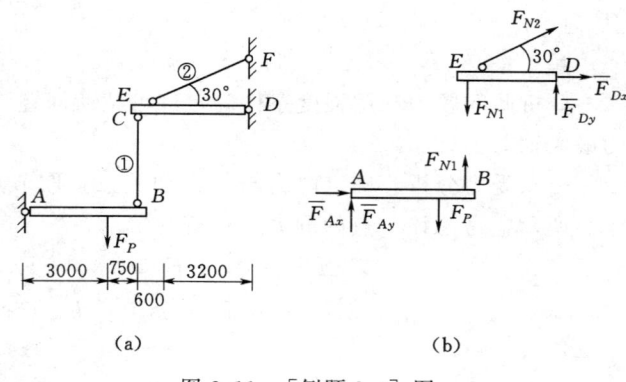

图 2.11 [例题 2.4] 图

解：
分析该问题为截面设计问题。
(1) 受力分析：分别取 AB 杆、CD 杆作为分离体，受力如图 2.11（b）所示，由平衡条件：
$$\sum M_A=0,\ F_{N1}\times3.75-F_P\times3=0$$
$$\sum M_D=0,\ F_{N1}\times3.8-F_{N2}\times\sin30°\times3.2=0$$
得
$$F_{N1}=31.2\text{kN},\ F_{N2}=74.1\text{kN}$$

(2) 两杆材料相同，但受力不同，故所需直径不同。设 BC 杆、EF 杆的直径分别为 d_1 和 d_2，则由强度条件可以得到
$$\sigma_{BC}=\frac{F_{N1}}{\frac{\pi d_1^2}{4}}\leqslant[\sigma]$$

$$\sigma_{EF} = \frac{F_{N2}}{\frac{\pi d_2^2}{4}} \leq [\sigma]$$

将 $F_{N1}=31.2\text{kN}$，$F_{N2}=74.1\text{kN}$ 代入上式，得到

$$d_1 \geq \sqrt{\frac{4F_{N1}}{\pi[\sigma]}} = \sqrt{\frac{4\times 31.2\times 10^3}{3.14\times 160\times 10^6}} = 15.76(\text{mm})$$

$$d_2 \geq \sqrt{\frac{4F_{N2}}{\pi[\sigma]}} = \sqrt{\frac{4\times 74.1\times 10^3}{3.14\times 160\times 10^6}} = 24.28(\text{mm})$$

一般取 $d_1=16\text{mm}$，$d_2=25\text{mm}$。

【例题 2.5】 已知桁架如图 2.12 (a) 所示，在节点 A 受铅直力 F_P 作用。设 AB 杆直径 $d_1=20\text{mm}$，许用应力 $[\sigma]_{AB}=140\text{MPa}$，$AC$ 杆直径 $d_2=18\text{mm}$，许用应力 $[\sigma]_{AC}=160\text{MPa}$，$\alpha=30°$，$\beta=45°$，试求该桁架的许可载荷 $[F_P]$。

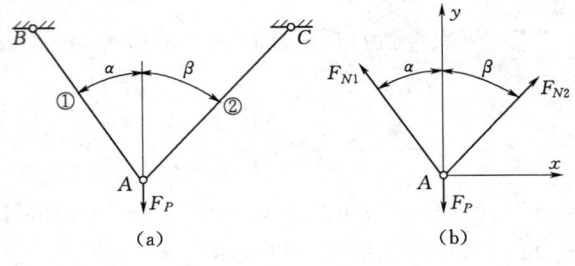

图 2.12 [例题 2.5] 图

解：

分析此问题为利用强度条件确定许可载荷问题。需先计算出构件或结构所能承受的最大轴力。

(1) 受力分析：确定内力与外力的关系。取节点 A 为研究对象，受力如图 2.12 (b) 所示，考虑该节点的静力平衡有

$$\sum F_x = 0, \quad -F_{N1}\sin 30° + F_{N2}\sin 45° = 0 \tag{a}$$

$$\sum F_y = 0, \quad F_{N1}\cos 30° + F_{N2}\cos 45° - F_P = 0 \tag{b}$$

解得

$$F_{N1} = 0.732 F_P, \quad F_{N2} = 0.518 F_P$$

(2) 确定许可内力。

按 AB 杆强度条件，有

$$[F_{N1}] \leq A_1 [\sigma]_{AB} = 43.96\text{kN}$$

按 AC 杆强度条件，有

$$[F_{N2}] \leq A_2 [\sigma]_{AC} = 40.69\text{kN}$$

(3) 确定许可载荷。

按 AB 杆的内力情况，得

$$[F_P]_1 = \frac{[F_{N1}]}{0.732} = \frac{43.96}{0.732} = 60.05(\text{kN})$$

按 AC 杆的内力情况，得

$$[F_P]_2 = \frac{[F_{N2}]}{0.518} = \frac{40.69}{0.518} = 78.56(\text{kN})$$

许可载荷：
$$[F_P]=\min([F_P]_1,[F_P]_2)=60.05(\text{kN})$$
（4）方法比较。

计算出 $[F_P]=60.05\text{kN}$，代入 $F_{N2}=0.518F_P$，可得
$$F_{N2}=0.518F_P=31.11(\text{kN})$$

对 AC 杆作强度校核：
$$\sigma_{AC}=\frac{F_{N2}}{A_2}=\frac{31.11\times10^3}{\frac{\pi}{4}\times18^2}=122.31(\text{MPa})<[\sigma]_{AC}$$

AC 杆强度条件满足，所以 $[F_P]=[F_P]_1=60.05\text{kN}$。

2.6 轴向拉伸或压缩时的变形分析

实验表明，构件在轴向拉伸或压缩时，除引起内力和应力外，还会发生变形。杆件在轴向拉力或压力的作用下，其轴向与横向尺寸均发生变化，如图 2.13 和图 2.14 所示，图中实线为变形前的形状，虚线为变形后的形状。将杆件沿轴线方向的变形称为轴向变形或纵向变形，垂直于轴线方向的变形称为横向变形。

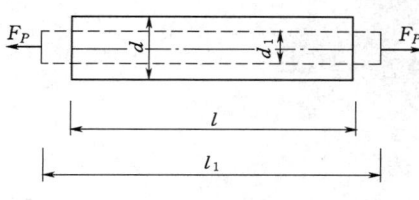

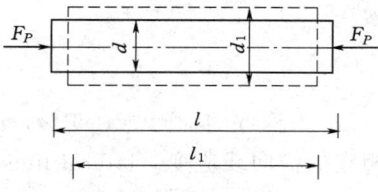

图 2.13 轴向拉伸变形　　　　图 2.14 轴向压缩变形

2.6.1 轴向变形

利用胡克定律式（1.2）来研究拉压杆的轴向变形。

设杆件变形前的长度为 l，变形后的长度为 l_1，则长度改变量为
$$\Delta l=l_1-l$$
式中：Δl 为构件的轴向绝对变形，m 或 mm。

纵向伸长 Δl 只反应构件的总变形量，而无法说明沿杆长度方向上各段的变形程度。由于拉杆各段的伸长是均匀的，因此，其变形程度可以每单位长度的纵向伸长（即 $\Delta l/l$）来表示，称为纵向线应变（axial linear strain），记为
$$\varepsilon=\frac{\Delta l}{l} \tag{2.15}$$

因此杆件发生拉伸变形时，$\Delta l>0$，$\varepsilon>0$；压缩变形时，$\Delta l<0$，$\varepsilon<0$。

实验表明，在弹性变形范围内，构件的伸长 Δl 与力 F_P 及杆长 l 成正比，与截面面积 A 成反比，即
$$\Delta l\propto\frac{F_P l}{A}$$

引入比例常数 E，把上式写成

$$\Delta l = \frac{F_P l}{EA} \tag{2.16}$$

式（2.16）表明，Δl 与乘积 EA 成反比，即该乘积越大，伸长 Δl 越小，所以 EA 代表构件抵抗拉伸（压缩）的能力，称为抗拉（压）刚度。

若以 F_N 替换 F_P，将式（2.16）写成

$$\Delta l = \frac{F_N l}{EA} \tag{2.17}$$

则更为确切，因为伸长的大小与内力 F_N 是直接关联的。式（2.17）为胡克定律的另一种表达形式。

若将 $\varepsilon = \frac{\Delta l}{l}$，$\sigma = \frac{F_N}{A}$ 代入上式，也可得到

$$\varepsilon = \frac{\sigma}{E} \quad \text{或} \quad \sigma = E\varepsilon$$

2.6.2 横向变形

设杆件为圆截面，杆件变形前的横向尺寸为 d，变形后的横向尺寸为 d_1，则变形量为

$$\Delta d = d_1 - d$$

式中：Δd 为构件的轴向绝对变形，m 或 mm。

相应的横向线应变（lateral linear strain）为

$$\varepsilon' = \frac{\Delta d}{d} \tag{2.18}$$

ε 为轴向线应变，ε' 为横向线应变，它们都是无量纲的量。因此杆件发生拉伸变形时，$\Delta d < 0$，$\varepsilon' < 0$；压缩变形时，$\Delta d > 0$，$\varepsilon' > 0$。同时在弹性变形范围内，它们存在如式（1.3）所示的 $\varepsilon' = -\gamma\varepsilon$ 的关系。

【**例题 2.6**】 不等截面的杆结构如图 2.15（a）所示，杆 AB 段为钢制，横截面面积 $A_1 = 320 \text{mm}^2$，杆 BD 段为铜制，$A_2 = 800 \text{mm}^2$，$l = 400 \text{mm}$，材料的弹性模量 $E_{\text{钢}} = 210 \text{GPa}$，$E_{\text{铜}} = 100 \text{GPa}$，试计算：①每段杆的变形量；②每段杆的线应变；③全杆总变形。

解：

（1）作轴力图：运用截面法求出每段的轴力，轴力图如图 2.15（b）所示。

（2）计算变形量：根据式（2.17），AB 段的伸长 Δl_{AB} 为

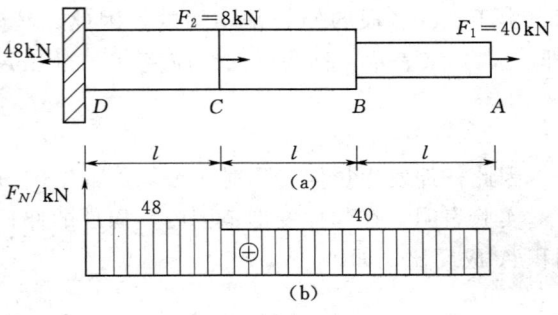

图 2.15 ［例题 2.6］图

2.6 轴向拉伸或压缩时的变形分析

$$\Delta l_{AB} = \frac{F_{NAB} l_{AB}}{E_{钢} A_1} = \frac{40 \times 10^3 \times 400}{210 \times 10^9 \times 320 \times 10^{-6}} = 0.24 (\mathrm{mm})$$

BC 段的伸长 Δl_{BC} 为

$$\Delta l_{BC} = \frac{F_{NBC} l_{BC}}{E_{铜} A_2} = \frac{40 \times 10^3 \times 400}{100 \times 10^9 \times 800 \times 10^{-6}} = 0.20 (\mathrm{mm})$$

CD 段的伸长 Δl_{CD} 为

$$\Delta l_{CD} = \frac{F_{NCD} l_{CD}}{E_{铜} A_2} = \frac{48 \times 10^3 \times 400}{100 \times 10^9 \times 800 \times 10^{-6}} = 0.24 (\mathrm{mm})$$

(3) 计算线应变：根据式（2.15），AB 段的线应变 ε_{AB} 为

$$\varepsilon_{AB} = \frac{\Delta l_{AB}}{l_{AB}} = \frac{0.24}{400} = 6.0 \times 10^{-4}$$

BC 段的线应变 ε_{BC} 为

$$\varepsilon_{BC} = \frac{\Delta l_{BC}}{l_{BC}} = \frac{0.20}{400} = 5.0 \times 10^{-4}$$

CD 段的线应变 ε_{CD} 为

$$\varepsilon_{CD} = \frac{\Delta l_{CD}}{l_{CD}} = \frac{0.24}{400} = 6.0 \times 10^{-4}$$

(4) 全杆总伸长：

$$\Delta l_{AC} = \Delta l_{AB} + \Delta l_{BC} + \Delta l_{CD} = 0.24 + 0.20 + 0.24 = 0.68 (\mathrm{mm})$$

【**例题 2.7**】 图 2.16（a）所示一铰接三脚架，在节点 B 受铅垂力 F_P 作用。已知：杆 1 为钢制圆截面杆，直径 $d_1 = 30\mathrm{mm}$；杆 2 为钢制空心圆截面杆，外径 $D_2 = 50\mathrm{mm}$，内径 $d_2 = 44\mathrm{mm}$。$F_P = 40\mathrm{kN}$，$E = 210\mathrm{GPa}$。求节点 B 的位移及其方向。

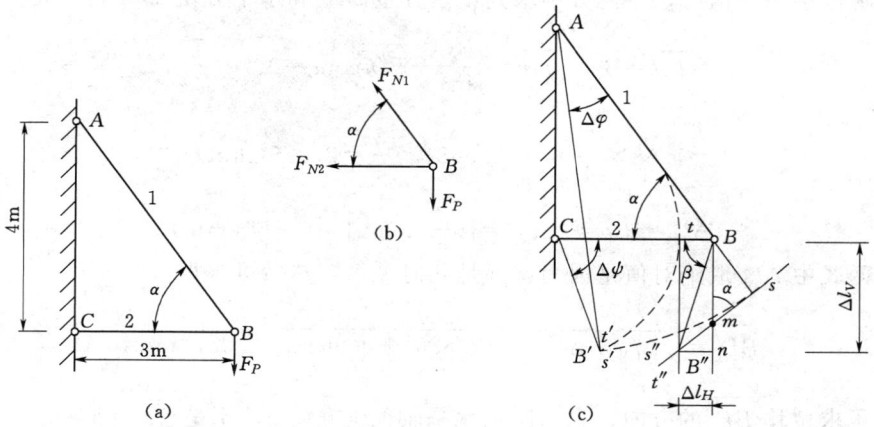

图 2.16 ［例题 2.7］图

解：

(1) 计算轴力：截取节点 B 为脱离体，对其受力分析如图 2.16（b）所示。列平衡条件为

$$\sum F_y = 0, \quad F_{N1} \sin\alpha - F_P = 0$$

第 2 章 轴向拉伸与压缩

$$\sum F_x = 0, \quad F_{N2} + F_{N1}\cos\alpha = 0$$

得

$$F_{N1} = 50\text{kN}, \quad F_{N2} = -30\text{kN}$$

(2) 计算变形量：根据胡克定律 $\Delta l = \dfrac{F_N l}{EA}$，有

$$\Delta l_1 = \frac{F_{N1} l_1}{EA_1} = \frac{50 \times 10^3 \times 5 \times 10^3}{210 \times 10^3 \times \dfrac{\pi}{4} \times 30^2} = 1.68(\text{mm})$$

$$\Delta l_2 = \frac{F_{N2} l_2}{EA_2} = -\frac{30 \times 10^3 \times 3 \times 10^3}{210 \times 10^3 \times \dfrac{\pi}{4} \times (50^2 - 44^2)} = -0.968(\text{mm})$$

(3) 确定节点 B 的位移：为了求节点 B 的位移，可假想将杆 1 和杆 2 在 B 点拆开 [图 2.16 (c)]，并分别将杆 1 的长度 $\overline{AB}$ 增加 $\overline{Bs} = \Delta l_1$，成为 $\overline{As}$，杆 2 的长度 $\overline{CB}$ 减少（因杆 2 为缩短）$\overline{Bt} = \Delta l_2$，成为 $\overline{Ct}$，然后以 A 点为圆心，以 $\overline{As}$ 为半径作圆弧 ss'，以 C 点为圆心，以 $\overline{Ct}$ 为半径，作圆弧 tt'，两圆弧的交点 B' 应是节点 B 在变形后的位置。由于变形量是微小的，所以杆 1 和杆 2 在变形过程中所转动的角度 $\Delta\varphi$ 和 $\Delta\psi$ 与角 α 相比是微量，可忽略不计，于是可以从 s 点作 $\overline{As}$ 的垂线 ss''，在 t 点作 $\overline{CB}$ 的垂线 tt''，来代替上述两个圆弧，以其交点 B'' 的位置代替 B' 的位置，也就是以 $\overline{BB''}$ 作为 B 点的位移。

在求位移 $\overline{BB''}$ 值时，可先分别求其铅垂分量 Δl_V 和水平分量 Δl_H 值，得

$$\Delta l_V = \overline{Bn} = \overline{Bm} + \overline{mn} = \frac{\overline{Bs}}{\sin\alpha} + \overline{B''n}\cot\alpha = \Delta l_1 \times \frac{5}{4} + \Delta l_2 \times \frac{3}{4}$$

$$= 1.68 \times \frac{5}{4} + |-0.968| \times \frac{3}{4} = 2.826(\text{mm})$$

$$\Delta l_H = \overline{Bt} = |\Delta l_2| = |-0.968| = 0.968(\text{mm})$$

上两式中 Δl_2 取绝对值是因为这都是几何关系。然后可求得

$$\overline{BB''} = \sqrt{\Delta l_V^2 + \Delta l_H^2} = \sqrt{2.826^2 + 0.968^2} = 2.987(\text{mm})$$

为了求位移 $\overline{BB''}$ 的方向，设 $\overline{BB''}$ 与水平轴的夹角为 β，于是有

$$\beta = \tan^{-1}\frac{\overline{tB''}}{\overline{Bt}} = \tan^{-1}\frac{\overline{Bn}}{\overline{Bt}} = \tan^{-1}\frac{\Delta l_V}{\Delta l_H} = \tan^{-1}\frac{2.826}{0.968} = \tan^{-1}2.919$$

得

$$\beta = 71.09° = 1.241\text{rad}$$

即位移的方向为向左下方。

2.7 拉伸或压缩的超静定问题

2.7.1 超静定结构的基本概念

前面各节介绍的杆或杆系问题中，结构的全部约束反力和内力都能由静力平衡方程直接确定，这类问题称为静定问题（statically determinate problem），这样的结构称静定结构（statically determinate structure）。

但是，在工程实际中，为了提高结构的强度、刚度，或者为了满足构造及其他工程技术要求，常常在静定结构中再附加某些约束（包括添加杆件）。这时，由于未知力的个数多于所能提供的独立平衡方程数目，因而仅仅依靠静力平衡方程无法确定全部未知力，这种问题称为超静定问题（statically indeterminate problem），这样的结构称超静定结构（statically indeterminate structure）。例如，图2.17（a）所示两端固定的直杆 AB，取杆的轴线方向为 x 轴方向，沿着杆的轴线方向受到一个集中载荷 F_P 的作用，两端只有沿着杆轴的反力 F_A 和 F_B。两个未知反力与载荷 F_P 构成一个共线力系，独立的平衡方程只有一个，即 $\sum F_x=0$，该杆是一个超静定问题。图2.17（b）中所示的杆系，在节点 A 处作用向下载荷 F_P，三杆的未知内力 F_{N1}、F_{N2}、F_{N3} 与 F_P 构成一个平面汇交力系，而独立的平衡方程只有两个，可见这也是一个超静定问题。

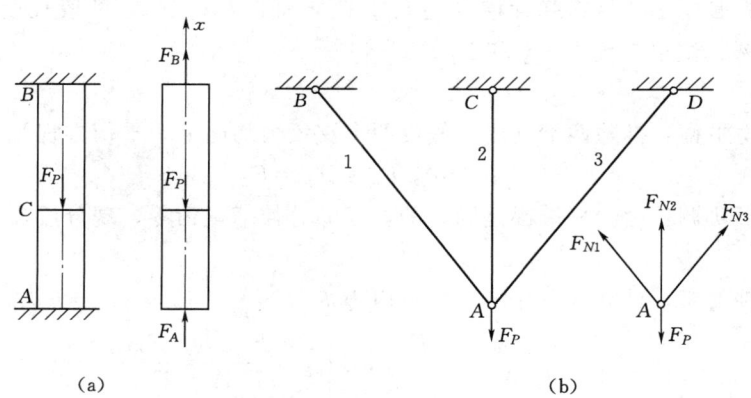

图 2.17 拉压超静定结构

如果假设一个结构存在 n 个相互独立的平衡方程，同时含有 m 个未知力，记 $r=m-n$，在 $m=n$ 时，$r=0$，称该结构为静定结构；在 $m>n$ 时，$r>0$，称该结构为 r 次超静定结构，并称该结构中存在 r 个多余约束。超静定现象在工程结构中较为普遍，同时，与静定结构相比，超静定结构具有如下特点：①由于多余约束的存在，使得内力在结构中的分布不再唯一地取决于几何形式，刚度较大的杆件会分担较大的内力，刚度较小的杆件则分担的内力较小；②在结构温度发生变化时，各杆件因为多余约束的存在而不能自由地发生变形而引起温度应力；③在杆件存在制造上的几何尺寸误差时，因多余约束的存在而不得不强行装配，从而引起装配应力。因此，研究超静定问题显得非常重要。

2.7.2 求解超静定问题的基本方法

在求解拉（压）构件组成的超静定结构，由于方程总数的不够，还要设法找出补充方程。通常可先研究构件各部分或各个构件变形之间的几何关系式，此关系式称为**变形协调方程**（compatibility equations）。然后应用变形与力之间的物理关系，把几何关系式中各个变形分别用相应的力表示出来（注意：两者的正负号必须一致），从而得到含有未知力的补充方程。在实际问题中，一般都能找出足够的补充方程，联立独立的静力平衡方程，使得方程的个数与未知力的个数相等。最后，求解这一联立方程组，就能求出全部未知力。具体步骤如下：

（1）平衡：列出有效的独立平衡方程。
（2）协调：列出变形协调方程。
（3）物理：利用物理关系，将变形协调方程中的各变形或位移用未知力表达。
（4）求解：各独立平衡方程与用未知力表达的变形协调方程即补充方程构成方程组，求解此方程组，得到全部未知力。

求解超静定问题的基本思路是以未知力作为未知数，从静力平衡方程、变形协调几何关系及内力与变形之间的物理关系三方面去综合考虑。但对于不同结构，求解的具体方法有些区别。

【例题 2.8】 图 2.17（a）所示的双固定端杆受轴向载荷结构。假设杆段 AC 材料弹性模量为 E_1，BC 材料弹性模量为 E_2，C 点轴向载荷 F_P，两段长度皆为 l，横截面积皆为 A。试求支反力 F_A 和 F_B。

解：

（1）静力平衡：拆除两端支座，假设两个支反力均向上，平衡方程为

$$\sum F_x = 0, \quad F_A + F_B = F_P \tag{a}$$

（2）变形协调：由于杆端都是固定的，杆的总伸缩量为零，现分段表示为

$$\Delta l_{AB} = \Delta l_{AC} + \Delta l_{CB} = 0 \tag{b}$$

（3）物理关系：计算两段变形，注意内力 $F_{NAC} = -F_A$，$F_{NBC} = F_B$：

$$\Delta l_{AC} = \frac{F_{NAC} l}{E_1 A} = -\frac{F_A l}{E_1 A}, \quad \Delta l_{CB} = \frac{F_{NBC} l}{E_2 A} = \frac{F_B l}{E_2 A}$$

代入式（b）得

$$-\frac{F_A l}{E_1 A} + \frac{F_B l}{E_2 A} = 0$$

即

$$F_A = \frac{E_1}{E_2} F_B \tag{c}$$

这就是补充方程。

（4）联立方程组求解，可以得到

$$F_A = \frac{E_1}{E_1 + E_2} F_P, \quad F_B = \frac{E_2}{E_1 + E_2} F_P$$

解出的未知力均为正，说明两支反力的真实方向与假设相同。

【例题 2.9】 如图 2.18（a）所示的杆系结构，假设杆 1、2、3 材料弹性模量均为 E，横截面积皆为 A。A 点有向下载荷 F_P，杆 2 长 l。试求各杆内力 F_{N1}、F_{N2} 和 F_{N3}。

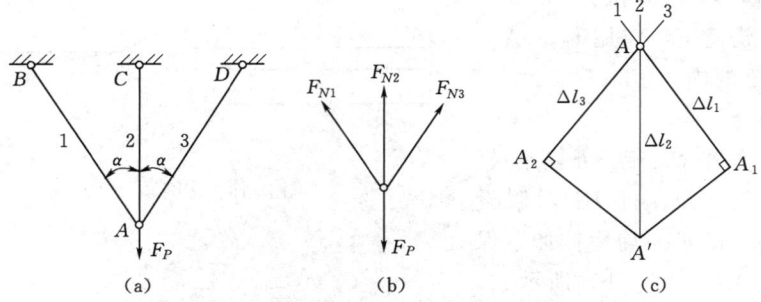

图 2.18　[例题 2.9] 图

解：

（1）静力平衡：分析节点 A，假设三根杆的轴力 F_{N1}、F_{N2} 和 F_{N3} 均为拉伸，如图 2.18（b）所示，列平衡方程为

$$\sum F_x = 0, \quad -F_{N1}\sin\alpha + F_{N3}\sin\alpha = 0$$

$$\sum F_y = 0, \quad F_{N1}\cos\alpha + F_{N2} + F_{N3}\cos\alpha - F_P = 0$$

化简为

$$F_{N1} = F_{N3}$$

$$2F_{N1}\cos\alpha + F_{N2} = F_P \tag{a}$$

（2）变形协调：由于各杆的轴力都已假设为正，各杆变形也必须假设为伸长，在小变形的假设下，使用切线代替圆弧的位移图进行分析，如图 2.18（c）所示。杆 1 和杆 2 的变形关系为

$$\Delta l_1 = \Delta l_2 \cos\alpha \tag{b}$$

（3）物理关系：计算两杆变形，即

$$\Delta l_1 = \frac{F_{N1} l}{EA\cos\alpha}, \quad \Delta l_2 = \frac{F_{N2} l}{EA}$$

代入式（b）得

$$\frac{F_{N1} l}{EA\cos\alpha} = \frac{F_{N2} l}{EA}\cos\alpha$$

即

$$F_{N1} = F_{N2}\cos^2\alpha \tag{c}$$

（4）求解：联合式（a）、式（c）方程组，得

$$F_{N1} = F_{N3} = \frac{\cos^2\alpha}{2\cos^3\alpha + 1} F_P, \quad F_{N2} = \frac{1}{2\cos^3\alpha + 1} F_P$$

解出的未知力均为正，说明三根构件的轴力均与假设方向一致。

【例题 2.10】 图 2.19（a）所示的刚性杆 ACB，长度 $AC=BC=a$，$CD=BE=l$。假设杆 CD 弹性模量为 E_1，横截面积为 A_1；杆 BE 弹性模量为 E_2，横截面积为 A_2。当 B 点有向下载荷 F_P 作用时，试求杆 CD 和 BE 的内力。

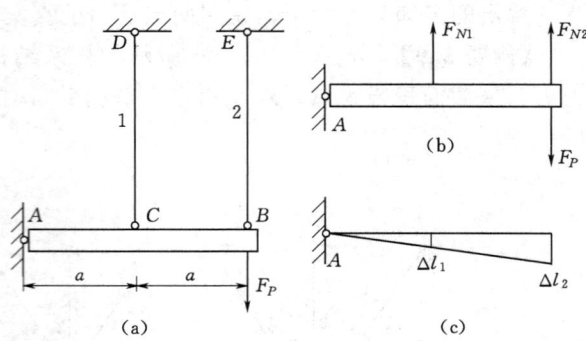

图 2.19 ［例题 2.10］图

解：

（1）静力平衡：分析刚性杆 ACB，拆除杆 CD、杆 BE，假设各杆内力 F_{N1} 和 F_{N2} 均为拉伸，保留支座 A，如图 2.19（b）所示。

$$\sum M_A = 0, \quad aF_{N1} + 2aF_{N2} - 2aF_P = 0$$

化简为

$$F_{N1} + 2F_{N2} = 2F_P \tag{a}$$

（2）变形协调：由于刚性杆 A 端固定铰支，杆 CD、BE 的伸长量存在图 2.19（c）所示的比例，即

$$2\Delta l_1 = \Delta l_2 \tag{b}$$

（3）物理关系：计算两拉杆变形，即

$$\Delta l_1 = \frac{F_{N1} l}{E_1 A_1}, \quad \Delta l_2 = \frac{F_{N2} l}{E_2 A_2}$$

代入式（b）得

$$\frac{2 F_{N1} l}{E_1 A_1} = \frac{F_{N2} l}{E_2 A_2}$$

即

$$2 F_{N1} = \frac{E_1 A_1}{E_2 A_2} F_{N2} \tag{c}$$

（4）求解：联立式（a）、式（c），得

$$F_{N1} = \frac{2 E_1 A_1}{E_1 A_1 + 4 E_2 A_2} F_P, \quad F_{N2} = \frac{4 E_2 A_2}{E_1 A_1 + 4 E_2 A_2} F_P$$

解出的未知力均为正，说明两内力方向与假设相同。

2.7.3 温度应力和装配应力

1. 温度应力

在实际工程中，结构和构件常处于温度变化的环境下工作。如果杆内温度变化是均匀的，即同一横截面上各点的温度变化相同，则杆件只发生伸长或缩短变形（热胀冷缩）。在静定结构中，杆件能自由伸缩，由温度变化引起的变形不会在杆内产生应力。但在超静定结构中，由于温度变化引起的伸缩变形受到多余的外界约束或各杆之

间的相互约束的限制，为抵抗这种限制，杆内将产生应力，这种应力称为温度应力（thermal stress）。计算温度应力的关键依然是根据变形协调条件建立变形几何方程。与前面不同的是，杆的变形包括两部分：由温度变化引起的变形和与温度内力相应的弹性变形。

【例题 2.11】 直杆长度为 l，横截面积为 A，材料弹性模量为 E，线膨胀系数为 α。两端正好放入刚性墙之间，如图 2.20（a）所示。结构在安装时温度为 T_0，无初始变形，在工作时温度为 $T_1 > T_0$，试求工作时的支反力 F_A 和 F_B。

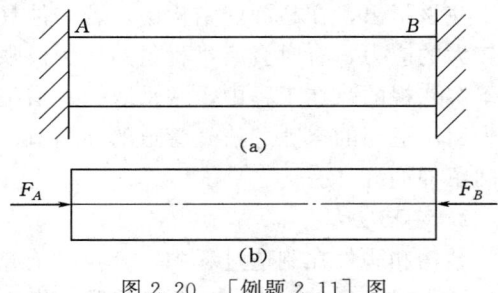

图 2.20 ［例题 2.11］图

解：

(1) 静力平衡：A、B 两固定端限制 AB 杆因温度升高而产生的膨胀，所以必有支反力 F_A、F_B 作用于两端，以杆 AB 为研究对象，受力分析如图 2.20（b）所示，列平衡方程：

$$\sum F_x = 0, \quad F_A - F_B = 0$$

(2) 变形协调：假设解除两端支座，让构件 AB 因温度升高自由膨胀 Δl_T，然后在两端加上 F_A、F_B 支反力，会使杆件缩短 Δl_{FN}。由于杆端都是固定的，杆的总伸缩量为零，即

$$\Delta l_{FN} + \Delta l_T = 0 \tag{a}$$

(3) 物理关系：

温度的变化量为

$$\Delta T = T_1 - T_0 \quad (\Delta T > 0)$$

杆的膨胀为

$$\Delta l_T = \alpha l \Delta T \tag{b}$$

内力引起的变形为

$$\Delta l_{FN} = \frac{F_N l}{EA} = \frac{-F_B l}{EA} \tag{c}$$

将式（b）、式（c）代入式（a），求解得

$$\frac{-F_B l}{EA} + \alpha \Delta T l = 0$$

故

$$F_A = F_B = \alpha E A \Delta T$$

然后，再利用一个平衡条件，即可解得杆的内力。

$$F_N = -F_A = -\alpha E A \Delta T \tag{d}$$

内力为负说明和假设方向相反，为压力。

应力为

$$\sigma = \frac{F_N}{A} = -\alpha E \Delta T \tag{e}$$

此内力 F_N 称为温度内力，σ 称为温度应力。

由此可见，两端固定、粗细均匀的杆件，由于温度变化引起的应力仅与材料的弹性模量 E、线性膨胀系数 α 及温度之差 ΔT 有关，而与杆件的长度和截面尺寸无关。

应该指出，在超静定结构中，若构件具有较大的线膨胀系数，由于大的温差会带来较大的应力，有时会超过材料的比例极限甚至屈服极限。因此，温度应力在设计中是不容忽视的。在工程中，常采取一些措施来避免或减小温度应力，如两段钢轨之间预先留出适当的空隙、蒸气管道的伸缩节、混凝土路面各段之间或房屋纵墙两段墙体之间留伸缩缝等。

2. 装配应力

结构和构件在制造过程中，其尺寸有微小的误差是在所难免的，对于静定结构，这种微小误差只是引起结构几何形状的微小改变，而不会在各个构件中产生内力。对于超静定结构，若构件尺寸存在微小制造误差，当整个结构装配起来，未受载荷的构件内就存在应力，这种应力称为装配应力或初应力（assembled stress）。静定结构不存在装配应力。在工程中，装配应力的存在有时是不利的，而有时可以利用装配应力达到有益的目的。计算装配应力的关键是根据变形协调条件建立变形几何方程。

【例题 2.12】 图 2.21（a）所示为一静定结构，设 AC 杆比设计要求长了一些，于是把它与 BC 杆装配在一起后，对结构的几何形状会有微量的变化，如图中虚线所示，但这不会影响使用，也不会改变杆内的内力情况。因为组成静定结构的各杆变形时不会受到约束的。但若是超静定结构，如图 2.21（b）实线所示，设杆 3 在制造时比要求短了 δ 值。于是，为了使杆 3 同杆 1、2 强行装配在一起，如图 2.21（b）中虚线所示，则势必要使杆 3 拉长 Δl_3，使杆 1、2 缩短 Δl_1，才能在点 A'' 处联结。这样一来，这结构在未使用时，已在杆 3 内产生了拉应力，而在杆 1、2 内产生压应力。要计算这些应力，须从下列三方面进行考虑。

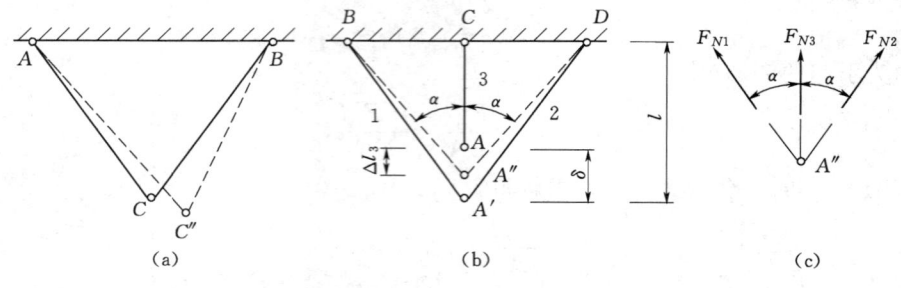

图 2.21 ［例题 2.12］图

解：

（1）静力方面：取节点 A'' 为脱离体［图 2.21（c）］，设杆 3 被拉长，故其轴力 F_{N3} 为拉力，杆 1、2 被缩短，故其轴力 F_{N1} 和 F_{N2} 为压力。这里假定杆 1 和杆 2 的刚度相同。根据平衡条件有

$$\sum F_x = 0, \quad F_{N1}\sin\alpha + F_{N2}\sin\alpha = 0 \tag{a}$$

$$\sum F_y = 0, \quad F_{N3} + F_{N1}\cos\alpha + F_{N2}\cos\alpha = 0 \tag{b}$$

2.7 拉伸或压缩的超静定问题

(2) 变形协调：由图 2.21 (b) 可知 Δl_1 和 Δl_3 有几何关系如下：

$$\Delta l_3 + |\Delta l_1 \cos\alpha| = \delta \tag{c}$$

(3) 物理方面：根据胡克定律，得出

$$\Delta l_3 = \frac{F_{N3} l}{E_3 A_3}, \quad \Delta l_1 = \frac{F_{N1} l}{E_1 A_1 \cos\alpha} \tag{d}$$

将式 (d) 代入式 (c)，得

$$\frac{F_{N3} l}{E_3 A_3} - \frac{F_{N1} l}{E_1 A_1} = \delta \tag{e}$$

此方程即补充方程。把它与式 (a) 和式 (b) 联立求解，得

$$F_{N1} = F_{N2} = \frac{-E_1 A_1 E_3 A_3}{l(2 E_1 A_1 \cos\alpha + E_3 A_3)} \delta \tag{f}$$

$$F_{N3} = -2 F_{N1} \cos\alpha$$

$$\sigma_1 = \sigma_2 = \frac{F_{N1}}{A} = \frac{-E_1 E_3 A_3}{l(2 E_1 A_1 \cos\alpha + E_3 A_3)} \delta$$

$$\sigma_3 = \frac{F_{N3}}{A} = -\frac{2 F_{N1} \cos\alpha}{A_3}$$

内力都是正值，说明与假设方向一致，求得内力值后即可求得应力值。

以上就是由于杆件制造尺寸不精确而引起的内力和应力，称为装配内力和装配应力。

【例题 2.13】 设图 2.21 (b) 的三杆由相同的钢圆管制成，$E = 200\text{GPa}$，$A = 200\text{mm}^2$，$l = 1\text{m}$，$\alpha = \dfrac{\pi}{6}$，$\delta = 1\text{mm}$，试求装配后三杆的应力。

解：

把上述数值分别代入 [例题 2.12] 式 (f)，得

$$F_{N1} = F_{N2} = \frac{-EA}{l(2\cos\alpha + 1)} \delta = \frac{-200 \times 10^3 \times 200}{1 \times 10^3 \times \left(2 \times \cos\dfrac{\pi}{6} + 1\right)} \times 1 = -14641.02 (\text{N})$$

$$F_{N3} = -2 F_{N1} \cos\alpha = 25358.98 \text{N}$$

相应的应力为

$$\sigma_1 = \sigma_2 = \frac{F_{N1}}{A} = \frac{-14641.02}{200} = -73.21 (\text{MPa})$$

$$\sigma_3 = \frac{F_{N3}}{A} = \frac{25358.98}{200} = 126.79 (\text{MPa})$$

一般来说，装配应力对结构是不利的，因为它使得结构在未受荷载时已有了初应力，但有时需要利用初应力为工程服务。例如，上例中由三杆组成的结构，若使用时

承受向下的节点载荷,如图 2.21 (b) 所示,那么,由此载荷所引起的三杆内力都是拉力。此时,若将杆 1、2 制造的比要求长些,这样,把它与杆 3 一起装配好后,这两杆内已有了初压力。然后当载荷作用上去后,产生的拉力就被已有的初压力抵消一部分,从而达到节省材料的目的。

在钢筋混凝土结构里,装配应力的概念在预应力构件里得到广泛的应用,从而可节省大量的材料。

2.8 应力集中的概念

式 (2.3) 仅适用于等截面的直杆,对于横截面平缓变化的拉(压)杆,按等截面直杆的应力计算公式进行近似计算,在工程计算中一般是允许的。实验验证,当杆件承受轴向拉伸或压缩时,在载荷作用的附近区域和截面发生剧烈变化的区域,式(2.3) 不再适用。前者表现为应力的分布规律受到不同加载方式的影响,其影响范围可由圣维南原理解释;后者则表现为应力在截面变化部位局部升高,被称为应力集中(stress concentrations)。

2.8.1 圣维南原理

在工程实际中,由于构件所处工况的不同,在外力作用区域内,外力分布方式有各种可能,例如图 2.22 (a) 和图 2.22 (b) 中的拉力作用方式是不同的。实验证明:杆端载荷的作用方式,将显著地影响作用区附近的应力分布规律,但距杆端较远处上述影响逐渐消失,应力趋于均匀,其影响范围和 1~2 倍的横向尺寸相当,即圣维南原理。由此原理可知,虽然图 2.22 (a) 和图 2.22 (b) 所示杆件上端外力的作用方式不同,但可用与外力系静力等效的合力来代替原力系,这就简化成相同的计算简图 [图 2.22 (c)],在距端截面略远处都可用式 (2.3) 来计算应力。

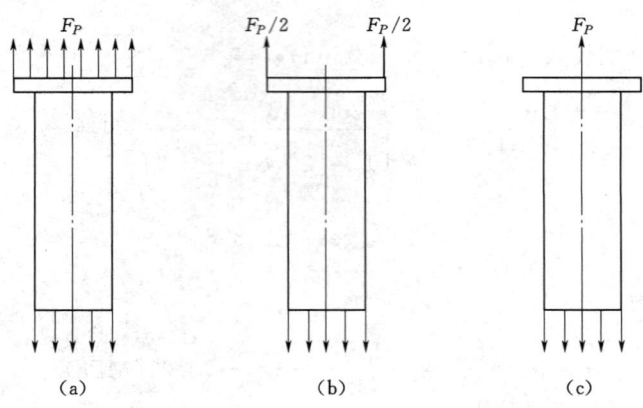

图 2.22 外力分布方式

2.8.2 应力集中

由于工程实际的需要,有许多零件必须开有切口、切槽、油孔、螺纹、轴肩等,以致在这些部位上截面尺寸发生剧烈变化。实验结果和理论分析都表明,在零件尺寸

2.8 应力集中的概念

剧烈变化处的横截面上,应力并不是均匀分布的。例如,开有圆孔和切口的板条(图 2.23)受拉时,在圆孔或切口附近的局部区域内,应力将剧烈增加,但在离开圆孔或切口稍远处,应力就迅速降低而趋于均匀,这种因构件外形突然变化引起的局部应力急剧增大的现象称为应力集中。

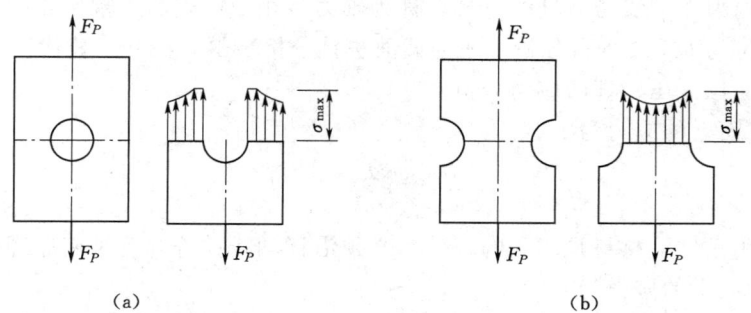

图 2.23 开有圆孔和切口的板条

设发生应力集中的截面上的最大应力为 σ_{max},同一截面上的平均应力为 σ_m,其比值为

$$k = \frac{\sigma_{max}}{\sigma_m} \tag{2.19}$$

k 称为理论应力集中系数(fatigue stress concentration factor),它反映了应力集中的程度,是一个大于 1 的系数。实验结果表明,截面尺寸的改变越急剧,角越尖,孔越小,应力集中的程度就越严重。因此,零件设计加工时应尽可能使截面的变化缓慢一点,如阶梯轴的轴肩要用圆弧过渡,而且尽量使圆弧半径大一些。

材料不同,对应力集中的敏感程度也不同。塑性材料因为有屈服阶段,当应力达到屈服极限 σ_s 后该处材料的变形可以继续增加,而应力却暂时不再加大。如外力继续增加,增加的力由截面上尚未屈服的材料来承担,使该截面上的应力相继增大到屈服极限。如图 2.24 所示,应力分布逐渐趋于均匀,相应地限制了最大应力 σ_{max} 的数值,因此,塑性材料对应力集中并不敏感。而脆性材料由于没有屈服阶段,应力集中处的最大应力 σ_{max} 较快地达到材料的强度极限 σ_b,该处将首先产生裂纹,导致破坏,所以脆性材料对应力集中表现很敏感。用脆性材料制成的零件,即使在静载下,也应考虑应力集中对零件承载能力的削弱。至于灰铸铁,其内部的不均匀性和缺陷往往是产生应力集中的主要因素,而零件外形改变所引起的应力集中就可能成为次要因素,对零件的承载能力不一定造成明显的影响。

工程中许多构件由于工况的要求,经常存在切槽、螺纹、钻孔等,致使截面发生突然变化,因而应力集中是工作中常见的现象,应给予足够的重视。

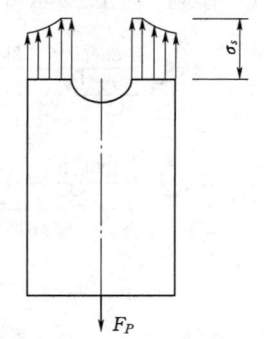

图 2.24 应力集中示意图

小　　结

本章的主要内容如下：

(1) 轴向拉（压）杆的内力计算。轴向拉（压）杆横截面上的内力有且只有一个，并且该内力作用线与杆轴线重合，称为轴力，用 F_N 表示。规定：拉力为正，压力为负，单位为 kN 或 N；分析方法为截面法；分析步骤为截开—替代—平衡。

(2) 轴向拉（压）杆的应力分析。

1) 横截面上的应力为

$$\sigma = \frac{F_N}{A}$$

公式适用条件：材料是均匀的；外力必须沿杆轴线；符合圣维南原理。

2) 斜截面上的应力为

$$\sigma_\alpha = \sigma \cos^2 \alpha$$

$$\tau_\alpha = \frac{\sigma}{2} \sin 2\alpha$$

(3) 轴向拉（压）杆的强度分析，等直杆的强度条件为

$$\sigma_{\max} = \left(\frac{F_N}{A}\right)_{\max} \leqslant [\sigma]$$

主要应用范围：强度校核、截面设计、确定许可载荷。

(4) 轴向拉（压）杆的变形分析，变形符合胡克定律，即

$$\Delta l = \frac{F_N l}{EA}$$

纵向线应变为

$$\varepsilon = \frac{\Delta l}{l}$$

本章的重要内容还有拉（压）超静定问题、应力集中的概念。

习　　题

第2章基础知识测试

2.1 作题2.1图所示杆件的轴力图。

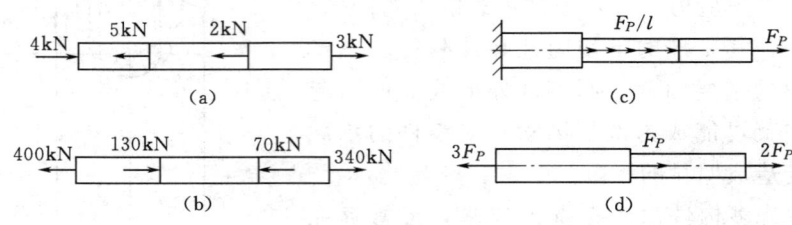

题2.1图

2.2 作题2.2图所示杆件的轴力图。已知 $F_P = 3\text{kN}$。

2.3 两块钢板用三个螺栓连接［题2.3图（a）］，受力 F_P 作用。设每个螺栓承担 $F_P/3$ 的力［题2.3图（b）］。不计这些力的作用线与板的轴线之间的微小距离，认为它们沿轴线作用，试作板 AB 的轴力图。已知 F_P、a、b 及 c 值。

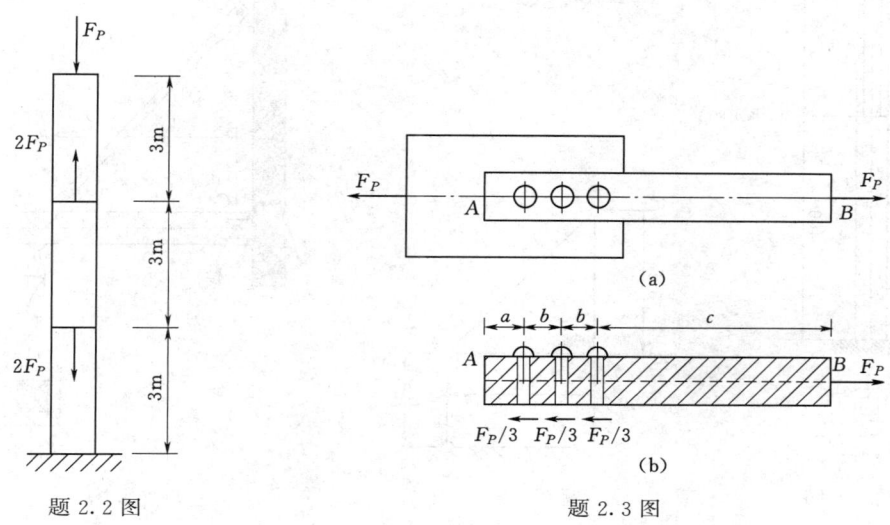

题2.2图　　　　　　　　　　　题2.3图

2.4 设在题2.1图（a）中杆件的横截面积是 10mm×20mm 的矩形，试求杆件各截面上的应力。

2.5 如题2.5图所示等截面直杆，截面尺寸为 35mm×10mm 矩形，在图示载荷下求横截面上的最大正应力。

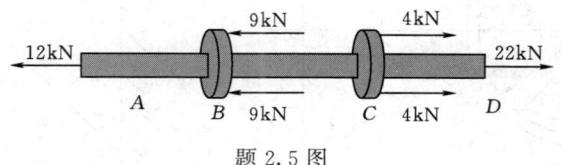

题2.5图

2.6 一横截面为正方形的砖柱分上下两段，其受力情况、各段长度及横截面尺寸如题2.6图所示。已知 $F=50kN$，试求载荷引起的最大工作应力。

2.7 在题2.7图所示结构中，所有杆都是钢制的，横截面面积均等于 $3\times 10^{-3} m^2$，$F_P=100kN$，试求各杆的应力。

2.8 三脚架结构尺寸及受力如题2.8图所示，不计结构自重。其中，$F_r=22.2kN$；钢杆 BD 的直径 $d_1=25.4mm$；钢梁 CD 的横截面面积 $A_2=2.32\times 10^3 mm^2$。试求杆 BD 与 CD 的横截面上的正应力。

2.9 长为 b、内直径 $d=200mm$、壁厚 $\delta=5mm$ 的薄壁圆环，承受 $p=2MPa$ 的内压力作用，如题2.9图所示。试求圆环径向截面上的拉应力。

2.10 如题2.10图所示桁架中，AB 为圆截面钢杆，AC 为正方截面木杆。在节点 A 处受铅垂方向的载荷 F_P 作用，试确定钢杆的直径 d 和木杆截面的边长 a。已知 $F_P=50kN$，$[\sigma]_钢=160MPa$，$[\sigma]_木=10MPa$。

37

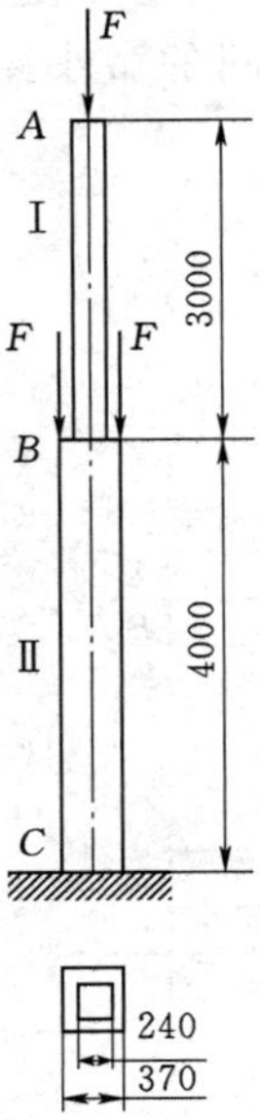

题 2.6 图 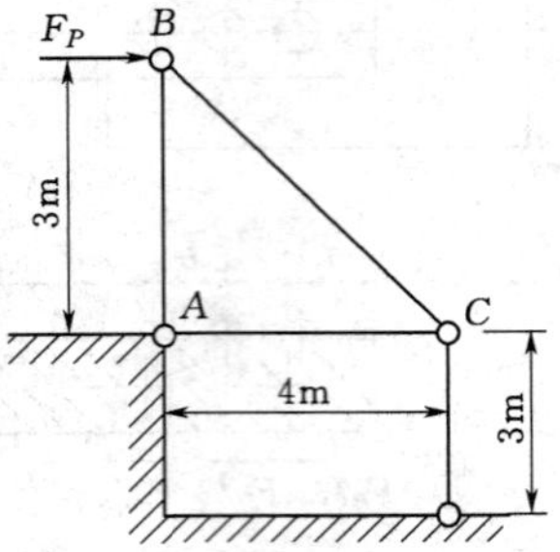　　　　题 2.7 图 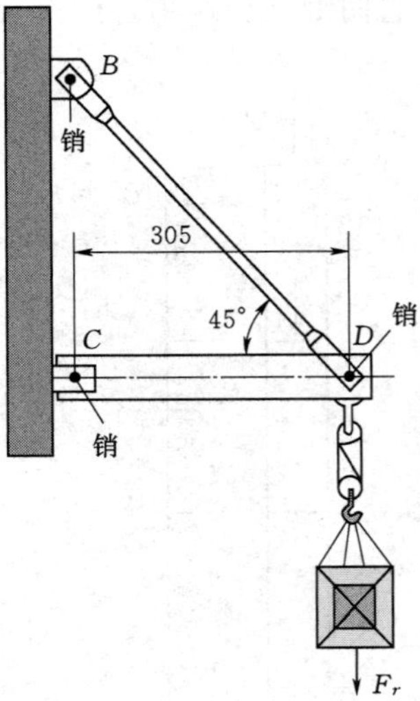　　　　题 2.8 图

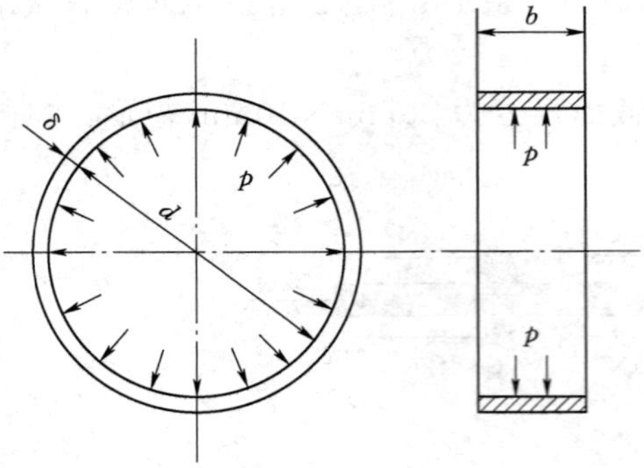

题 2.9 图 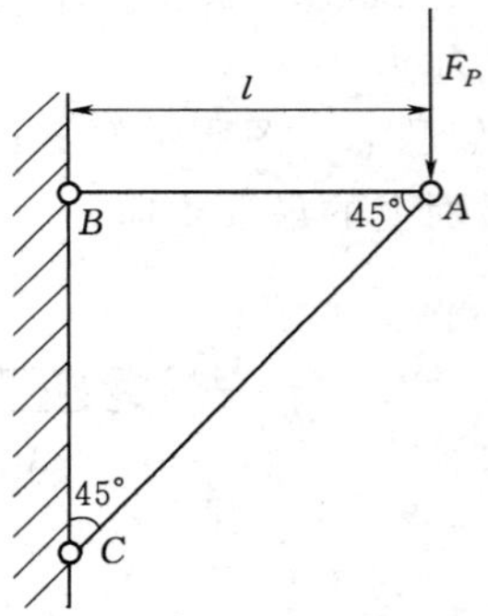　　　　题 2.10 图

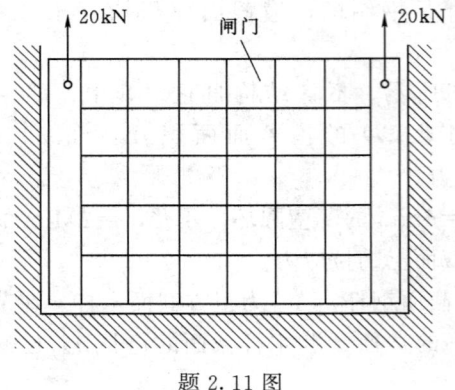

题 2.11 图

2.11　如题 2.11 图所示，用两根钢丝绳起吊一扇平板闸门。若每根钢丝绳上所受的力为 20kN，钢丝绳圆截面的直径 $d=20$mm，试求钢丝绳横截面上的应力。

2.12　有一支承渡槽的石柱墩，高 $h=24$m，受轴向压力为 $P=1000$kN，单位体积的重量为 $r=25$kN/m³，$[\sigma]=1000$kN/m³，试比较在采用等直柱、三段等长的阶梯柱、等强度柱 3 种情况（题 2.12 图）下所需的材料体积。

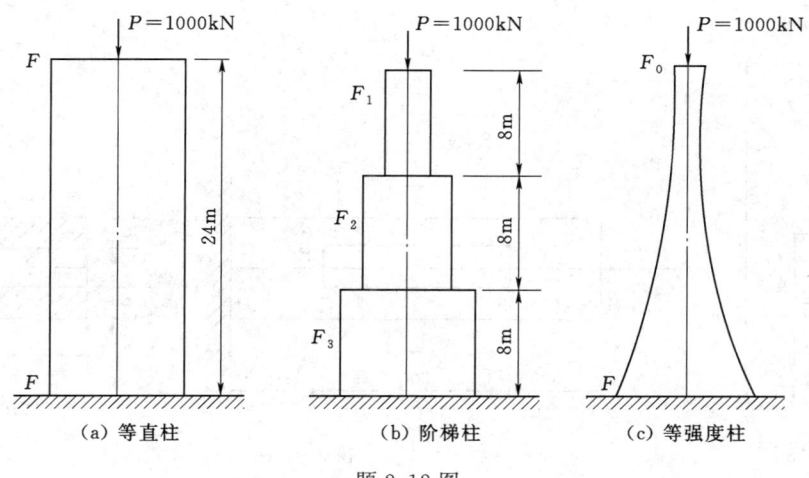

题 2.12 图

2.13 如题 2.13 图所示面积为 100mm×200mm 的矩形截面杆，受拉力 $F_P = 20$kN 的作用。试求：①$\theta = \pi/6$ 的斜截面 $m-m$ 上的应力；②最大正应力 $\sigma_{\max}$ 和最大剪应力 $\tau_{\max}$ 的大小及其作用面的方位角。

2.14 如题 2.14 图所示阶梯形杆 AC，$F_P = 10$kN，$l_1 = l_2 = 400$mm，$A_1 = 200$mm^2，$A_2 = 100$mm^2，$E = 200$GPa，试绘制杆 AC 的轴力图，计算杆的最大应力 $\sigma_{\max}$，以及杆的轴向变形 Δl。

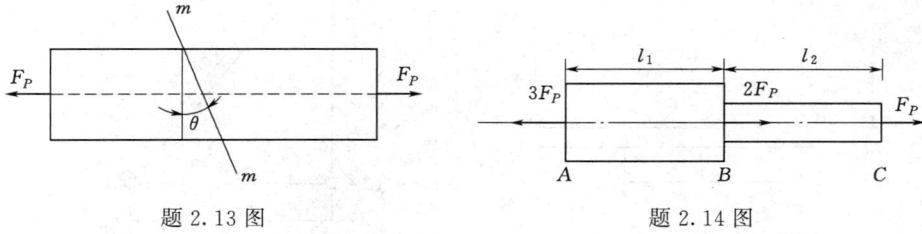

题 2.13 图 题 2.14 图

2.15 如题 2.15 图所示钢杆的横截面面积为 200mm^2，钢的弹性模量 $E = 200$GPa，求各段杆的轴向线应变、轴向变形及全杆的总变形。

2.16 一木桩受力如题 2.16 图所示。柱的横截面为边长 200mm 的正方形，材料满足胡克定律，其纵向弹性模量 $E = 10$GPa。如不计柱的自重，试求：①作轴力图；②各段柱横截面上的应力；③各段柱的纵向线应变；④柱端 A 的位移。

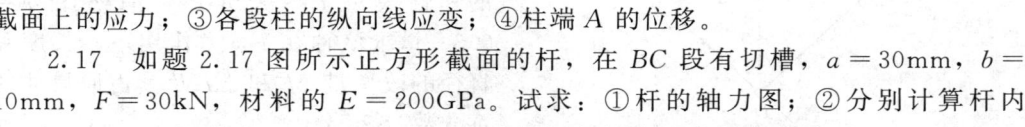

题 2.15 图

2.17 如题 2.17 图所示正方形截面的杆，在 BC 段有切槽，$a = 30$mm，$b = 10$mm，$F = 30$kN，材料的 $E = 200$GPa。试求：①杆的轴力图；②分别计算杆内 AB、BC、CD 段横截面上的正应力；③计算杆自由端 A 的轴向位移。

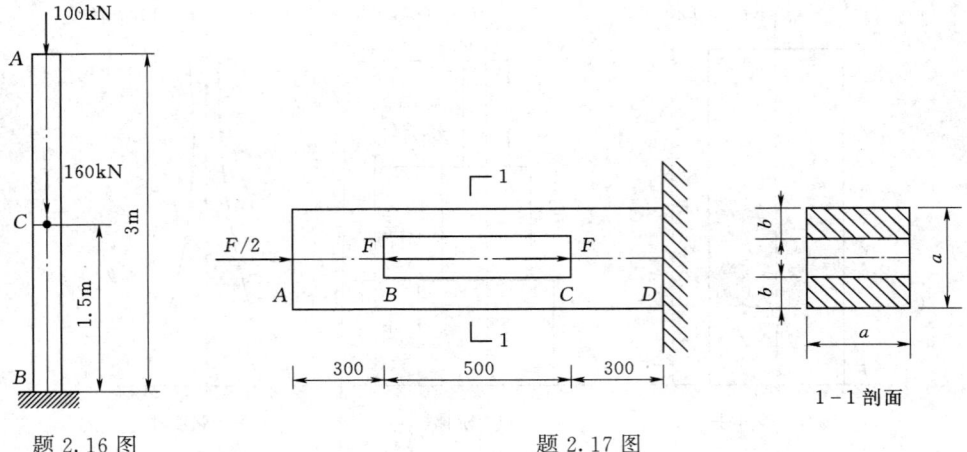

题 2.16 图　　　　　　　题 2.17 图

2.18　如题 2.18 图所示刚性杆 AB，由两根弹性杆 AC 和 BD 悬吊。已知 F_P、l、a、E_1A_1 和 E_2A_2，试求当横杆 AB 保持水平时 x 等于多少？

2.19　如题 2.19 图所示三脚架，在节点 A 受铅垂力 $F_P=20\text{kN}$ 的作用。设杆 AB 为圆截面钢杆，直径 $d=8\text{mm}$，杆 AC 为空心圆管，面积 $A=40\times10^{-6}\text{m}^2$，两杆的弹性模量 $E=200\text{GPa}$。试求节点 A 的位移及其方向。

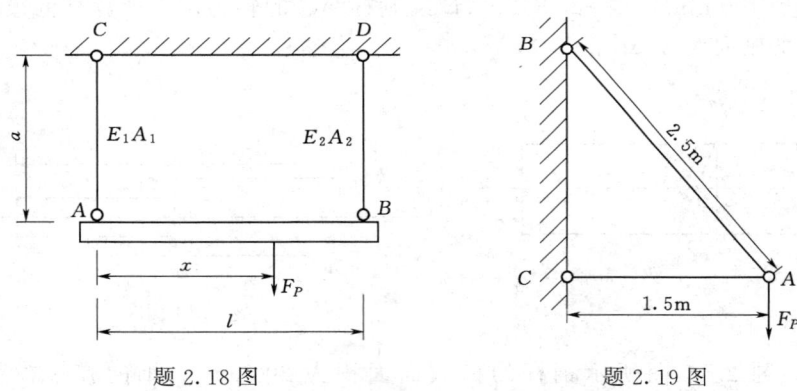

题 2.18 图　　　　　　　题 2.19 图

2.20　如题 2.20 图所示正方形铰接体系，由五根同材料同截面的杆件组成，在节点 A、B 受一对 F_P 力作用。已知 F_P、E、A、l，试求 A、B 两点的相对位移。

2.21　如题 2.21 图所示钢制圆轴，受轴向压力 $F_P=600\text{kN}$ 的作用。设材料的弹性模量 $E=200\text{GPa}$，泊松比 $\mu=0.3$。试求该轴在 F_P 力作用下，长度和直径的改变量 Δl 和 Δd 及其占原尺寸的百分数。

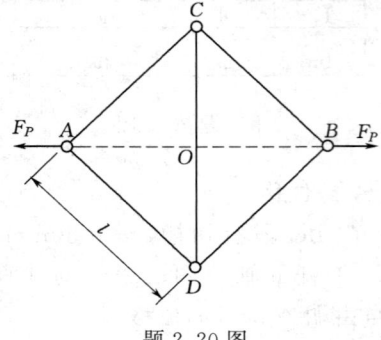

题 2.20 图

2.22　打入土中的混凝土地桩受力如

题 2.22 图所示,摩擦力沿杆均匀分布,其集度为 $f=ky^2$,其中 k 为待定常数。忽略桩身自重,试求:

(1) 桩承受的轴力的分布规律并作桩的轴力图。

(2) 桩的尺寸 $A=700\text{cm}^2$,$l=10\text{m}$,受力 $F=400\text{kN}$,$E=10\text{GPa}$,求桩的压缩量。

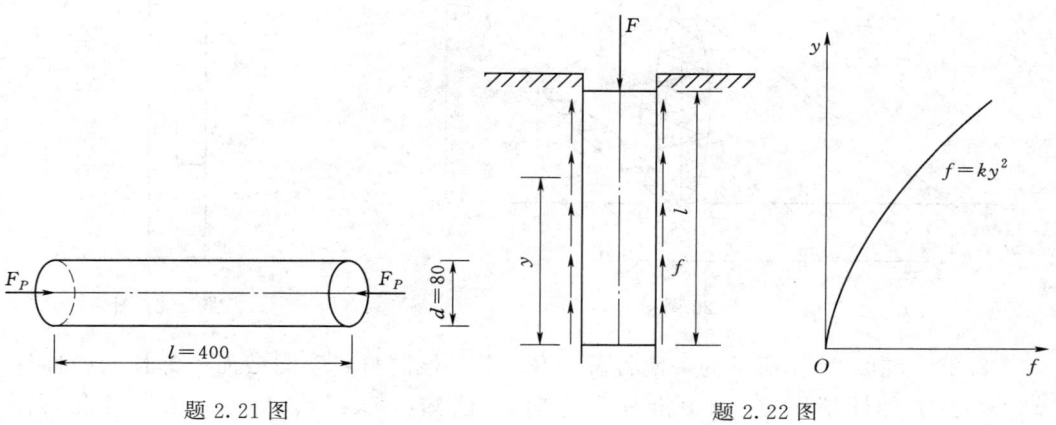

题 2.21 图   题 2.22 图

2.23 如题 2.23 图所示三脚架,在节点 A 受 F_P 作用。设 AB 为圆截面钢杆,直径为 d,杆长为 l_1;AC 为空心圆管,截面积为 A_2,杆长为 l_2。已知:材料的许用应力 $[\sigma]=160\text{MPa}$,$F_P=10\text{kN}$,$d=10\text{mm}$,$A_2=50\times10^{-6}\text{m}^2$,$l_1=2.5\text{m}$,$l_2=1.5\text{m}$。试作强度校核。

2.24 如题 2.24 图所示正方形截面的阶梯形混凝土柱。设混凝土的容重 $\rho=20\text{kN/m}^3$,$F_P=100\text{kN}$,许用应力 $[\sigma]=2\text{MPa}$。试根据强度条件选择截面宽度 a 和长度 b。

2.25 如题 2.25 图所示,三脚架 ABC 由 AC 和 BC 二杆组成。杆 AC 由两根 [12b 的槽钢组成,许用应力 $[\sigma]=160\text{MPa}$;杆 BC 为一根工 22a 的工字钢,许用应力 $[\sigma]=100\text{MPa}$。求荷载 F_P 的许可值 $[F_P]$。

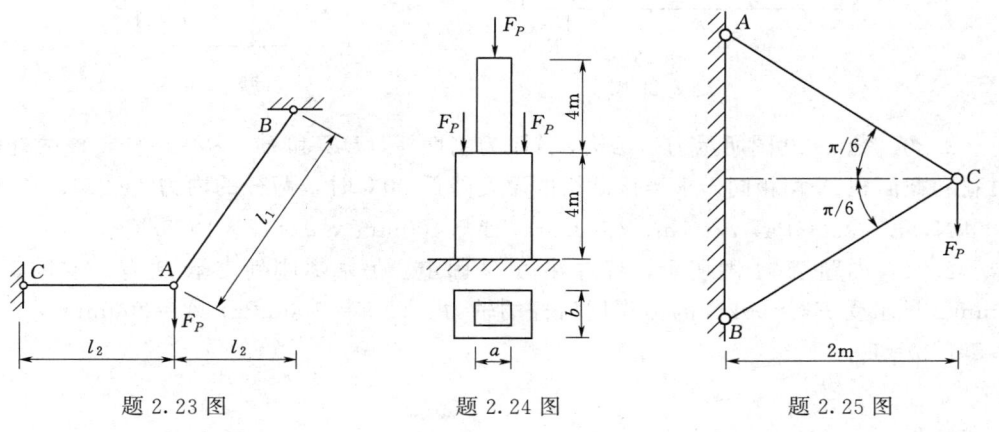

题 2.23 图   题 2.24 图   题 2.25 图

2.26 题 2.26 图所示为一起重设备的简图。设拉索 AB 的横截面积 $A=400\text{mm}^2$，许用应力 $[\sigma]=60\text{MPa}$。试由拉索的强度条件确定该起重机能起吊的最大重量 W。

2.27 横截面面积为 $A=10000\text{mm}^2$ 的钢杆，其两端固定，载荷如题 2.27 图所示。试求钢杆各段内的应力。

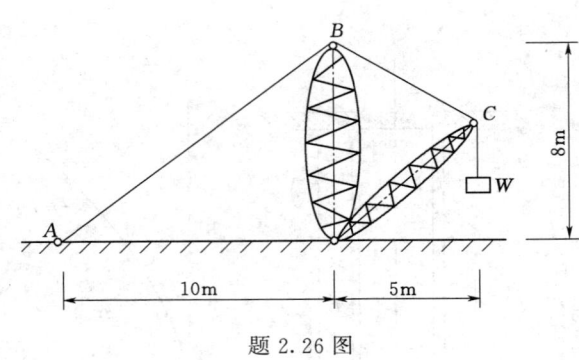

题 2.26 图

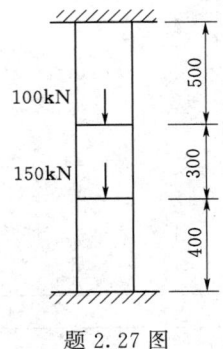

题 2.27 图

2.28 题 2.28 图所示为一刚性杆 AB，由三根同材料、同截面、等长的弹性杆悬吊，受力如图所示（F_P 力沿杆③方向）。已知：F_P、a、l、E、A。试求三杆内力。

2.29 题 2.29 图所示为一阶梯形钢杆，上部的截面积为 $A_上=500\text{mm}^2$，下部的截面积 $A_下=1000\text{mm}^2$。在温度 $t_1=5℃$ 时被固定于二刚性平面之间。试求当温度升高至 $t_2=25℃$ 时，在杆的两部分内引起的应力。已知钢的线膨胀系数为 $\alpha=12\times 10^{-6}/℃$，$E=200\text{GPa}$。

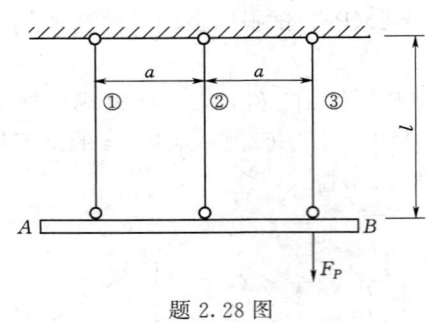

题 2.28 图

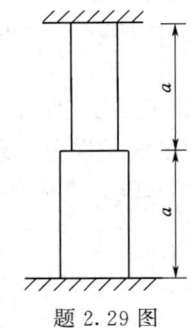

题 2.29 图

2.30 题 2.30 图所示为一结构，AB 为刚性杆，DE 和 BC 为弹性杆，该两杆的材料和截面积 A 均相同。求当该结构的温度降低 30℃ 时，两杆的内力。已知：$F_P=100\text{kN}$，$E=200\text{GPa}$，$a=1\text{m}$，$l=0.5\text{m}$，$A=400\text{mm}^2$，$\alpha=12\times 10^{-6}/℃$。

2.31 如题 2.31 图所示，杆件在 A 端固定，另端离刚性支承 B 有一空隙 $\delta=1\text{mm}$。试求受 $F_P=50\text{kN}$ 的力作用后杆的轴力。设 $E=100\text{GPa}$，$A=200\text{mm}^2$，$a=1.5\text{m}$，$b=1\text{m}$。

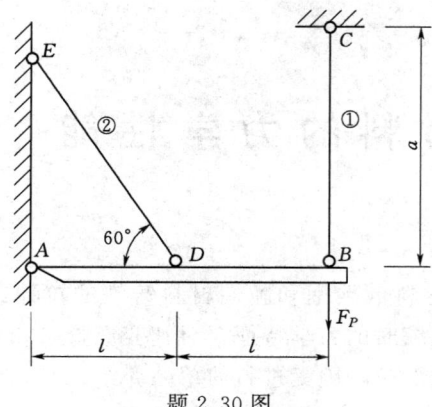
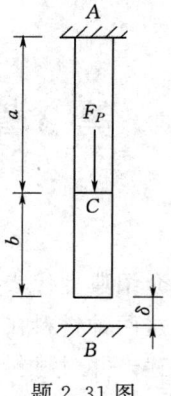

题 2.30 图   题 2.31 图

第 3 章 材料的力学性能

第3章
思维导图

本章主要介绍典型代表的塑性材料低碳钢和脆性材料铸铁的拉伸或压缩试验结果，详细介绍这两种材料在拉伸或压缩时的力学特征，对其变形阶段和各阶段的特征量做充分的描述，并对材料力学性质的影响因素进行简单的介绍。

3.1 拉伸或压缩时材料的力学性能

在第 2 章研究轴向拉（压）杆件的应力、变形计算中，已涉及材料在轴向拉伸或压缩的力学性能，如材料的弹性模量 E 和泊松比 μ。材料的力学性质也称为机械性质，是指材料在外力作用下表现出的变形、破坏等方面的特性，通常是根据国家标准试验方法测定。在室温下，以缓慢平稳的方式进行试验，称为常温静载试验，是测定材料力学性质的基本试验。为了便于比较不同材料的试验结果，对试件的形状、加工精度、加载速度、试验环境等，标准规定了相应变形形式下的试验规范。本章只研究材料的宏观力学性质，不涉及材料成分及组织结构对材料力学性质的影响，并且由于工程中常用的材料品种很多，主要以低碳钢和铸铁为代表，介绍材料拉伸、压缩以及纯剪切时的力学性质。

3.1.1 低碳钢拉伸时的力学性质

低碳钢是指含碳量在 0.3% 以下的碳素钢，是工程中使用最广泛的金属材料，同时它在常温静载条件下表现出来的力学性质也最具代表性。低碳钢的拉伸试验按《金属材料拉伸试验 第 1 部分：室温试验方法》（GB/T 228.1—2021）在万能材料试验机上进行。标准试件（standard specimen）截面有圆形和矩形两种类型，如图 3.1 所示。试件上标记 A、B 两点之间的距离称为标距，记作 l_0。圆形截面试件标距 l_0 与直径 d_0 有两种比例，即 $l_0=10d_0$ 和 $l_0=5d_0$。矩形截面试件也有两种标准，即 $l_0=11.3\sqrt{A_0}$ 和 $l_0=5.65\sqrt{A_0}$。其中 A_0 为矩形试件的截面面积。

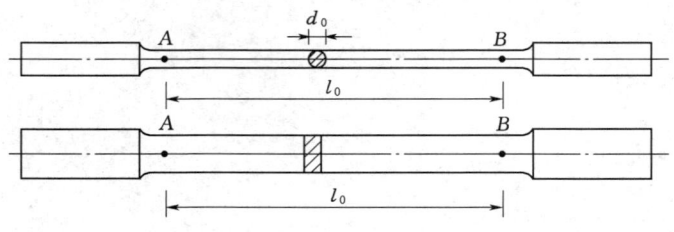

图 3.1 拉伸试件

3.1 拉伸或压缩时材料的力学性能

试件装在试验机上,对试件缓慢加拉力 F_P,直到拉断为止,可得到不同载荷 F_P 与试件标距内的绝对伸长量 Δl 之间的关系,称为拉伸图或 F_P-Δl 曲线,如图 3.2 (a) 所示。由于 F_P-Δl 曲线与试件的尺寸有关,为了消除试件尺寸的影响,将拉力 F_P 除以试件横截面的原始面积 A_0,得到正应力 $\sigma = \dfrac{F_P}{A_0}$ 为纵坐标;将伸长量 Δl 除以标距的原始长度 l_0,得到应变 $\varepsilon = \dfrac{\Delta l}{l_0}$ 为横坐标,作图表示 σ 与 ε 的关系[图 3.2 (b)]称为应力-应变曲线(stress-strain curve)或 σ-ε 曲线。

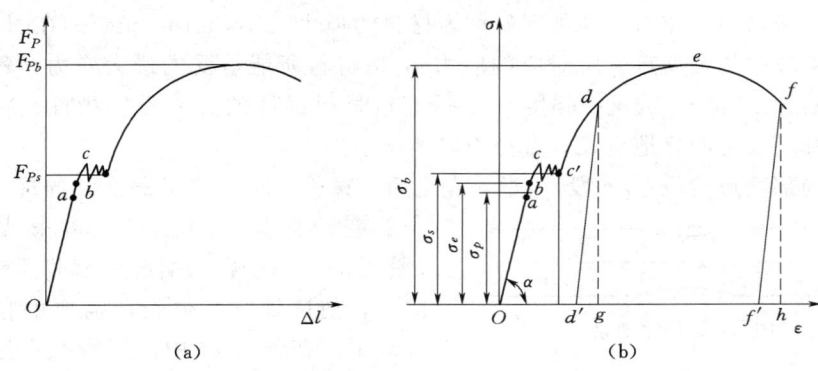

图 3.2 低碳钢拉伸曲线

1. 试验曲线及特征

从应力-应变曲线可了解低碳钢拉伸时的力学性能。低碳钢拉伸试验的整个过程大致可分为以下四个阶段:

(1) 弹性阶段(Ob 段)。在拉伸的初始阶段,曲线是由斜直线 Oa 和微弯曲线 ab 组成。斜直线 Oa 表示应力和应变成正比关系,即 $\sigma \propto \varepsilon$,直线的斜率即为材料的弹性模量 E,可表示为 $\sigma = E\varepsilon$,此为拉伸或压缩的胡克定律。a 点对应的应力 σ_p 称为比例极限(proportional limit),也就是说,当应力在比例极限范围内时,胡克定律成立。此时,材料是线弹性的(linear elasticity)。

对于微弯曲线段 ab,应力和应变之间不再服从线性关系,但卸载后变形仍可完全消失,这种变形称为弹性变形(elastic deformation),b 点对应的应力 σ_e 是材料只出现弹性变形的极限值,称为弹性极限(elastic limit)。由于 ab 阶段很短,σ_e 和 σ_p 相差很小,通常并不严格区分。

在应力大于弹性极限后,若在此时卸载,则试件产生的变形有一部分消失,这就是上述的弹性变形。但还有一部分不能消失的变形,这种变形称为塑性变形或残余变形(plastic deformation)。

(2) 屈服(流动)阶段(bc' 段)。当应力超过 b 点增加到 c' 点之后,应变不断增加,而应力却在很小范围内波动,在 σ-ε 曲线上出现接近水平线的小锯齿形线段。这种应力基本保持不变,而应变显著增加的现象,称为屈服或流动(yield)。在屈服阶段内的最高应力(c 点)和最低应力(c' 点)分别称为上屈服极限和下屈服极限。

上屈服极限一般不稳定,其值与试件形状、加载速度等因素相关。下屈服极限则相对较为稳定,能够反映材料的性质,通常把下屈服极限称为屈服极限(yield limit)或屈服点,用 σ_s 来表示。

对于表面光滑试件,屈服之后在试件表面上可见与轴线成 45°的条纹,是由材料沿试件的最大切应力面发生滑移而引起的,称为滑移线。

材料屈服表现为显著的永久变形或塑性变形,而零件的塑性变形将影响机器的正常工作,所以将屈服极限 σ_s 作为衡量材料强度的重要指标。

(3) 强化阶段 ($c'e$ 段)。经过屈服阶段后,材料又恢复了抵抗变形的能力,要使它继续变形必须增大拉力,这种现象称为材料的强化(strengthening)。在图 3.2(b)中,强化阶段中的最高点 e 所对应的应力 σ_b 是材料所能承受的最大应力,称为强度极限(strength limit)或抗拉强度。σ_b 是衡量材料强度的另一重要指标。在强化阶段,试件标距长度明显地变长,直径明显地缩小。

(4) 局部变形阶段 (ef 段)。过 e 点之后,试件局部出现显著变细的现象,进入局部变形阶段,即颈缩(necking)现象(图 3.3)。由于在颈缩部位横截面面积迅速减小,使试件继续伸长所需要的拉力也相应减少。在 σ-ε 图中,用横截面原始面积

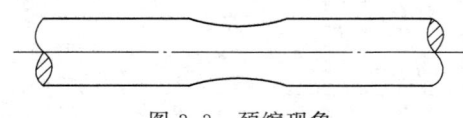

图 3.3 颈缩现象

A 算出的应力 $\sigma = F_P/A$ 随之下降,直到 f 点,试件被拉断。

2. 延伸率和断面收缩率

试件拉断后,由于保留了塑性变形,试件加载前的标距长度 l_0 拉断后变为 l_1。残余变形 Δl_0 与标距原长 l_0 之比的百分数称为延伸率(percentage elongation),用 δ 表示,即

$$\delta = \frac{l_1 - l_0}{l_0} \times 100\% \tag{3.1}$$

试件的塑性变形 ($l_1 - l_0$) 越大,δ 也就越大。因此,延伸率是衡量材料塑性的指标。低碳钢的延伸率很高,其平均值为 20%～30%,这说明低碳钢的塑性性能很好。

工程上通常按延伸率的大小把材料分成两大类,$\delta \geqslant 5\%$ 的材料为塑性材料,如碳钢、黄铜、铝合金等;$\delta < 5\%$ 的材料为脆性材料,如铸铁、玻璃、陶瓷等。

衡量材料塑性的另一个指标为断面收缩率 φ,其定义为拉断后试件横截面面积的最大缩减量 ($A_0 - A_1$) 与原始横截面面积 A_0 之比的百分数,即

$$\varphi = \frac{A_0 - A_1}{A_0} \times 100\% \tag{3.2}$$

产生局部收缩的材料如图 3.4(a)所示,若将其标点距离适当地等分成刻度,则试件标点距离内的伸长分布如图 3.4(b)所示。上述延伸率为各刻度之间延伸率的平均值,而不是最大的延伸率。

由于延伸率依据标点距离的长度有所不同,所以在比较材料的延展性时,必须要

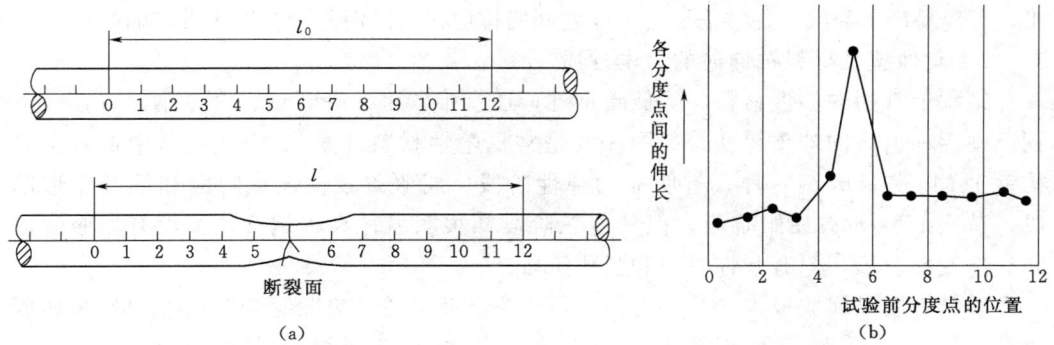

图 3.4 局部收缩和标点距离内的伸长

求试件具有相同形状和尺寸。若考虑把试件的全部伸长分为均匀伸长和局部伸长,则如图 3.5 所示,总伸长＝均匀伸长＋局部伸长。若考虑均匀伸长与试件长度成比例,局部伸长与直径成比例,则延伸率可表示为

$$\delta(\%) = a\frac{\sqrt{A_0}}{l_0} + b \tag{3.3}$$

式中:a、b 为材料常数,用以比较任意长度试件的延伸率。

3. 卸载定律和冷作硬化

在试验过程中,如果不是持续将试件拉断,而是加载至超过屈服极限后如到达图 3.2(b)中的 d 点,然后逐渐卸除拉力,应力应变关系将沿着斜直线 dd' 回到 d' 点,斜直线 dd' 近似地平行于 Oa。这说明:在卸载过程中,应力和应变按直线规律变化,这就是卸载定律。拉力完全卸除后,$d'g$ 表示消失了的弹性变形,而 Od' 表示保留下来的塑性变形。

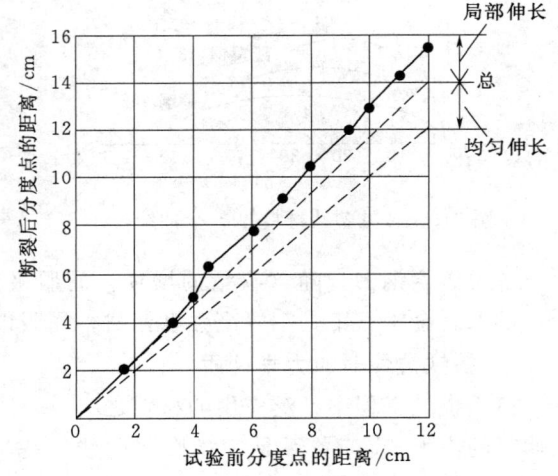

图 3.5 均匀伸长和局部伸长

卸载后,如在短期内重新加载,则应力和应变又重新沿着卸载直线 dd' 上升,直到 d 点后,又沿 def 变化。可见在重新加载时,d 点以前材料的变形是弹性的,过 d 点后才开始出现塑性变形。对比图 3.2(b)中的 $Oabcc'def$ 和 $d'def$ 两条曲线,可见在第二次加载时,其比例极限(即弹性阶段)得到了提高,但塑性变形和延伸率却有所降低,这种现象称为冷作硬化。

工程上经常利用冷作硬化来提高材料的弹性阶段。如起重机用的钢索和建筑用的钢筋,常用冷拔工艺以提高强度。又如对某些零件进行喷丸处理,使其表面发生塑性变形,形成冷硬层,以提高零件表面层的强度。但冷作硬化也具有两重性,其有利之处在工程中得到广泛应用,不利之处是由于冷作硬化使材料变硬变脆,给塑性加工带来困

难,且容易产生裂纹,往往需要在工序之间安排退火,以消除冷作硬化带来的影响。

3.1.2 其他塑性材料拉伸时的力学性质

工程上常用的塑性材料,除低碳钢外,还有中碳钢、高碳钢、合金钢、青铜、黄铜、硬铝和退火的球墨铸铁等。图 3.6 是常见塑性材料的 σ-ε 曲线。其中低合金结构钢 16Mn 和低碳钢一样,有明显的弹性阶段、屈服阶段、强化阶段和局部变形阶段;黄铜 H62 没有屈服阶段,但其他三阶段却很明显;高碳钢 T10A 没有屈服阶段和局部变形阶段,只有弹性阶段和强化阶段。

对没有明显屈服极限的塑性材料,可以将产生 0.2% 塑性应变时的应力作为屈服指标,并用 $\sigma_{0.2}$ 来表示(图 3.7),称为材料的名义屈服极限应力(offset yield stress)。

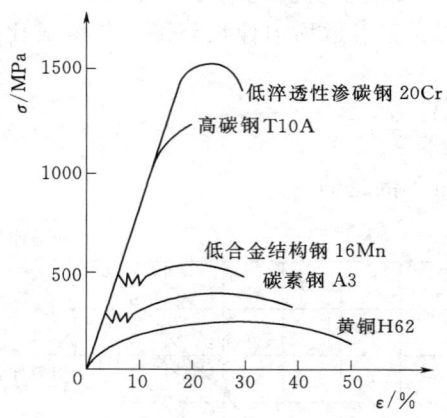

图 3.6 常见塑性材料的 σ-ε 曲线

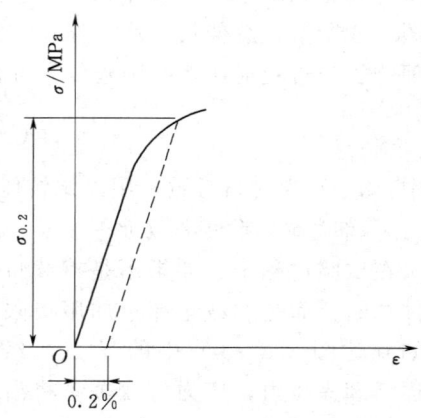

图 3.7 名义屈服极限应力

各类碳素钢中,随含碳量的增加,屈服极限和强度极限相应提高,但延伸率降低。例如合金钢、工具钢等高强度钢材,屈服极限较高,但塑性性能却较差。

3.1.3 铸铁拉伸时的力学性质

铸铁也是工程中广泛应用的材料之一,拉伸时的应力-应变关系是一条微弯曲线。如图 3.8 所示,没有直线区段,没有屈服和颈缩现象,试件断口平齐、粗糙,拉断破坏前产生的变形或应变很小,所以只能测得拉伸时的强度极限 σ_b(拉断时的最大应力)。铸铁是典型的脆性材料,由于没有屈服现象,强度极限 σ_b 是衡量强度的唯一指标。

由于铸铁 σ-ε 图是微弯的曲线,弹性模量 E 随应力的大小而变。但在工程中铸铁的拉应力不能很高,而在较低的拉应力

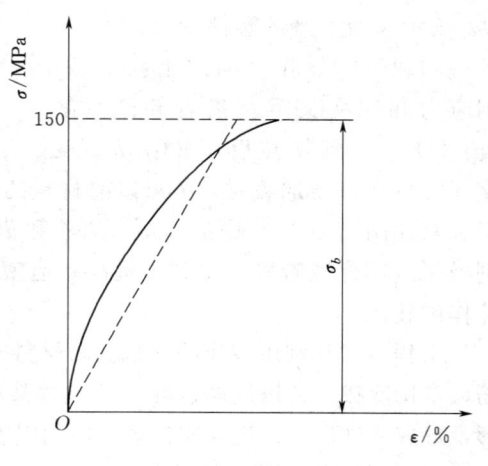

图 3.8 铸铁拉伸曲线

下，则可近似认为服从胡克定律。通常取 σ-ε 曲线的割线代替曲线的开始部分，并以割线的斜率作为弹性模量，称为割线弹性模量（secant modulus）。

一般情况下，铸铁等脆性材料的抗拉强度很低，所以不宜作为受拉构件。但铸铁经球化处理成为球墨铸铁后，力学性能有显著变化，不但有较高的强度，还有较好的塑性性能。国内不少工厂成功地用球墨铸铁代替钢材制造曲轴、齿轮等零件。

3.1.4 低碳钢和铸铁压缩时的力学性质

压缩试验也是考察材料力学性质的基本试验之一，为了比较低碳钢和铸铁拉伸与压缩时的力学性质的异同，将 σ-ε 曲线画在同一个坐标内。

图 3.9 是低碳钢压缩与拉伸时的 σ-ε 曲线，从图中看出，低碳钢拉伸与压缩时的弹性模量 E 和屈服极限 σ_s 相同。屈服阶段以后，低碳钢压缩试件会被越压越扁，横截面积不断增大，试件抗压能力也继续提高，因而得不到压缩时的强度极限。

图 3.10 是铸铁压缩与拉伸时的 σ-ε 曲线。铸铁是一种典型的脆性材料，压缩时的力学性质与拉伸时有较大差异，从图 3.10 可看出，此种材料拉伸与压缩时的弹性模量基本相同，但压缩时的强度极限 σ_b 是拉伸时的 4~5 倍，试件在变形不大的情形下突然破坏，破坏断面的法线与轴线成 45°~55° 的倾角，表明试件沿斜截面因相对错动而破坏。

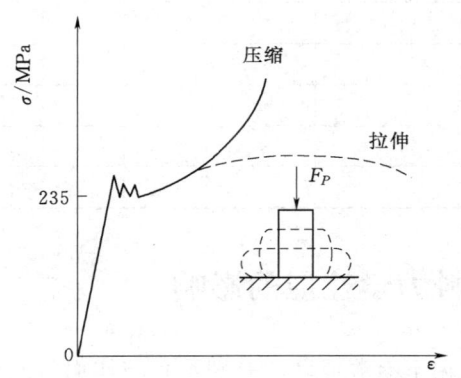

图 3.9 低碳钢压缩与拉伸时的 σ-ε 曲线　　图 3.10 铸铁压缩与拉伸时的 σ-ε 曲线

低碳钢和铸铁目前仍是工程中使用最为典型的塑性与脆性材料，这两种材料表现出来的力学性质具有一定的代表性。一般认为，低碳钢及其他塑性材料是拉伸、压缩力学性质相同的材料。铸铁所反映出的拉伸与压缩力学性质有较大的差异，对于其他脆性材料也有同样情形。脆性材料抗压强度高，价格低廉，宜于制成受压构件使用，特别是铸铁，坚固耐磨，高温熔融态时流动性很好，广泛用于浇铸制成的床身、机座等零部件。

综上所述，衡量材料力学性能的指标主要有比例极限（或弹性极限）σ_p（σ_e）、屈服极限 σ_s、强度极限 σ_b、弹性模量 E、延伸率 δ 和断面收缩率 φ 等。对很多金属来说，这些指标往往受温度、热处理等条件的影响。表 3.1 中列出了几种常用材料在常温、静载下 σ_s、σ_b 和 δ 的数值。

表 3.1　　　　　　　　　　　　常用材料的力学性质

材料名称	牌　号	屈服极限 σ_s/MPa 或名义屈服极限 $\sigma_{0.2}$/MPa	强度极限 σ_b /MPa	延伸率 δ /%
普通碳素钢	Q235	235	375～500	21～26
	Q275	275	490～630	15～20
优质碳素结构钢	35	315	530	20
	45	355	600	16
	55	380	645	13
普通低合金结构钢	16Mn	345	510	21
	15MnV	390	650	19
合金结构钢	40Cr	785	980	9
	30CrMnSi	885	1080	10
碳素铸钢	ZG200-400	200	400	25
	ZG270-500	290	500	8
可锻铸铁	KTH350-10	200	350	10
	KTZ450-06	270	450	6
球墨铸铁	QT400-18	400	250	18
	QT400-15	400	250	15
	QT450-10	450	310	10
灰口铸铁	HT150	—	150	—
	HT250	—	250	—

3.2　温度和时间对材料力学性能的影响

金属材料在高温和低温下的力学性能与常温下有着显著的差别，且与作用时间有关。另外，加载速率对材料力学性能也有较大影响。例如长期在高温中运转的汽轮机叶片，在低温下工作的液态氢和液态氮的容器；有的构件受到不同加载速率的载荷。因此，需要研究上述因素对材料力学性能的影响。

3.2.1　短期静载下温度对材料力学性能的影响

为确定金属材料在高温下的性能，可在指定温度下对试件进行短时静载拉伸实验，一般在 15～20min 内将试件拉断。图 3.11（a）、（b）分别为碳钢、低合金钢有关力学性质（σ_s、σ_b、E、δ、φ）在不同温度下变化的情况。从图中可看出，σ_s 和 E 随温度的升高而降低。在 250～300℃ 之前，随温度的升高，δ 和 φ 降低而 σ_b 增加；在 250～300℃ 之后，随温度升高，δ 和 φ 增加而 σ_b 降低。

在低温情况下，碳钢的弹性极限和强度极限都有所提高，但延伸率则相应降低。这表明在低温下，碳钢倾向于变脆。

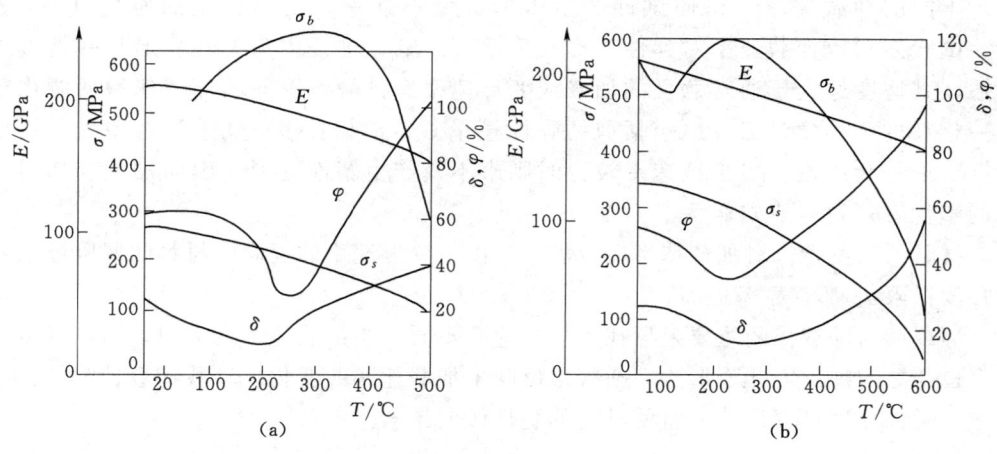

图 3.11 温度影响

3.2.2 高温、长期静载下材料的力学性能

金属在一定的温度和应力作用下,随着时间的增加而缓慢地发生塑性变形的现象称为蠕变(creep)。

对于某些有色金属及其合金,在室温下也会发生蠕变,碳钢在 300～305℃、合金钢在 350～400℃ 以上才会出现蠕变。在高温下工作的零件往往因蠕变而引起事故。例如汽轮机的叶片可能因蠕变发生过大的塑性变形,以致与轮壳相碰而打碎。图 3.12 是典型蠕变曲线的示意图,图中 Oa 段是初始载荷的瞬时应变 ε,若初始应力超过试验温度下的弹性极限,则 Oa 段既应有弹性应变也应有塑性应变。ab 段蠕变速率 $\dfrac{d\varepsilon}{dt}$(曲线的斜率)在不断减少,称为减速蠕变阶段。bc 段蠕变速度基本不变,称为等速蠕变阶段。超过 c 点后蠕变速度迅速增加,至 d 点试件断裂,cd 段则称为加速蠕变阶段。

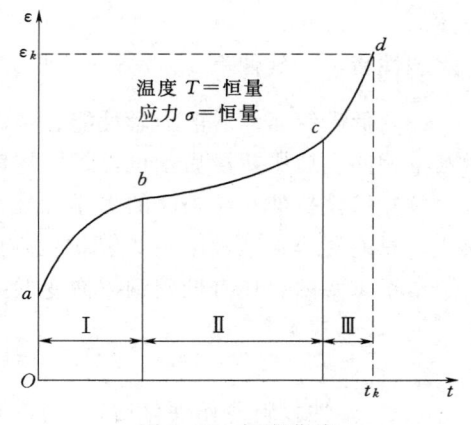

图 3.12 蠕变曲线

高温下工作的零件,在发生弹性变形后,如何保持其变形总量不变,根据胡克定律,需要零件内保持一定的预紧力。随着时间的增长,因蠕变而逐渐发展的塑性变形将逐步地代替了原来的弹性变形,从而使零件内的预紧力逐渐降低,这种现象称为松弛(relaxation)。靠预紧力密封或连接的机器,往往因松弛而引起漏气或松脱,例如汽轮机转子与轴的紧密配合可能因松弛而松脱。对这类问题就需要了解材料有关蠕变的性质。

3.2.3 加载速率对材料力学性质的影响

加载速率是指载荷施加于构件的速率,通常用单位时间内应力增加的数值表示。不同的加载速率，将使试件产生不同的变形速率，变形速率通常用 $\mathrm{d}\varepsilon/\mathrm{d}t$ 表示。试验表明，加载速率对弹性变形几乎没有影响，这是因为弹性变形是弹性波的传播，其速度远大于通常意义的加载或变形速率。试验由不同的加载速率所测出的同一材料的弹性模量 E（也包括剪切弹性模量 G、泊松比 μ）几乎没有差别。由于塑性变形较为缓慢，当加载速率较大时则来不及产生塑性变形，因而加载速率对材料的塑性变形过程影响较大。

材料的强度指标对加载速率反应敏感，由于变形速率的提高，材料的屈服极限 σ_s 和强度极限 σ_b 都有显著提高。

静载荷与动载荷的主要差异在于加载速率不同。当加载速率增大时，材料的变形速率也随之增加，因此变形速率间接地反映了加载速率的变化。动载荷会使材料的变形速率增加，增加变形速率将使材料的脆性倾向增大。

小　　结

本章的主要内容如下：

(1) 低碳钢拉伸时的力学性能。

强度指标：弹性极限 σ_e，屈服极限 σ_s，强度极限 σ_b。

弹性指标：弹性模量 $E=\dfrac{\sigma}{\varepsilon}$，泊松比 μ。

塑性指标：延伸率 $\delta=\dfrac{l_1-l_0}{l_0}\times 100\%$，断面收缩率 $\varphi=\dfrac{A_0-A_1}{A_0}\times 100\%$。

(2) 低碳钢压缩时的力学性能。弹性模量 E、比例极限 σ_p 和屈服极限 σ_s 与拉伸时基本相同。屈服阶段后，试件越压越扁，无颈缩现象，测不到强度极限。

(3) 铸铁拉伸和压缩时的力学性能。在拉伸和压缩时的应力-应变曲线均为微弯曲线，只能测得强度极限 σ_b，其抗拉强度远低于抗压强度。

本章重要内容还有低碳钢拉伸变形的 4 个阶段等。

第 3 章基础知识测试

习　　题

3.1　塑性材料冷作硬化后，材料的力学性能发生了变化。试判断以下结论正确的是（　　）。

A. 屈服应力提高，弹性模量降低

B. 屈服应力提高，塑性降低

C. 屈服应力不变，弹性模量不变

D. 屈服应力不变，塑性不变

3.2　关于材料的力学性能，有如下结论，请判断正确的是（　　）。

A. 脆性材料的抗拉能力低于其抗压能力

B. 脆性材料的抗拉能力高于其抗压能力

C. 塑性材料的抗拉能力高于其抗压能力

D. 脆性材料的抗拉能力等于其抗压能力

3.3 低碳钢材料在拉伸实验过程中，不发生明显的塑性变形时，承受的最大应力应当小于（　　）。
A. 比例极限　　B. 屈服强度　　C. 强度极限　　D. 许用应力

3.4 根据题 3.4 图所示 3 种材料拉伸时的应力-应变曲线，得出的如下 4 种结论，请判断正确的是（　　）。

A. 强度极限 $\sigma_b(1)=\sigma_b(2)>\sigma_b(3)$，弹性模量 $E(1)>E(2)>E(3)$，延伸率 $\delta(1)>\delta(2)>\delta(3)$

B. 强度极限 $\sigma_b(2)>\sigma_b(1)>\sigma_b(3)$，弹性模量 $E(2)>E(1)>E(3)$，延伸率 $\delta(1)>\delta(2)>\delta(3)$

C. 强度极限 $\sigma_b(3)>\sigma_b(1)>\sigma_b(2)$，弹性模量 $E(3)>E(1)>E(2)$，延伸率 $\delta(3)>\delta(2)>\delta(1)$

D. 强度极限 $\sigma_b(1)>\sigma_b(2)>\sigma_b(3)$，弹性模量 $E(2)>E(1)>E(3)$，延伸率 $\delta(2)>\delta(1)>\delta(3)$

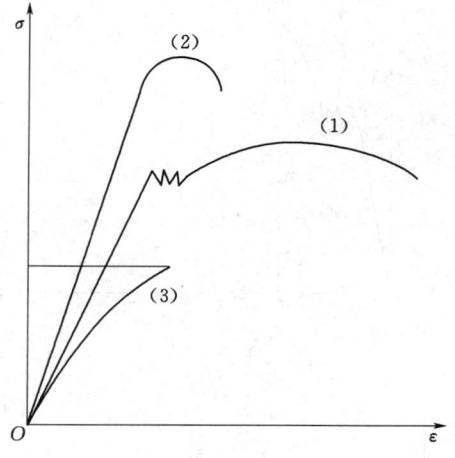

题 3.4 图

3.5 关于低碳钢试样拉伸至屈服时，有以下结论，请判断正确的是（　　）。
A. 应力和塑性变形很快增加，因而认为材料失效
B. 应力和塑性变形虽然很快增加，但不意味着材料失效
C. 应力不增加，塑性变形很快增加，因而认为材料失效
D. 应力不增加，塑性变形很快增加，但不意味着材料失效

3.6 关于名义屈服强度有如下 4 种论述，请判断正确的是（　　）。
A. 弹性应变为 0.2% 时的应力值
B. 总应变为 0.2% 时的应力值
C. 塑性应变为 0.2% 时的应力值
D. 塑性应变为 0.2 时的应力值

3.7 如题 3.7 图所示，低碳钢加载→卸载→再加载路径有以下 4 种，请判断正确的是（　　）。
A. $OAB \rightarrow BC \rightarrow COAB$　　B. $OAB \rightarrow BD \rightarrow DOAB$
C. $OAB \rightarrow BAO \rightarrow ODB$　　D. $OAB \rightarrow BD \rightarrow DB$

3.8 某材料的应力-应变曲线如题 3.8 图所示，曲线上（　　）点的纵坐标是材料的名义屈服极限 $\sigma_{0.2}$。

3.9 拉杆的应力计算公式 $\sigma=F_N/A$ 的应用条件是（　　）。
A. 应力在比例极限内　　B. 外力的合力作用线必须沿杆件的轴线
C. 应力在屈服极限内　　D. 杆件必须为矩形截面杆

53

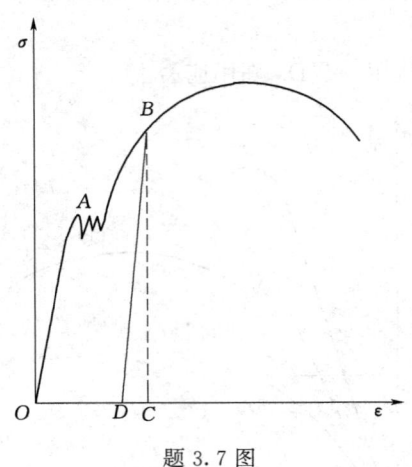

题 3.7 图

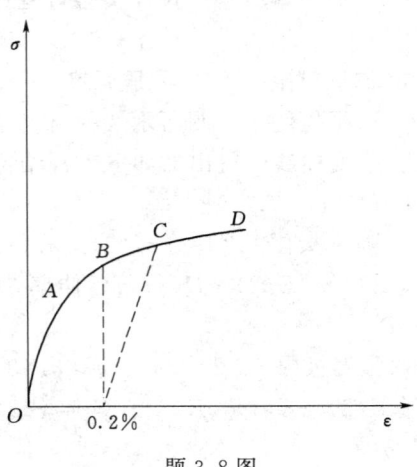

题 3.8 图

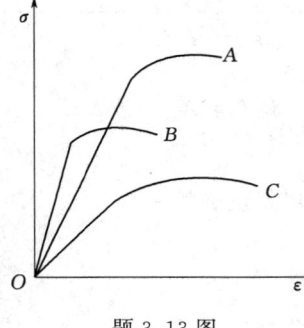

题 3.13 图

3.10 对于没有明显屈服极限的塑性材料，通常以产生 0.2% 的_____所对应的应力作为屈服极限。

A. 应变　　　B. 残余应变　　　C. 延伸率

3.11 低碳钢材料由于冷作硬化，会使_____提高，而使_____降低。

3.12 铸铁试件的拉伸破坏和_____应力有关，其压缩破坏和_____应力有关。

3.13 题 3.13 图为 3 种材料的应力-应变曲线，图中强度最大的是材料_____；塑性最好的是材料_____；弹性模量最大的是材料_____。

第4章 连接件的剪切与挤压强度计算

第4章思维导图

本章主要介绍剪切的概述、剪切的实用计算、挤压的实用计算及焊接的实用计算等内容。由于在实际工程中连接件和被连接件间受力和变形的复杂性,很难做出精确的理论分析,因此在工程中进行构件的内力和强度分析时,采用简化的计算方法,即实用计算方法,通过实践检验这种方法能够满足工程实际要求。

4.1 剪 切

4.1.1 剪切的概述

在生产实践中,经常遇到剪切(shear)问题,剪切包括连接件的剪切和扭转时的剪切两部分内容,本章主要讨论连接件的剪切。

工程上常常需要把构件相互连接起来,其连接起来的形式有铆钉连接、销钉连接和键连接。其中起连接作用的是铆接头中的铆钉或螺栓,如图 4.1(a)所示;销钉连接中的销钉和键连接中的键,如图 4.2 所示等。除此之外,还有榫接和焊接,如图 4.3 所示。在这些连接件中起连接作用的部件,比如铆钉、螺栓、销钉、键、榫、焊缝等称为连接件(connective element),被连接的构件称为被连接件。而剪切变形(shear deformation)常出现在这些连接部分。

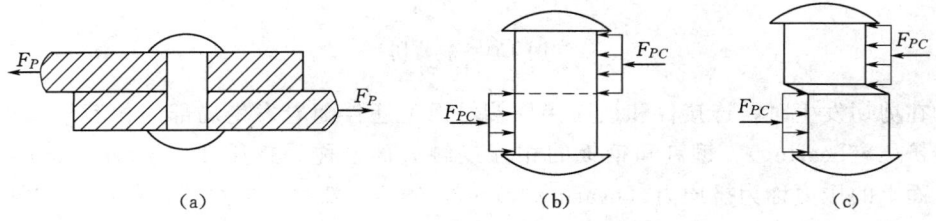

图 4.1 铆钉连接剪切形式

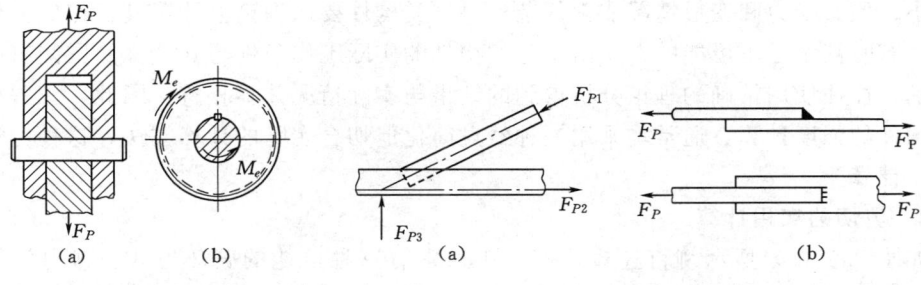

图 4.2 销钉连接和键连接   图 4.3 榫接和焊接

这类构件的受力和变形特点可用图 4.1（b）、图 4.1（c）所示两块钢板受拉时铆钉破坏的示意图加以说明。例如，在图 4.1（a）中，当钢板在两端受到外力 F_P 作用时，铆钉在其左右两侧面上各受到大小相等、方向相反、作用线相距很近、合外力为 F_R（$F_R = F_{PC}$）的分布力作用，如图 4.1（b）所示。铆钉的两外力作用线间的截面发生了相对滑移或错动，如图 4.1（c）所示，具有这种受力和变形特点的变形形式称为剪切变形，发生相对滑移或错动的面称为剪切面或受剪面（shear surface）。

剪切面上的内力称为剪力（shearing force），用 F_Q 表示，与之相应的应力称为剪应力或切应力（shearing stress），用 τ 表示。当构件在外力作用下，只有一个剪切面，且外力过大，构件将沿着这一剪切面被剪断，这种情况称为单剪切，如图 4.1（c）所示。图 4.4（a）所示为一种剪切试验装置的简图，试件受力情况如图 4.4（b）所示，当载荷 F_P 增大到破坏截面载荷时，截面将在 $m-m$ 和 $n-n$ 处被剪断，这种有两个剪切面的称为双剪切，如图 4.4（c）所示。

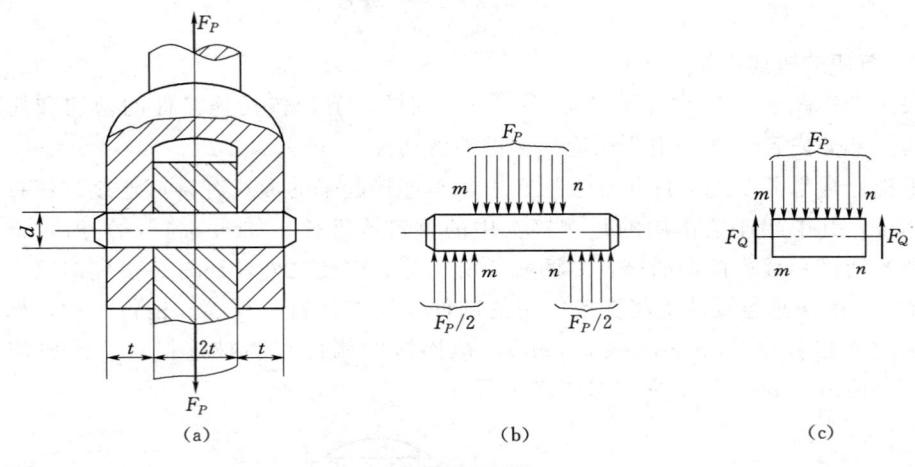

图 4.4 双剪切

在剪切发生时，连接件和被连接件接触面上还伴随着发生局部的相互压紧现象，称为挤压（bearing）。铆钉和钢板的相互接触表面，称为挤压面（bearing surface），挤压面上的压力称为挤压力（bearing force），用 F_C 表示，虽然其面积很小，但承受着很大的压力，与之相应的应力称为挤压应力（bearing stress），用 σ_C 表示。

由此可知，铆钉、螺栓、销钉、键、榫、焊缝等连接件，它们在结构中所占的体积虽小，但其受力和变形情况非常复杂，对这类构件要从理论上计算其工作应力较为复杂，有时甚至是不可能的；又由于这类构件的实际工作条件与其计算简图间有一定的差别，往往使用精确的理论分析得到的结果与实际情况并不相符。因此，工程中对这类构件的强度计算，通常均采用一种经过简化但切合实际的计算方法，这种方法称为实用计算。

4.1.2 剪切的实用计算

如图 4.5（a）所示铆钉连接，铆接头通常有三种可能的破坏形式：铆钉沿受剪面被剪断，板上铆钉孔的边缘或铆钉被挤压而产生显著的塑形变形，以及板在危险截面（此截面因铆钉孔削弱）处被拉断，如图 4.5（a）和（b）所示。因此，在铆接头的强度计算中对这三种可能的破坏情况都应该予以考虑。

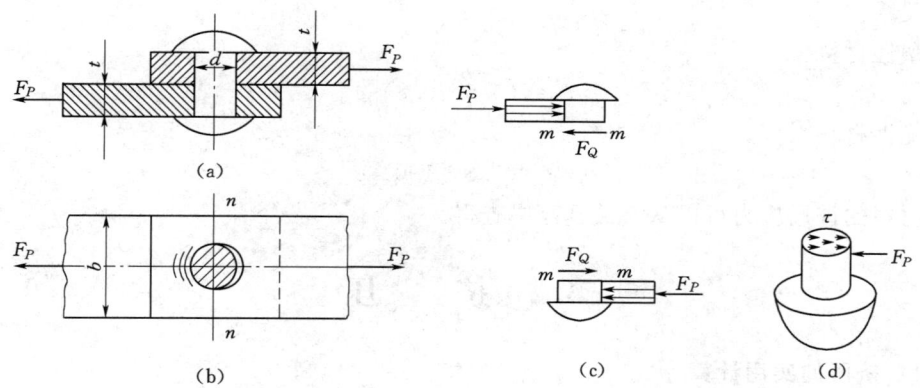

图 4.5 铆钉连接

以图 4.5 中的铆钉为例，外力 F_P 增大到某一值时，铆钉将沿截面 $m-m$ 被剪断，剪切面上的内力计算采用截面法求得。用一假想的平面把铆钉从 $m-m$ 处截开，分为上、下两部分，取下部分研究，如图 4.5（c）所示，由平衡条件可知，有 $F_Q = F_P$。

在铆钉的抗剪强度的实用计算中，一般都忽略钢板和钢板之间的摩擦力以及其他次要因素的影响，而是假设每个铆钉所受的剪力相等。在具有 n 个直径相等的铆钉的搭接铆接头上作用的外力为 F_P 时，每个铆钉平均分担接头所受的总拉力，即 F_P/n，此时 n 个直径相等的铆钉共同工作，每一个铆钉有一个剪切面时，每个铆钉所承受的剪力为

$$F_Q = \frac{F_P}{n} \tag{4.1}$$

在工程中还常采用对接，其中每个铆钉均有两个受剪面，如图 4.4 所示，通常假定两个受剪面上的剪力相等，因此当每边有 n 个相同的铆钉的对接头上作用的外力为 F_P 时，铆钉每个受剪面上的剪力 F_Q 就等于每个铆钉所受到的外力 F_P/n 的一半，即每个铆钉所承受的剪力为

$$F_Q = \frac{F_P}{2n} \tag{4.2}$$

4.1.3 剪切强度计算

设受剪面上各点处的切应力相等，剪切面面积为 A_Q，则"名义切应力"的计算公式为

$$\tau = \frac{F_Q}{A_Q} \tag{4.3}$$

因此，剪切强度条件为

$$\tau = \frac{F_Q}{A_Q} \leqslant [\tau] \tag{4.4}$$

其中

$$A_Q = \frac{\pi d^2}{4}$$

式中：d 为铆钉直径；$[\tau]$ 为铆钉材料的许用切应力。

在一般的规范中，铆钉的许用切应力 $[\tau]$ 与材料的许用拉应力 $[\sigma]$ 之间大致有如下关系：

塑性材料：
$$[\tau]=(0.6\sim 0.8)[\sigma]$$

脆性材料：
$$[\tau]=(0.8\sim 1.0)[\sigma]$$

材料的许用应力可以从有关规范中查得。

4.2 挤 压

4.2.1 挤压的实用计算

如图 4.6 所示，螺栓连接时承受挤压作用的情况，根据理论分析结果可知，螺栓与板的孔壁之间的挤压应力的分布非常复杂，挤压应力在半圆柱面上的分布情况如图 4.6（b）所示，挤压面为半圆柱面，其上的挤压应力分布不均匀，沿孔壁的变化情况为：最大挤压应力在孔壁中点 A 处，在 B、C 点挤压应力为零。精确地计算挤压应力是比较困难的，因此采用挤压的实用计算。假设挤压力为 F_C，挤压面的面积为 A_C，其大小为孔的直径面 $BCC'B'$ 的面积作为受挤压面面积，用它除挤压力 F_C，所得结果与按理论分析所得的最大挤压应力值相近。

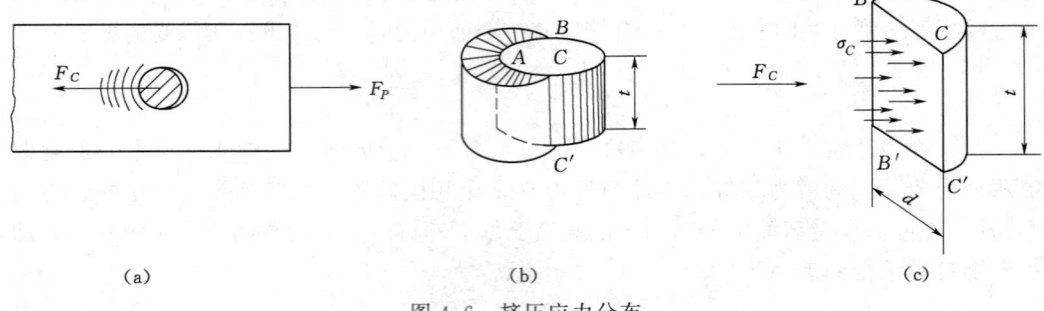

图 4.6 挤压应力分布

因此铆钉和板（或板对铆钉）的挤压面上的"名义挤压应力"计算公式为

$$\sigma_C = \frac{F_C}{A_C} \tag{4.5}$$

在实用计算中，要注意挤压面积 A_C 的计算，当挤压面为平面时，如图 4.2（b）中连接轴的键，就是连接件和被连接件的接触面的实际面积；当挤压面为半圆柱面时（如铆钉、螺栓、销钉等），为简化计算，挤压面积为实际接触面在直径面上的投影面积，如图 4.6（c）所示。

4.2.2 挤压强度计算

试验表明，对于塑性材料（如低碳钢）其抗挤压强度比抗压强度要高，因而许用挤压应力 $[\sigma_C]$ 也比同一材料的许用压应力 $[\sigma]$ 大。因此在铆接头中一般采用：

4.2 挤 压

$$[\sigma_C]=(1.7\sim 2.0)[\sigma]$$

拉伸强度计算时,由于铆钉孔的存在,开孔处钢板的横截面遭到削弱,因此应该校核板在该截面处的抗拉强度。板在通过铆钉孔圆心处的横截面积最小,故这个截面为危险截面。由于铆钉孔的存在,板在此横截面上各点处的正应力并不相等,但因板的材料(如低碳钢)具有良好的塑性,所以当外力较大,危险截面上各部分都达到屈服阶段时,此截面上各点处的正应力趋于相等,故可假设该截面上各点处的正应力是相等的。因此,"名义拉应力"σ的计算公式为

$$\sigma=\frac{F_N}{A} \tag{4.6}$$

式中:A为板的危险截面面积,即削弱处钢板的实际净面积;F_N为危险截面上的轴力。

拉伸许用应力仍用一般的许用拉应力$[\sigma]$,板在拉伸时的强度条件为

$$\sigma=\frac{F_N}{A}\leqslant[\sigma] \tag{4.7}$$

上述介绍的实用计算方法,从理论上来说虽不够完善,但对一般的连接件而言,用这种简化方法进行计算还是比较方便且符合实际的,因此到目前为止,在工程计算中仍被广泛采用。

【例题 4.1】 如图 4.7 所示冲床,$F_{Pmax}=400\text{kN}$,冲头$[\sigma]=400\text{MPa}$,冲剪钢板$\tau_b=360\text{MPa}$。试设计冲头的最小直径及钢板最大厚度。

解:

(1) 按冲头抗压强度计算 d。

$$\sigma=\frac{F_P}{A}=\frac{F_P}{\dfrac{\pi d^2}{4}}\leqslant[\sigma]$$

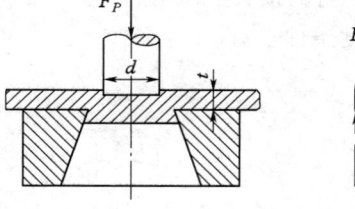

图 4.7 [例题 4.1] 图

所以

$$d\geqslant\sqrt{\frac{4F_P}{\pi[\sigma]}}=3.4(\text{cm})$$

(2) 按钢板剪切强度计算 t。

$$\tau=\frac{F_Q}{A_Q}=\frac{F_P}{\pi dt}\geqslant\tau_b$$

所以

$$t\leqslant\frac{F_P}{\pi d\tau_b}=1.04\text{cm}$$

因此,工程中冲头的最小直径取 $d=34\text{mm}$,钢板的最大厚度取 $t=10\text{mm}$。

【例题 4.2】 两块宽度$b=200\text{mm}$,厚度分别为$t_1=8\text{mm}$和$t_2=10\text{mm}$的钢板搭接连接,如图 4.8(a)所示。设接头受外力$F_P=200\text{kN}$,铆钉直径$d=20\text{mm}$,许用切应力$[\tau]=145\text{MPa}$,钢板和铆钉的材料相同,许用拉应力$[\sigma]=170\text{MPa}$,许用挤压应力$[\sigma_C]=340\text{MPa}$。试计算该接头需要铆钉的数目。

第 4 章 连接件的剪切与挤压强度计算

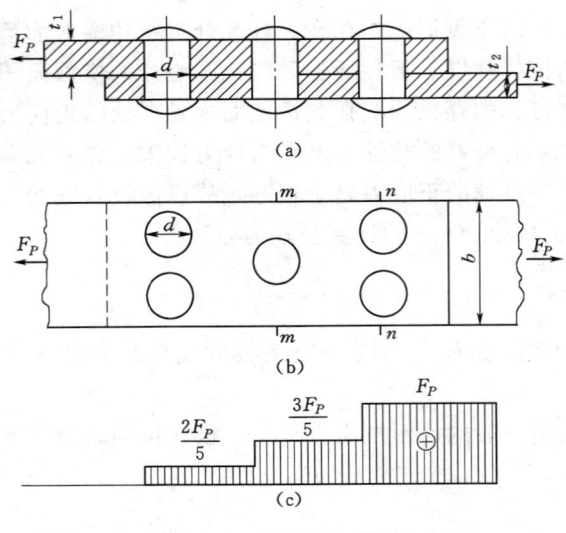

图 4.8 [例题 4.2] 图

解：

对于铆钉组问题，首先要计算每个铆钉横截面上的剪力。当各铆钉直径相同，且外力作用线通过这一组铆钉截面的形心时，可以认为每个铆钉受到相等的外力。所以当具有 n 个铆钉的接头上作用的外力为 F_P 时，每个铆钉剪切面上承受的剪力为 F_P/n。根据剪切强度条件，有

$$\tau = \frac{F_Q}{A_Q} = \frac{\dfrac{F_P}{n}}{\dfrac{\pi d^2}{4}} \leqslant [\tau]$$

所以

$$n \geqslant \frac{F_P}{\dfrac{\pi d^2}{4}[\tau]} = \frac{200 \times 10^3}{\dfrac{\pi \times (20 \times 0.001)^2}{4} \times 145 \times 10^6} = 4.39$$

每个铆钉与板孔的相互挤压力为 $F_C = \dfrac{F_P}{n}$，根据挤压强度条件，有

$$\sigma_C = \frac{F_C}{A_C} \leqslant [\sigma_C]$$

由于较薄板与铆钉的挤压面积小，所以应取下面板厚为 t_2 的板计算挤压面积，因此

$$n \geqslant \frac{F_{PC}}{dt_2[\sigma_C]} = \frac{200 \times 10^3}{(20 \times 0.001 \times 8 \times 0.001) \times 340 \times 10^6} = 3.68$$

综上，接头需要铆钉数为 5 个。

由例题可见，应由剪切强度条件确定铆钉个数，选择铆钉数量 $n=5$，排列如图 4.8（b）所示。

4.2 挤 压

为了确保接头不损坏,还应校核钢板由于铆钉孔削弱后其抗拉强度是否足够。由于下面钢板厚度小,故验算下面钢板。它的轴力图如图 4.8(c)所示。

由于截面 $n-n$ 被削弱较多,而内力最大,所以强度校核应选该截面进行:

$$A = (b-2d)t_2 = (20-2\times 2)\times 0.8 = 12.8(\text{cm}^2) = 12.8\times 10^{-4}(\text{m}^2)$$

$$\sigma = \frac{F_P}{A} = \frac{200\times 10^3}{12.8\times 10^{-4}} = 156.25(\text{MPa}) < 170(\text{MPa})$$

综上,铆钉数目为 5,排列如图 4.8(b)所示时,连接是安全的。

【例题 4.3】 如图 4.9 所示一对接接头。$F_P = 200\text{kN}$,如 $[\sigma] = 160\text{MPa}$、$[\tau] = 120\text{MPa}$、$[\sigma_C] = 300\text{MPa}$、$b = 200\text{mm}$、$b_1 = 160\text{mm}$,上下盖板厚度 $t_1 = 7\text{mm}$,主板厚度 $t_2 = 12\text{mm}$,铆钉直径 $d = 20\text{mm}$,试校核接头的强度。

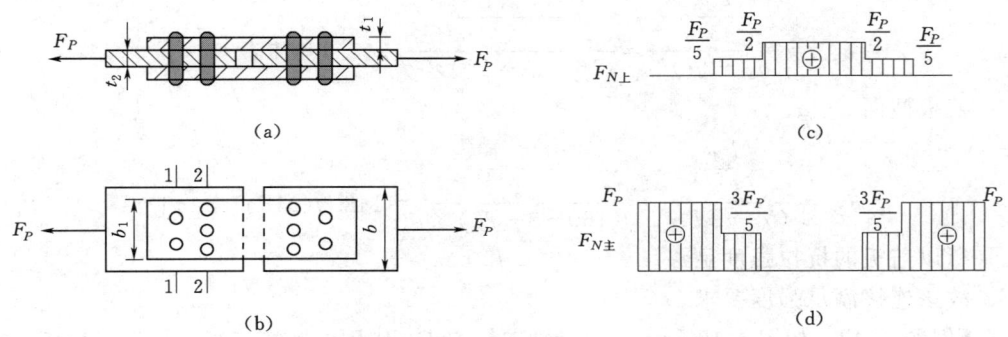

图 4.9 [例题 4.3] 图

解:

(1) 铆钉的受力分析:此构件为对接接头,属于双剪切,如图 4.9(a)所示,故每个铆钉承受的力为 $\frac{F_P}{n}$,其中 $n=5$,说明对接口一侧的铆钉数是 5 个,每个铆钉均有两个剪切面。

(2) 主板与上下盖板的受力分析:因为每个铆钉承受的剪力 F_Q 相等,主板与上下盖板的轴力图如图 4.9(c)和(d)所示。

(3) 铆钉的抗剪强度计算:由于每个铆钉有两个剪切面,是双剪切,即 $F_Q = \frac{F_P}{2n}$,铆钉横截面上切应力为

$$\tau = \frac{F_P}{2n\cdot\frac{\pi d^2}{4}} = \frac{200\times 10^3}{2\times 5\times \frac{\pi}{4}\times 20^2} = 63.7(\text{MPa}) < [\tau]$$

铆钉满足抗剪强度要求。

(4) 挤压强度计算:挤压面上的挤压应力为

$$\sigma_C = \frac{F_P}{nt_2 d} = \frac{200\times 10^3}{5\times 12\times 20} = 166.7(\text{MPa}) < [\sigma_C]$$

主板、上下盖板和铆钉满足挤压强度要求。

(5) 主板和盖板的抗拉强度校核：

主板截面 1-1 上：

$$\sigma_{1-1} = \frac{F_{N1}}{A_1} = \frac{F_P}{(b-2d)t_2} = \frac{200 \times 10^3}{(200-2\times 20)\times 12} = 104.2 (\mathrm{MPa}) < [\sigma]$$

主板截面 2-2 上：

$$\sigma_{2-2} = \frac{F_{N2}}{A_2} = \frac{\dfrac{3F_P}{5}}{(b-3d)t_2} = \frac{\dfrac{3}{5}\times 200\times 10^3}{(200-3\times 20)\times 12} = 71.4 (\mathrm{MPa}) < [\sigma]$$

所以主板的抗拉强度足够。

盖板截面 1-1 上：

$$\sigma_{1-1} = \frac{\dfrac{F_P}{5}}{(b_1-2d)t_1} = \frac{\dfrac{200\times 10^3}{5}}{(160-2\times 20)\times 7} = 47.6 (\mathrm{MPa}) < [\sigma]$$

盖板截面 2-2 上：

$$\sigma_{2-2} = \frac{\dfrac{F_P}{2}}{(b_1-3d)t_1} = \frac{\dfrac{200\times 10^3}{2}}{(160-3\times 20)\times 7} = 142.9 (\mathrm{MPa}) < [\sigma]$$

所以盖板的抗拉强度足够。

故该连接满足强度要求。

【例题 4.4】 如图 4.10 所示，承受轴向拉力 F_P 作用的连接，每一块钢板厚度 $t=8\mathrm{mm}$，由 6 个铆钉连接，铆钉的直径 $d=16\mathrm{mm}$，已知铆钉的许用切应力 $[\tau]=140\mathrm{MPa}$，许用挤压应力 $[\sigma_C]=330\mathrm{MPa}$，钢板的许用拉应力 $[\sigma]=170\mathrm{MPa}$。试计算该铆钉接头允许承受的荷载设计值 F_P 的大小。

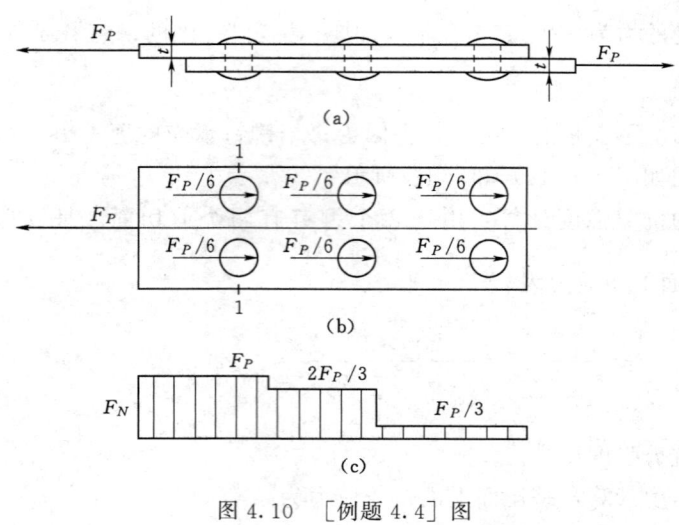

图 4.10 [例题 4.4] 图

解：

(1) 如图 4.10 所示，连接为搭接，每个铆钉只有一个受剪面，属于单剪切，剪

4.2 挤 压

力 $F_Q = \dfrac{F_P}{6}$。因此由剪切强度条件可得每个铆钉上允许承担的剪力为

$$F_Q = \frac{\pi d^2}{4}[\tau] = \frac{\pi \times (16 \times 10^{-3})^2}{4} \times 140 \times 10^6 = 28149(\text{N}) = 28.149\text{kN}$$

（2）由挤压强度条件可得：每一个铆钉承受的挤压力为

$$F_C = dt[\sigma_C] = 16 \times 10^{-3} \times 8 \times 10^{-3} \times 330 \times 10^6 = 42240(\text{N}) = 42.24\text{kN}$$

综上可知，在连接中，铆钉的抗剪能力低于其承受挤压的能力，因此这个连接的许用载荷应由铆钉的许用剪力来决定，即连接的许用载荷设计值 $F_P = 6F_Q = 168.894\text{kN}$。

（3）校核钢板在削弱截面处是否满足强度要求：画轴力图如图 4.10（c）所示，由轴力图可知危险截面在钢板的截面 1-1 处。其轴力 $F_N = F_P$，而截面的净面积 $A_1 = (160 - 2 \times 16) \times 8 \times 10^{-6} = 1.024 \times 10^{-3}(\text{m}^2)$，所以危险截面上的应力为

$$\sigma = \frac{F_N}{A_1} = \frac{168.894 \times 10^3}{1.024 \times 10^{-3}} = 164.9(\text{MPa}) < [\sigma]$$

综上，钢板满足强度要求，因此该接头的载荷设计值为 168.9kN。

【例题 4.5】 轴和齿轮用平键连接如图 4.11（a）所示，已知 $d = 70\text{mm}$，$b = 20\text{mm}$，$h = 12\text{mm}$，$h' = 7.4\text{mm}$，轴传递的力偶矩 $M = 2\text{kN·m}$，键材料的剪切许用应力 $[\tau] = 60\text{MPa}$，许用压应力 $[\sigma] = 100\text{MPa}$，试设计键的长度 l。

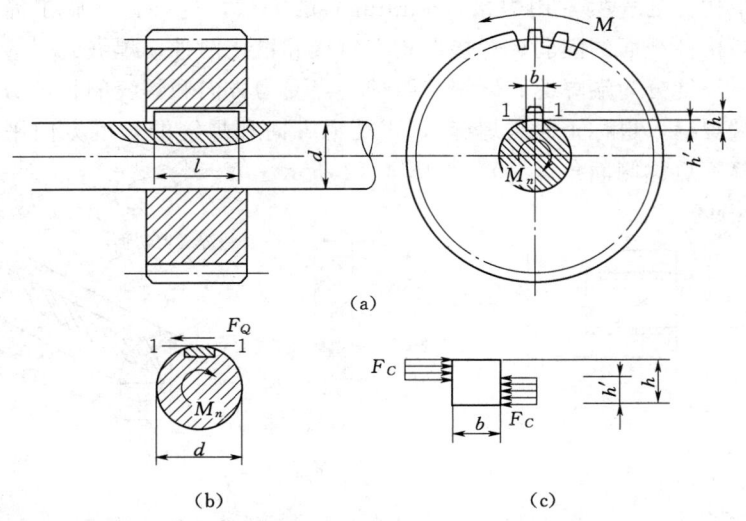

图 4.11 ［例题 4.5］图

解：

分析键的受力情况，可知 1-1 为剪切面，剪切面面积 $A_Q = bl$，剪力 F_Q 可由平衡条件求得，如图 4.11（b）所示。

$$F_Q \frac{d}{2} = M$$

$$F_Q = \frac{2M}{d} = \frac{2 \times 2000}{70 \times 10^{-3}} = 57.1(\text{kN})$$

由键的剪切强度条件：

$$\tau = \frac{F_Q}{A_Q} = \frac{F_Q}{bl} \leqslant [\tau]$$

可得

$$l \geqslant \frac{F_Q}{b[\tau]} = \frac{57.1 \times 10^3}{20 \times 10^{-3} \times 60 \times 10^6} = 4.76 \times 10^{-2}(\text{m}) = 47.6\text{mm}$$

如图 4.11（c）所示，键两侧面与键槽的接触部分受挤压，挤压力均为 $F_C = F_Q$，有效挤压面积 $A_C = l(h-h')$，由键的挤压强度条件：

$$\sigma_C = \frac{F_C}{A_C} = \frac{F_Q}{l(h-h')} \leqslant [\sigma]$$

可得

$$l \geqslant \frac{F_Q}{(h-h')[\sigma]} = \frac{57.1 \times 10^3}{(12-7.4) \times 10^{-3} \times 100 \times 10^6} = 0.124(\text{m}) = 124\text{mm}$$

综上可知，键的长度设计值为 $l = 124\text{mm}$。

4.3 焊接的实用计算

钢结构中构件的连接常用焊接（jointing）的方法，这种方法施工简单，而且可避免铆钉孔对构件截面的削弱。焊接形式有对接和搭接两种，焊缝有对接焊缝和角焊缝。其中，角焊缝分为端焊缝和侧焊缝两种。当受力方向和焊缝的长度方向垂直时的角焊缝即为端焊缝（也称正面角焊缝），当受力方向和焊缝的长度方向平行时的角焊缝即为侧焊缝（也称侧面角焊缝），如图 4.12 所示。

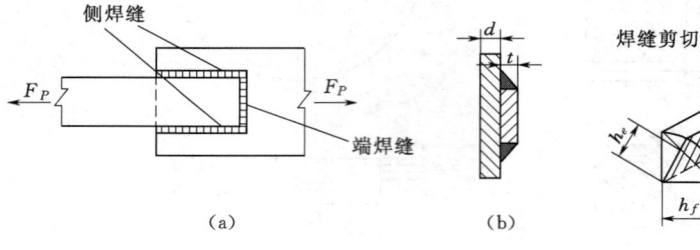

图 4.12 角焊缝

当受力时，对于主要承受剪切的焊缝，假定沿焊缝的最小断面（即焊缝剪切面）发生破坏。此外，还假定切应力在焊缝剪切面上均匀分布，于是根据焊缝的类型，焊接的实用计算有如下两个方面。

4.3.1 对接焊缝的强度计算

对接是用来连接同一平面内的构件，在构件受力时，其主要承受轴向拉伸或压缩。计算焊缝应力时，假设焊缝和被焊构件一样，应力是均匀分布的。由于焊缝端部的焊接质量较差，通常将焊缝实际长度减去 $2t$ 作为计算长度，故焊缝强度条件为

$$\sigma = \frac{F_P}{(b-2t_{\min})t_{\min}} \leqslant [\sigma_h] \tag{4.8}$$

式中：σ 为焊缝内的正应力；$t_{\min}$ 为两块钢板厚度的较小者；b 为焊缝实际长度，即钢板实际宽度；$b-2t_{\min}$ 为焊缝的计算长度；$[\sigma_h]$ 为焊缝材料的许用拉应力，可由材料手册查得。

4.3.2　搭接焊缝的强度计算

搭接是一个构件搭在另一个构件上，在边缘焊成三角形焊缝的连接方式，如图 4.12 所示。角焊缝在轴向力的作用下将沿着焊接截面积最小的截面发生剪切破坏，如图 4.12（c）所示，计算时可以认为角焊缝为等腰直角三角形，直角边边长为 h_f 称为焊缝尺寸，最小宽度 h_e 称为焊缝有效厚度，$h_e = h_f \cos 45°$，故焊缝抗剪强度条件为

$$\tau = \frac{F_Q}{A_Q} = \frac{F_Q}{h_e l} = \frac{F_Q}{h_f l \cos 45°} \leqslant [\tau_h] \tag{4.9}$$

式中：τ 为焊缝内的切应力；F_Q 为焊缝承受的剪力；$[\tau_h]$ 为焊缝材料的许用切应力；l 为焊缝总计算长度，每条焊缝的计算长度为实际长度减去 $2h_f$。

【例题 4.6】　如图 4.13 所示两块钢板 A 和 B 搭接焊在一起，钢板 A 的厚度 $t=8$mm。已知 $F_P=150$kN，焊缝的许用切应力 $[\tau]=180$MPa。试求焊缝抗剪所需的长度。

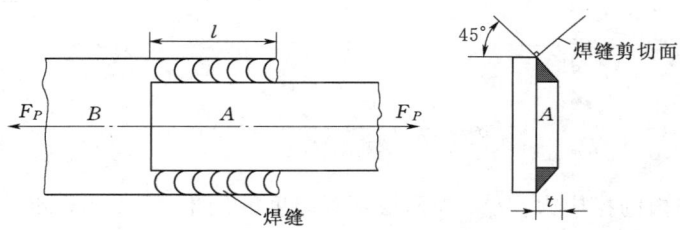

图 4.13　［例题 4.6］图

解：

在图 4.13 所示的受力情形下，焊缝主要承受剪切，两条焊缝上承受的总剪力为 $F_Q = F_P$。其中 $t=8$mm，设焊缝总计算长度为 l。由强度设计准则得

$$\tau = \frac{F_Q}{A_Q} = \frac{F_P}{2 \times 0.008 \times 0.707 \times l} \leqslant [\tau]$$

由此解得

$$l \geqslant \frac{F_P}{1.414 \times 0.008 \times [\tau]} = \frac{150 \times 10^3}{1.414 \times 0.008 \times 108 \times 10^6} = 0.123(\text{m}) = 123\text{mm}$$

综上，焊缝抗剪所需长度为 $l + 2h_f$，即 $123 + 2 \times 8 = 139$(mm)。

小　结

本章通过连接件的受力和变形特点了解剪切的概念，重点内容为剪切、挤压和焊接的实用计算，这是材料力学的基本内容，是要求掌握的部分。在连接件和被连接件

间伴随剪切同时出现局部的挤压,由于受力和变形的复杂性,一般采用简化的计算方法,即实用计算的方法。

(1) 铆钉剪切的实用计算及强度条件为

$$\tau = \frac{F_Q}{A_Q} \leqslant [\tau]$$

式中:τ 为名义切应力;A_Q 为剪切面积。

(2) 铆钉挤压的实用计算及强度条件为

$$\sigma_C = \frac{F_C}{A_C} \leqslant [\sigma_C]$$

式中:σ_C 为名义挤压应力;A_C 为挤压面积。

(3) 钢板抗拉强度的计算。由于铆钉孔的存在,开孔处钢板的横截面遭到削弱,因此必须对钢板进行抗拉强度的计算,并进行校核。即

$$\sigma = \frac{F_N}{A} \leqslant [\sigma]$$

式中:A 为钉孔处截面面积;$[\sigma]$ 为钢材的抗拉许用应力。

(4) 焊接的实用计算。由于焊接的方式有对接和搭接两种方式,因此焊缝的实用计算分别如下:

对接焊缝:

$$\sigma = \frac{F_P}{(b - 2t_{\min})t_{\min}} \leqslant [\sigma_h]$$

式中:σ 为焊缝内的拉应力;$t_{\min}$ 为两块钢板厚度的较小者;b 为焊缝实际长度,即钢板实际宽度;$b - 2t_{\min}$ 为焊缝的计算长度;$[\sigma_h]$ 为焊缝材料的许用拉应力。

搭接焊缝:

$$\tau = \frac{F_Q}{A_Q} = \frac{F_Q}{h_e l} = \frac{F_Q}{h_f l \cos 45°} \leqslant [\tau_h]$$

式中:τ 为焊缝内的切应力;F_Q 为焊缝承受的剪力;$[\tau_h]$ 为焊缝材料的许用切应力;l 为焊缝总计算长度,每条焊缝的计算长度为实际长度减去 $2h_f$。

习 题

第4章基础知识测试

4.1 夹剪如题 4.1 图所示。销子 C 的直径 $d = 5\text{mm}$。当外力 $F_P = 0.2\text{kN}$,剪切直径与销子直径相同的铜丝时,求铜丝与销子横截面上的平均切应力。已知 $a = 30\text{mm}$,$b = 150\text{mm}$。

4.2 试校核题 4.2 图所示拉杆头部的剪切强度和挤压强度。已知杆头受力 $F_P = 50\text{kN}$,$D = 32\text{mm}$,$d = 20\text{mm}$,$h = 12\text{mm}$,杆的许用切应力 $[\tau] = 100\text{MPa}$,许用挤压应力 $[\sigma_C] = 240\text{MPa}$。

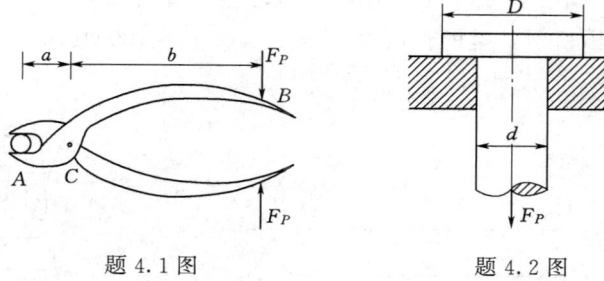

题 4.1 图　　　　题 4.2 图

4.3　两块钢板厚均为 $t=6$mm，用 3 个直径相同的铆钉连接，如题 4.3 图所示。已知 $F_P=50$kN，材料的许用切应力 $[\tau]=100$MPa，挤压应力 $[\sigma_C]=280$MPa，试求铆钉直径 d。若利用现有直径 $d=12$mm 的铆钉，则铆钉数 n 应该是多少？

4.4　如题 4.4 图所示正方形截面的混凝土柱，其横截面边长为 200mm，其基底为边长 $a=1$m 的正方形混凝土板。柱承受轴向压力 $F_P=100$kN。假设地基对混凝土板的支反力为均匀分布，混凝土的许用切应力为 $[\tau]=1.5$MPa，试求为使柱不穿过板，板所需的最小厚度 t。

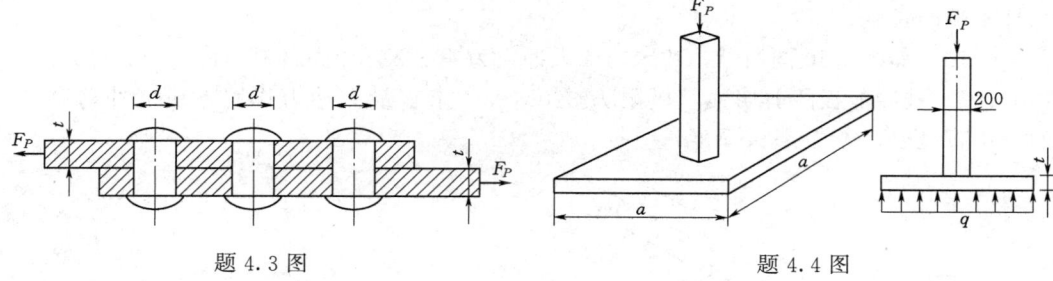

题 4.3 图　　　　　　　　　题 4.4 图

4.5　如题 4.5 图所示一螺栓接头。已知 $F_P=40$kN，螺栓的许用切应力 $[\tau]=100$MPa，许用挤压应力 $[\sigma_C]=300$MPa。试按强度条件计算螺栓所需的直径。

4.6　已知承受外力 $F_P=80$kN 的螺栓连接如题 4.6 图所示。已知 $b=80$mm，$t=10$mm，$d=22$mm，螺栓的许用切应力 $[\tau]=100$MPa，钢板的许用挤压应力 $[\sigma_C]=300$MPa，许用拉应力 $[\sigma]=170$MPa。试校核该接头的强度。

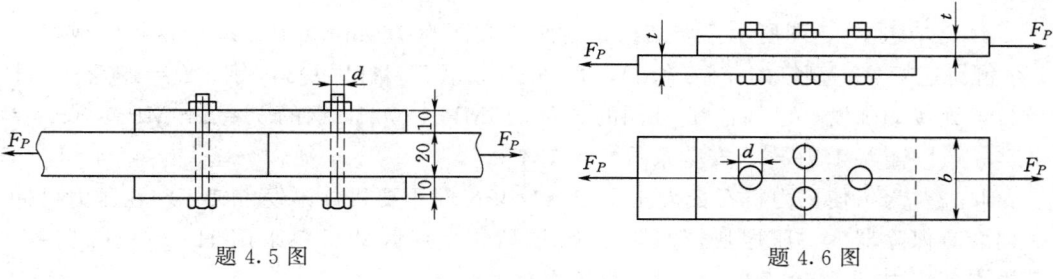

题 4.5 图　　　　　　　　　题 4.6 图

4.7　两矩形截面木杆用两块钢板连接，如题 4.7 图所示。截面的宽度 $b=250$mm，沿拉杆顺纹方向承受轴向外力 $F_P=50$kN，木材的顺纹许用切应力 $[\tau]=$

1MPa，顺纹许用挤压应力 $[\sigma_C] = 10$MPa。试求接头处所需的尺寸 a 和 l。

4.8 如题 4.8 图所示，键的长度为 35mm，$[\tau] = 100$MPa，$[\sigma_C] = 220$MPa，试求手柄上端受力 F_P 的设计值。

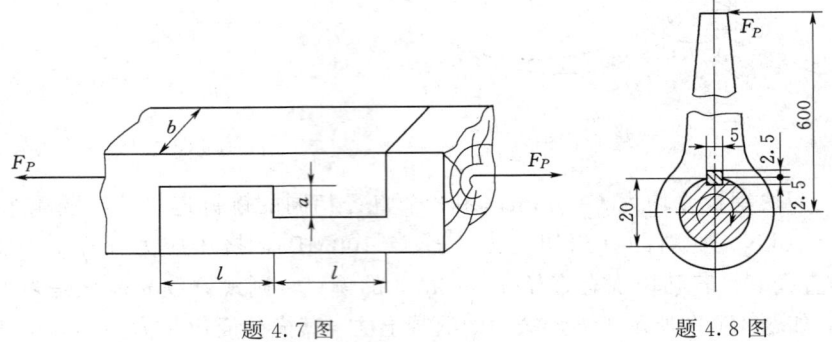

题 4.7 图　　　　　题 4.8 图

4.9 如题 4.9 图所示，在木桁架的支座部位斜杆以宽度 $b = 60$mm 的榫舌和下弦杆连接在一起。已知木材的斜纹许用应力为 $[\sigma_C]_{30°} = 5$MPa，顺纹许用切应力 $[\tau] = 0.8$MPa，作用在斜拉杆上的荷载 $F_N = 20$kN，试按强度条件确定榫舌的高度 δ 和下弦杆末端的长度 l。

4.10 如题 4.10 图所示，冲床的最大冲力为 400kN，冲头材料的许用应力 $[\sigma] = 440$MPa，被冲剪板的剪切强度极限为 360MPa。求在最大冲力作用下所能冲剪圆孔的最小直径 d 和板的最大厚度 t。

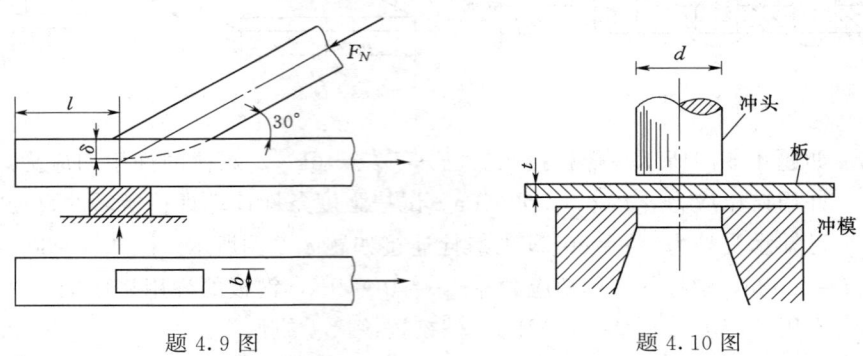

题 4.9 图　　　　　题 4.10 图

4.11 题 4.11 图所示金属结构是由两块截面为 $180\text{mm} \times 10\text{mm}$ 的钢板组成，用 7 个铆钉连接着。铆钉的 $d = 20$mm，板用 35 号钢，铆钉用 Q235 钢。$P = 150$kN，试校核该连接的强度。已知：35 号钢的 $\sigma_s = 315$MPa，Q235 钢的 $\sigma_s = 240$MPa，$[\tau] = 0.7[\sigma]$，$[\sigma_{jy}] = 1.7[\sigma]$，安全系数 $n_s = 1.4$。

4.12 为了使压力机在最大压力 $P = 160$kN 时重要机件不发生破坏，在压力机冲头内装有保险器——压塌块，如题 4.12 图所示。保险器材料采用 HT20-40 铸铁，其极限剪应力 $\tau = 360$MPa。试设计保险器尺寸 δ。

4.13 已知钢板的厚度 $t = 10$mm，钢板的剪切强度极限为 $\tau_b = 340$MPa，若要用冲床在钢板上冲击直径为 $d = 18$mm 的圆孔，问需要多大的冲剪力 P？

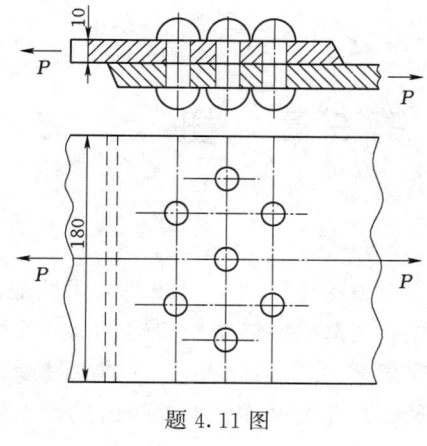

题 4.11 图

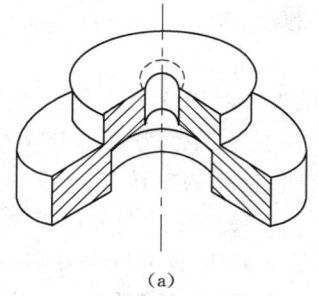

(a)

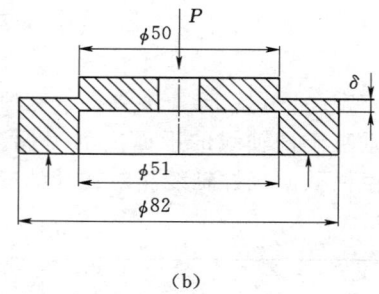

(b)

题 4.12 图

4.14 某钢闸门与其吊杆之间是用钢销轴连接的，其构造如题 4.14 图所示。已知闸门与吊杆都是采用 3 号钢，销轴则采用 5 号钢；按机械零件计算时，5 号钢的许用挤压应力 $[\sigma_{jy}]=90\text{MPa}$，抗剪许用应力 $[\tau]=70\text{MPa}$，3 号钢的许用挤压应力 $[\sigma_{jy}]=80\text{MPa}$，试确定此连接中钢销轴的直径 d。

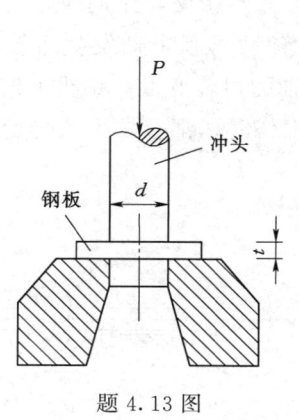

题 4.13 图

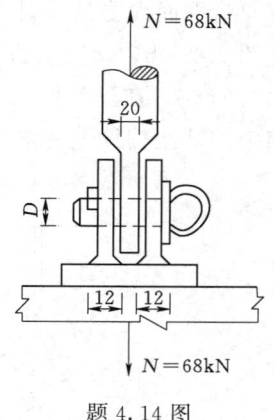

题 4.14 图

第 4 章习题参考答案

第5章 扭 转

第5章
思维导图

本章根据外力—内力—应力—变形这一主线,采用截面法求圆轴扭转时的内力,并介绍内力图的画法。首先介绍薄壁圆筒结构扭转,得出该结构应力的表达式;在此基础上,推导圆轴扭转时横截面的应力计算公式并建立强度条件;同时结合变形的特点,建立扭转刚度条件;最后对非圆截面杆件的扭转进行简单介绍。

5.1 扭转的概念

在工程中常会遇到这样一类直杆,它所受到的外力经简化后,其主要组成部分之一是作用在垂直于杆轴线的平面内的力偶。将杆件受作用面垂直于其轴线的力偶作用,从而发生横截面绕杆轴线相对转动的变形,称为杆件的扭转(torsion)。

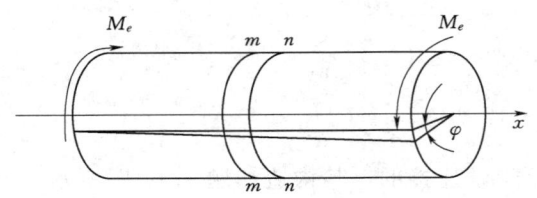

图 5.1 圆轴扭转

扭转是杆件变形的基本形式之一。描述扭转变形可以采用杆中两个横截面绕轴线相对转动而产生的角位移 φ,如图 5.1 所示。φ 称为扭转角(angle of twist)。

单纯发生扭转的杆件不是很多,但扭转作为其主要变形之一,则可举出很多例子。在工程实际中受扭转的构件有许多种,如汽车方向盘上的转向轴[图 5.2(a)],在方向盘平面内受到一对大小相等,方向相反,作用线平行的外力;水轮发电机的主轴[图 5.2(b)],发电机带动叶片转动引起主轴发生扭转变形;机器中的传动轴[图 5.2(c)],在皮带作用下将引起轴的扭转变形;钻机上的钻杆、桥梁及厂房等空间结构中的某些构件等。这些构件在工作时,都会发生扭转变形或以扭转为

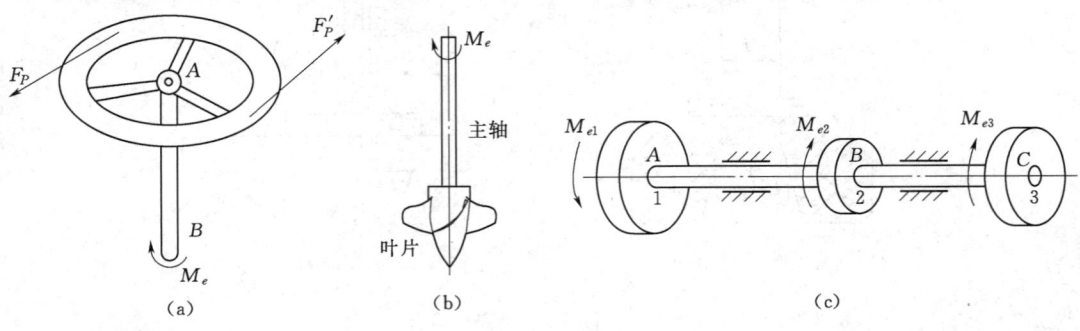

(a)   (b)   (c)

图 5.2 工程机械的扭转

主要的变形形式。习惯上把以扭转为主要变形形式的构件称为轴（axle）。在各种工程机械中，轴是最常见的构件之一。

工程中的轴类构件多数为具有实心或空心的圆形横截面，因此研究圆形横截面构件的扭转变形和破坏规律尤为重要。本章将主要讨论圆截面构件的扭转问题，由于圆截面的等直构件在变形后横截面仍为平面，对这类构件可以用材料力学的方法来求解，它是扭转问题中最简单的情况。而对于非圆截面的构件，由于其横截面在扭转时将发生翘曲，因而不可能再按平面假设来确定其横截面上剪应力的变化规律，也不能利用材料力学的方法对这类问题求解，故本章对非圆截面构件的扭转只作一个简要的介绍。

5.2 外力偶矩和扭矩

5.2.1 外力偶矩的计算

在工程实践中，使轴类构件发生扭转变形的外力偶矩往往并不直接给出，而是只知道轴所传递的功率和转速。因此，为了进行强度和刚度的计算，首先要根据功率和转速求出使轴发生扭转的外力偶矩。下面结合图 5.3 所示传动轴进行分析。

功率由主动轮传到轴上，再通过从动轮分配出去，如图 5.3 所示。设通过某一轮所传递的功率为 $P(\text{kW})$，轴的转速为 $n(\text{r/min})$，则作用在此轴上的外力偶矩 M_e 可按如下方法求得。

P 的功率相当于每分钟做功，即
$$W = 1000 \times P \times 60 \tag{5.1}$$

这里功的单位为 N·m，它应与作用在轮上的外力偶在每分钟内所做的功相等。由于外力偶所做功等于其矩 M_e 与轮的转角 φ（图 5.4）的乘积，即 $M_e \varphi$，因此，外力偶每分钟所做功应为
$$W = \frac{M_e \varphi}{t} = M_e \omega = 2\pi n M_e \tag{5.2}$$

由于式（5.1）、式（5.2）所表达的功是相同的，因此
$$M_e = \frac{60 \times 1000 P}{2\pi n} (\text{N} \cdot \text{m})$$

或
$$M_e = 9.55 \frac{P}{n} (\text{kN} \cdot \text{m}) \tag{5.3}$$

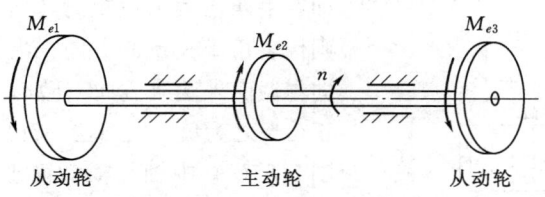

图 5.3 传动轴扭转

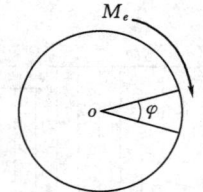

图 5.4 外力偶做功

工程计算中有时采用公制单位马力（PS）给出，记为 P_h，由于 $1\text{kW} \approx 1.36\text{PS}$，则有 $1\text{PS} \approx 735.5\text{W}$，或 $P=735.5P_h$，故有

$$M_e = \frac{30}{\pi} \times \frac{735.5 P_h}{n} = 7024 \frac{P_h}{n} (\text{N} \cdot \text{m}) = 7.02 \frac{P_h}{n} (\text{kN} \cdot \text{m}) \tag{5.4}$$

应用式（5.3）或式（5.4），可以很方便地计算出作用在轴上的外力偶矩。

在确定外力偶的转向时，应注意到主动轮上的外力偶的转向与轴的转动方向相同，而从动轮上的外力偶的转向则与轴的转动方向相反；这是因为从动轮上的外力偶是阻力。例如图 5.3 所示传动轴中，主动轮上的外力偶矩 M_{e2} 的转向与轴的转动方向相同，而从动轮上的外力偶矩 M_{e1} 和 M_{e3} 的转向与轴的转动方向相反。

5.2.2 扭矩

当作用在轴上的所有外力偶矩都求得之后，即可以应用截面法来确定横截面上的内力。横截面上的内力只能是内力偶矩，简称扭矩，用 T 表示。现在来研究等直圆轴扭转时的内力及其计算方法。

以图 5.5（a）所示的轴为例，设作用在轴上的外力偶矩分别为：$M_{e1}=6M$，$M_{e2}=M$，$M_{e3}=2M$，$M_{e4}=3M$。应用截面法将轴在横截面Ⅰ-Ⅰ处假想地截开，考虑左段或右段的平衡。若取左段轴［图 5.5（b）］为研究对象，由平衡概念可知，横截面上的内力系的合力一定也是一个力偶矩，从而使每个轴段都保持平衡。由平衡条件可得

$$\sum M_x = 0, \quad T_1 - M_{e1} + M_{e2} = 0$$
$$T_1 = M_{e1} - M_{e2} = 6M - M = 5M$$

此为横截面Ⅰ-Ⅰ上的扭矩值，其转向则如图 5.5（b）所示。扭转轴横截面上内力系所合成的力偶矩称为该横截面处的扭矩。

如果研究右段轴的平衡，则在同一截面上所求得的扭矩与上面得到的在数值上相等但转向却相反［图 5.5（c）］。为使从两段轴所求得的同一横截面上的扭矩在正负号上一致，扭矩的正负号规定：采用右手螺旋法则来规定扭矩的正负号，即右手四指表示扭矩的转向，拇指则代表扭矩矢量的方向，当矢量方向与截面外法线方向一致时扭矩为正，反之为负。按照这一符号规则，图 5.5（a）中轴的横截面Ⅰ-Ⅰ处的扭矩，无论是从图 5.5（b）还是从图 5.5（c）中求出的结果，其

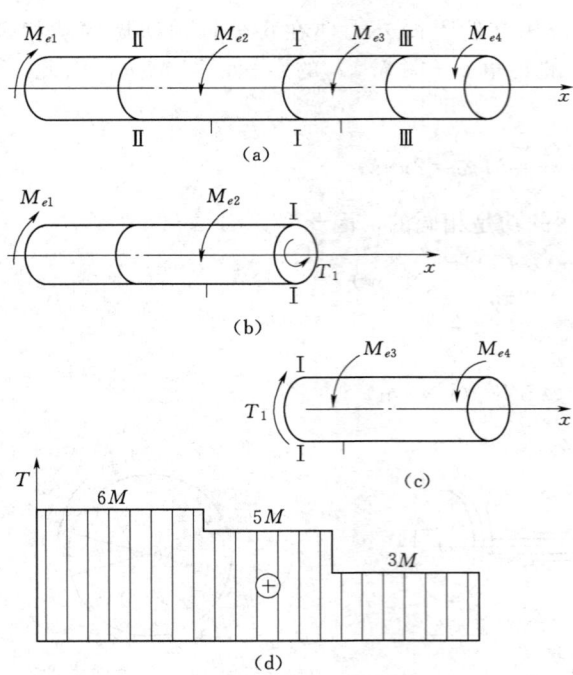

图 5.5　传动轴扭转

5.2 外力偶矩和扭矩

符号都是正的。

如果一根轴上受到多个外力偶矩的作用，则轴上各横截面处的扭矩一般是不同的，这时应将轴分为多段依次截开，反复应用截面法和平衡条件，逐步求出各横截面处的扭矩。

同理，用截面法求得图 5.5（a）中 Ⅱ-Ⅱ、Ⅲ-Ⅲ 两截面上的扭矩值，分别为

$$T_{\text{Ⅱ}} = M_{e1} = 6M$$
$$T_{\text{Ⅲ}} = M_{e4} = 3M$$

从而得出相邻两个外力偶之间的轴段上扭矩相等，扭矩图如图 5.5（d）所示。

【例题 5.1】 图 5.6（a）所示为一根等截面圆轴，左端固定，在截面 Ⅰ、Ⅱ 上作用着外力偶矩 $M_{e1} = 4\text{kN} \cdot \text{m}$，$M_{e2} = 8\text{kN} \cdot \text{m}$，自由端处的外力偶矩 $M_{e3} = 3\text{kN} \cdot \text{m}$，试求轴各截面上的扭矩。

解：

由整体平衡方程 [如图 5.6（b）] 求出左端约束反力偶 M_{e0}。

$\sum M_x = 0$，$-M_{e0} - M_{e1} + M_{e2} - M_{e3} = 0$

得

$$M_{e0} = M_{e2} - M_{e1} - M_{e3} = 1\text{kN} \cdot \text{m}$$

沿截面 A、B、C 依次将轴截开，分别取左段为研究对象，如图 5.6（c）、（d）、（e）所示。设截面 A、B、C 上扭矩为 T_A、T_B、T_C，由 $\sum M_x = 0$ 可得

$$T_A = M_{e0} = 1\text{kN} \cdot \text{m}$$
$$T_B = M_{e0} + M_{e1} = 5\text{kN} \cdot \text{m}$$
$$T_C = M_{e0} + M_{e1} - M_{e2} = -3\text{kN} \cdot \text{m}$$

同样道理，也可取右端各段来研究，结果是一样的。在相邻的两个外力偶矩之间的轴段上，各横截面上的扭矩是一样的。

由此例中还可看出：

（1）在假设扭矩方向时应采用"设正"的方法，即按规定的正方向假设扭矩的转向。若由平衡方程算出的扭矩数值为正值，则说明扭矩的实际方向与假设相同；若为负值，则说明扭矩的实际方向与假设相反。

（2）从上述计算过程中可以得出扭矩计算的一般规则，即轴上任意截面处的扭矩，数值上等于该截面一侧的轴上

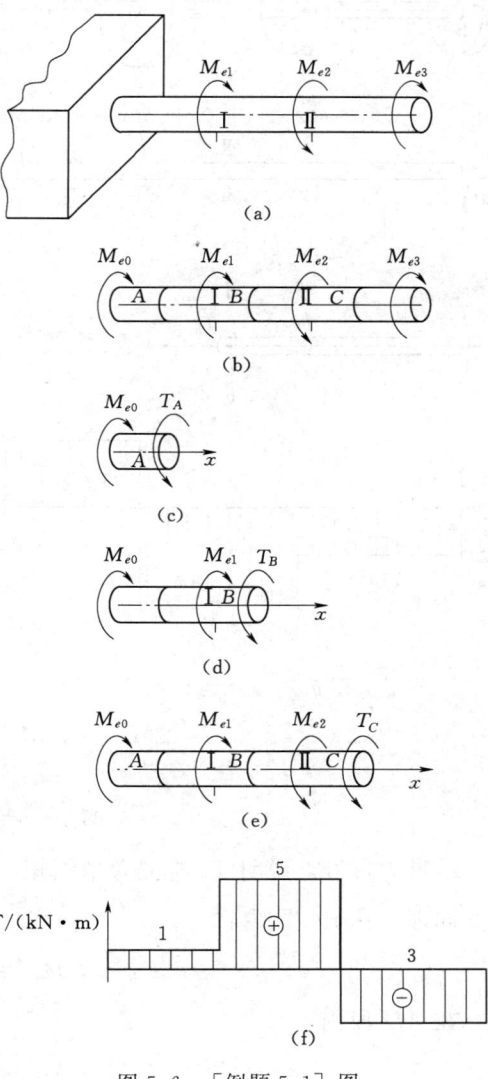

图 5.6 [例题 5.1] 图

所有外力偶矩的代数和，其转向与这些外力偶的合力偶矩的转向相反。

5.2.3 扭矩图

作用在传动轴上的外力偶矩往往有多个，因此，不同横截面上的扭矩也各不相同，为了表明扭矩沿轴各横截面的变化情况，确定最大扭矩及所在的位置，可以效仿拉（压）杆轴力图的作图方法，用截面法来计算轴横截面上的扭矩，并绘制扭矩图 (diagram of torque)。

【例题 5.2】 一传动轴如图 5.7（a）所示，其转速 $n=300\text{r/min}$，主动轮输入的功率 $P_{k1}=500\text{kW}$，若不计轴承摩擦所耗的功率，三个从动轮输出的功率分别为 $P_{k2}=150\text{kW}$、$P_{k3}=150\text{kW}$ 及 $P_{k4}=200\text{kW}$。试作轴的扭矩图。

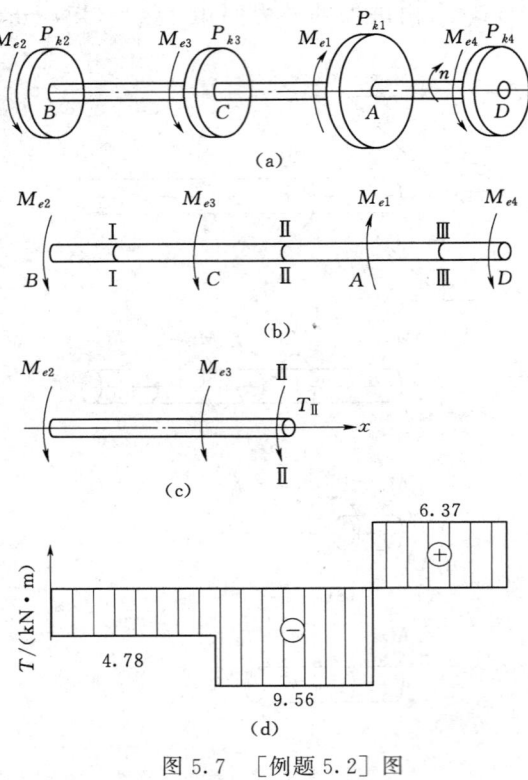

图 5.7 [例题 5.2] 图

解：

首先按式（5.3）计算外力偶矩 [图 5.7（a）]：

$$M_{e1}=9.55\frac{P_{k1}}{n}=\frac{9.55}{300}\times 500$$
$$=15.92(\text{kN}\cdot\text{m})$$

$$M_{e2}=M_{e3}=9.55\frac{P_{k2}}{n}=\frac{9.55}{300}\times 150$$
$$=4.78(\text{kN}\cdot\text{m})$$

$$M_{e4}=9.55\frac{P_{k4}}{n}=\frac{9.55}{300}\times 200$$
$$=6.37(\text{kN}\cdot\text{m})$$

然后，由轴的计算简图 [图 5.7（b）]，用截面法计算各段轴内的扭矩，扭矩的正负号按前述的规定。先计算 CA 段内任意横截面 Ⅱ-Ⅱ [图 5.7（b）] 上的扭矩。沿横截面 Ⅱ-Ⅱ 将轴截开，并研究左边一段轴的平衡，假设 $T_{\text{Ⅱ}}$ 为正值扭矩 [图 5.7（c）]，由平衡方程：

$$\sum M_x=0,\quad M_{e2}+M_{e3}+T_{\text{Ⅱ}}=0$$

得

$$T_{\text{Ⅱ}}=-M_{e2}-M_{e3}=-9.56\text{kN}\cdot\text{m}$$

结果为负号，说明 $T_{\text{Ⅱ}}$ 应是负值扭矩。

同理，在 BC 段内：

$$T_{\text{Ⅰ}}=-M_{e2}=-4.78\text{kN}\cdot\text{m}$$

在 AD 段内：

$$T_{\text{Ⅲ}}=M_{e4}=6.37\text{kN}\cdot\text{m}$$

根据这些扭矩的数值及其正负号即可作出扭矩图 [图 5.7 (d)]。从图可见,最大扭矩 T_{max} 在 CA 段内,其绝对值为 9.56kN·m。

5.3 薄壁圆筒的扭转与纯剪切的有关概念

为了研究一般圆轴扭转的应力与变形问题,先来选择一种简单的结构进行分析——薄壁圆筒的扭转,进而介绍纯剪切的有关概念。

5.3.1 薄壁圆筒的扭转

在工程中,当圆筒的筒壁厚度 t 远小于其平均半径 $R_0(R_0/t \geqslant 10)$ 时,称为薄壁圆筒 (thin-walled barrel)。

取一薄壁圆筒如图 5.8 (a) 所示,其两端面承受产生扭转变形的外力偶矩 M_e。应用截面法可知,圆筒任一横截面 $n-n$ 上的内力是作用在该截面上的力偶,如图 5.8 (b) 所示,该内力偶矩为扭矩。由内力与应力间的关系可知,要使该截面的应力与微面积 dA 之乘积的合成等于截面上的扭矩,则横截面上的应力只能是切应力(亦称剪应力)τ。

为得到沿横截面圆周上各点处切应力的变化规律,预先在圆筒表面上用等间距的圆周线和纵向线画出一系列的正方形格。在圆筒两端施加外力偶 M_e,扭转后可以发现圆周线不变,而纵向线发生倾斜,但在小变形时仍然保持为直线。于是可设想,薄壁圆筒发生扭转变形后,横截面仍然保持为形状、大小均无改变的平面,相邻两横截面只是绕圆筒轴线发生相对转动。因此,横截面上各点处的切应力的方向必与圆周相切。圆筒两端截面之间相对转动的角位移,称为相对扭转角 (relative angle of twist),用 φ 表示,如图 5.8 (c) 所示。而圆筒表面上每个格子的直角都改变了相同的角度 γ,如图 5.8 (c) 和 (d) 所示,这种直角的改变量 γ,称为切应变 (shearing strain)。这个切应变和横截面上沿圆周切线方向的切应力相对应。由相邻两圆周线间每个格子的直角改变量相等的现象,并根据材料是均匀连续的假设,可以推知,沿圆周各点处切应力的方向与圆周相切,

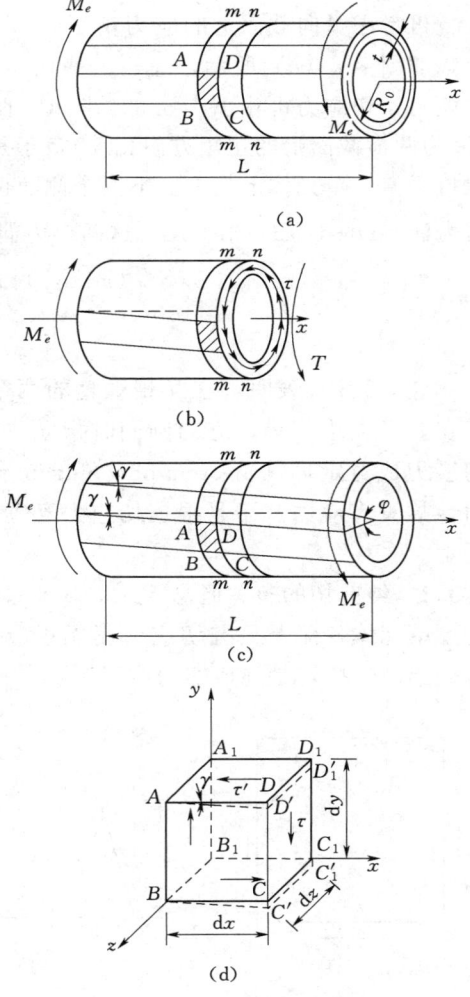

图 5.8 薄壁圆筒的扭转

且其大小相等。至于切应力沿壁厚方向的变化规律，由于壁厚 t 远小于平均半径 R_0，故可近似地认为沿壁厚方向各点处切应力的数值无变化。

根据上述分析，可得出薄壁圆筒扭转时，横截面上任一点处的切应力 τ 都是相等的，其方向与圆周相切。于是，由横截面上的扭矩 T 与切应力 τ 和 $\mathrm{d}A$ 之乘积（以后称为内力元素）间的静力关系得

$$\int_A \tau \mathrm{d}A r = T \tag{5.5}$$

由于 τ 为常量，故上式积分号内的 r 可用薄壁圆筒的平均半径 R_0 代替。这样，τ 及 R_0 均可置于积分号以外；而积分 $\int_A \mathrm{d}A = A_0 = 2\pi R_0 t$ 是圆筒横截面的面积，将其代入式（5.5）中，并引入 $A_0 = \pi R_0^2$，从而得出

$$\tau = \frac{T}{2A_0 t} = \frac{T}{2\pi R_0^2 t} \tag{5.6}$$

再考虑纵向截面上的应力情况，将微块 $ABCD$ ［如图 5.8（a）］作为单元体取出，如图 5.8（d）所示。左、右侧面是圆筒横截面的一部分，所以只有切应力而无正应力，切应力可由式（5.6）求出。两面上的切应力数值相等均为 τ，方向相反（因为两横截面上的扭矩方向相反），于是组成一个力偶矩为 $(\tau \mathrm{d}z\mathrm{d}y)\mathrm{d}x$ 的力偶。为保持平衡，单元体上的上、下两个侧面也必须有切应力 τ'，并组成力偶 $(\tau' \mathrm{d}z\mathrm{d}x)\mathrm{d}y$ 与力偶 $(\tau \mathrm{d}z\mathrm{d}y)\mathrm{d}x$ 相平衡，这两个力偶必须转向相反，而其矩则相等，即

$$(\tau \mathrm{d}z\mathrm{d}y)\mathrm{d}x = (\tau' \mathrm{d}z\mathrm{d}x)\mathrm{d}y$$

$$\tau = \tau' \tag{5.7}$$

式（5.7）表明，在互相垂直的两个平面上，垂直于截面交线的切应力必成对存在，且大小相等，方向则同时指向或同时背离此交线。这就是切应力互等定理或切应力成对定理（theorem of conjugate shearing stress）。前后面表示圆筒的内、外表面，故没有应力。于是根据切应力互等定理可知，纵向截面上的应力如图 5.8（d）所示。

5.3.2 纯剪切的有关概念

单元体各面上只有切应力而无正应力的应力状态称为纯剪切（shearing state）。薄壁圆筒的扭转是纯剪切的典型例子。一般圆筒扭转时，除轴线上的各点外，其他点处的应力状态也是纯剪切。

单元体在纯剪切的应力状态下，正六面微体将变为平行六面微体，两侧面将发生微小的相对错动而使原来垂直的两个棱边的夹角改变了一个微量 γ，如图 5.8（d）或图 5.9（a）所示，显然 γ 是由切应力 τ 引起的。从图 5.8（c）中可以看出：

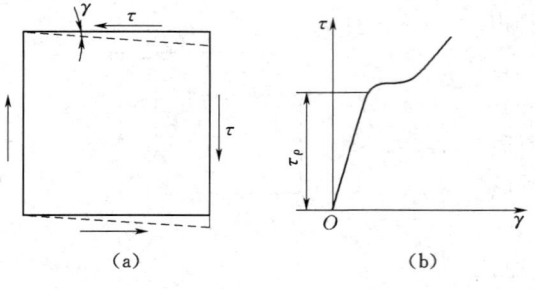

图 5.9 纯剪切及剪切胡克定律

$$\gamma = \frac{R_0}{L}\varphi \tag{5.8}$$

与拉伸实验相似,通过取薄壁圆筒作试件进行纯剪切实验,以研究切应力与切应变之间的关系。利用剪切胡克定律公式(1.4)$\tau = G\gamma$ 讨论切应力与切应变之间的关系。

图5.9(b)是薄壁圆筒纯剪切实验所得到的应力应变曲线。显然,G 的几何意义是曲线中直线部分的斜率。

5.4 圆轴扭转时的应力与强度条件

5.4.1 应力分析

在工程中常用的轴多数都是实心轴,因此本节讨论实心圆轴横截面的应力。

与分析薄壁圆筒扭转问题的方法相似,研究实心或空心圆轴扭转时应力在横截面上的分布规律,得出的许多结论也是相同的。例如实验观察到的实心或空心圆轴在扭转时的表面变形现象相同,即扭转后轴上圆周线的大小、形状和间距都不变,只绕轴线转过一个角度;纵向线倾斜一个微小角度 γ 后仍近似为直线,如图5.10(a)所示。既然表面变形现象相同,据此得出的横截面内部变形的推断也应相同,平面假定仍然成立。在此基础上推出的横截面上应力的分布规律也大致相同:①横截面上只有切应力而无正应力;②切应力方向垂直于该点的半径方向;③切应力大小沿同一圆周均匀分布。与薄壁圆筒的扭转不同的是,切应力的数值沿半径方向的分布不再是均匀的,因为薄壁条件不再存在。因此在一般圆轴横截面上的扭转切应力分析过程中,将有两个因素需要确定:①切应力沿半径方向的分布规律;②各点切应力的大小。而可利用的静力学条件只有一个,即力矩的平衡条件。这就是说,所研究问题的性质是超静定的,应当按照超静定问题的求解方法,从变形几何条件、物理条件和静力学条件三方面综合考虑。

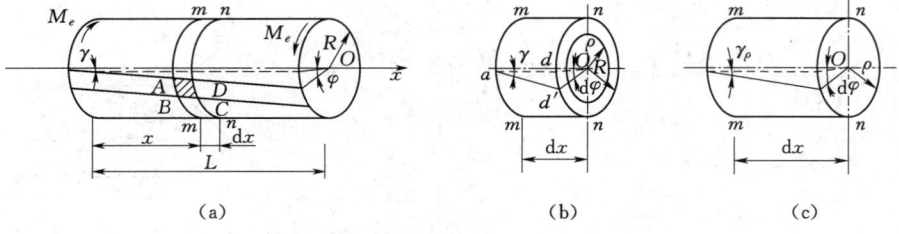

图 5.10 圆轴扭转变形几何条件

(1)变形几何条件。由于在普遍形式的受力条件下,圆轴在各横截面处的变形可能不相同,所以要研究任意横截面上的应变变化规律,需从圆轴中用截面 $m-m$ 和截面 $n-n$ 取出一个长为 dx 的微段,假设截面 $m-m$ 固定不动,截面 $n-n$ 像刚性平面一样地绕轴线转动了一个角度 $d\varphi$。由于这种截面转动,轴表面上的纵向线倾斜了一个角度 γ,即切应变,如图5.10(b)所示。由微小变形的几何关系可知:

$$\gamma \approx \tan\gamma = \frac{dd'}{ad} = \frac{R\,d\varphi}{dx} = R\,\frac{d\varphi}{dx}$$

若从该微段轴内取出一个半径为 ρ 的微体，如图 5.10（c）所示，则该微体上的切应变 γ_ρ 与扭转角 $d\varphi$ 之间的关系为

$$\gamma_\rho = \rho\,\frac{d\varphi}{dx} \tag{5.9}$$

式中：γ_ρ 为横截面上半径为 ρ 处的切应变；$\dfrac{d\varphi}{dx}$ 为扭转角 φ 沿轴线 x 的变化率，当横截面指定后，$\dfrac{d\varphi}{dx}$ 为一个定值。

式（5.9）表达了等直圆轴横截面上任一点处的切应变随该点在横截面上的位置变化的规律。由式（5.9）可知，扭转圆轴横截面上同一半径 ρ 的圆周上各点处的切应变 γ_ρ 均相等，且其值与该点到轴心的距离成正比。

（2）物理条件。要根据式（5.9）找出表达横截面上切应力变化规律的式子，必须引用切应力和切应变间的物理关系式。设轴上的扭转切应力不超过材料的剪切比例极限，则由剪切胡克定律有

$$\tau_\rho = G\gamma_\rho$$

将式（5.9）代入上式得

$$\tau_\rho = G\rho\,\frac{d\varphi}{dx} \tag{5.10}$$

这就是横截面上切应力变化规律的表达式。对指定横截面而言，$G\,\dfrac{d\varphi}{dx}$ 为常数，即横截面上某点处的切应力 τ_ρ 与该点到轴心的距离 ρ 成正比。图 5.11（a）和（b）分别画出了实心圆轴与空心圆轴扭转时横截面上切应力的分布规律。按照切应力互等定理，轴中纵截面上的切应力分布规律也可确定，如图 5.11（c）所示。

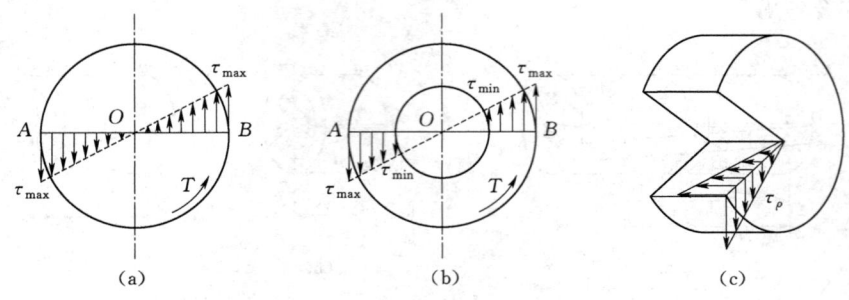

图 5.11　圆轴扭转物理关系

（3）静力学条件。式（5.10）实际上就是根据变形几何条件和物理条件导出的解超静定问题的补充方程，它给出了应力沿半径方向分布规律这一问题的解答，但利用此式尚不能求出各点切应力的数值，因为式中的 $\dfrac{d\varphi}{dx}$ 还未确定。$\dfrac{d\varphi}{dx}$ 实际上就是横截面处单位长度轴的两端截面的相对转角，称为单位扭转角。需要考虑静力学条件求得。

5.4 圆轴扭转时的应力与强度条件

在横截面上距轴心为 ρ 处任取微面积 dA，则 dA 上切应力的合力 $\tau_\rho dA$ 对轴心之矩为 $\rho\tau_\rho dA$，如图 5.12 所示。于是有

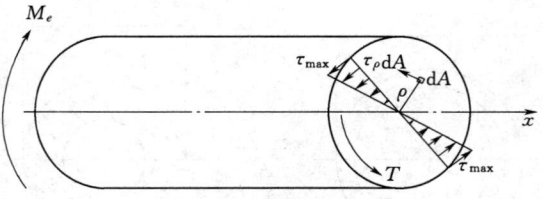

图 5.12 圆轴扭转静力学条件

$$T = \int_A \rho(\tau_\rho dA) \quad (5.11)$$

将式（5.10）代入式（5.11），并注意到 $G\dfrac{d\varphi}{dx}$ 为常数，故有

$$T = \int_A \rho G \frac{d\varphi}{dx} \rho dA = G \frac{d\varphi}{dx} \int_A \rho^2 dA \quad (5.12)$$

式中：$\int_A \rho^2 dA$ 只与横截面的几何量有关，称为横截面对圆心的极惯性矩（polar moment of inertia），用 I_P（单位为 mm^4 或 m^4）表示，即

$$I_P = \int_A \rho^2 dA \quad (5.13)$$

将式（5.13）代入式（5.12）中，得

$$T = GI_P \frac{d\varphi}{dx}$$

于是有

$$\frac{d\varphi}{dx} = \frac{T}{GI_P} \quad (5.14)$$

将式（5.14）代入式（5.10）就求得了扭转切应力 τ_ρ 的计算公式，即

$$\tau_\rho = \frac{T\rho}{I_P} \quad (5.15)$$

至此，扭转圆轴上横截面上任一点处的切应力的大小和方向都已求出。至于切应力的指向，可根据扭矩的转向加以判断，如图 5.11 所示。

对于轴上的最大切应力，由图 5.11 及式（5.15）可知，圆轴扭转时的最大切应力 τ_{max} 发生在轴的外表面处，在式（5.15）中令 $\rho = R$，可得

$$\tau_{max} = \frac{T_{max}R}{I_P} = \frac{T_{max}}{I_P/R} \quad (5.16)$$

式中：I_P/R 为横截面的几何参数，称为圆轴的抗扭截面模量（section modulus of torsion），记为 W_P（单位为 mm^3 或 m^3），即

$$W_P = \frac{I_P}{R} \quad (5.17)$$

将式（5.17）代入式（5.16），得

$$\tau_{max} = \frac{T_{max}}{W_P} \quad (5.18)$$

推导切应力计算式（5.15）时的主要依据是：①平面假设；②材料符合胡克定律。所以，式（5.15）只适用于符合平面假设的等直圆轴在线弹性范围内的情况。

关于极惯性矩 I_P 与抗扭截面模量 W_P 的计算：对于直径为 d 的实心圆截面，可取微面积 dA 为一个半径为 ρ、厚度为 $d\rho$ 的薄壁圆环，如图 5.13（a）所示，于是按定义式 (5.13) 有

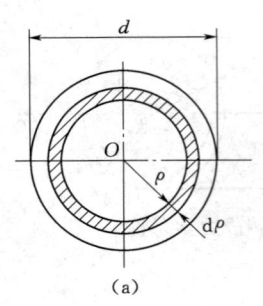
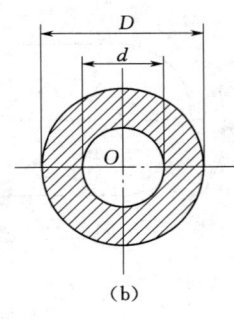

图 5.13　圆轴的极惯性矩

$$I_P = \int_A \rho^2 dA = \int_0^{\frac{d}{2}} \rho^2 (2\pi\rho d\rho) = \frac{\pi d^4}{32} \tag{5.19}$$

从而

$$W_P = \frac{\frac{\pi d^4}{32}}{\frac{d}{2}} = \frac{\pi d^3}{16} \tag{5.20}$$

类似地，对于空心圆截面，设外径为 D，内径为 d，如图 5.13（b）所示，则有

$$I_P = \int_{d/2}^{D/2} 2\pi\rho^3 d\rho = \frac{\pi}{32}(D^4 - d^4) = \frac{\pi D^4}{32}(1-\alpha^4) \tag{5.21}$$

式中：α 为空心比，$\alpha = d/D$。

从而

$$W_P = \frac{I_P}{\frac{D}{2}} = \frac{\pi D^3}{16}(1-\alpha^4) \tag{5.22}$$

5.4.2　圆轴扭转时的强度条件

要保证圆轴扭转时满足强度要求，必须使整根轴上的最大切应力 τ_{max} 不超过材料的许用切应力 $[\tau]$，即

$$\tau_{max} \leqslant [\tau] \tag{5.23}$$

对于等截面圆轴，全轴最大切应力 τ_{max} 发生在最大扭矩 T_{max} 所在的横截面外边缘各点上，上述强度条件为

$$\tau_{max} = \frac{T_{max}}{W_P} \leqslant [\tau] \tag{5.24}$$

对于变截面圆轴（如阶梯轴），由于 W_P 不是常量，因而需要综合考虑扭矩 T 与抗扭截面模量 W_P 两个因素而确定危险截面，这时强度条件为

$$\tau_{max} = \frac{T}{W_P}\bigg|_{max} \leqslant [\tau] \tag{5.25}$$

将式 (5.20) 和式 (5.22) 中的 W_P 代入式 (5.24)、式 (5.25)，就可以对实心或空心圆截面轴进行强度计算，即校核强度、选择截面或计算许可载荷。

许用切应力 $[\tau]$ 和许用正应力 $[\sigma]$ 的确定，可以根据试验并考虑安全系数加以

5.4 圆轴扭转时的应力与强度条件

确定。在静载情况下，扭转许用切应力和许用正应力之间存在下列关系。

对于塑性材料：

$$[\tau]=(0.6\sim 0.8)[\sigma]$$

对于脆性材料：

$$[\tau]=(0.8\sim 1.0)[\sigma]$$

在进行转动轴一类构件的强度计算时，由于要考虑冲击、振动等因素，所取的 $[\tau]$ 值比一般静载荷下的 $[\tau]$ 值更低。

【例题 5.3】 图 5.14（a）所示阶梯状圆轴，AB 段直径 $d_1=120\text{mm}$，BC 段直径 $d_2=100\text{mm}$。外力偶矩 $M_{eA}=22\text{kN}\cdot\text{m}$，$M_{eB}=36\text{kN}\cdot\text{m}$，$M_{eC}=14\text{kN}\cdot\text{m}$。已知材料的许用切应力 $[\tau]=80\text{MPa}$，试校核该轴的强度。

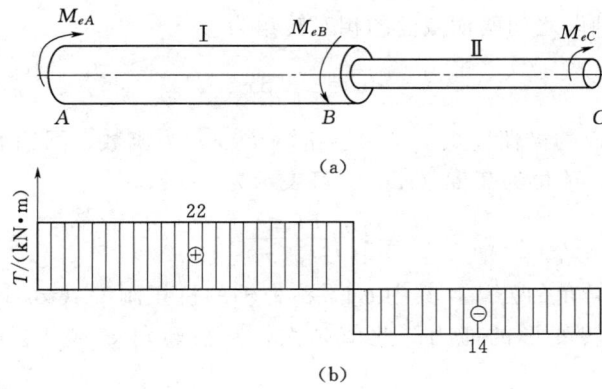

图 5.14 ［例题 5.3］图

解：

用截面法求得 AB、BC 段的扭矩分别为 $T_1=22\text{kN}\cdot\text{m}$，$T_2=-14\text{kN}\cdot\text{m}$。绘出扭矩图 5.14（b）。

从图 5.14（b）中可见，AB 段的扭矩比 BC 段的扭矩大，但因两段轴的直径不同，因此需要分别校核两段轴的强度。

由式（5.23）和式（5.24）可得

AB 段内：

$$\tau_{1\max}=\frac{T_1}{W_{P1}}=\frac{22\times 10^3}{\frac{\pi}{16}\times 0.12^3}=64.84(\text{MPa})<[\tau]$$

BC 段内：

$$\tau_{2\max}=\frac{T_2}{W_{P2}}=\frac{14\times 10^3}{\frac{\pi}{16}\times 0.1^3}=71.3(\text{MPa})<[\tau]$$

所以，该轴满足强度条件的要求。

5.5 圆轴扭转时的变形和刚度条件

5.5.1 圆轴扭转时的变形

圆轴扭转时的变形是由两横截面之间因绕轴线相对转动而产生的相对转角 φ，称为扭转角（angle of twist），可以用它来度量圆轴的扭转变形。与拉（压）杆相仿，计算扭转变形的主要目的是进行刚度的计算。

由式（5.14）可知，轴中相对扭转角沿杆长度的变化率 $\dfrac{\mathrm{d}\varphi}{\mathrm{d}x}$，可用单位长度相对扭转角 θ 来表示，即

$$\theta = \frac{\mathrm{d}\varphi}{\mathrm{d}x} = \frac{T}{GI_P} \tag{5.26}$$

于是，长为 $\mathrm{d}x$ 的轴段之间两横截面的相对转角为

$$\mathrm{d}\varphi = \frac{T}{GI_P}\mathrm{d}x \tag{5.27}$$

因而对于横截面的极惯性矩 $I_P(x)$、扭矩 $T(x)$ 为函数，圆轴上相距为 l 的两横截面间的扭转角 φ，单位为弧度（rad），可表示为

$$\varphi = \int_l \frac{T(x)}{GI_P(x)}\mathrm{d}x \tag{5.28}$$

这就是计算扭转角的公式，其中 GI_P 称为轴的抗扭刚度（torsion stiffness），此值反映圆轴抵抗扭转变形的能力。此值越大，则扭转角 φ 越小。G 一般不沿轴线变化。

对于等截面直圆轴，若两横截面之间的扭矩不变，则有

$$\varphi = \frac{Tl}{GI_P} \tag{5.29}$$

对于分段等截面直圆轴，即阶梯圆轴，若各段内扭矩为常数，则可先分别计算出各段轴的扭转角，然后求其代数和即得整段轴的扭转角。

$$\varphi = \sum_{i=1}^{n} \frac{T_i l_i}{GI_{Pi}} \tag{5.30}$$

5.5.2 刚度条件

受扭转的圆轴一方面要满足强度条件，同时在工程实际中还常常对其扭转变形提出一定的限制。例如，车床主轴的扭转角过大，将引起扭转振动，影响加工精度。因此，轴还要具有足够的刚度。为了做到这一点，通常规定轴上单位长度扭转角的最大值 $\theta_{\max}$ 不得超过规定的许用单位长度扭转角 $[\theta]$。于是扭转圆轴的刚度条件可以写成

$$\theta_{\max} = \frac{T}{GI_P}\bigg|_{\max} \leqslant [\theta]\,(\mathrm{rad/m}) \tag{5.31}$$

或

$$\theta_{\max} = \frac{T}{GI_P}\bigg|_{\max} \times \frac{180°}{\pi} \leqslant [\theta]\,(°/\mathrm{m}) \tag{5.32}$$

许用单位长度扭转角 $[\theta]$ 的取值，常根据轴的工作条件加以规定。例如，精密

机器的轴，$[\theta]=(0.25\sim0.50)°/m$；一般传动轴，$[\theta]=(0.5\sim1.0)°/m$；精度要求较低的轴，$[\theta]=(1\sim2.5)°/m$。各种具体情况下 $[\theta]$ 的取值可从有关手册中查出。

应用刚度条件与强度条件一样，可以解决轴的扭转刚度校核、截面设计、确定许可载荷等三方面的问题。

【例题 5.4】 一传动轴为实心等截面圆轴，转速 $n=300r/min$，主动轮输入功率为 $P_1=500kW$，3 个从动轮输出的功率分别为 $P_2=150kW$、$P_3=150kW$ 和 $P_4=200kW$。轴直径 $d=110mm$，各轮之间的距离均为 $l=2m$，如图 5.15（a）所示。若轴材料的许用切应力 $[\tau]=40MPa$，剪切弹性模量 $G=80\times10^3MPa$，该轴许用扭角 $[\theta]=0.5°/m$，试校核轴的强度及刚度，并计算轴两端截面的相对扭转角。

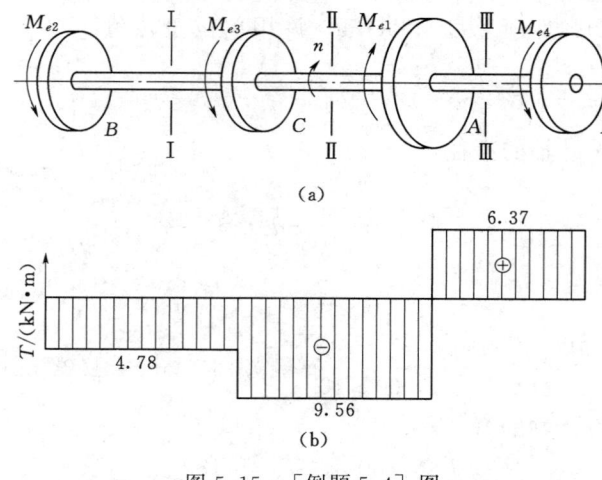

图 5.15 ［例题 5.4］图

解：

首先按式（5.2）计算出轴上的外力偶。

由 ［例题 5.2］可知：

$$M_{e1}=15.9kN\cdot m,\quad M_{e2}=M_{e3}=4.78kN\cdot m,\quad M_{e4}=6.37kN\cdot m$$

根据以上数据，可画出该轴的扭矩图，如图 5.15（b）所示。其中最大扭矩的绝对值为 $|T|_{max}=9.56kN\cdot m$。

最大扭矩发生在轴的 CA 段内，于是该段轴内的各横截面为轴的危险截面。

先进行轴的强度校核，由于：

$$\tau_{max}=\frac{|T|_{max}}{W_P}=\frac{9.56\times10^3}{\frac{\pi}{16}\times(110\times10^{-3})^3}=36.581\times10^6(Pa)<[\tau]$$

故强度条件得到满足。再进行轴的刚度校核，由于

$$\theta_{max}=\frac{|T|_{max}}{GI_P}\times\frac{180°}{\pi}=\frac{9.56\times10^3}{80\times10^9\times\frac{\pi}{32}\times(110\times10^{-3})^4}\times\frac{180°}{\pi}=0.48(°/m)<[\theta]$$

故刚度条件亦满足。

现在计算轴的扭转角。由式（5.29）得轴两端截面的相对扭转角为

$$\varphi_{BD} = \varphi_{BC} + \varphi_{CA} + \varphi_{AD} = \left(\frac{T_{BC}l}{GI_P} + \frac{T_{CA}l}{GI_P} + \frac{T_{AD}l}{GI_P}\right) \times \frac{180°}{\pi}$$

$$= (T_{BC} + T_{CA} + T_{AD}) \times \frac{l}{GI_P} \times \frac{180°}{\pi}$$

$$= \frac{(-4.78 - 9.56 + 6.37) \times 10^3 \times 2}{80 \times 10^9 \times \frac{\pi}{32} \times (110 \times 10^{-3})^4} \times \frac{180°}{\pi} = -0.79°$$

负号表示由 D 端向 B 端看去，D 盘相对于 B 盘顺时针转过了 $0.79°$。

【例题 5.5】 钢制实心圆轴上传递的扭矩为 $T = 50\text{kN·m}$。材料的许用切应力 $[\tau] = 60\text{MPa}$，剪切弹性模量 $G = 80\text{GPa}$，许用单位扭转角 $[\theta] = 0.5°/\text{m}$，试设计轴的直径。

解：

先按强度条件设计轴的直径：

$$\tau_{\max} = \frac{T}{W_P} = \frac{T}{\frac{\pi d^3}{16}} \leqslant [\tau]$$

于是有

$$d \geqslant \sqrt[3]{\frac{16T}{\pi[\tau]}} = \sqrt[3]{\frac{16 \times 50 \times 10^3}{\pi \times 60 \times 10^6}} = 0.1619(\text{m}) = 162(\text{mm})$$

再按刚度条件设计轴的直径：

$$\theta = \frac{T}{GI_P} \times \frac{180}{\pi} = \frac{T}{G\frac{\pi d^4}{32}} \times \frac{180}{\pi} \leqslant [\theta]$$

于是有

$$d \geqslant \sqrt[4]{\frac{32 \times 180 \times T}{G\pi^2[\theta]}} = \sqrt[4]{\frac{32 \times 180 \times 50 \times 10^3}{80 \times 10^9 \times \pi^2 \times 0.5}} = 0.165(\text{m}) = 165\text{mm}$$

因此，该轴的直径应按刚度条件控制，选取为 165mm。

在求解扭转圆轴超静定问题时，也要用到扭转变形的计算，以建立变形协调条件，这一点与拉（压）超静定问题是相同的，现举例说明。

【例题 5.6】 两端固定的圆轴 AB，截面 C 处受一外力偶矩 M_e 作用，如图 5.16 所示。已知轴的抗扭刚度为 GI_P，试求轴两固定端的支反力偶矩。

解：

两支反力偶矩都是未知量，而平衡方程只有一个，即 $\sum M_x = 0$。因此，该问题是一次超静定的，需建立一个补充方程。

由于此轴的两端固定，故横截面 C 对于两固定端 A 和 B 的扭转角 φ_{AC} 和 φ_{BC} 在数值上应相等，这就是该轴的变形相容条件，由此建立的变形几何方程为

$$\varphi_{AC} = \varphi_{BC} \tag{a}$$

当圆轴在线弹性范围内工作时，由计算扭转角的式（5.31）可得

5.5 圆轴扭转时的变形和刚度条件

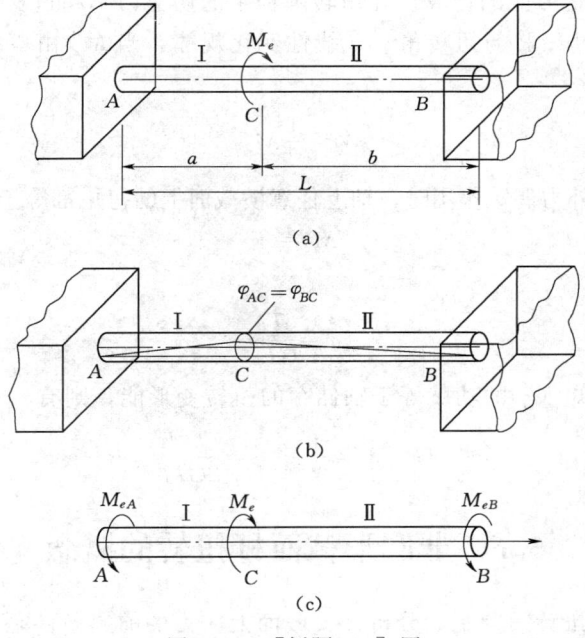

图 5.16 [例题 5.6] 图

$$\varphi_{AC} = \frac{T_{\text{I}} a}{GI_P} \tag{b}$$

$$\varphi_{BC} = \frac{T_{\text{II}} b}{GI_P} \tag{c}$$

这些就是此超静定问题的物理关系，式中 T_{I} 和 T_{II} 分别为 AC 段和 BC 段内的扭矩。

将物理关系式（b）、式（c）代入变形几何方程式（a）即得补充方程。

$$T_{\text{II}} = T_{\text{I}} \frac{a}{b} \tag{d}$$

在写此轴的平衡方程时，应除去固定端 A、B 处的约束，代之以支反力偶矩 M_{eA} 和 M_{eB} [图 5.16（c）]，其转向应与图 5.16（b）所示的变形情况一致。于是由 $\sum M_x = 0$ 可得

$$M_{eA} + M_{eB} - M_e = 0 \tag{e}$$

由截面法可知，$T_{\text{I}} = M_{eA}$，$T_{\text{II}} = M_{eB}$。将这些关系式代入补充方程式（d），再与平衡方程式（e）联解即得

$$M_{eA} = \frac{M_e b}{L} \tag{f}$$

$$M_{eB} = \frac{M_e a}{L} \tag{g}$$

其结果为正值，说明解得的支反力偶矩 M_{eA} 和 M_{eB} 的转向即为如图 5.16（c）所示。

最后介绍扭转变形能的计算。在扭转圆轴中的切应力不超过材料的剪切比例极限时，扭转外力偶矩 M_e 将与扭转角 φ 成线性变化规律，当 M_e 由零缓慢地增加到终值时，它所做的功为

$$W = \frac{1}{2} M_e \varphi$$

当轴在两端受外力偶矩作用时，轴上任意横截面上的扭矩都等于外力偶矩 M_e，即

$$M_e = T$$

扭转角为

$$\varphi = \frac{Tl}{GI_P}$$

注意到外力偶矩 M_e 的功就等于轴储存的扭转变形能，则有

$$U = W = \frac{1}{2} M_e \varphi = \frac{T^2 l}{2GI_P} \tag{5.33}$$

5.6 非圆形截面杆扭转的概念

在等直圆轴的扭转问题中，分析杆横截面上应力的前提条件是平面假设。非圆截面杆件扭转问题与圆截面杆扭转问题的最大不同点在于，非圆截面杆扭转时，平面假定不再成立，也就是说非圆截面杆扭转时原有的横截面不再保持平面，而变成空间曲面，这称为横截面的翘曲（warping）。图 5.17 为一矩形截面杆受扭转后横截面的翘曲情况。

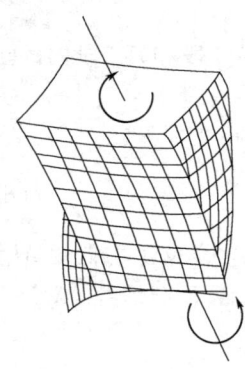

图 5.17 矩形截面的扭转

既然非圆截面杆扭转时，平面假定不再成立，那么在平面假定基础上导出的关于圆截面杆扭转时横截面上的应力与变形的计算结论都不再适用。非圆截面杆的弹性扭转问题属于弹性力学范畴研究的问题。本节只简要介绍矩形截面杆自由扭转时最大切应力和变形的计算公式。

等直非圆轴在扭转时横截面虽发生翘曲，但当等直杆在两端受外力偶作用，且端面可以自由翘曲时，其相邻两横截面的翘曲程度完全相同，横截面上仍然只有切应力而没有正应力。若轴的两端受到约束而不能自由翘曲，则其相邻两横截面的翘曲程度不同，这将在横截面上引起附加的正应力。前一种情况称为纯扭转或自由扭转，后一种情况则称为约束扭转。由约束扭转所引起的附加正应力，在一般实体截面轴中通常均很小，可忽略不计。但在薄壁杆件中，这一附加正应力则不能忽略。本节简单介绍矩形及狭长矩形截面的等直杆在纯扭转时弹性力学解的结果。

按照弹性力学的有关结果，对于某些非圆截面杆的自由扭转，可以得出与圆截面杆类似的公式，如

$$\tau_{\max} = \frac{T}{W_P'} \tag{5.34}$$

5.6 非圆形截面杆扭转的概念

$$\theta = \frac{T}{GI_t} \quad (5.35)$$

式中：对于非圆截面，W'_P 为抗扭截面模量；I_t 为截面的极惯性矩；GI_t 为杆的抗扭刚度。

本节中 W'_P 和 I_t 除了量纲与圆截面的 W_P 与 I_P 相同外，在几何意义上截然不同。

对于矩形截面杆，有

$$I_t = \alpha b^4 \quad (5.36)$$
$$W'_P = \beta b^3 \quad (5.37)$$

式中：α 与 β 两系数可由表 5.1 中查出，它们均随着矩形截面的长边、短边尺寸 h 和 b 的比值 $m = \frac{h}{b}$ 而变化。横截面上的最大切应力 $\tau_{\max}$ 发生在长边中点即在截面周边上距形心最近的点处；而在短边中点处的切应力则为该边上各点处切应力中的最大值，可根据 $\tau_{\max}$ 和表 5.1 中的系数 υ，按下式计算：

$$\tau = \upsilon \tau_{\max} \quad (5.38)$$

表 5.1　　　　　　　　　　矩形截面杆在扭转时的系数

$m = \frac{h}{b}$	1.0	1.2	1.5	2.0	2.5	3.0	4.0	6.0	8.0	10.0
α	0.140	0.199	0.294	0.457	0.622	0.790	1.123	1.789	2.456	3.123
β	0.208	0.263	0.346	0.493	0.645	0.801	0.150	1.789	2.456	3.123
υ	1.000	—	0.858	0.796		0.753	0.745	0.743	0.743	0.743

注　1. 当 $m > 4$ 时，可近似计算为 $\alpha = \beta \approx \frac{1}{3}(m - 0.63)$，$\upsilon \approx 0.743$。

　　2. 当 $m > 10$ 时，$\alpha = \beta \approx \frac{1}{3}m$，$\upsilon \approx 0.743$。

矩形截面杆扭转时的切应力变化规律如图 5.18 所示。从图 5.18 (a) 中可见，矩形截面边界上各点的切应力与边界相切并形成顺流，这是由于在杆的外表面上没有切应力，因此按照切应力互等定理，截面边界上不可能有垂直于周边的切应力。由此推知，在矩形截面的顶点处切应力必等于零。矩形截面上切应力的变化规律如图 5.18 (a) 所示。

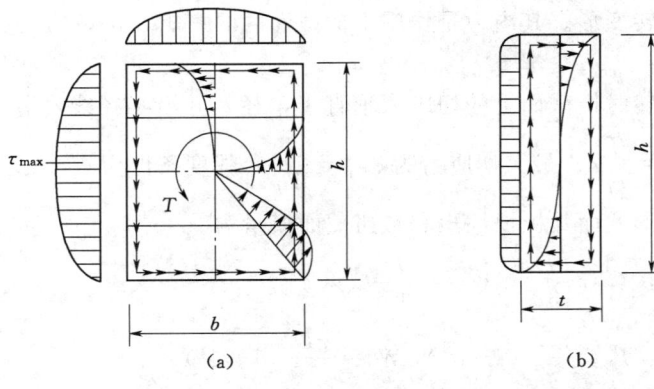

图 5.18　矩形截面杆扭转时的切应力变化规律

当矩形的长边与短边之比 $\frac{h}{b} > 10$ 时,称为狭长矩形。此时由表 5.1 知,$\alpha = \beta \approx \frac{1}{3} m$,于是有

$$I_t = \frac{1}{3} h t^3 \tag{5.39}$$

$$W'_P = \frac{1}{3} h t^2 = \frac{I_t}{t} \tag{5.40}$$

为了与一般矩形区别,将上式中狭长矩形的短边尺寸 b 改为 t。横截面上扭转切应力的变化规律如图 5.18(b)所示,最大切应力仍在长边中点,除角点附近外,沿长边各点切应力数值基本相同。

【例题 5.7】 拖拉机通过方轴牵引后面的旋耕机。方轴转速 $n = 720 \mathrm{r/min}$,传递的最大功率 $P_h = 35 \mathrm{PS}$,截面尺寸为 $30 \mathrm{mm} \times 30 \mathrm{mm}$,材料的 $[\tau] = 100 \mathrm{MPa}$,试校核方轴的强度。

解:

先求出轴上所传递的扭矩,在这种情况下,因为 $T = M_e$,所以扭矩为

$$T = 7024 \frac{P_h}{n} = 7024 \times \frac{35}{720} = 341.4 (\mathrm{N \cdot m})$$

由表 5.1 查得截面系数 $\beta = 0.208$,代入式(5.38),得

$$W'_P = \beta b^3 = 0.208 \times 30^3 = 5616 (\mathrm{mm}^3)$$

该轴上的最大切应力为

$$\tau_{\max} = \frac{T}{W'_P} = \frac{341.4}{5616 \times 10^{-9}} (\mathrm{Pa}) = 60.79 \mathrm{MPa} < [\tau]$$

该轴满足强度条件。

小 结

本章的基本知识点如下:

(1)当外力偶作用在垂直于杆件轴线的平面内时,杆的横截面绕杆轴线作相对转动,杆件发生扭转变形。其内力是作用于横截面内的扭矩,扭矩的正负号按照右手螺旋法则确定。

(2)圆轴扭转时横截面上的切应力垂直于半径,并沿半径线性分布,距圆心为 ρ 处的切应力为 $\tau_\rho = \frac{T}{I_P} \rho$;最大切应力为 $\tau_{\max} = \frac{T}{W_P}$;强度条件为 $\tau_{\max} \leqslant [\tau]$。

(3)对于圆形截面其极惯性矩和抗扭截面模量为

实心圆截面:$I_P = \frac{\pi D^4}{32}$,$W_P = \frac{\pi D^3}{16}$。

空心圆截面:$I_P = \frac{\pi D^4}{32}(1 - \alpha^4)$,$W_P = \frac{\pi D^3}{16}(1 - \alpha^4)$。

(4)扭转变形:计算圆轴扭转变形的理论依据是剪切胡克定律和平面假定。当横

截面上的切应力 τ 不超过材料的比例极限 τ_p 时，可以使用 $\theta = \dfrac{d\varphi}{dx} = \dfrac{T}{GI_P}$ 进行单位长度轴段上的扭转角的计算，使用 $\varphi = \displaystyle\int_l \dfrac{T(x)}{GI_P(x)} dx$ 进行圆轴上相距为 l 的两横截面间的扭转角的计算。轴中 GI_P 值越大，轴抵抗扭转变形的能力越强。

（5）扭转刚度：可使用下列公式来解决刚度校核、许可载荷确定和截面尺寸设计三方面的问题。

$$\theta_{\max} = \dfrac{T}{GI_P}\bigg|_{\max} \leqslant [\theta]\,(\mathrm{rad/m})$$

$$\theta_{\max} = \dfrac{T}{GI_P}\bigg|_{\max} \times \dfrac{180^\circ}{\pi} \leqslant [\theta]\,(^\circ/\mathrm{m})$$

（6）非圆截面杆的扭转应力计算，本章对于矩形截面直接引出了弹性力学的结论，横截面上最大切应力发生在长边的中点处：

$$\tau_{\max} = \dfrac{T}{W'_P}\,;\quad I_t = \alpha b^4\,;\quad W'_P = \beta b^3$$

短边中点处的切应力也较大，$\tau = \upsilon \tau_{\max}$。

当为狭长矩形 $\left(\dfrac{h}{b} > 10\right)$ 时，$\alpha = \beta \approx \dfrac{1}{3}m$，于是有

$$\tau_{\max} = \dfrac{T}{\dfrac{1}{3}ht^2}\,;\quad I_t = \dfrac{1}{3}ht^3\,;\quad W'_P = \dfrac{1}{3}ht^2 = \dfrac{I_t}{t}$$

习 题

第 5 章基础知识测试

5.1 如题 5.1 图所示，一传动轴转速为 200 r/min，轴上装有 4 个轮子，主动轮 2 输入功率 60 kW，从动轮 1、3、4 输出功率依次为 15 kW、15 kW 和 30 kW。①画出轴的扭矩图；②将主动轮 2、从动轮 3 位置对调，扭矩图有何变化？

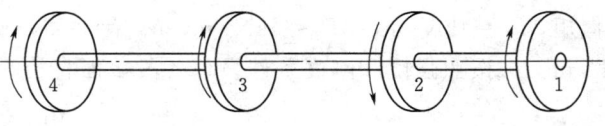

题 5.1 图

5.2 如题 5.2 图所示，T 为圆杆横截面上的扭矩，试画出截面上与 T 对应的切应力分布。

5.3 尺寸相同而材料不同的两圆轴，承受相同的扭矩作用，两者的最大切应力和扭转角是否相同？它们是否具有相同的强度和刚度。材料、扭矩和长度均相同，直径相差一倍的两根轴的最

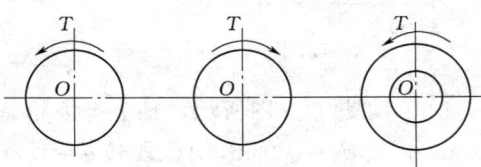

题 5.2 图

大切应力和扭转角又有何不同？

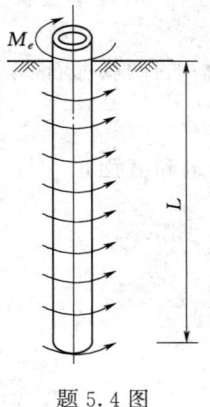

题 5.4 图

5.4 如题 5.4 图所示，一钻探机的功率为 10kW，转速 $n=180$r/min，钻机钻入土层的深度 $L=40$m。如土壤对钻杆的阻力可看成是均匀分布的力偶，试求此分布力偶的集度 t，并作出钻杆的扭矩图。

5.5 如题 5.5 图所示已知传动轴的直径 $D=100$mm，材料的剪切弹性模量 $G=80$GPa，①画轴的扭矩图；②求最大切应力的数值和所在的位置；③求 C、D 两截面的扭转角 φ_{CD} 及 A、D 两截面的扭转角 φ_{AD}。

5.6 如题 5.6 图所示，实心轴和空心轴通过牙嵌式离合器连接起来。已知轴的转速 $n=100$r/min，传递的功率 $P=7.5$kW，材料的许用应力 $[\tau]=40$MPa，空心圆轴的内外直径之比 $\alpha=0.5$。两轴长度相同。求：实心轴的直径 d_1 和空心轴的外直径 D_2；确定两轴重量之比。

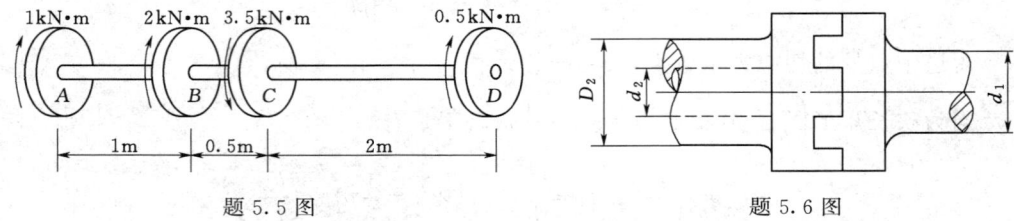

题 5.5 图　　　　　　　　　题 5.6 图

5.7 如题 5.7 图所示，某传动轴的转速为 $n=500$r/min，主动轮 1 输入功率 $P_1=500$PS。从动轮 2、3 分别输出功率 $P_2=200$PS、$P_3=300$PS。已知 $[\tau]=70$MPa，$[\theta]=1°$/m，$G=80$GPa。①试确定 AB 段直径 d_1 和 BC 段直径 d_2；②若 AB 和 BC 两段选用同一直径 d，试确定之；③主动轮和从动轮应如何安排才比较合理。

5.8 如题 5.8 图所示阶梯轴 AD，$a=1$m，$b=1.5$m，$c=1.6$m，AB、BC、CD 各段横截面直径分别为 d_1、d_2、d_3；材料 $[\tau]=60$MPa，剪切弹性模量 $G=80$GPa；外扭转力偶矩 $M_{e1}=4$kN·m，$M_{e2}=4$kN·m，$M_{e3}=12$kN·m，$M_{e4}=4$kN·m，设计要求 $[\theta]=1°$/m。试按照强度和刚度条件设计各段截面直径，并计算 φ_{AD}。

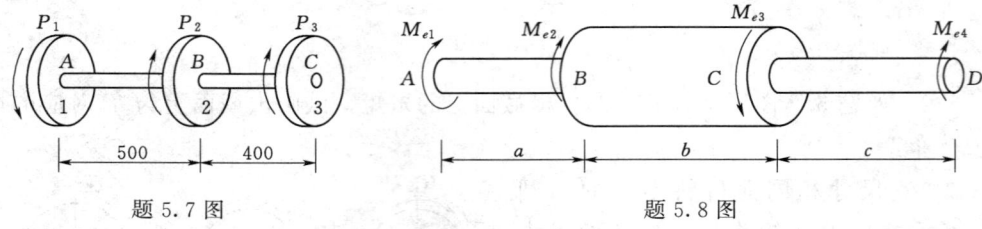

题 5.7 图　　　　　　　　　题 5.8 图

5.9 如题 5.9 图所示，轴上有齿轮 A、B、C，AB 段长 $a=1$m，截面外径 $D_1=0.08$m，内径 $d_1=0.06$m，AC 段长 $b=1.2$m，直径 $d_2=0.05$m；材料 $[\tau]=60$MPa，剪切弹性模量 $G=80$GPa；输入功率 $P_A=20$kW，输出功率 $P_B=15$kW，$P_C=5$kW，

转速 $n=100\text{r/min}$。设计要求 $[\theta]=0.5°/\text{m}$。试进行强度和刚度校核，并计算 φ_{AC}。

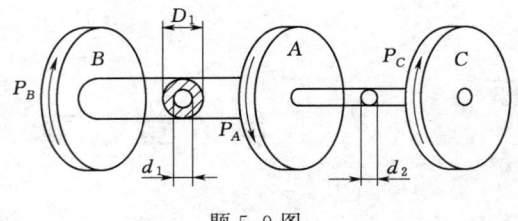

题 5.9 图

5.10 空心钢轴的外径 $D=100\text{mm}$，内径 $d=50\text{mm}$。已知间距为 $L=2.7\text{m}$ 之两横截面的相对扭转角 $\varphi=1.8°$，材料的剪切弹性模量 $G=8\times10^4\text{MPa}$。试求：①轴内最大切应力；②当轴以 $n=80\text{r/min}$ 的速度旋转时，轴传递的功率（kW）。

5.11 矩形截面杆 AB 长 $l=1\text{m}$，截面 $b=0.01\text{m}$，$h=0.06\text{m}$。材料 $[\tau]=60\text{MPa}$，剪切弹性模量 $G=80\text{GPa}$。设计要求 φ_{AB} 不得大于 $3°$。试分别按照强度和刚度条件确定 M_e 的许用值。

第6章 弯曲内力

第6章
思维导图

本章主要介绍杆件弯曲变形的特点、梁的内力分析计算方法；如何建立梁的剪力方程和弯矩方程，并绘制剪力图和弯矩图；讨论载荷、剪力、弯矩之间的微分关系及其在绘制剪力图和弯矩图中的应用。

6.1 弯曲变形与梁

6.1.1 弯曲变形

工程中常遇到这样一类直杆，它们所承受的外力是作用线垂直于杆轴线的平行力系（包括力偶），在这些外力作用下，杆件的变形是任意两横截面绕垂直于杆轴线的轴做相对转动，形成相对角位移，同时杆的轴线也将变成曲线，这种以轴线变弯为主要特征的变形称为弯曲变形（bending）。凡以弯曲变形为主要变形的杆件，通常称为梁（beam）。梁是工程上常见的杆件，如房屋建筑中的大梁［图 6.1（a）］、简易挡水结构中的外伸梁［图 6.2（a）］、摇臂钻床的悬臂杆［图 6.3（a）］以及悬臂式挡土墙及基础梁［图 6.4（a）］等都是受弯杆件的实例。由这些例子可以看到，尽管这些杆件的支承情况与所受载荷等都不相同，但它们受力所产生的主要变形都是弯曲变形。

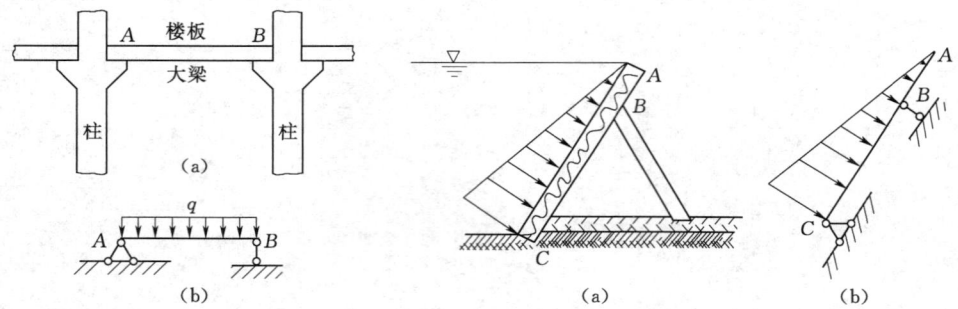

图 6.1 可简化为简支梁的大梁　　图 6.2 可简化为外伸梁的挡水结构

6.1.2 梁的计算简图

工程实际中梁的截面、支座与载荷形式多种多样，为计算方便必须对其进行简化，抽象出代表梁几何与受力特征的力学模型，即梁的计算简图。

选取梁的计算简图的原则：①反映梁的真实受力规律；②使力学计算简便。

一般从梁本身、载荷及支座等三方面进行简化：

（1）梁本身简化：以轴线代替梁，梁的长度称为跨度。

6.1 弯曲变形与梁

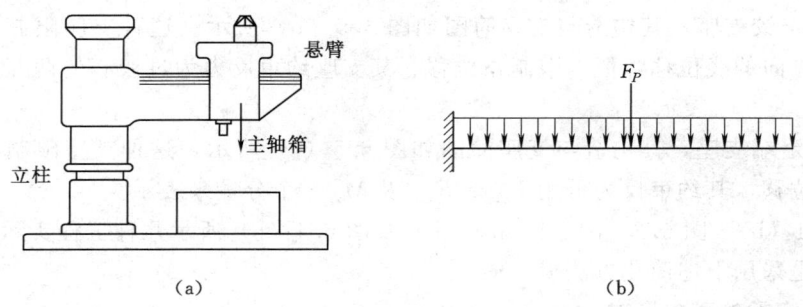

图 6.3 可简化为悬臂梁的悬臂杆

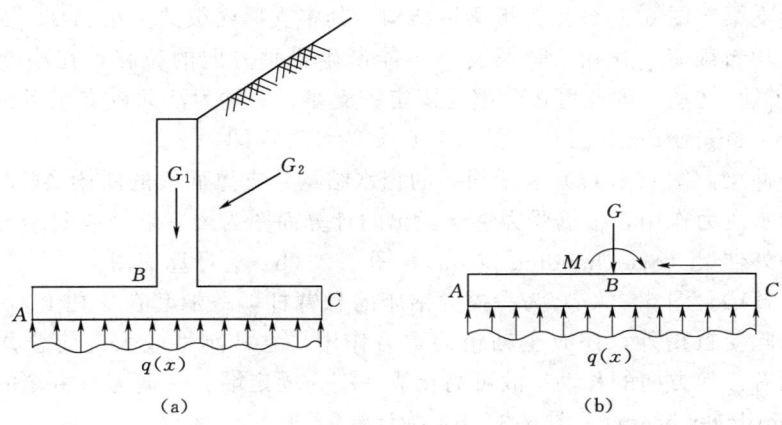

图 6.4 悬臂式挡土墙及基础梁

（2）载荷简化：将载荷简化为集中力、分布力或力偶等。

（3）支座简化：主要简化为以下 3 种典型支座。

1）活动铰支座，其构造及支座简图如图 6.5（a）所示。这种支座只限制梁在沿垂直于支承平面方向的位移，其支座约束反力过铰心且垂直于支承面，用 F_{NA} 表示。

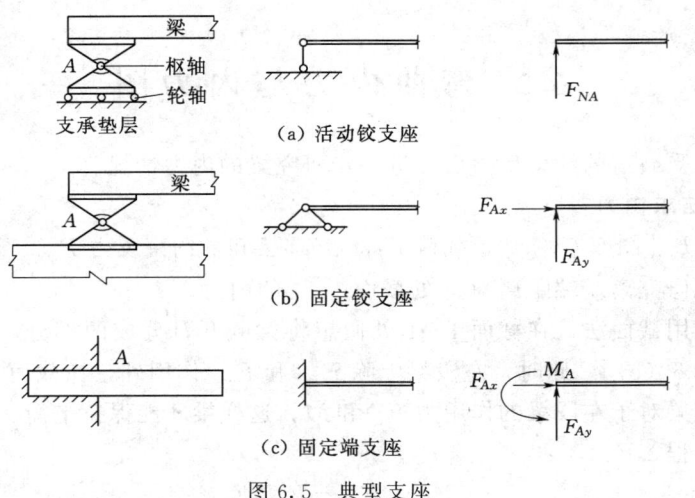

（a）活动铰支座

（b）固定铰支座

（c）固定端支座

图 6.5 典型支座

2）固定铰支座，其构造与支座简图如图 6.5（b）所示。这种支座限制梁在支承处沿任何方向的线位移，但不限制角位移。其支座约束反力为过铰心的两互相垂直分力，用 F_{Ax}、F_{Ay} 表示。

3）固定端支座，其构造与支座简图如图 6.5（c）所示。这种支座限制梁端的线位移及角位移，其约束反力可用 F_{Ax}、F_{Ay} 及 M_A 3 个分量来表示。

图 6.1（b）、图 6.2（b）、图 6.3（b）及图 6.4（b）所示几种工程实际中梁的计算简图就是采用上述简化方法得出的。

6.1.3 静定梁的基本形式

根据梁的支座形式和支承位置不同，常见的静定梁有如下 3 种形式。

(1) 简支梁。图 6.1（a）为板梁柱结构，其中支撑楼板的大梁 AB，受到由楼板传递下来的均布载荷 q 作用，该梁支座不能产生铅垂方向的位移，在小变形的情况下，可以有微小转动，因此可按一端为固定铰支座、一端为活动铰支座考虑，称为简支梁（simple supported beam），图 6.1（b）为计算简图。

(2) 外伸梁。图 6.2（a）表示简易的挡水结构，支撑面板的斜梁 AC，受到由面板传递来的水压力作用，根据受力情况画出的计算简图为梁一端（或两端）伸出支座的梁，称为外伸梁（over handing beam），图 6.2（b）为计算简图。

(3) 悬臂梁。图 6.3（a）为一摇臂钻床的悬臂杆，一端套在立柱上，一端自由，空车时悬臂除受自重外，还有主轴箱的重力作用，立柱刚性较大，使悬臂既不能转动，也不能有任何方向的移动，故可简化成一端为固定端、一端为自由端的梁，称为悬臂梁（cantilever beam），图 6.3（b）为计算简图。

这 3 种梁的共同特点是支座约束反力仅有 3 个，可由静力平衡条件全部求得，故称为静定梁。

6.1.4 静定梁的基本载荷

梁上的载荷一般简化为集中力、集中力偶和均布载荷，分别用 F_P、M 和 $q(x)$ 表示。集中力和均布载荷的作用点简化在轴线上，集中力偶的作用面简化在纵向对称面内。

6.2 弯曲内力与内力图

解决了梁受载荷的约束反力后，进一步研究梁的内力情况。

6.2.1 截面法求内力

简支梁 AB [图 6.6（a）]，载荷 F_{P1}、F_{P2} 已知，约束反力 F_{Ay}、F_B 根据平衡条件已求得，现研究离左端距离为 x 处截面 1—1 的内力。

首先，利用截面法，在截面 1—1 处假想将梁截开，分成两部分，取左段梁为研究对象 [图 6.6（b）]。此时，左段梁上除 F_{P1} 和 F_{Ay} 作用外，在截面 1—1 上还必须有移去的右段梁对于左段梁的作用力 F_Q 和 M，这样梁才能保持平衡。

由平衡方程 $\sum F_y = 0$ 得

$$F_{Ay} - F_{P1} - F_Q = 0$$

$$F_Q = F_{Ay} - F_{P1}$$

抵抗梁被剪断的内力 F_Q 实际上是梁横截面上切向分布内力的合力，故称为剪力（shear force）。

将左段上所有的力对截面形心 C 取矩，由 $\sum M_C = 0$ 得：$M + F_{P1}(x-a) - F_{Ay}x = 0$，$M = F_{Ay}x - F_{P1}(x-a)$。

截面抵抗弯断的内力偶矩 M 称为弯矩（bending moment）。同样，如果以右段梁为研究对象 [图 6.6（c）]，也可以根据平衡条件求得截面 1-1 的剪力 F_Q 和弯矩 M，左段梁与右段梁所得的剪力和弯矩必定大小相等、方向相反。

为了使两段梁在同一截面算得的剪力和弯矩符号相同。对内力符号作如下规定：

剪力——使微段梁左端向上，右端向下，相对错动时定为正号 [图 6.7（a）]，反之为负号 [图 6.7（b）]。

弯矩——使梁的变形向下凸，即下半部受拉时为正号 [图 6.7（c）]，反之为负号 [图 6.7（d）]。图 6.6（b）和（c）所示的剪力和弯矩均为正值。

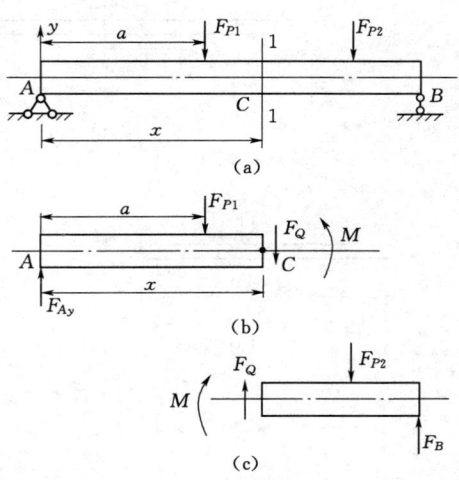

图 6.6 截面法求梁的内力

在图 6.7（c）所示弯矩 M 作用下，微段受弯 [图 6.8（a）]。如果将梁设想成由无数纵向"纤维"所组成，则由上述变形可知，图 6.8（a）微段靠近梁顶部的"纤维"缩短，靠近底部的"纤维"伸长，与此相应，横截面的上部受压 [图 6.8（b）]，下部受拉。因此关于弯矩的符号也可规定为使横截面顶部受压为正，反之为负。

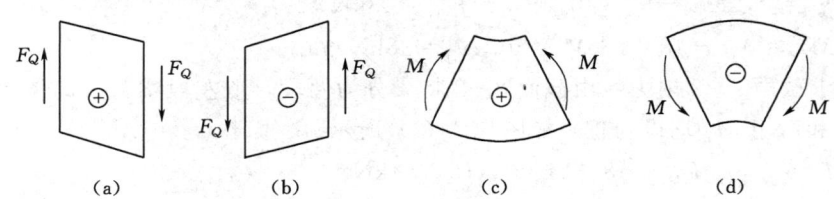

图 6.7 剪力和弯矩的正负号规则

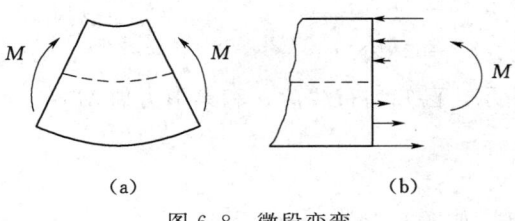

图 6.8 微段变弯

为使按静力学方法计算剪力、弯矩时出现的符号，与按上述规定确定的剪力和弯矩符号相一致，在用截面法计算梁的内力时，宜按上述规定的正号方向（转向）设定剪力 F_Q 和弯矩 M，这样所求得的剪力 F_Q 和弯矩 M 的正负值即表示该截面处剪力 F_Q 和弯矩 M 的正值或负值。

下面举例说明怎样用截面法求梁任一截面的内力。

【例题 6.1】 简支梁如图 6.9 (a) 所示,已知两个集中载荷分别为 14kN 和 28kN,求指定截面 1-1、截面 2-2、截面 3-3 的内力。

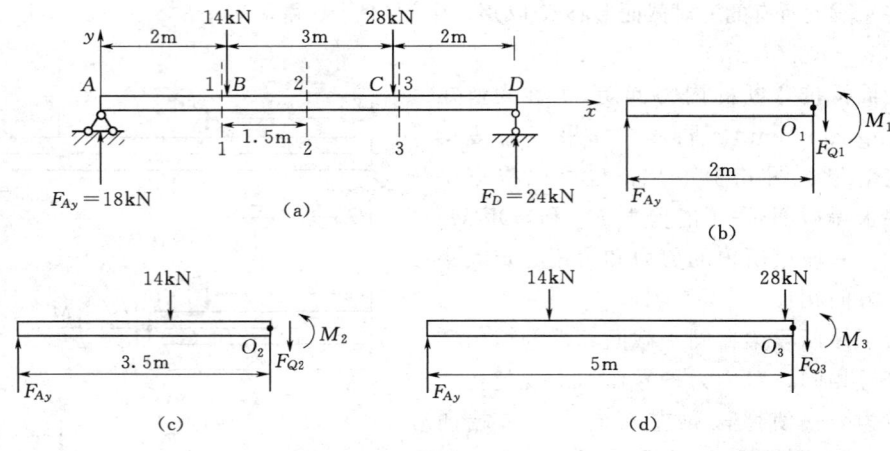

图 6.9 [例题 6.1] 图

解:

(1) 求支座约束反力(以下称约束反力):设约束反力 F_{Ay}、F_D 如图 6.9 (a) 所示。

由 $\sum M_A = 0$ 可知,$7 \times F_D - 14 \times 2 - 28 \times 5 = 0$,$F_D = 24$kN。

由 $\sum F_y = 0$ 可知,$F_{Ay} + F_D - 14 - 28 = 0$,$F_{Ay} = 18$kN。

由 $\sum M_D = 0$ 可知,$F_{Ay} \times 7 - 14 \times 5 - 28 \times 2 = 0$,$18 \times 7 - 14 \times 5 - 28 \times 2 = 0$。

校核可得所求约束反力无误。

(2) 求截面 1-1 内力(截面 B 左侧):由截面 1-1 将梁分为两段,取左段梁为脱离体,并假设该截面剪力 F_{Q1} 和弯矩 M_1 均为正,如图 6.9 (b) 所示。

由 $\sum F_y = 0$,$F_{Ay} - F_{Q1} = 0$,$F_{Q1} = F_{Ay} = 18$kN。

由 $\sum M_{O1} = 0$,$-18 \times 2 + M_1 = 0$,$M_1 = 36$kN·m。

(3) 求截面 2-2 内力:由截面 2-2 将梁分为两段,取左段梁为脱离体,截面上剪力 F_{Q2} 和弯矩 M_2 均设为正,如图 6.9 (c) 所示。

由 $\sum F_y = 0$,$-F_{Q2} + 18 - 14 = 0$,$F_{Q2} = 4$kN。

由 $\sum M_{O2} = 0$,$M_2 - 18 \times 3.5 + 14 \times 1.5 = 0$,$M_2 = 42$kN·m。

(4) 求截面 3-3 内力(截面 C 右侧):由截面 3-3 将梁分为两段,取左段梁为脱离体,截面上剪力 F_{Q3} 和弯矩 M_3 均设为正,如图 6.9 (d) 所示。

由 $\sum F_y = 0$,$F_{Ay} - F_{Q3} - 14 - 28 = 0$,$F_{Q3} = -24$kN。

由 $\sum M_{O3} = 0$,$M_3 - 18 \times 5 + 14 \times 3 = 0$,$M_3 = 48$kN·m。

【例题 6.2】 外伸梁如图 6.10 (a) 所示,已知均布载荷 q 和集中力偶 $M_e = qa^2$,求指定截面 1-1、截面 2-2 的内力。

解:

(1) 求约束反力:设约束反力 F_{Ay}、F_B 如图 6.10 (a) 所示。

6.2 弯曲内力与内力图

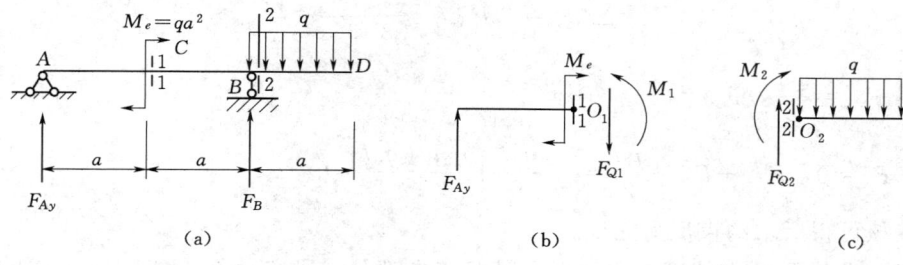

图 6.10 [例题 6.2] 图

由平衡方程 $\sum M_A = 0$ 可知，$F_B 2a - M_e - qa\dfrac{5}{2}a = 0$，$F_B = \dfrac{7}{4}qa$。

由 $\sum F_y = 0$ 可知，$F_{Ay} + F_B - qa = 0$，$F_{Ay} = -\dfrac{3qa}{4}$。

由 $\sum M_B = 0$ 可知，$F_{Ay} 2a + M_e + qa\dfrac{a}{2} = 0$，$-\dfrac{3qa}{4} 2a + qa^2 + \dfrac{qa^2}{2} = 0$。

校核可得所求约束反力无误。

（2）求截面 1-1 内力：由截面 1-1 将梁分为两段，取左段梁为脱离体，并假设该截面剪力 F_{Q1} 和弯矩 M_1 均为正，如图 6.10（b）所示。

由 $\sum F_y = 0$ 可知，$F_{Ay} - F_{Q1} = 0$，$F_{Q1} = F_{Ay} = -\dfrac{3qa}{4}$。

对截面 1-1 的形心 O_1 取矩：

由 $\sum M_{O1} = 0$ 可知，$-F_{Ay}a - M_e + M_1 = 0$，$M_1 = M_e + F_{Ay}a = qa^2 - \dfrac{3}{4}qa^2 = \dfrac{qa^2}{4}$。

求得的 F_{Q1} 结果为负值，说明剪力实际方向与假设相反，为负剪力；M_1 结果为正值，说明弯矩实际转向与假设相同，为正弯矩。

（3）求截面 2-2（截面 B 右侧一点）内力：由截面 2-2 将梁分为两段，取右段梁为脱离体，截面上剪力 F_{Q2} 和弯矩 M_2 均设为正，如图 6.10（c）所示。

由 $\sum F_y = 0$ 可知，$F_{Q2} - qa = 0$，$F_{Q2} = qa$。

由 $\sum M_{O2} = 0$ 可知，$-M_2 - qa\dfrac{a}{2} = 0$，$M_2 = -\dfrac{qa^2}{2}$。

【例题 6.3】 如图 6.11（a）所示一简支梁，全梁受线性变化的分布载荷作用，最大载荷集度为 q_0，试求梁截面 C 上的内力。

解：

（1）求约束反力：

$\sum M_A = 0$，$F_B l - \dfrac{q_0 l}{2}\dfrac{2l}{3} = 0$，

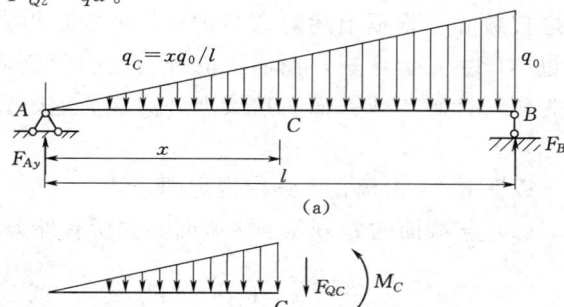

图 6.11 [例题 6.3] 图

$$\sum M_B = 0, F_{Ay}l - \frac{q_0 l}{2}\frac{l}{3} = 0$$

得 $F_{Ay} = \frac{q_0 l}{6}$，$F_B = \frac{q_0 l}{3}$。

$$\sum F_y = 0, \quad F_{Ay} + F_B - \frac{q_0 l}{2} = 0, \quad \frac{q_0 l}{6} + \frac{q_0 l}{3} - \frac{q_0 l}{2} = 0$$

校核可得所求约束反力无误。

(2) 求截面 C 上的剪力和弯矩：取 C 点左部分为研究对象 [图 6.11 (b)]：

$$\sum F_y = 0, \quad F_{Ay} - \frac{1}{2}\frac{q_0 x}{l}x - F_{QC} = 0$$

$$F_{QC} = \frac{q_0(l^2 - 3x^2)}{6l}$$

$$\sum M_C = 0, \quad M_C - \frac{q_0 l}{6}x + \frac{q_0 x^2}{2l}\frac{x}{3} = 0$$

$$M_C = \frac{q_0 x(l^2 - x^2)}{6l}$$

从上述公式可知，即 $l^2 > 3x^2$，$x < \frac{l}{\sqrt{3}}$ 时，剪力为正值。当 $l^2 - x^2 > 0$ 时，弯矩为正值。因为 x 总是小于 l 值，故 M 总是正值。

6.2.2 直接法求内力

以上计算是截面法的基本方法，但在实际计算时，可不必将梁假想地截开，而直接从横截面任一边外力进行计算即可。总结以上的算式得到下述结论：

横截面上的剪力在数值上等于此截面的左边或右边梁上的外力沿垂直轴线方向投影的代数和。根据上述对剪力正负号的规定得知，在左边梁向上的外力或右边梁向下的外力产生正值剪力，反之为负值剪力。

横截面上的弯矩在数值上等于此截面的左边或右边梁上外力对该截面形心的力矩之代数和。根据上述对弯矩正负号的规定得知，向上的外力不论在截面的左边或右边均产生正值弯矩，而向下的外力则引起负值弯矩。对于在截面左边梁上的外力偶为顺时针转向或截面右边梁上外力偶为逆时针转向，则产生正值弯矩，反之为负值弯矩。

以图 6.12 为例，简述求内力的直接法。

(1) 某截面的剪力等于该截面一侧所有外力在铅直方向投影的代数和，即

$$F_Q = \sum F_{P左侧外力} (或 \sum F_{P右侧外力}) \tag{6.1}$$

(2) 某截面的弯矩等于该截面一侧所有外力对该截面形心力矩的代数和，即

$$M = \sum M_{C左侧外力} (或 \sum M_{C右侧外力}) \tag{6.2}$$

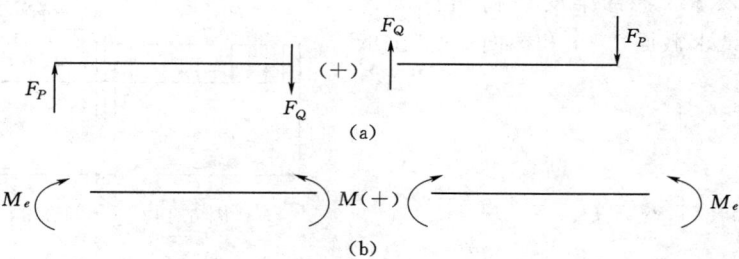

图 6.12 直接法内力正负号规定

这样，运用上述两法则就不必取脱离体，可用式（6.1）和式（6.2）直接由截面左侧（或右侧）外力计算任一截面剪力和弯矩。此两法则是由截面法推出的，但比截面法用起来更方便快捷，对于求梁的内力极为有用，必须熟练掌握。读者可用此方法验证［例题 6.1］～［例题 6.3］的结果是否正确。

下面举例说明直接法计算剪力和弯矩。

【例题 6.4】 梁上受载荷情况如图 6.13 所示，试求截面 1-1 和截面 2-2 上的剪力和弯矩。

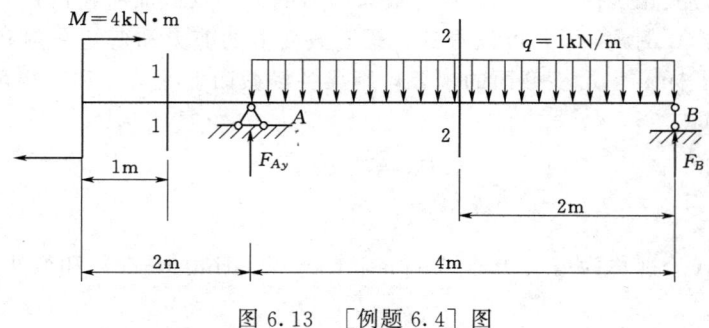

图 6.13 ［例题 6.4］图

解：

(1) 求约束反力：

$$F_{Ay}=1\text{kN},\ F_B=3\text{kN}$$

(2) 求截面 1-1 和截面 2-2 上的剪力和弯矩均取左边分离体为研究对象。

截面 1-1：

$$F_{Q1}=0$$

$$M_1=4\text{kN}\cdot\text{m}$$

截面 2-2：

$$F_{Q2}=F_{Ay}-1\times 2=1-2=-1(\text{kN})$$

$$M_2=4+F_{Ay}\times 2-1\times 2\times 1=4+1\times 2-2=4(\text{kN}\cdot\text{m})$$

【例题 6.5】 悬臂梁受载荷情况如图 6.14 所示，试求截面 1-1 和截面 2-2 上的剪力和弯矩。

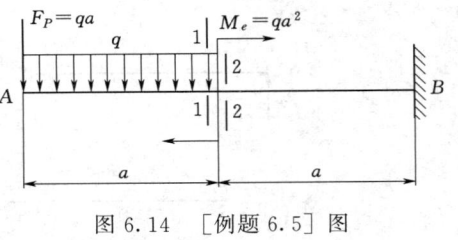

图 6.14 ［例题 6.5］图

解：
截面 1-1：
$$F_{Q1} = -qa - qa = -2qa$$
$$M_1 = -qaa - qa\frac{a}{2} = -\frac{3qa^2}{2}$$

截面 2-2：
$$F_{Q2} = -qa - qa = -2qa$$
$$M_2 = -qaa - qa\frac{a}{2} + qa^2 = -\frac{qa^2}{2}$$

6.3 剪力图和弯矩图

在工程实际中进行梁的设计时，仅知道某些截面上的内力不够，还必须了解梁上各横截面的内力变化规律，从而来确定最大内力的大小及截面所在位置。

由前面计算［例题 6.3］可以看到，梁横截面上的剪力和弯矩一般随截面位置不同而变化。用坐标 x 表示横截面的位置，则梁各横截面上的剪力和弯矩可以表示为坐标 x 的函数，即

$$F_Q = F_Q(x)$$
$$M = M(x)$$

上述关系式分别称为剪力方程（equation of shearing force）和弯矩方程（equation of bending）。

在写这些方程时，一般是以梁左端为坐标原点，但有时为计算方便，也可将原点取在梁右端或梁上任意点。

剪力方程和弯矩方程可以反映剪力和弯矩沿全梁的变化情况，从而找出内力最大截面即危险截面作为设计依据。为了更加直观地表示剪力、弯矩沿梁的变化情况，可绘制剪力图（diagram of shearing farce）和弯矩图（diagram of bending moment）。

剪力图和弯矩图的做法与轴力图及扭矩图做法类似，即以梁轴线为 x 轴，以横截面上的剪力或弯矩为纵坐标，按照适当的比例绘出 $F_Q = F_Q(x)$ 或 $M = M(x)$ 的图像。绘制剪力图时，规定正号剪力画在 x 轴上侧，负号剪力画在 x 轴下侧，并注上正负号；绘制弯矩图时规定正弯矩画在 x 轴的下侧，负弯矩画在 x 轴的上侧，即把弯矩图画在梁受拉的一侧，以便钢筋混凝土梁根据弯矩图直观配置钢筋，弯矩图可以不注正负号。

由剪力图和弯矩图可直观确定梁剪力、弯矩的最大值及其所在截面位置。

【例题 6.6】 作图 6.15（a）所示简支梁受集中力 F_P 作用的剪力图及弯矩图。

6.3 剪力图和弯矩图

解：

（1）求约束反力：

$$F_{Ay} = \frac{F_P b}{l}, \quad F_B = \frac{F_P a}{l}$$

（2）建立坐标系：建立 $F_Q - x$ 和 $M - x$ 坐标系，分别如图 6.15（b）和（c）所示。

（3）分段列剪力方程和弯矩方程：由于在截面 C 处作用有集中力 F_P，故应分为 AC 和 BC 两段，分别建立剪力方程和弯矩方程，并分段画剪力图和弯矩图。

AC 段：取距 A 点为 x_1 的任意截面，由截面左侧的外力写出剪力方程和弯矩方程：

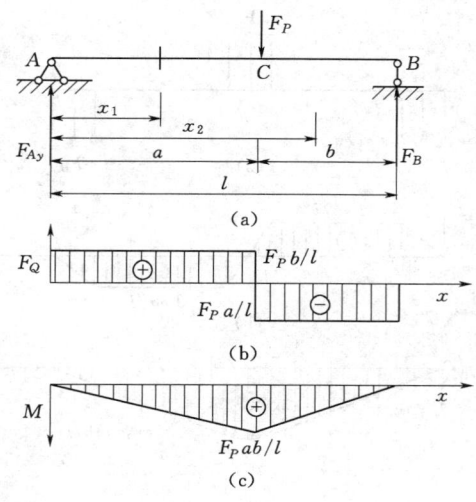

图 6.15 ［例题 6.6］图

$$F_Q(x_1) = F_{Ay} = \frac{F_P b}{l} \quad (0 < x_1 < a) \tag{a}$$

$$M(x_1) = F_{Ay} x_1 = \frac{F_P b}{l} x_1 \quad (0 \leqslant x_1 \leqslant a) \tag{b}$$

BC 段：取距 A 点为 x_2 的任意截面，由截面左侧的外力写出剪力方程和弯矩方程：

$$F_Q(x_2) = F_{Ay} - F_P = \frac{F_P b}{l} - F_P = -\frac{F_P a}{l} \quad (a < x_2 < l) \tag{c}$$

$$M(x_2) = F_{Ay} x_2 - F_P(x_2 - a) = \frac{F_P b}{l} x_2 - F_P(x_2 - a) \quad (a \leqslant x_2 \leqslant l) \tag{d}$$

（4）画剪力图和弯矩图：根据式（a）、式（c）计算各段方程的起点、终点的剪力值（即控制截面的剪力值），可知 AC 段与 BC 段的剪力图皆为平行于 x 轴的一条直线。

根据式（b）、式（d）计算各段方程控制截面的弯矩值，可知 AC 段与 CB 段的弯矩图各是一条斜直线。

计算各控制点处的剪力和弯矩值，见表 6.1，其剪力图和弯矩图如图 6.15（b）和（c）所示。

表 6.1　　　　　　　　　控制截面 F_Q、M 计算值

x	0	a		l
F_Q	$\dfrac{F_P b}{l}$	左侧：$\dfrac{F_P b}{l}$	右侧：$-\dfrac{F_P a}{l}$	$-\dfrac{F_P a}{l}$
M	0	$\dfrac{F_P ab}{l}$		0

由图 6.15（b）和（c）可以看出，横截面 C 处的弯矩最大，其值为

$$M_{\max}=\frac{F_P ab}{l}$$

如果 $a=b$，则 $M_{\max}=\dfrac{F_P l}{4}$；如果 $a>b$，则剪力的最大值发生在 BC 段。

$$|F_Q|_{\max}=\frac{F_P a}{l}$$

由图 6.15 还可看出，在集中力 F_P 作用的截面 C 处，弯矩图的斜率发生突变，形成尖角；同时剪力图上的数值也突然由 $+\dfrac{F_P b}{l}$ 变为 $-\dfrac{F_P a}{l}$，突变值大小为集中力的数值 F_P。剪力图的这种突变

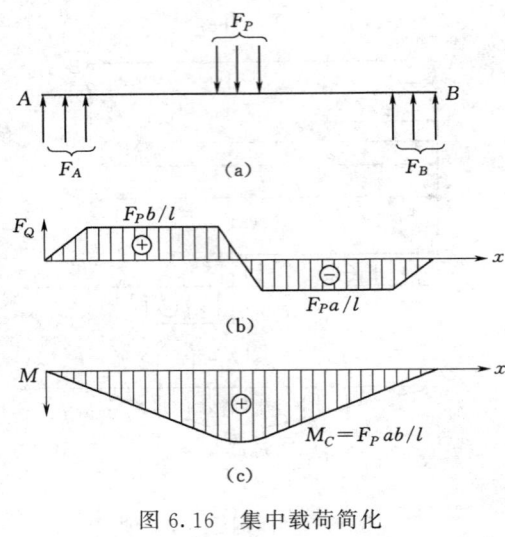

图 6.16 集中载荷简化

现象是由于假设集中力作用在梁的一"点"上而造成的，实际上是分布在很短的一段梁上，如图 6.16（a）所示。因此，剪力和弯矩在此梁段上还是连续变化的［图 6.16（b）和（c）］。

【例题 6.7】 作图 6.17 所示简支梁受均布载荷的剪力图和弯矩图。

解：

（1）求约束反力：由 $\sum F_y=0$ 和对称条件知：$F_{Ay}=F_B=\dfrac{ql}{2}$。

（2）建立坐标系：建立 F_Q-x、$M-x$ 坐标系，如图 6.17 所示。

（3）列出剪力方程和弯矩方程：以左端 A 为原点，并将 x 表示在图上。

$$F_Q(x)=F_{Ay}-qx=\frac{ql}{2}-qx \quad (0<x<l)$$

$$M(x)=F_{Ay}x-qx\,\frac{x}{2}=\frac{ql}{2}x-\frac{qx^2}{2} \quad (0\leqslant x\leqslant l)$$

（4）作剪力图和弯矩图：$F_Q(x)$ 是 x 的一次函数，说明剪力图是一条直线。故以 $x=0$ 和 $x=l$ 分别代入，就可得到梁的左端和右端截面上的剪力分别为

$$F_{QA(x\to 0)}=F_{Ay}=\frac{ql}{2}$$

$$F_{QB(x\to l)}=\frac{ql}{2}-ql=-\frac{ql}{2}$$

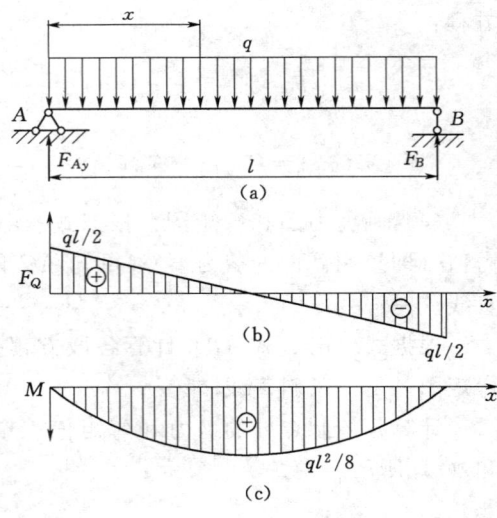

图 6.17 ［例题 6.7］图

由这两个控制数值可画出一条直线,即为梁的剪力图,如图 6.17(b)所示。

从式 $M(x)$ 可知弯矩方程是 x 的二次函数,说明弯矩图是一条二次抛物线,需由 5 个控制点确定。

为便于作图,可先将各控制点的 F_Q、M 计算值列在表 6.2 中,然后根据表中数据及剪力方程和弯矩方程所示曲线的性质作出剪力图和弯矩图。

表 6.2　　　　　　　　　　　控制截面 F_Q、M 计算值

x	0	$\dfrac{l}{4}$	$\dfrac{l}{2}$	$\dfrac{3l}{4}$	l
$F_Q(x)$	$\dfrac{ql}{2}$	$\dfrac{ql}{4}$	0	$-\dfrac{ql}{4}$	$-\dfrac{ql}{2}$
$M(x)$	0	$\dfrac{3ql^2}{32}$	$\dfrac{ql^2}{8}$	$\dfrac{3ql^2}{32}$	0

由作出的剪力图和弯矩图可以看出,最大剪力发生在梁的两端,并且其绝对值相等,数值为 $F_{Q\max} = \dfrac{ql}{2}$,最大弯矩发生在跨中点处,且 $M_{\max} = ql^2/8$,$F_Q = 0$。

【**例题 6.8**】 悬臂梁受集中力及集中力偶作用,如图 6.18(a)所示,试作梁的剪力图和弯矩图。

解:

此题可不必求约束反力,直接由自由端截取梁段研究。

(1) 分段列出剪力方程和弯矩方程。

AC 段:

$$F_Q(x_1) = -F_P \quad \left(0 < x_1 \leqslant \dfrac{l}{2}\right) \quad \text{(a)}$$

$$M(x_1) = -F_P x_1 \quad \left(0 \leqslant x_1 < \dfrac{l}{2}\right) \quad \text{(b)}$$

CB 段:

$$F_Q(x_2) = -F_P \quad \left(\dfrac{l}{2} \leqslant x_2 < l\right) \quad \text{(c)}$$

$$M(x_2) = -F_P x_2 + M_e \quad \left(\dfrac{l}{2} < x_2 < l\right) \quad \text{(d)}$$

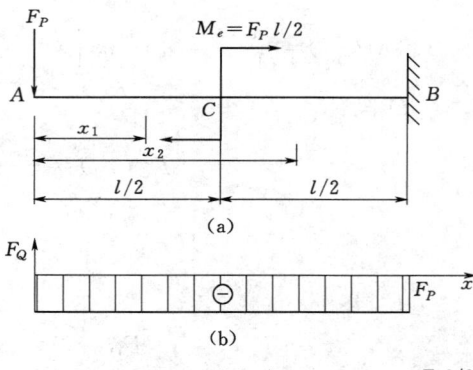

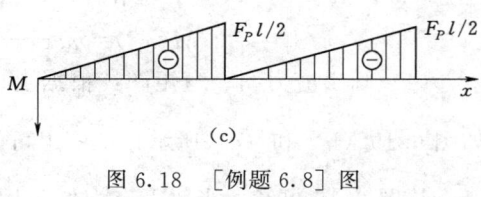

图 6.18 [例题 6.8]图

(2) 画剪力图和弯矩图:根据式(a)、式(c)作剪力图,如图 6.18(b)所示。根据式(b)、式(d)作弯矩图,如图 6.18(c)所示。可以看出:

$$|F_Q|_{\max} = F_P, \quad |M|_{\max} = \dfrac{F_P l}{2}$$

【**例题 6.9**】 试作图 6.19(a)所示外伸梁的剪力图、弯矩图。

第6章 弯曲内力

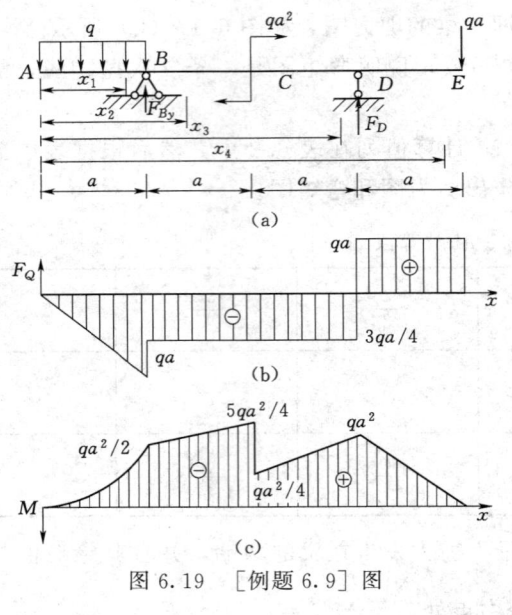

图 6.19 [例题 6.9] 图

解：

(1) 求约束反力：由 $\sum M_B = 0$，$\sum M_D = 0$，可求得 B、D 支座处的约束反力：

$$F_{By} = \frac{qa}{4}, \quad F_D = \frac{7}{4}qa$$

(2) 建立坐标系：建立 F_Q-x 和 M-x 坐标系，分别如图 6.19(b) 和 (c) 所示。

(3) 分段列出剪力方程和弯矩方程。

AB 段：

$$F_Q(x_1) = -qx_1 \quad (0 \leqslant x_1 < a)$$

$$M(x_1) = -\frac{q}{2}x_1^2 \quad (0 \leqslant x_1 \leqslant a)$$

BC 段：

$$F_Q(x_2) = \frac{qa}{4} - qa = -\frac{3}{4}qa \quad (a < x_2 \leqslant 2a)$$

$$M(x_2) = \frac{qa}{4}(x_2 - a) - qa\left(x_2 - \frac{a}{2}\right) = -\frac{3}{4}qax_2 + \frac{1}{4}qa^2 \quad (a \leqslant x_2 < 2a)$$

CD 段：

$$F_Q(x_3) = -\frac{3}{4}qa \quad (2a \leqslant x_3 < 3a)$$

$$M(x_3) = \frac{5}{4}qa^2 - \frac{3}{4}qax_3 \quad (2a < x_3 \leqslant 3a)$$

DE 段：

$$F_Q(x_4) = qa \quad (3a < x_4 < 4a)$$

$$M(x_4) = qax_4 - 4qa^2 \quad (3a \leqslant x_4 \leqslant 4a)$$

(4) 画出剪力图、弯矩图：根据上述剪力方程、弯矩方程作出剪力图和弯矩图，如图 6.19(b) 和 (c) 所示；从图上可知，$|F_Q|_{max} = qa$，$|M|_{max} = \frac{5}{4}qa^2$。

从图 6.19 可知，当梁上有力偶作用时，剪力图不受影响，弯矩图发生突变，突变值为 M 值的大小。

6.4 载荷、剪力和弯矩间的关系

6.4.1 F_Q、M 与 q 之间的微分关系

设有如图 6.20(a) 所示的简支梁，梁上作用有非等值分布载荷 $q(x)$，并规定

6.4 载荷、剪力和弯矩间的关系

$q(x)$ 方向向上为正,现将坐标 x 的原点取在此梁的左端,用垂直于梁轴且相距为 dx 的两个假想截面 $m-m$ 和 $n-n$ 从梁中截出微段。由于 dx 非常微小,故可认为微段上的分布载荷 $q(x)$ 是均布的。

设截面 $m-m$、截面 $n-n$ 上的内力分别为 $F_Q(x)$、$M(x)$ 及 $F_Q(x)+dF_Q(x)$、$M(x)+dM(x)$,且都为正值,如图 6.20(b)所示。

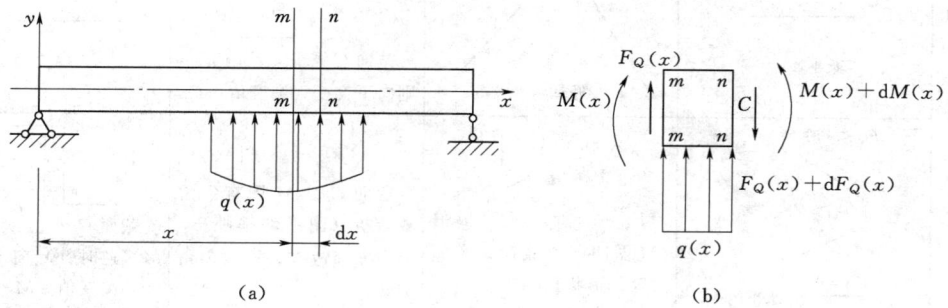

图 6.20 剪力、弯矩和载荷集度间的关系

根据 dx 微段梁的平衡条件 $\sum F_y = 0$,$F_Q(x)-[F_Q(x)+dF_Q(x)]+q(x)dx=0$,得

$$\frac{dF_Q(x)}{dx}=q(x) \tag{6.3}$$

再由平衡方程 $\sum M_C=0$,得

$$M(x)+dM(x)-M(x)-F_Q(x)dx-q(x)dx\frac{dx}{2}=0$$

略去二阶微量 $q(x)dx\dfrac{dx}{2}$ 可得到

$$\frac{dM(x)}{dx}=F_Q(x) \tag{6.4}$$

由式(6.3)和式(6.4)又可得到

$$\frac{d^2M(x)}{dx^2}=\frac{dF_Q(x)}{dx}=q(x) \tag{6.5}$$

上述三式分别表示梁在同一截面处剪力、弯矩和分布载荷集度之间的微分关系,即:①截面上剪力对 x 的一阶导数,等于同一截面上分布载荷的集度;②截面上弯矩对 x 的一阶导数,等于同一截面上的剪力;③截面上弯矩对 x 的二阶导数,等于同一截面上分布载荷的集度。

根据以上微分关系可将剪力图和弯矩图的规律归纳于表 6.3 中,利用表 6.3 可以绘制、校核剪力图和弯矩图。

6.4.2 M、F_Q 与 q 之间的积分关系

由式(6.3)可得在 $x=a$ 和 $x=b$ 处两个横截面 A、B 间的积分为

表 6.3　　梁的载荷、剪力、弯矩相互关系

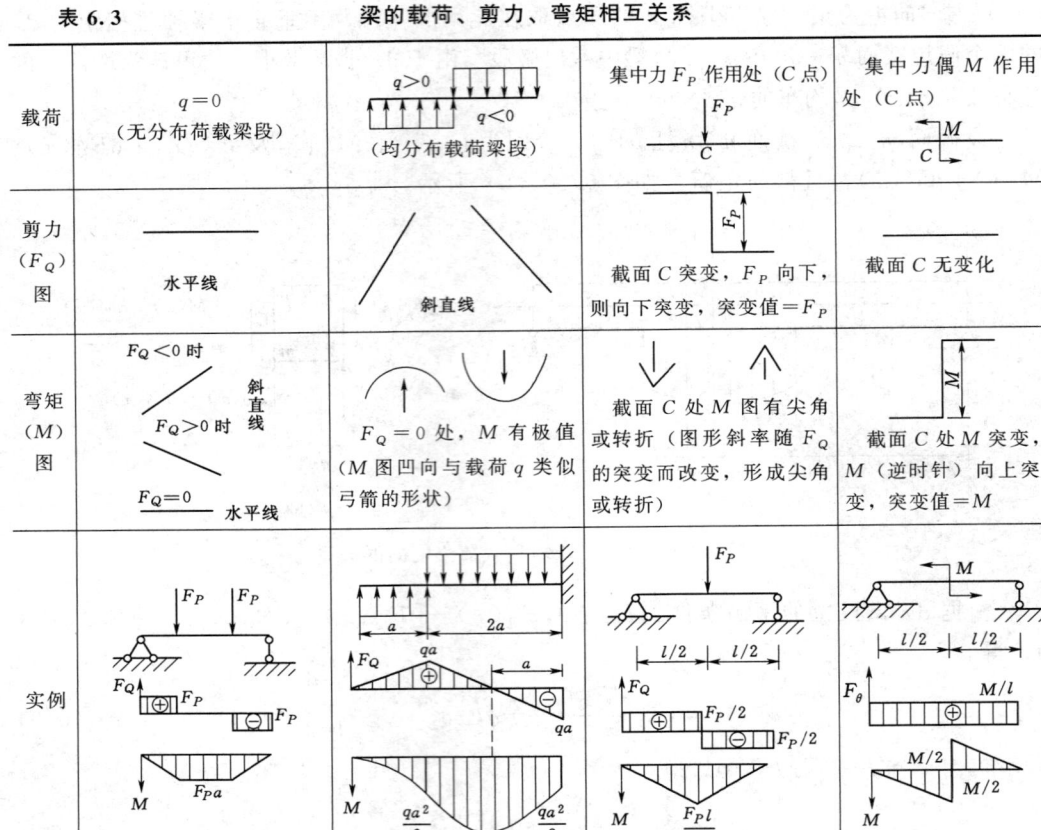

$$\int_a^b \mathrm{d}F_Q(x) = \int_a^b q(x)\mathrm{d}x$$

$$F_Q(b) - F_Q(a) = \int_a^b q(x)\mathrm{d}x \tag{6.6}$$

由式（6.4）可得

$$M(b) - M(a) = \int_a^b F_Q(x)\mathrm{d}x \tag{6.7}$$

式（6.6）和式（6.7）说明：①剪力图上任意两截面间剪力值之差，等于受力图上相应两截面间的载荷面积；②弯矩图上任意两截面间弯矩值之差，等于剪力图上相应两截面的剪力图面积。

熟悉上面的这些关系，对绘制和校核梁的剪力图和弯矩图都会有很大帮助，下面举例说明。

【**例题 6.10**】 外伸梁如图 6.21（a）所示，已知 $F_P = 20\mathrm{kN}$，$M_e = 160\mathrm{kN}\cdot\mathrm{m}$，$q = 20\mathrm{kN/m}$，试作梁的剪力图和弯矩图。

解：

（1）求约束反力：

$$F_D = 72\mathrm{kN}, \quad F_{By} = 148\mathrm{kN}$$

6.4 载荷、剪力和弯矩间的关系

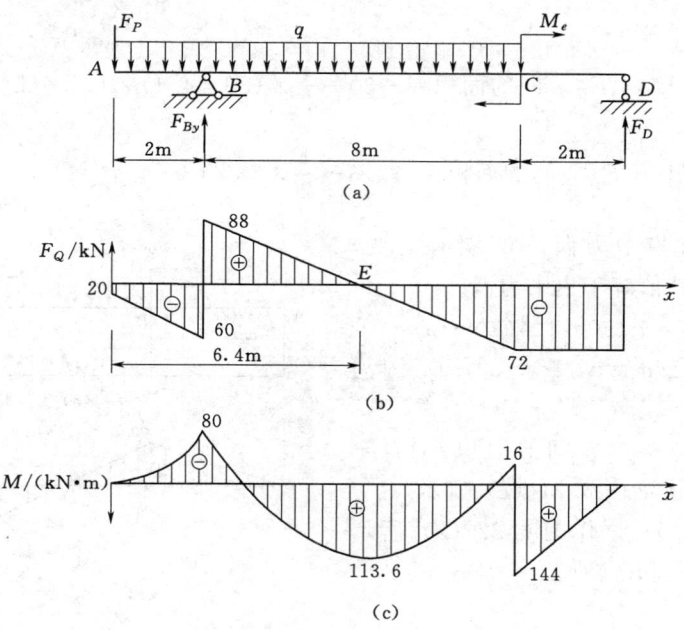

图 6.21 [例题 6.10] 图

(2) 画剪力图:自左至右分段依次画出。

1) A 点:F_Q 图向下突变,其大小、方向与 F_P 相同。
2) AB 段:$q<0$,F_Q 图为下倾斜直线(\)。
$$F_{QA}=-20\text{kN},\quad F_{QB左}=F_{QA}+ql_{AB}=-60\text{kN}$$
3) B 点:F_Q 图向上突变,其大小、方向均与 F_{By} 相同。
4) BC 段:$q<0$,F_Q 图为斜直线(\)。
$$F_{QB右}=148-60=88(\text{kN})$$
$$F_{QC}=F_{QB右}+ql_{BC}=88+(-20\times 8)=-72(\text{kN})$$
由 F_Q 图算得在 $x=6.4\text{m}$ 处,$F_Q=0$。

5) C 点有集中力偶,对 F_Q 图无影响。
6) CD 段:$q=0$,F_Q 图为水平线。
$$F_{QC}=F_{QD}=-72\text{kN}$$
7) D 点:F_Q 图向上突变至零。得 F_Q 图如图 6.21(b)所示。

(3) 画弯矩图。

1) A 点无集中力偶,M 图无突变,从零开始。
2) AB 段:$q<0$,M 图为下凸二次曲线(⌣)。
$$M_A=0$$
$$M_B=M_A+F_{QAB}\text{间的面积}=0-\frac{1}{2}\times(20+60)\times 2=-80(\text{kN}\cdot\text{m})$$
3) B 点无集中力偶,M 图在 B 点不能突变。
4) BC 段:$q<0$,M 图为下凸曲线(⌣),并得知在 E 点 $x=6.4\text{m}$ 处,M 图有

极值。

$$M_E = M_B + F_{QBE} \text{ 间的面积} = -80 + \frac{1}{2} \times (88 \times 4.4) = 113.6 (\text{kN} \cdot \text{m})$$

$$M_{C左} = M_E + F_{QEC} \text{ 间的面积} = 113.6 - \frac{1}{2} \times 72 \times (8 - 4.4) = -16 (\text{kN} \cdot \text{m})$$

5) C 点有集中力偶，M 图有突变，突变方向下，其值等于集中力偶。

$$M_{C右} = -16 + 160 = 144 (\text{kN} \cdot \text{m})$$

6) CD 段：$q = 0$，$F_Q < 0$，M 图为斜直线。

$M_D = M_{C右} + F_{QCD}$ 间的面积 $= 144 - 72 \times 2 = 0$，M 图如图 6.21 (c) 所示。

【例题 6.11】 试作图 6.22（a）所示悬臂梁的剪力图和弯矩图。

解：

此题无需求约束反力。

(1) 建立坐标系：建立 $F_Q - x$ 和 $M - x$ 坐标系，分别如图 6.22（b）和（c）所示。

(2) 确定控制面及剪力、弯矩，根据微分关系连线，见表 6.4。

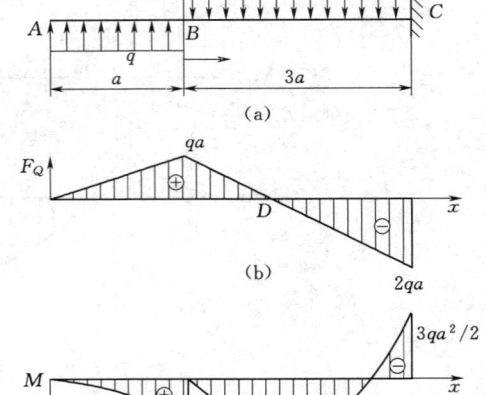

图 6.22 ［例题 6.11］图

表 6.4 控制截面的剪力、弯矩及微分关系表

梁段	AB		BC	
截面	$A_右$	$B_左$	$B_右$	$C_左$
剪力	0	qa	qa	$-2qa$
弯矩	0	$\dfrac{qa^2}{2}$	0	$-\dfrac{3qa^2}{2}$
载荷集度	$q > 0$		$q < 0$	
剪力图	/		\	
弯矩图	⌒		⌣	

注 $A_右$ 表示 A 的右截面，$B_左$ 表示 B 的左截面，依此类推。

(3) M 图的极值。由梁 BC 的截面 D 有 $F_{QD} = 0$，可见 M 曲线在该处存在极值，由图 6.22（b）可知 $x_D = 2a$，可得截面 D 的 $M = qa\left(x_D - \dfrac{a}{2}\right) - \dfrac{q}{2}aa - \dfrac{1}{2}q(x_D - a)^2 = \dfrac{qa^2}{2}$。

【例题 6.12】 梁的载荷及剪力图、弯矩图如图 6.23（a）所示，试用微分关系校核其正确性。

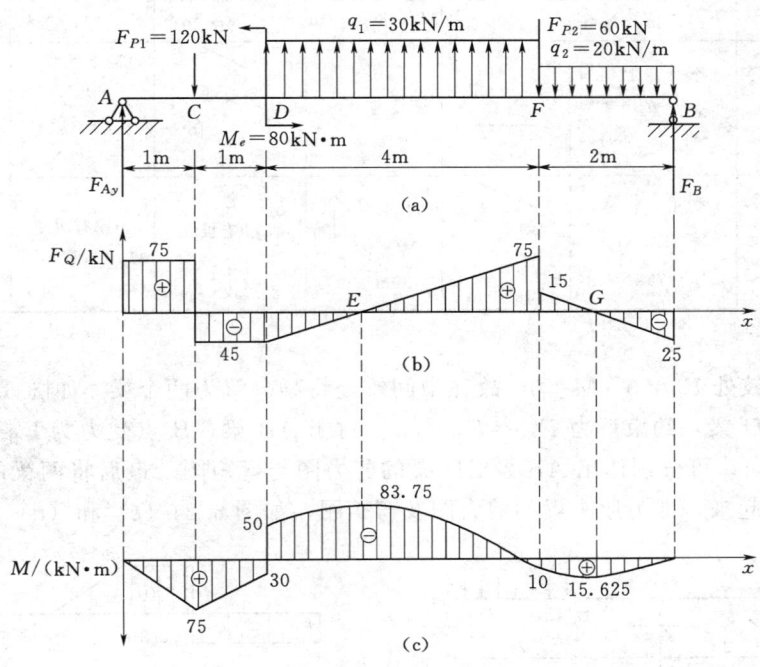

图 6.23 ［例题 6.12］图

解：

（1）由平衡方程求约束反力得 $F_{Ay}=75\text{kN}$，$F_B=25\text{kN}$。

（2）列表校核表中弯矩为

$$M_E = 4.5F_B - 2q_2 \times 3.5 - 60 \times 2.5 + 2.5q_1 \times \frac{2.5}{2}$$

$$= 4.5 \times 25 - 2 \times 20 \times 3.5 - 60 \times 2.5 + 30 \times \frac{2.5^2}{2}$$

$$= -83.75(\text{kN}\cdot\text{m})$$

$$M_G = 1.25F_B - \frac{q_2 \times 1.25^2}{2} = 1.25 \times 25 - \frac{20}{2} \times 1.25^2 = 15.625(\text{kN}\cdot\text{m})$$

各截面的内力变化均与表 6.5 相符，所作 F_Q 图、M 图正确。

综合运用上面介绍的微分关系和积分关系，除了可校核剪力图和弯矩图的正确性之外，还可更简捷地绘制剪力图和弯矩图，并可从载荷图、剪力图、弯矩图中的任一个图直接画出其他的两个图。

【例题 6.13】 连续梁如图 6.24（a）所示，B 处为铰接，BD 段受均布载荷 q 作用，试作梁的剪力图和弯矩图。

表6.5　　控制截面的剪力、弯矩及微分关系表

梁段或截面	AC	C	CD	D	DF	F	FB
载荷	$q=0$	$F_{P1}=120\text{kN}\downarrow$	$q=0$	$M_e=80\text{kN}\cdot\text{m}$	$q_1=30\text{kN/m}\uparrow$	$F_{P2}=60\text{kN}\downarrow$	$q_2=20\text{kN/m}\downarrow$
剪力F_Q图	$F_Q=75\text{kN}$ 水平线	向下突变 120kN $F_{QC右}=75-120=-45(\text{kN})$	$F_Q=-45\text{kN}$	无变化	斜直线 $F_Q=0$ 在 E 点处	向下突变 60kN $F_{QF右}=75-60=15(\text{kN})$	斜直线 $F_Q=0$ 在 G 点处
弯矩M图	斜直线	斜率有改变 有尖点 $M_C=75\text{kN}\cdot\text{m}$	斜直线 $M_{D左}=30\text{kN}\cdot\text{m}$	有突变 突变值= $80\text{kN}\cdot\text{m}$	E 点有极值 $M_E=83.75\text{kN}\cdot\text{m}$	斜率有改变 $M_F=10\text{kN}\cdot\text{m}$	G 点有极值 $M_G=15.625\text{kN}\cdot\text{m}$

解：

在中间铰处 $F_Q\neq0$，$M=0$，故在中间铰处将梁分解为两个梁，如图 6.24（b）所示。对于 BD 梁，约束反力 $F_{By}=F_D=qa$；对于 AB 梁，B 点受力为 F'_{By}。F'_{By} 必与 F_{By} 等值反向，可分别作出 AB 及 BD 梁的剪力图与弯矩图，最后将两梁的剪力图和弯矩图衔接起来，即为原来梁的剪力图及弯矩图，如图 6.24（c）和（d）所示。

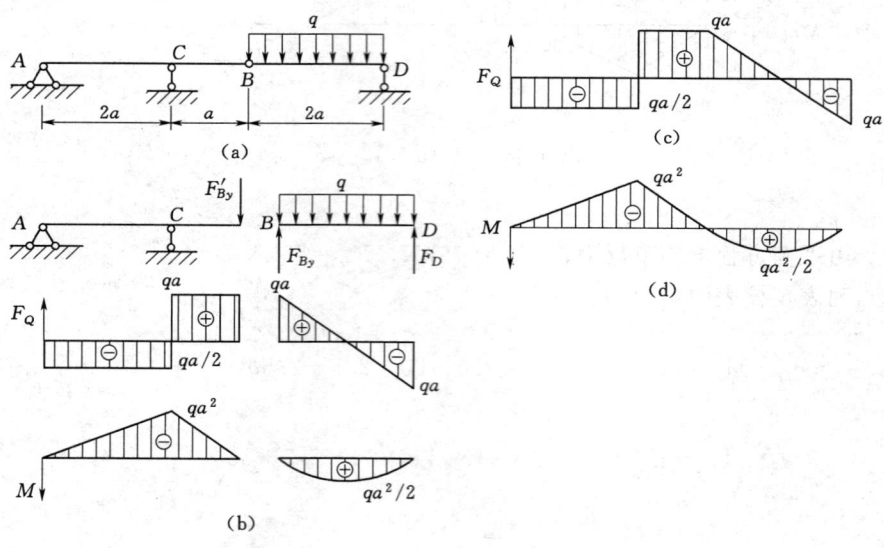

图 6.24 ［例题 6.13］图

【例题 6.14】 图 6.25（a）为一简支楼梯斜梁，沿斜梁方向每米长度上的载荷为 q，试作梁的内力图（F_Q、M、F_N）。

解：

（1）求约束反力：

$$\sum M_B=0,\quad -F_{Ay}l+q\frac{l}{\cos\alpha}\frac{l}{2}=0$$

$$\sum M_A=0,\quad F_Bl-q\frac{l}{\cos\alpha}\frac{l}{2}=0$$

6.4 载荷、剪力和弯矩间的关系

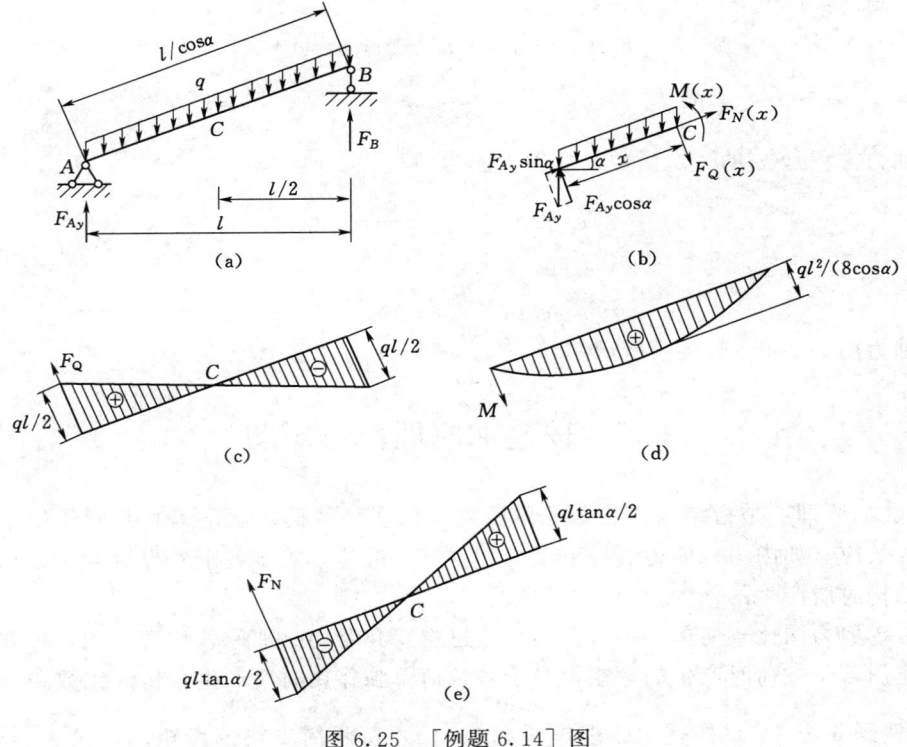

图 6.25 [例题 6.14] 图

得
$$F_{Ay}=F_B=\frac{ql}{2\cos\alpha}(\uparrow)$$

(2) 建立图 6.25 (b) 所示坐标系。

(3) 列剪力方程、弯矩方程和轴力方程：任取 x 段梁为研究对象，即

$$F_Q(x)=F_{Ay}\cos\alpha-q\cos\alpha x=\frac{ql}{2}-q\cos\alpha x \quad \left(0<x<\frac{l}{\cos\alpha}\right)$$

剪力方程是 x 的一次函数，剪力图为一斜直线，当 $x=0$ 时，$F_{QA}=\frac{ql}{2}$；当 $x=\frac{l}{\cos\alpha}$ 时，$F_{QB}=-\frac{ql}{2}$。

剪力图如图 6.25 (c) 所示。

$$M(x)=F_{Ay}\cos\alpha x-qx\frac{x}{2}\cos\alpha=\frac{ql}{2}x-\frac{1}{2}qx^2\cos\alpha \quad \left(0\leqslant x\leqslant\frac{l}{\cos\alpha}\right)$$

弯矩方程是 x 的二次函数，弯矩图为二次抛物线。当 $x=0$ 时，$M_A=0$。

$$x=\frac{l}{2\cos\alpha},\ M_C=\frac{ql}{2}\frac{l}{2\cos\alpha}-\frac{1}{2}q\cos\alpha\left(\frac{l}{2\cos\alpha}\right)^2=\frac{ql^2}{8\cos\alpha}$$

$$x=\frac{l}{\cos\alpha},\ M_B=0$$

弯矩图如图 6.25（d）所示。

$$F_N(x)+F_{Ay}\sin\alpha-q\sin\alpha x=0$$

$$F_N(x)=qx\sin\alpha-\frac{ql}{2}\tan\alpha \quad \left(0<x<\frac{l}{\cos\alpha}\right)$$

轴力方程是 x 的一次函数，故轴力图为斜直线。

$$x=0,\quad F_{NA}=\frac{-ql}{2}\tan\alpha$$

$$x=\frac{l}{\cos\alpha},\quad F_{NB}=\frac{ql}{2}\tan\alpha$$

轴力图如图 6.25（e）所示。

6.5 按叠加原理作弯矩图

"叠加原理"是指结构在几个外界因素（如多种载荷、温度等）共同作用下产生的某种效应（如内力、应力、约束反力和位移）的值，等于各个外界因素分别单独作用于结构时所产生的该种效应值的代数和。

由于剪力图比较简单，不再赘述，这里主要介绍用叠加原理作弯矩图，即在梁上同时作用若干载荷时产生的弯矩，等于各载荷单独作用时所产生弯矩的代数和。

【例题 6.15】 试按叠加原理作图 6.26（a）所示简支梁的弯矩图，设 $M_e=\dfrac{ql^2}{8}$，求梁的极限弯矩和最大弯矩。

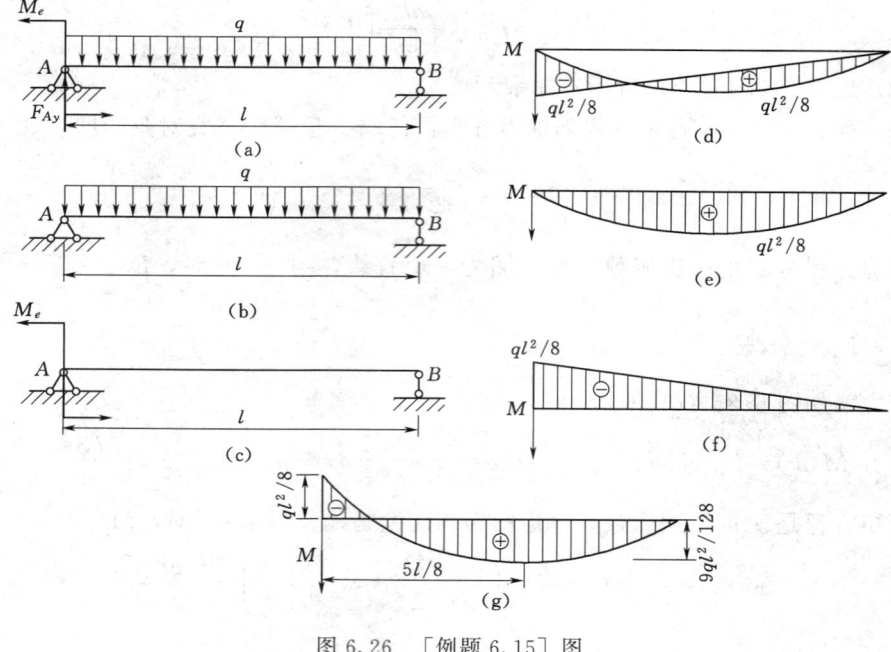

图 6.26　[例题 6.15] 图

解：

(1) 将梁上的载荷分别单独作用于简支梁［图 6.26（b）和（c）］上，并分别画出简支梁承受单个荷载作用时的弯矩图［图 6.26（e）和（f）］。

(2) 将图 6.26（e）和（f）两图的纵坐标叠加，并把它们画在 x 轴的同一侧，图 6.26（d）中无阴影部分正负抵消，把剩下部分改画为以水平直线为基线的图形，则为原简支梁的弯矩图［图 6.26（g）］。

(3) 求极限弯矩，首先需要确定剪力为零的截面位置，还应先求出约束反力，即

$$F_{Ay} = \frac{M_e}{l} + \frac{ql}{2} = \frac{5}{8}ql$$

$$F_Q(x) = F_{Ay} - qx = \frac{5}{8}ql - qx \quad (0 < x < l)$$

令 $F_Q(x) = 0$，得极限弯矩的截面位置距支座 A 的距离 x 为

$$\frac{5}{8}ql - qx = 0, \quad x = \frac{5}{8}l$$

由此得该截面上的极限弯矩 M_x 为

$$M_x = F_{Ay}x - M_e - \frac{1}{2}qx^2 = \frac{9}{128}ql^2$$

梁 A 端截面上的弯矩 $M_A = -M_e = -\dfrac{ql^2}{8}$，其数值大于极限弯矩，故全梁的最大弯矩为 $|M_{\max}| = |M_A| = \dfrac{ql^2}{8}$。

所以梁的极限弯矩不一定是全梁的最大弯矩。

利用叠加法应该注意的是，截面的内力是以纵坐标来度量的，所谓内力图的叠加是指内力图纵坐标的代数相加。应用叠加法的原则必须是使计算简单，每个计算简图都可不求约束反力，而直接画出内力图，再进行叠加。

6.6 平面刚架的弯曲内力

刚架是将若干个杆件通过刚结点连接而成的结构，所谓刚结点是指各个杆件在此结点上连成一整体，各杆的杆端之间既不能互相转动，也不能互相移动。因此，当杆件发生弯曲变形时，在刚结点处各杆端之间的夹角仍保持不变。

求刚架的内力，仍需采用截面法。一般情况下，刚架横截面上的内力有轴力、剪力和弯矩。弯矩图画在受拉一侧。剪力图和轴力图可画在杆的任意一侧，但需注明正负号。

【例题 6.16】 试作如图 6.27（a）所示刚架的内力图。

解：
由于 C 端为自由端，可由自由端截取梁段研究，故不必求约束反力。

(1) 分段列内力方程。

BC 段：

$$F_N(x_1) = 0 \quad (0 \leqslant x_1 \leqslant l)$$

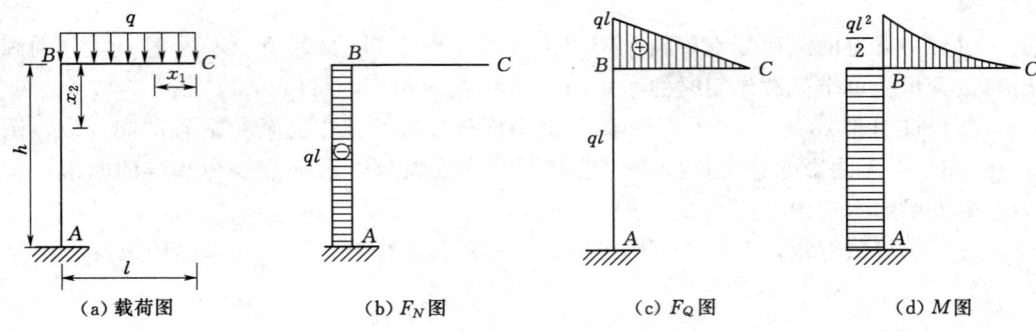

图 6.27 [例题 6.16] 图

$$F_Q(x_1) = qx_1 \quad (0 \leqslant x_1 < l)$$

$$M(x_1) = -\frac{1}{2}qx_1^2 \quad (0 \leqslant x_1 < l)$$

AB 段：

$$F_N(x_2) = -ql \quad (0 < x_2 < h)$$

$$F_Q(x_2) = 0 \quad (0 \leqslant x_2 \leqslant h)$$

$$M(x_2) = -\frac{1}{2}ql^2 \quad (0 < x_2 < h)$$

(2) 画内力图。

F_N 图：BC 段轴力为零，AB 段轴力为受压常量，如图 6.27 (b) 所示。

F_Q 图：BC 段为斜直线，$F_{QC} = 0$，$F_{QB} = ql$。

AB 段剪力为零，如图 6.27 (c) 所示。

M 图：BC 段为二次抛物线，$M_C = 0$，$M_B = -\dfrac{ql^2}{2}$（上侧受拉）。

AB 段弯矩为常量（左侧受拉），如图 6.27 (d) 所示。

小　结

本章的主要内容如下：

(1) 梁截面上内力的计算方法，梁的内力方程与内力图。计算梁的内力即弯矩和剪力的基本方法仍是截面法。在实用上，主要是运用简化计算的方法，即通过指定截面一侧的全部外力直接计算该截面的弯矩和剪力。

剪力的符号以微段梁左端向上、右端向下相对错动时定为正，反之为负（或者使隔离体顺时针转动的剪力为正，反之为负）。

弯矩的符号以使梁下面"纤维"受拉为正，反之为负，弯矩图画在梁受拉的一侧。

(2) 梁的内力与分布荷载之间的关系。

$$\frac{dF_Q(x)}{dx} = q(x), \quad \frac{dM(x)}{dx} = F_Q(x), \quad \frac{d^2M(x)}{dx^2} = q(x)$$

根据上述关系得到了一些重要结论，即在各种常见载荷下梁的弯矩图与剪力图的特征以及剪力图与弯矩图的关系。利用这些特征可以更加准确地画出梁的内力图，称之简易法画内力图。

（3）叠加法作弯矩图。在梁上同时作用若干载荷时产生的弯矩，等于各载荷单独作用时所产生弯矩的代数和。

由于梁的弯矩分布通常比较复杂，并考虑到弯矩图在工程中的重要性，叠加法画弯矩图作为一种有效实用的方法，应当熟练地掌握。

习 题

第 6 章基础知识测试

6.1 求题 6.1 图所示各梁中指定截面上的剪力和弯矩。

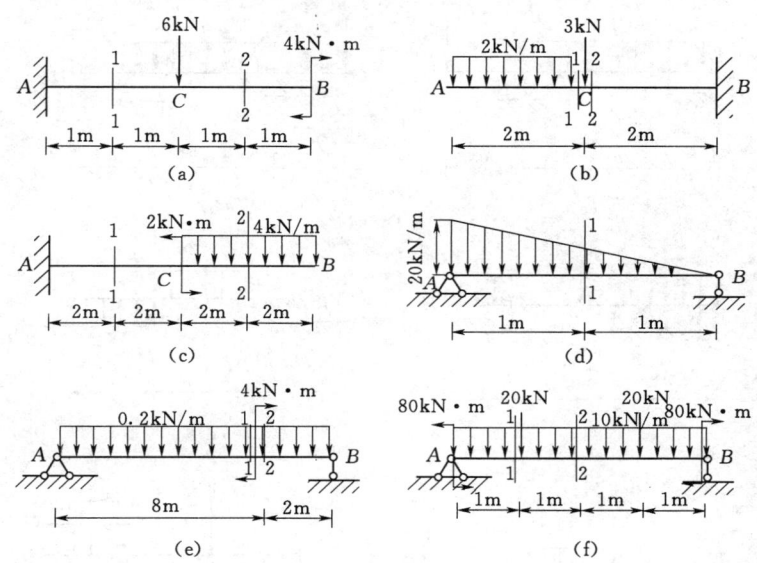

题 6.1 图

6.2 试写出题 6.2 图所示各梁的剪力方程和弯矩方程，作出剪力图和弯矩图，并求出 $|F_Q|_{max}$ 和 $|M|_{max}$。

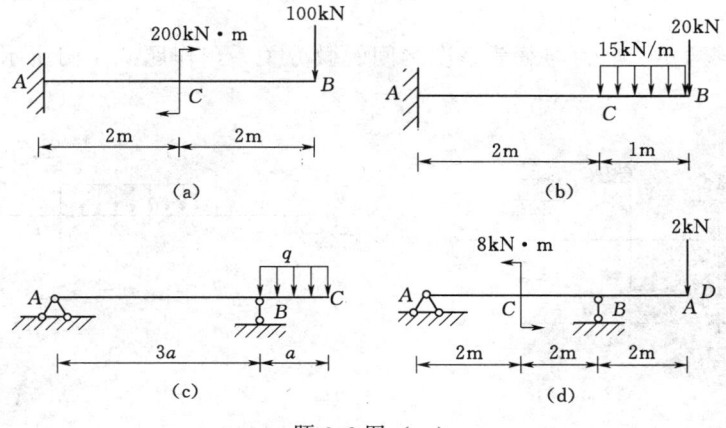

题 6.2 图（一）

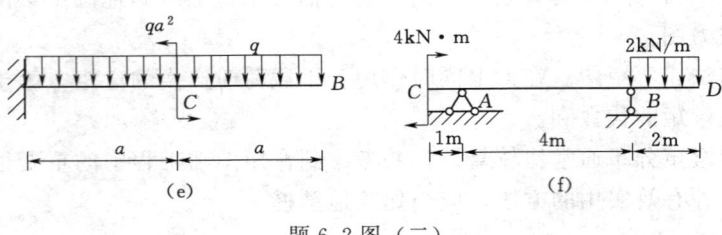

题 6.2 图（二）

6.3 自选方法作题 6.3 图所示各梁的剪力图和弯矩图，求出 $|F_Q|_{\max}$ 和 $|M|_{\max}$。

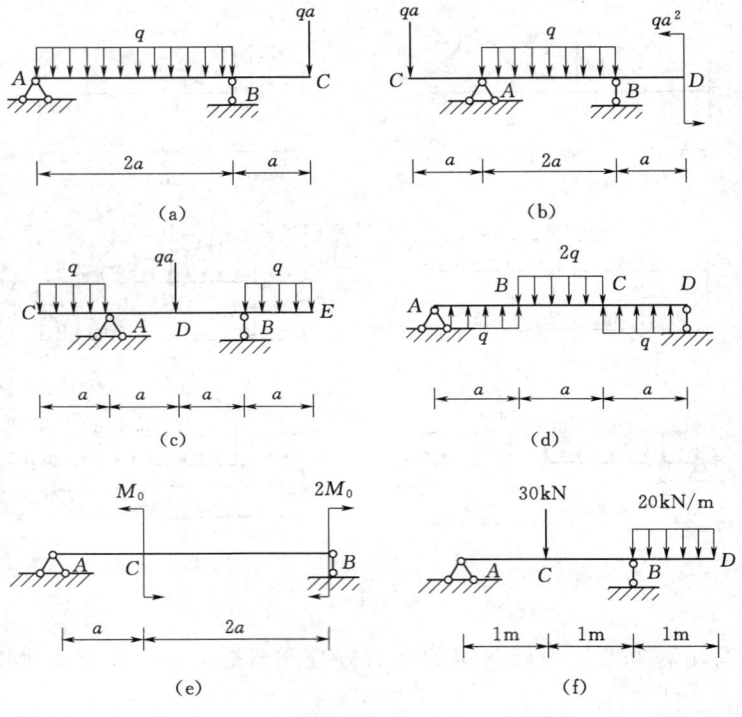

题 6.3 图

6.4 根据弯矩、剪力与载荷集度之间的微分关系，作题 6.4 图所示梁的剪力图和弯矩图。

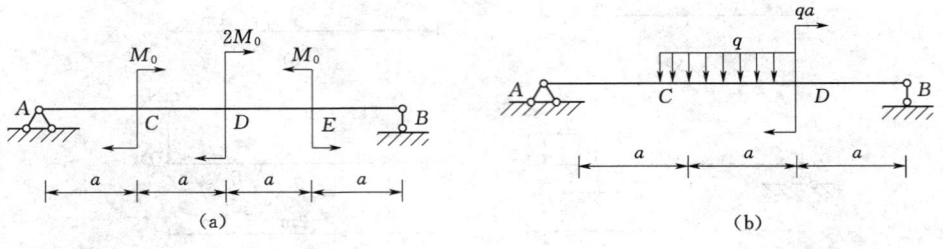

题 6.4 图（一）

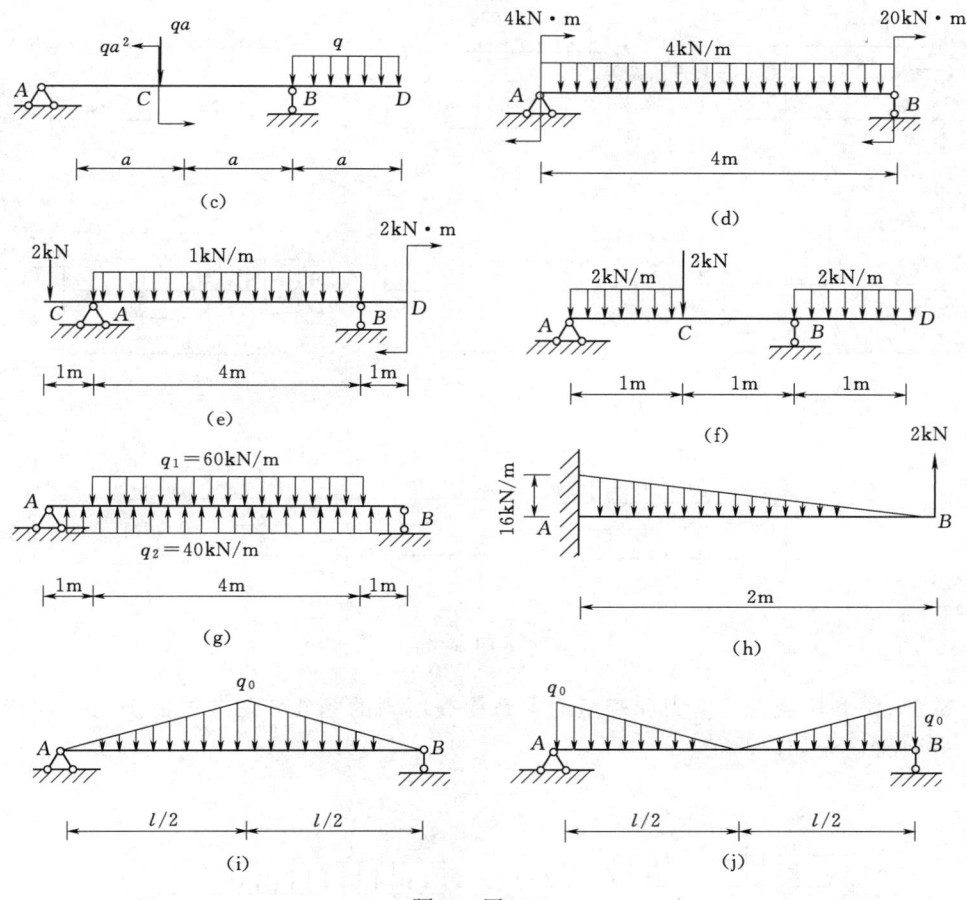

题 6.4 图（二）

6.5 作出题 6.5 图所示各梁的剪力图和弯矩图。

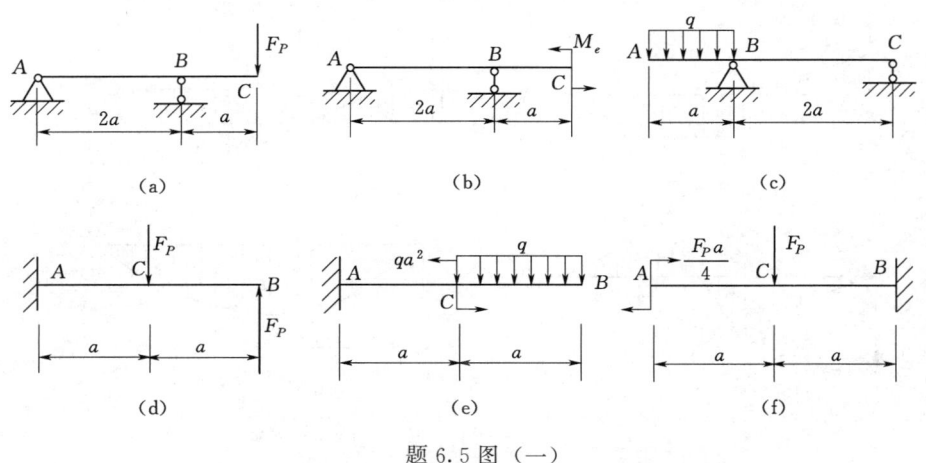

题 6.5 图（一）

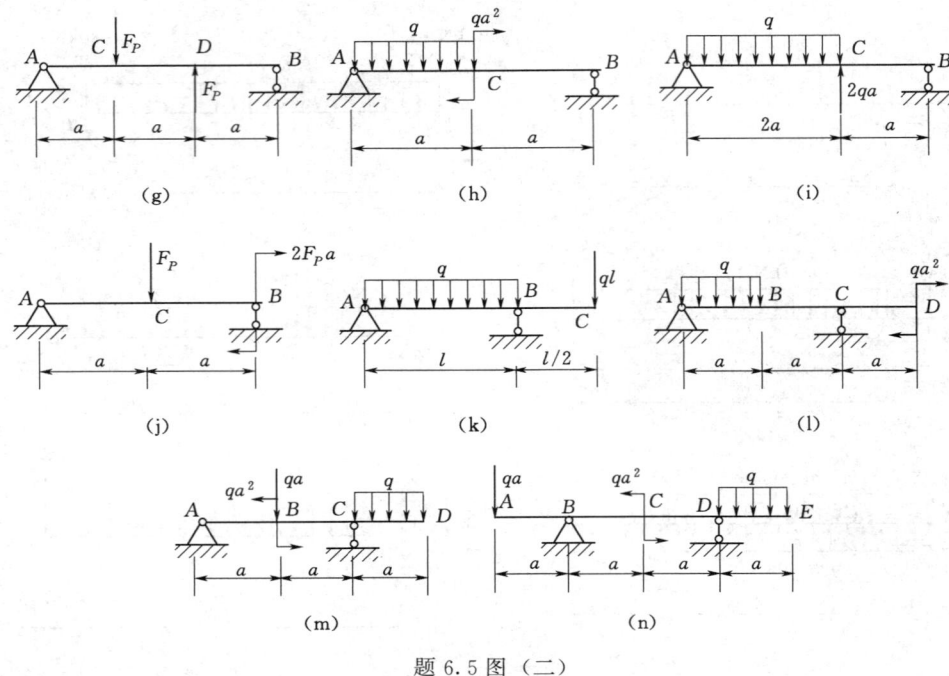

题 6.5 图（二）

6.6 试利用载荷、剪力和弯矩的关系检查所画的题 6.6 图二梁的剪力图和弯矩图，并将错误处加以改正。

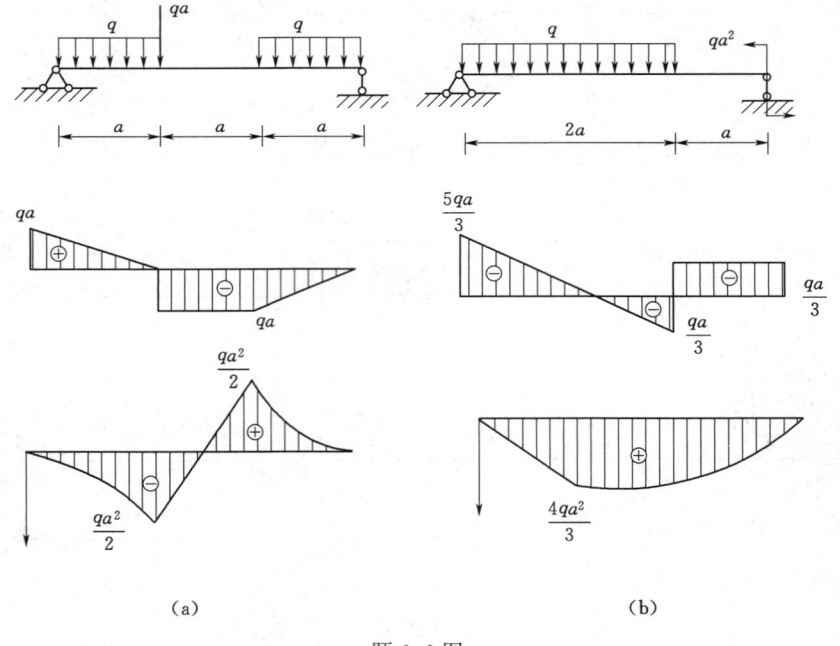

题 6.6 图

习题

6.7 已知简支梁的弯矩图如题 6.7 图所示，试作出二梁的剪力图与载荷图。

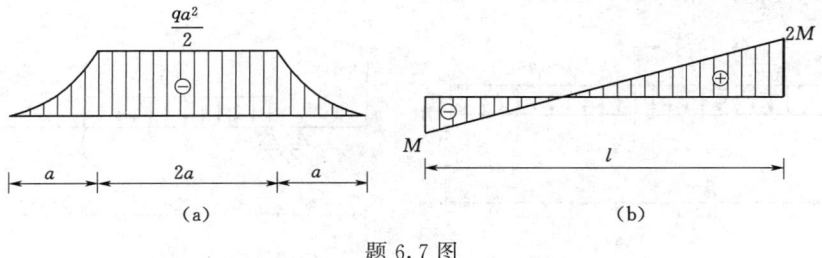

题 6.7 图

6.8 根据题 6.8 图所示简支梁的剪力图，试作此二梁的弯矩图和载荷图。

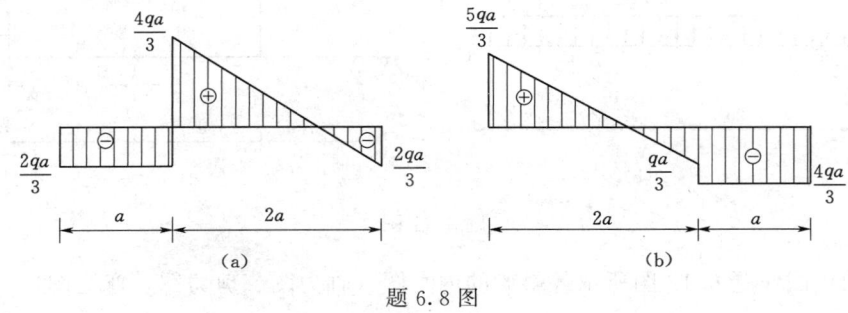

题 6.8 图

6.9 试作题 6.9 图所示多跨静定梁的剪力图和弯矩图。

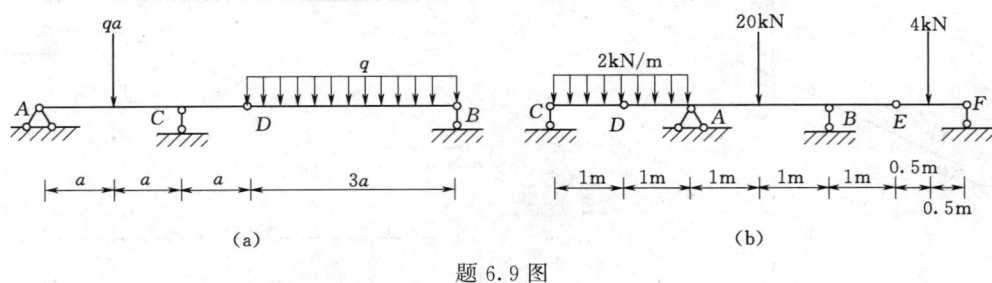

题 6.9 图

6.10 如题 6.10 所示，起吊一根自重为 ql 的等截面钢筋混凝土梁，问起吊点的合理位置 x 为多少时，才能使梁在吊点处和中点处的正负弯矩值相等。

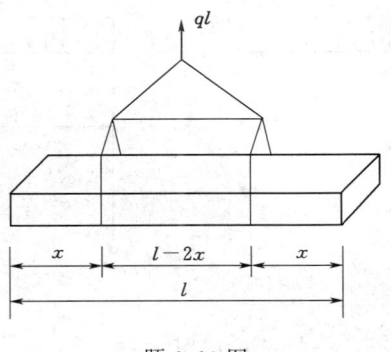

题 6.10 图

6.11 试用叠加法作题 6.11 图所示梁的弯矩图。

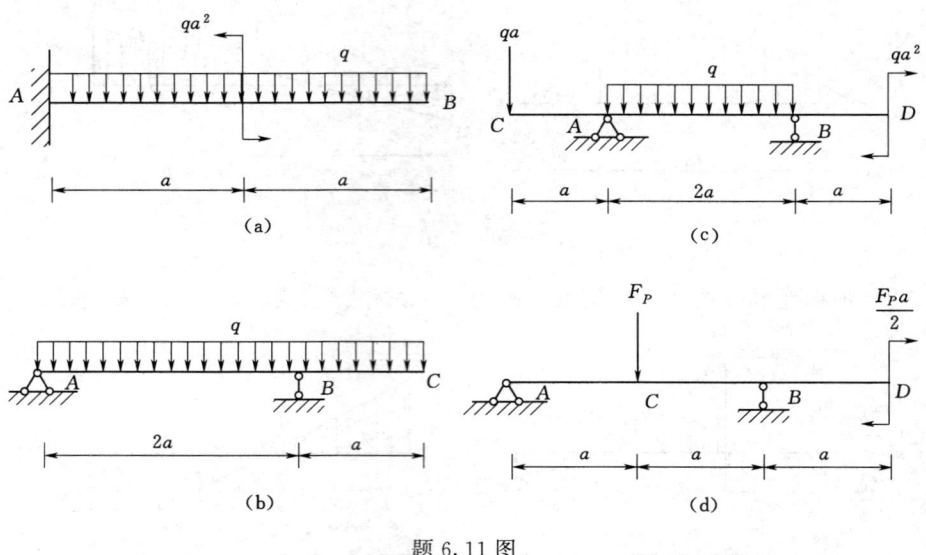

题 6.11 图

6.12 试作题 6.12 图所示各斜梁的内力图（轴力图、剪力图、弯矩图）。

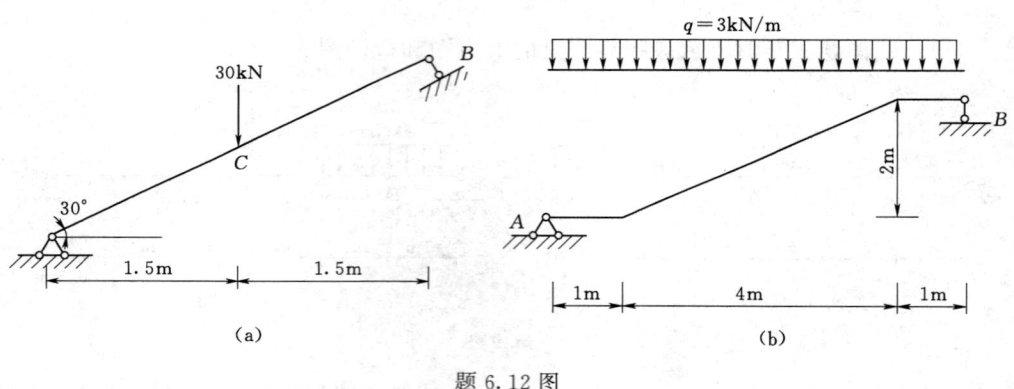

题 6.12 图

6.13 试绘出题 6.13 图所示各刚架的内力图。

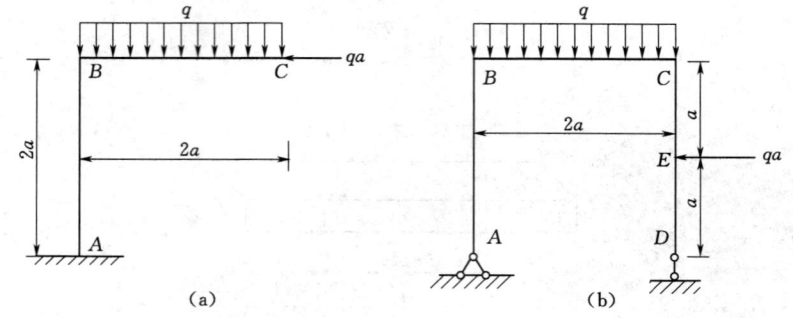

题 6.13 图（一）

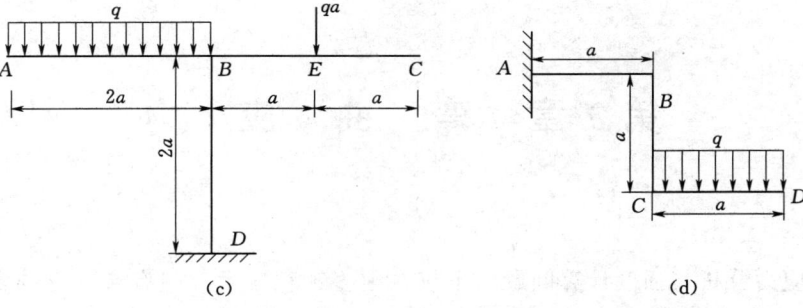

题 6.13 图（二）

第7章 弯曲应力

第7章
思维导图

弯曲应力分析与强度计算问题，不仅在很多工程技术部门有着广泛的实际意义，而且比较集中和完整地反映了材料力学的基本分析方法。上一章已经提到，在一般直杆的弯曲中，梁的横截面上存在两个内力分量，即剪力 F_Q 和弯矩 M。这两个内力分量是截面上两个不同分布力系合成的结果。本章的主要内容是分析梁弯曲时横截面上的正应力和切应力的分布规律，并应用强度理论建立相应的强度条件。

7.1 弯曲的基本概念

7.1.1 平面弯曲及其内力和变形的特点

工程中大多数的梁，横截面都具有竖向对称轴［图 7.1 (a)］，所有横截面的竖向对称轴形成一纵向对称面［图 7.1 (b)］，如果梁上所有外力都作用在包含梁轴线的纵向对称面内且梁变形后的轴线（挠曲线）仍在此纵向对称平面内，称为平面弯曲 (plane bending) 或确切地说为对称弯曲 (symmetric bending)。并且梁的剪力和弯矩也作用在此纵向对称平面内，可见平面弯曲的主要特点是内力和变形后的轴线同处于加载平面内，如图 7.1 (b) 所示。

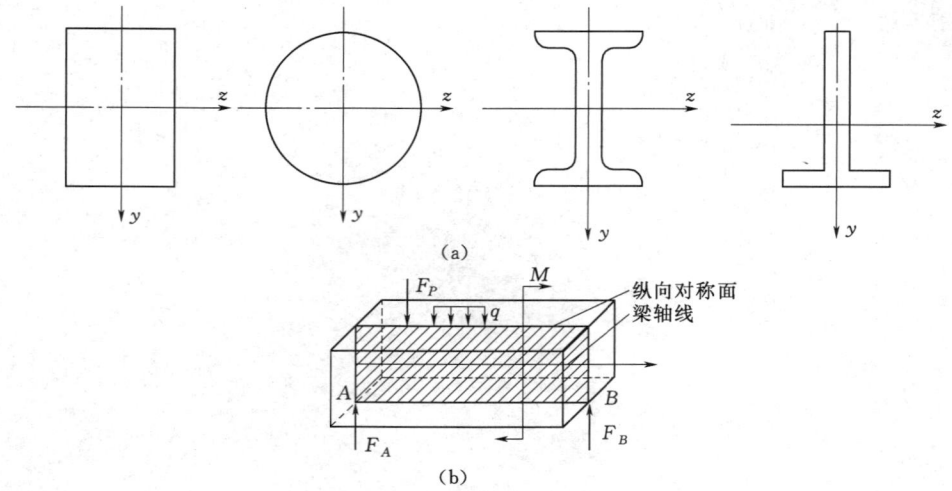

图 7.1 平面弯曲

7.1.2 纯弯曲和横弯曲

平面弯曲时，如果梁的横截面上只有弯矩而没有剪力，这种弯曲称为纯弯曲

(pure bending);如果梁横截面上既有弯矩,又有剪力,则这种弯曲称为横弯曲(transverse bending)。如图 7.2（a）所示的梁,CD 段是纯弯曲,而 AC 段和 DB 段则是横弯曲。显然,在纯弯曲时,梁的横截面上只有正应力,而横弯曲时,梁横截面上既有正应力,又有切应力。

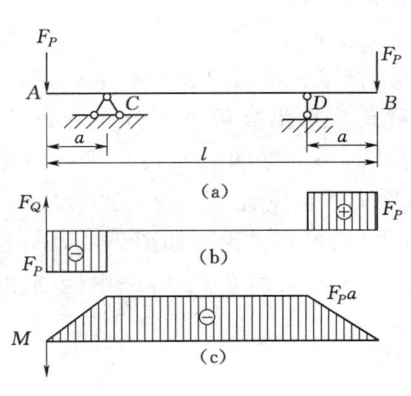

图 7.2 横弯曲与纯弯曲

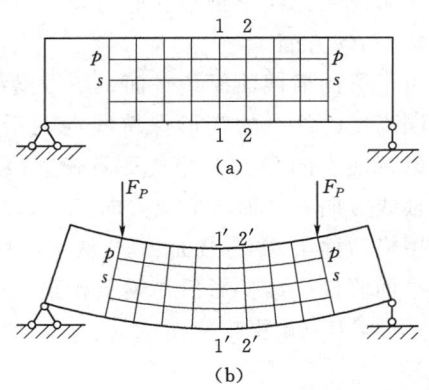

图 7.3 梁纯弯曲实验图

7.1.3 纯弯曲时梁的变形基本假设

考察图 7.3 所示的一段纯弯曲梁的变形,预先在梁的表面画上垂直于轴线和平行于轴线的直线。当梁变形后,可观察到纵线变成了圆弧线,横线仍保持直线,只是相对转过了一个角度,但仍与纵线正交。上部的纵线缩短,下部的纵线伸长,而中间的一条纵线长度不变。

中性层与中性轴。如果将梁看成是由许多纵向纤维组成的,梁中必然存在着这样一层纤维,它们既不伸长,也不缩短,梁中的这一层纤维称为梁的中性层（neutral surface）。中性层与梁横截面的交线称为该截面的中性轴（neutral axis）。梁的横截面上,中性轴两侧分别承受拉应力和压应力。而中性轴上各点则不受力。需要注意的是,中性层是对整个梁讲的,而中性轴则是就梁的某个横截面而言的。在平面弯曲中,中性层和中性轴都垂直于加载方向。

根据上述梁表面的变形情况,作如下假设:

（1）纵向纤维间互不挤压,即假设纵向纤维之间无挤压应力。

（2）平面假设（plane assumption）,即假设梁的横截面在变形前是平面,变形后仍然是平面,只是绕其中性轴转动了一角度。这一假设对纯弯曲梁是完全正确的。对于横弯曲,由于截面上有非均匀分布切应力的存在,截面将发生翘曲,但这种翘曲对正应力的影响极小。因此,上述假设仍成立,只是有一定的近似性。

此外,对于材料的力学性能还需作某些假设,以使应力分析过程简化,这些假设是:①材料的应力-应变关系是线弹性的;②材料在拉伸和压缩时有相同的弹性模量。

7.2 纯弯曲时梁的正应力分析

梁纯弯曲时的正应力分析与圆轴扭转时的应力分析相似,具有超静定的性质。因此,必须应用几何、物理和静力学三方面的条件综合分析。

7.2.1 几何方面

由于梁的横截面保持平面,所以横截面上同一高度上的纤维具有相同的变形,处于不同高度的纤维的变形保持线性关系。为了确定变形沿高度方向分布的数学表达式,以截面上的 O 点为坐标原点建立 $Oxyz$ 直角坐标系。如图 7.4(a)所示,其中 x 轴沿轴线方向;y 轴与加载方向一致;z 轴与截面中性轴重合。

用横截面 1-1 与截面 2-2 从梁中切取长为 dx 微段来讨论,如图 7.4(b)所示。根据平面假设,梁变形后,梁上相距 dx 的截面 1-1 与截面 2-2 将绕中性轴相对转过一角度 $d\theta$,如图 7.4(c)所示。

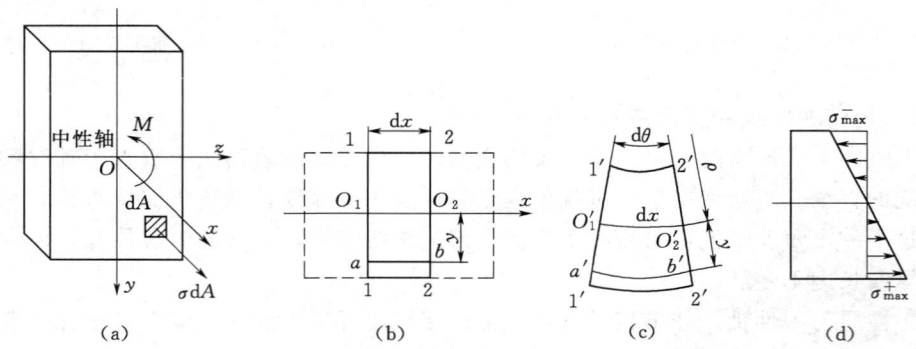

图 7.4 正应力公式推导

设梁变形后,中性层的曲率半径为 ρ,考察 dx 微段梁的横截面上距中性轴为 y 处的一层纤维的变形。如图 7.4(b)和(c)所示,其原长 $ab = dx = \rho d\theta$,变形后 ab 变为 $a'b'$,纵向伸长量为 $a'b' - ab$,而从图中可看出 $a'b' = (\rho+y)d\theta$,$a'b' - ab = y d\theta$。

则纵线 ab 的线应变为

$$\varepsilon = \frac{a'b' - ab}{ab} = \frac{y d\theta}{dx} = \frac{y}{\rho} \tag{7.1}$$

这就是梁弯曲时,线应变沿横截面高度方向分布表达式。其中:

$$\frac{1}{\rho} = \frac{d\theta}{dx} \tag{7.2}$$

式中 ρ 对于确定的横截面是一常量。所以该方程表明,线应变沿高度成线性分布,在中性轴上线应变为零,在中性轴两侧分别为拉应变和压应变。

7.2.2 物理方面

对于线弹性材料，若在弹性范围内加载，则根据单向拉（压）胡克定律式（1.2）：

$$\sigma = E\varepsilon$$

将式（7.1）代入上式得

$$\sigma = \frac{E}{\rho} y \tag{7.3}$$

这是纯弯曲时的物理方程，其中 E、ρ 均为常数。该方程表明，纯弯曲时，梁的横截面上正应力沿截面高度线性分布，在中性轴上应力为零，距中性轴最远处的横截面边缘各点，分别有最大拉应力和最大压应力。其沿高度方向的分布如图 7.4（d）所示。

7.2.3 静力学方面

式（7.3）表明了梁横截面上正应力的分布规律，但要计算横截面上的正应力，还必须知道曲率半径 ρ 的大小和中性轴的位置。这些都需要运用静力平衡条件求得。

在横截面上任取微面积 $\mathrm{d}A$ [图 7.4（a）]，其形心坐标为 (y, z)，微面积上的法向微内力的大小为 $\sigma \mathrm{d}A$。所有法向微内力组成了一个空间平行力系。该力系向图 7.4（a）的原点简化，只能有 3 个内力分量。

根据平衡条件，纯弯曲时，横截面上只有一个位于 x-y 平面内的内力弯矩 M，而没有轴力。于是有

$$F_N = \int_A \sigma \mathrm{d}A = 0 \tag{7.4}$$

$$M_z = \int_A y\sigma \mathrm{d}A = M \tag{7.5}$$

$$M_y = \int_A z\sigma \mathrm{d}A = 0 \tag{7.6}$$

将式（7.3）代入式（7.4），并依据静矩的定义得

$$\frac{E}{\rho}\int_A y \mathrm{d}A = \frac{E}{\rho} S_z = 0$$

其中 E/ρ 不可能为零，故只有积分表达式为零（即 $S_z = 0$）。该积分就是截面对于 z 轴的静矩。即这一结果表明 z 轴通过截面形心，即中性轴通过梁横截面形心。

将式（7.3）代入式（7.5），注意到 E、ρ 对于确定的截面为常量，得到

$$\frac{E}{\rho}\int_A y^2 \mathrm{d}A = M_z = M$$

其中，$\int_A y^2 \mathrm{d}A = I_z$，为截面对于 z 轴的惯性矩，上式可写成

$$\frac{1}{\rho} = \frac{M}{EI_z} \tag{7.7}$$

这是纯弯曲时，梁轴线的变形公式。其中 EI_z 称为梁的弯曲刚度（flexural rigidity）。将式（7.7）代入式（7.3），得到纯弯曲时正应力的表达式：

$$\sigma = \frac{M}{I_z} y \tag{7.8}$$

式（7.7）、式（7.8）是梁弯曲情况下的两个基本公式，前者描述了梁弯曲后的变形，后者描述了弯曲后梁横截面上的应力分布及各点应力的大小。

将式（7.3）代入式（7.6）得到

$$\frac{E}{\rho} \int_A yz \, dA = 0$$

同样 E/ρ 不可能为零，所以要求式中的积分表达式为零。根据惯性积的定义有

$$I_{yz} = \int_A yz \, dA = 0 \tag{7.9}$$

这一结论说明：y、z 这对轴为截面过 O 点的主轴。前面已经证明了 z 轴通过截面形心，所以，y、z 轴为截面的一对形心主轴。这里研究的是对称弯曲，y 轴为横截面的对称轴，所以 I_{yz} 必然等于零，式（7.9）自然满足。

7.2.4 最大弯曲正应力

由式（7.8）可知，在 $y = y_{\max}$ 即横截面上离中性轴最远的各点处，弯曲正应力最大，其值为

$$\sigma_{\max} = \frac{M y_{\max}}{I_z} = \frac{M}{\dfrac{I_z}{y_{\max}}}$$

其中，比值 $I_z/y_{\max}$ 仅与截面的形状与尺寸有关，称为抗弯截面模量（section modulus in bending），并用 W_z 表示，即

$$W_z = \frac{I_z}{y_{\max}} \tag{7.10}$$

于是，最大弯曲正应力为

$$\sigma_{\max} = \frac{M}{W_z} \tag{7.11}$$

可见，最大弯曲正应力与弯矩成正比，与抗弯截面模量成反比。抗弯截面模量 W_z 综合地反映了横截面的形状与尺寸对弯曲正应力的影响。

由式（7.10）和附录 I 可知，矩形与圆形截面 [图 7.5（a）和（b）] 的抗弯截面模量分别为

$$W_z = \frac{bh^2}{6} \tag{7.12}$$

$$W_z = \frac{\pi d^3}{32} \tag{7.13}$$

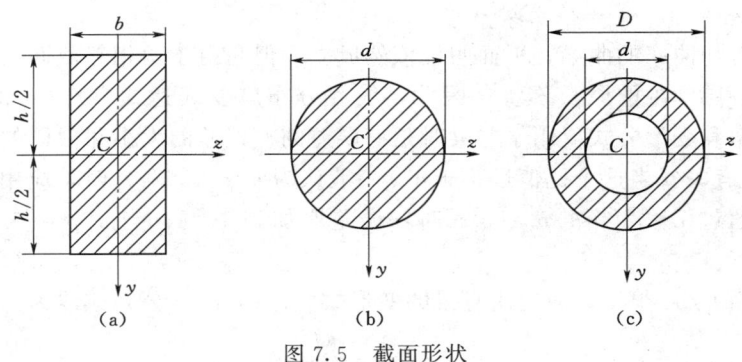

图 7.5 截面形状

而空心圆截面 [图 7.5（c）] 的抗弯截面模量则为

$$W_z = \frac{\pi D^3}{32}(1-\alpha^4) \tag{7.14}$$

式中：α 为内径、外径的比值，$\alpha = d/D$。

7.3 纯弯曲正应力公式和变形公式的应用与推广

上一节所得到的式（7.7）和式（7.8）是计算纯弯曲时正应力和变形的基本公式。两者都是在确定的条件下导出的，因此只能在确定的条件下应用，但是可以在一定的条件下加以推广。

7.3.1 关于公式的应用

由于在推导公式的过程中有平面弯曲和线弹性的条件限制，因此，在应用公式时不能超出这些条件。根据上一节的分析，无论是对称截面，还是非对称截面，上述公式都可以应用，但是加载必须满足下列条件。

（1）对于有对称轴的实心截面，载荷必须作用在纵向对称平面内，并垂直于梁的轴线。

（2）对于非对称截面，载荷必须作用在梁的形心主轴平面内（或平行于梁的形心主轴方向的平面内），并垂直于梁的轴线。

7.3.2 纯弯曲正应力公式和变形公式的推广

1. 推广到横弯曲

横弯曲时，梁的横截面上既有弯矩，又有剪力，因而截面上同时存在着正应力和切应力，而切应力沿截面的高度非均匀分布，这样的切应力将使截面产生翘曲变形，因而平面假设不再成立。所以，将纯弯曲应力和变形公式推广到横弯曲时，会带来一定的误差。但是，这种误差和梁截面的高度 h 与长度 l 的比值 h/l 成比例。所以，对于细长梁，其 h/l 值很小，采用纯弯曲公式所引起的误差便很小。弹性力学的精确计算结果表明，对于承受集中载荷的简支梁，当 $h/l < 0.2$ 时，最大应力的误差小于 8%；当 $h/l = 1$ 时，误差增加到 60%；对于承受均布载荷的简支梁，当 $h/l < 0.2$ 时，误差小于 1%。

2. 推广到具有初曲率的曲梁

对于具有初曲率的曲梁，平面假设依然成立。但是由于两相邻截面（均与曲梁轴线正交）间各层纤维的原长不等，因此，线性分布应变表达式（7.1）将不再成立。将直梁的应力和变形公式应用于曲梁时是有误差的。误差的大小和截面的高度与初曲率之比 h/ρ_o 有关。当这个比值远小于 1（一般认为 $h/\rho_o \leqslant 0.2$）时，应用直梁公式计算的误差不超过 7%；当 $h/\rho_o = 0.5$ 时，误差增加到 17%；当 $h/\rho_o = 1$ 时，误差达到 52%。

此外，当 h/ρ_o 很小，而应用直梁的变形式（7.7）时，公式应改为

$$\frac{1}{\rho} - \frac{1}{\rho_o} = \frac{M_z}{EI_z} \tag{7.15}$$

【例题 7.1】 简支梁如图 7.6 (a) 所示，$b = 50\text{mm}$，$h = 100\text{mm}$，$l = 2\text{m}$，$q = 2\text{kN/m}$，试求：①梁的截面竖着放，即载荷作用在沿 y 轴的对称平面内时，其最大正应力为多少？②如果平着放，其最大正应力为多少？③比较矩形截面竖着放和平着放的效果。

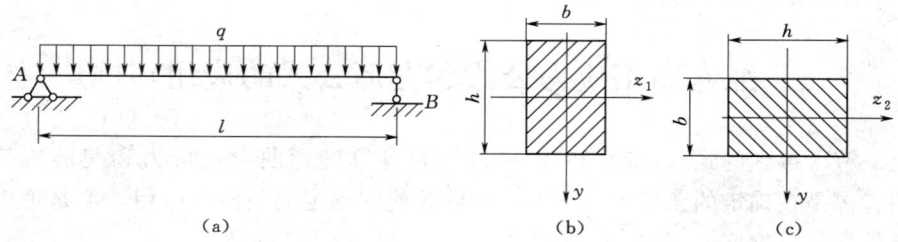

图 7.6 ［例题 7.1］图

解：
竖着放和平着放两种情况的最大弯矩 M_{max} 都发生在梁的中点，其值为

$$M_{max} = \frac{ql^2}{8} = \frac{2 \times 2^2}{8} = 1(\text{kN} \cdot \text{m})$$

由式（7.8），得

$$\sigma_{max} = \frac{M_{max} y_{max}}{I_z}$$

又知

$$W_{z1} = \frac{I_{z1}}{y_{max}} = \frac{1}{6} bh^2$$

同理

$$W_{z2} = \frac{1}{6} hb^2$$

(1) 梁竖着放时，中性轴为 z_1 轴：

$$W_{z1} = \frac{bh^2}{6} = \frac{50 \times 10^{-3} \times (100 \times 10^{-3})^2}{6} = 83.3 \times 10^{-6} (\text{m}^3)$$

$$\sigma_{max1} = \frac{M_{max}}{W_{z1}} = \frac{1 \times 10^3}{83.3 \times 10^{-6}} = 12(\text{MPa})$$

(2) 梁平着放时，中性轴为 z_2 轴：

$$W_{z2} = \frac{hb^2}{6} = \frac{100 \times 10^{-3} \times (50 \times 10^{-3})^2}{6} = 41.7 \times 10^{-6} (\text{m}^3)$$

$$\sigma_{\max 2} = \frac{M_{\max}}{W_{z2}} = \frac{1 \times 10^3}{41.7 \times 10^{-6}} = 24 (\text{MPa})$$

(3) 梁竖着放和平着放比较：

$$\frac{\sigma_{\max 1}}{\sigma_{\max 2}} = \frac{12}{24} = \frac{1}{2}$$

梁内最大正应力计算表明，同一根梁，竖着放比平着放时的应力小1倍，从计算中可以看出，这与 W 有关。

$$\frac{W_{z1}}{W_{z2}} = \frac{\dfrac{bh^2}{6}}{\dfrac{hb^2}{6}} = \frac{h}{b}$$

即矩形截面梁竖着放时的 W 值要比平放时大 h/b 倍，即竖着放比平着放具有较高的抗弯强度，更加经济、合理。

7.4 横弯曲时的切应力分析

考虑到纯弯曲正应力公式在横弯曲中应用的近似性，同时对横截面上切应力的分布规律作某些假定，这样，分析横弯曲的切应力时，不必采用分析弯曲正应力那样的方法，而只需应用平衡方法，从而使分析过程大为简化。现在按梁截面的形状，分几种情况讨论弯曲切应力。

7.4.1 矩形截面梁

为了推导切应力计算公式，首先用两截面 $m-m$ 和截面 $n-n$ 从图7.7 所示梁中截取微段 $\mathrm{d}x$ [图7.8（a）]，设两截面上的弯矩分别为 M_z 和 $M_z + \mathrm{d}M_z$（剪力则均为 F_Q），其应力分布情况如图7.8（b）所示。再以距中性层为 y 的水平纵向截面截取六面体 [图7.8（c）] 来研究。则六面体左右两侧横截面上由正应力所组成的轴力分别为

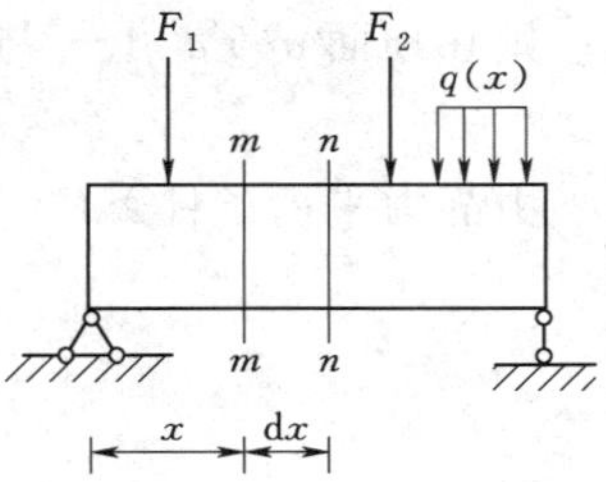

$$F_{N_1} = \int_A \sigma_1 \mathrm{d}A = \frac{M_z}{I_z} \int_{A_1} y_1 \mathrm{d}A = \frac{M_z}{I_z} S_z^*$$

$$F_{N_2} = \int_A \sigma_2 \mathrm{d}A = \frac{M_z + \mathrm{d}M_z}{I_z} \int_{A_1} y_1 \mathrm{d}A = \frac{M_z + \mathrm{d}M_z}{I_z} S_z^*$$

图 7.7 矩形截面梁

式中：A_1 为侧面 am 的面积（两侧面相同）；S_z^* 为横截面的部分面积 A_1 对中性轴的静矩，也就是距中性轴为 y 的横线 bb' 以下的面积对中性轴的静矩。

因梁的侧面上无切应力，故由切应力互等定理可知，在横截面两侧边缘处的各点，切应力方向与侧边平行。又由于剪力 F_Q 沿对称轴 y 作用，关于横截面上切应力的分布规律可作如下两个假设：①横截面上各点的切应力的方向都平行于剪力 F_Q；②切应力沿截面宽度均匀分布。

第 7 章 弯 曲 应 力

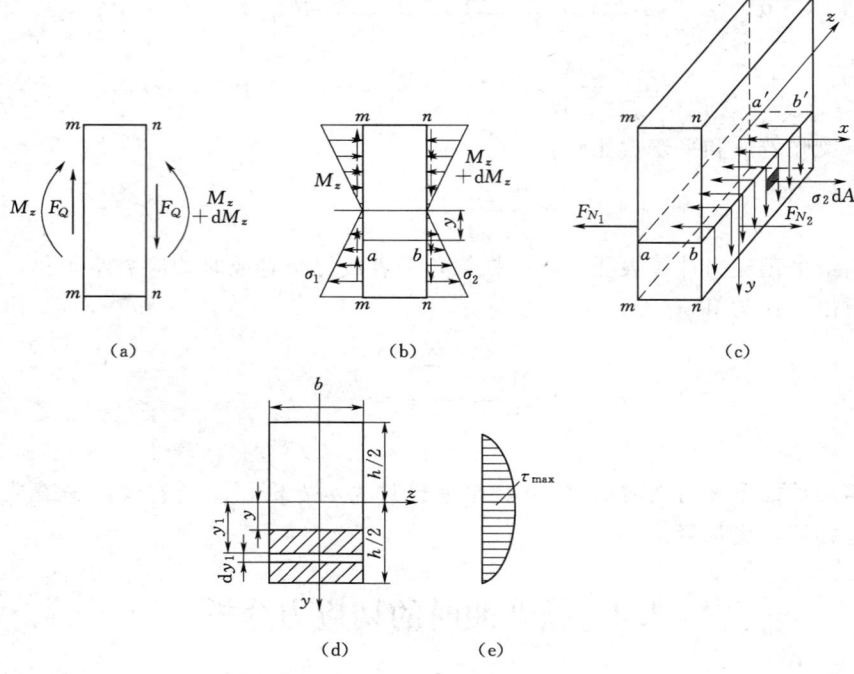

图 7.8 矩形截面弯曲切应力

在截面高度 h 大于宽度 b 的情况下,在上述假定基础上得到的解与精确解相比,具有足够的精度。按照这两个假设,在距中性轴为 y 的横线 bb' 上,各点的切应力 τ 都相等,且都平行于 F_Q;再由切应力互等定理可知,在沿 bb' 切出的平行于中性层的纵截面上必有与切应力 τ 相等的 τ' 存在 [图 7.8 (c)],而且沿宽度 b 也是均匀分布的。

则在顶面 $abb'a'$ 上,与顶面相切的内力系的合力为
$$F_Q' = \tau' b \, dx$$

由静力平衡条件 $\sum F_x = 0$,得
$$F_{N_2} - F_{N_1} - F_Q' = 0$$

即
$$\frac{M_z + dM_z}{I_z} S_z^* - \frac{M_z}{I_z} S_z^* - \tau' b \, dx = 0$$

化简后得
$$\tau' = \frac{dM_z}{dx} \frac{S_z^*}{I_z b}$$

以 $\dfrac{dM_z}{dx} = F_Q$、$\tau = \tau'$ 代入上式,则
$$\tau = \frac{F_Q S_z^*}{I_z b} \tag{7.16}$$

式中:F_Q 为横截面上的剪力;b 为截面宽度;I_z 为整个横截面对中性轴的惯性矩;

S_z^* 为截面上距中性轴为 y 的横线以外部分截面对中性轴的静矩。

式（7.16）是矩形截面梁弯曲切应力的计算公式。

下面讨论切应力沿截面高度的分布规律。对于矩形截面，可取 $dA = b dy_1$ [图 7.8（d）]，于是

$$S_z^* = \int_{A_1} y_1 dA = \int_{A_1} b y_1 dy_1 = \frac{b}{2}\left(\frac{h^2}{4} - y^2\right)$$

则式（7.16）可以写成

$$\tau = \frac{F_Q}{2I_z}\left(\frac{h^2}{4} - y^2\right)$$

式（7.16）表明，矩形截面梁的切应力 τ 沿截面高度按二次抛物线规律变化[图 7.8（e）]。当 $y = \pm h/2$ 时，即横截面上下边缘处，切应力为零；在越靠近中性轴处切应力就越大，当 $y = 0$ 时，即中性轴上各点处，切应力达到最大值，且

$$\tau_{max} = \frac{F_Q h^2}{8 I_z}$$

如以 $I_z = \dfrac{bh^3}{12}$ 代入上式，即可得出

$$\tau_{max} = \frac{3}{2} \frac{F_Q}{bh} \tag{7.17}$$

可见矩形截面梁横截面上的最大切应力值为其平均切应力的 1.5 倍。

7.4.2 圆形截面梁

对于圆形截面，如图 7.9（a）所示，由切应力互等定理可知，截面边缘各点处，切应力的方向必与圆周相切。因此，不能再假设截面上各点切应力都平行于剪力 F_Q。但圆截面的最大切应力仍在中性轴上各点处，而在该轴（直径）两端的切应力方向必平行于外力所作用的平面。所以假设在中性轴上各点的切应力大小相等，且平行于外力所作用的平面。于是可用式（7.16）来计算最大切应力。此时，式（7.16）中的 b 为圆的直径 d，而 S_z^* 则为半圆面积对中性轴的静矩，从而得到

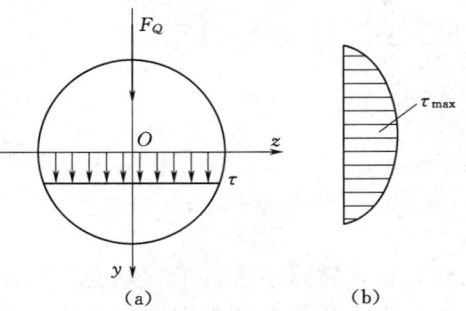

图 7.9 圆形截面梁切应力

$$\tau_{max} = \frac{F_Q S_{z max}^*}{b I_z} = \frac{F_Q \left(\dfrac{d^3}{12}\right)}{d \left(\dfrac{\pi d^4}{64}\right)} = \frac{4}{3}\frac{F_Q}{A} \tag{7.18}$$

其中

$$A = \frac{\pi d^2}{4}$$

由式（7.18）可知，对圆形截面梁，其横截面上最大切应力是平均切应力的

1.33 倍。

7.4.3 环形截面梁

如图 7.10 所示,一段薄壁环形截面梁,壁厚为 t,平均半径为 R_0,由于 t 与 R_0 相比很小,故可假设:①截面上切应力的大小沿壁厚无变化;②切应力的方向与周边相切。对于这样的截面,其最大切应力仍在中性轴上。式(7.12)中的 b,该处为 $2t$,而 S_z^* 则为半个圆环的面积对中性轴的静矩。于是有

$$\tau_{\max}=\frac{F_Q S_z^*}{b I_z}=\frac{F_Q 2 R_0^2 t}{2t \pi R_0^3 t}=2\frac{F_Q}{A} \quad (7.19)$$

其中

$$A=2\pi R_0 t$$

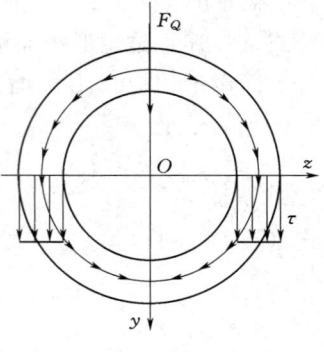

图 7.10 环形截面梁切应力

由式(7.19)可知,薄壁环形截面上的最大切应力值为平均切应力的 2 倍。

7.4.4 "工"字形截面梁

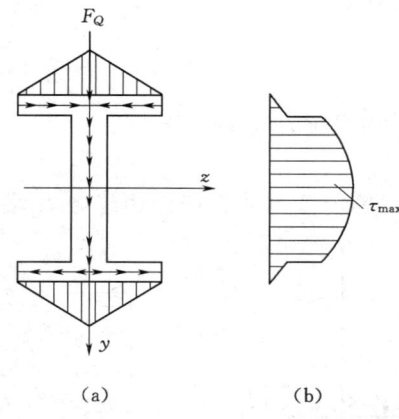

图 7.11 "工"字形截面梁切应力

对于"工"字形截面梁,如图 7.11(a)所示,在腹板和翼缘上,由于宽度相差很大,$S_z^*(y)$ 亦不相同,两者切应力相差很大。计算结果表明,其切应力主要分布在腹板上,由于腹板是狭长的矩形,故完全可以认为在腹板上任一点处切应力的方向与腹板的竖边平行,如图 7.11(a)所示。于是由式(7.16)得

$$\tau=\frac{F_Q}{b(I_z/S_z^*)} \quad (7.20)$$

由于 S_z^* 是二次函数,故腹板部分的切应力沿高度也是二次抛物线规律变化的,且最大切应力仍在中性轴上。对于轧制的工字钢,$I_z/S_{z\max}^*$ 可直接由型钢表中查得。

至于截面的翼缘上,切应力的分布情况则比较复杂,它除了平行于 y 轴的分布外,还有与翼缘长边平行的切应力分量。但是由于翼缘上的最大切应力远小于腹板上的最大切应力,所以通常并不去计算它。

7.5 弯曲强度计算

一般情况下,梁各个截面上的弯矩和剪力是不等的,有可能在一个或几个截面上出现弯矩最大值或剪力最大值,也可能在同一截面上,两者的数值都比较大,这些截面称为危险截面。进行强度计算时,必须首先根据弯矩图、剪力图,判断内力大的危险截面。同时还要考虑到截面尺寸的变化情况,以及材料的力学性能两个方面,找到其他可能的危险截面。同时,梁的横截面上既有正应力,又有切应力,而且两者都是非均匀分布的,于是梁内可能存在三类危险点,即正应力最大的点、切应力最大的

7.5.1 弯曲正应力强度条件

最大弯曲正应力发生在横截面上离中性轴最远的各点处，而该处的切应力一般为零或很小，因而最大弯曲正应力作用点可看成是处于单向受力状态，所以，弯曲正应力强度条件为

$$\sigma_{\max} = \left(\frac{M}{W_z}\right)_{\max} \leqslant [\sigma] \tag{7.21}$$

即要求梁内的最大弯曲正应力 $\sigma_{\max}$ 不超过材料在单向受力时的许用正应力 $[\sigma]$。对于等截面直梁，式（7.21）变为

$$\sigma_{\max} = \frac{M_{\max}}{W_z} \leqslant [\sigma] \tag{7.22}$$

式（7.21）与式（7.22）仅适用于许用拉应力 $[\sigma]^+$ 与许用压应力 $[\sigma]^-$ 相同的梁，如果两者不同，例如铸铁等脆性材料的许用压应力超过许用拉应力，则应按拉伸与压缩分别进行强度计算。

7.5.2 弯曲切应力强度条件

最大弯曲切应力通常发生在中性轴上各点处，而该处的弯曲正应力为零。因此，最大弯曲切应力作用点处于纯剪切状态，相应的强度条件则为

$$\tau_{\max} = \left(\frac{F_Q S_{z,\max}}{I_z b}\right)_{\max} \leqslant [\tau] \tag{7.23}$$

即要求梁内的最大弯曲切应力 $\tau_{\max}$ 不超过材料在纯剪切时的许用切应力 $[\tau]$。对于等截面直梁，式（7.23）变为

$$\tau_{\max} = \frac{F_{Q,\max} S_{z,\max}}{I_z b} \leqslant [\tau] \tag{7.24}$$

在一般细长的非薄壁截面梁中，最大弯曲正应力远大于最大弯曲切应力。因此，对于一般细长的非薄壁截面梁，通常只需按弯曲正应力强度条件进行分析即可。但是，对于薄壁截面梁与弯矩较小而剪力却较大的梁，后者如短而粗的梁、集中载荷作用在支座附近的梁等，则不仅应考虑弯曲正应力强度条件，而且还应考虑弯曲切应力强度条件。

还应指出，在某些薄壁梁的某些点处，例如在"工"字形截面的腹板与翼缘的交点处，弯曲正应力与弯曲切应力可能均具有相当大的数值，这种正应力与切应力联合作用下的强度问题，将在第 9 章详细讨论。

【**例题 7.2**】 如图 7.12（a）所示的支架，其截面 A-A 的形状尺寸如图 7.12（b）所示。已知 $F_P = 1$kN，求：①截面 A-A 上的最大弯曲正应力；②若支架中间部分未挖去，试计算截面 A-A 上的最大弯曲正应力。

解：

（1）由截面法可求得截面 A-A 弯矩：

$$M_z = 1 \times 10^3 \times 760 \times 10^{-3} (\text{N} \cdot \text{m}) = 0.76 (\text{kN} \cdot \text{m})$$

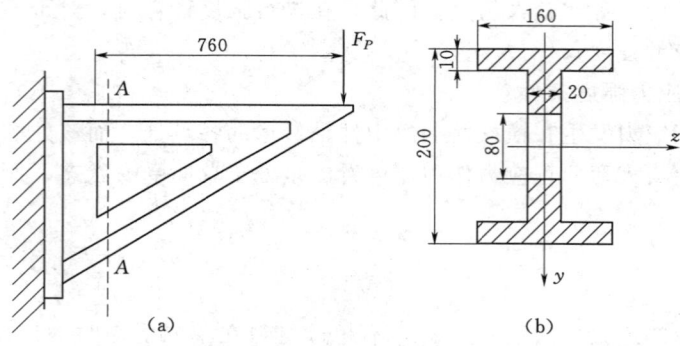

图 7.12 [例题 7.2] 图

(2) 计算有孔时的最大弯曲正应力：

$$I_z = \frac{1.6 \times 2^3}{12} \times 10^{-4} - \frac{1.4 \times 1.8^3}{12} \times 10^{-4} - \frac{0.2 \times 0.8^3}{12} \times 10^{-4} = 3.78 \times 10^{-5} (\text{m}^4)$$

这时，截面上的最大弯曲正应力为

$$\sigma_{max} = \frac{M_z}{I_z} y_{max} = \frac{0.76 \times 10^3 \times 100 \times 10^{-3}}{3.78 \times 10^{-5}} (\text{Pa}) = 2.01 \text{MPa}$$

(3) 计算无孔时的最大正应力：这时的惯性矩为

$$I_z = \frac{1.6 \times 2^3}{12} \times 10^{-4} - \frac{1.4 \times 1.8^3}{12} \times 10^{-4} = 3.86 \times 10^{-5} (\text{m}^4)$$

这时，截面上的最大弯曲正应力为

$$\sigma_{max} = \frac{M_z y_{max}}{I_z} = \frac{0.76 \times 10^3 \times 100 \times 10^{-3}}{3.86 \times 10^{-5}} (\text{Pa}) = 1.97 (\text{MPa})$$

两者相差：

$$\frac{2.01 - 1.97}{1.97} \times 100\% = 2.03\%$$

读者可以根据弯曲应力分布的特点，解释本例中两种情况下的最大弯曲正应力非常接近的原因，并说明某些工程中为了减小梁的自重，常将梁的轴线附近做成孔洞，而对梁的强度影响甚小。

【例题 7.3】 简支梁受力如图 7.13 所示，已知 $F_P = 10\text{kN}$，$l = 4\text{m}$，$[\sigma] = 160\text{MPa}$。试为梁选择圆截面、方截面、矩形截面和方圆截面，并比较它们横截面面积的大小。

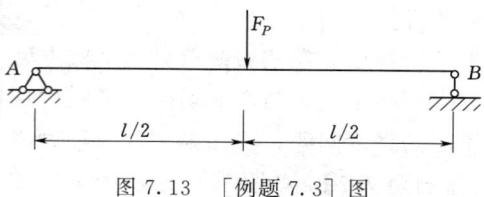

图 7.13 [例题 7.3] 图

解：

由图 7.13 可知：

$$M_{max} = \frac{F_P l}{4} = 10 \text{kN} \cdot \text{m}$$

根据强度条件得该梁所需的抗弯截面模量为

$$W_z = \frac{M_{\max}}{[\sigma]} = \frac{10 \times 10^3}{160 \times 10^6} = 62.5 \times 10^{-6} (\text{m}^3)$$

各种截面形状所需的截面面积见表 7.1。

【例题 7.4】 图 7.14（a）所示外伸梁，用铸铁制成，横截面为"T"形，并承受均布载荷 q 作用，试校核梁的强度。已知载荷集度 $q = 25\text{kN/m}$，截面形心离底边与顶边的距离分别为 $y_1 = 45\text{mm}$ 和 $y_2 = 95\text{mm}$，惯性矩 $I_z = 8.84 \times 10^{-6} \text{m}^4$，许用拉应力 $[\sigma]^+ = 35\text{MPa}$，许用压应力 $[\sigma]^- = 140\text{MPa}$。

表 7.1　　　　　　　　　　　不同截面面积计算表

截面类型	圆截面	方截面	矩形截面	方圆截面
截面形状	(d)	(d×d)	(d×2d)	(d, 0.4d)
W_z/m^3	$\dfrac{\pi d^3}{32}$	$\dfrac{d^3}{6}$	$\dfrac{2d^3}{3}$	$\dfrac{d^3}{6} - \dfrac{2\pi d^3}{125}$
d/m	8.6×10^{-2}	7.21×10^{-2}	4.54×10^{-2}	7.9×10^{-2}
A/m^2	$\dfrac{\pi d^2}{4} = 58 \times 10^{-4}$	$d^2 = 52 \times 10^{-4}$	$2d^2 = 41 \times 10^{-4}$	$d^2 - \pi(0.4d)^2 = 31 \times 10^{-4}$
$A/A_{\text{圆}}$	1	0.90	0.71	0.53
结论	在相同的弯曲强度下 $A_{\text{圆}} > A_{\text{方}} > A_{\text{矩}} > A_{\text{方圆}}$			

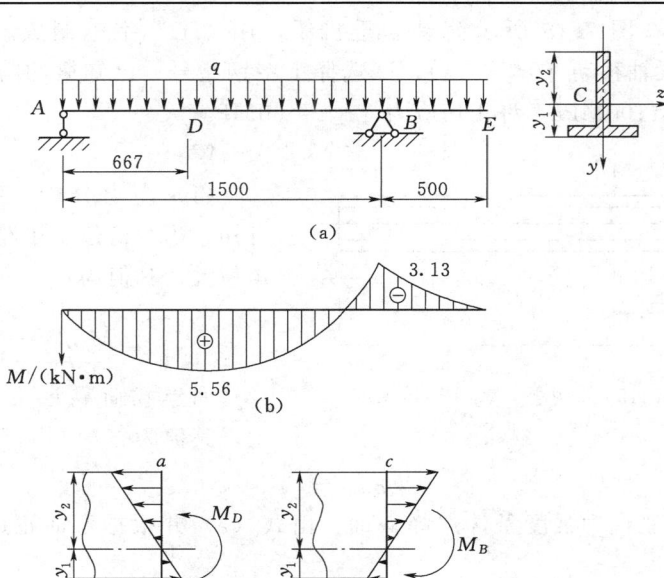

图 7.14 ［例题 7.4］图

解：

(1) 危险截面与危险点判断：梁的弯矩如图 7.14 (b) 所示，在横截面 D 与截面 B 上，分别作用有最大正弯矩与最大负弯矩，因此，该两截面均为危险截面。

截面 D 与截面 B 的弯曲正应力分布分别如图 7.14 (c) 和 (d) 所示。截面 D 的 a 点与截面 B 的 d 点处均受压；而截面 D 的 b 点与截面 B 的 c 点处则均受拉。由于 $|M_D|>|M_B|$，$|y_2|>|y_1|$。因此，$|\sigma_a^-|>|\sigma_d^-|$，即梁内的最大弯曲压应力 $\sigma_{\max}^-$ 发生在截面 D 的 a 点处。至于最大弯曲拉应力 $\sigma_{\max}^+$，究竟发生在 b 点处还是 c 点处，则须经计算后才能确定。综上所述，a、b、c 三点处为可能最先发生破坏的部位，即危险点。

(2) 强度校核。

由式 (7.8) 得 a、b、c 三点处的弯曲正应力分别为

$$\sigma_a = \frac{M_D y_2}{I_z} = \frac{5.56 \times 10^3 \times 0.095}{8.84 \times 10^{-6}} = 5.98 \times 10^7 (\text{Pa}) = 59.8 (\text{MPa})(\text{压应力})$$

$$\sigma_b = \frac{M_D y_1}{I_z} = \frac{5.56 \times 10^3 \times 0.045}{8.84 \times 10^{-6}} = 2.83 \times 10^7 (\text{Pa}) = 28.3 (\text{MPa})(\text{拉应力})$$

$$\sigma_c = \frac{M_B y_2}{I_z} = \frac{3.13 \times 10^3 \times 0.095}{8.84 \times 10^{-6}} = 3.36 \times 10^7 (\text{Pa}) = 33.6 (\text{MPa})(\text{拉应力})$$

由此得

$$\sigma_{\max}^- = \sigma_a = 59.8 \text{MPa} < [\sigma]^-$$
$$\sigma_{\max}^+ = \sigma_c = 33.6 \text{MPa} < [\sigma]^+$$

可见，梁的弯曲强度符合要求。

【例题 7.5】 图 7.15 所示简易起重机梁，用"工"字钢制成。若载荷 $F_P = 20\text{kN}$，并可沿梁轴移动 ($0<\eta<l$)，试选择工字钢型号。已知梁的跨度 $l=6\text{m}$，许用正应力 $[\sigma]=100\text{MPa}$，许用切应力 $[\tau]=60\text{MPa}$。

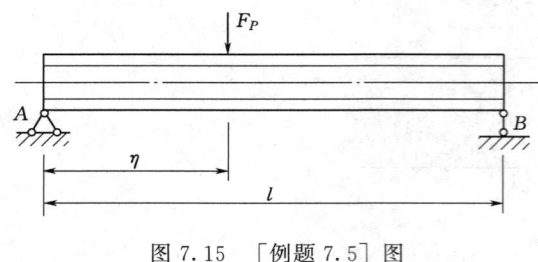

图 7.15 [例题 7.5] 图

解：

(1) 内力分析：由 [例题 7.3] 可知，当载荷位于梁跨度中点时，弯矩最大，其值为

$$M_{\max} = \frac{F_P l}{4} \quad (\text{a})$$

而当载荷靠近支座时，剪力最大，其值为

$$F_{Q,\max} = F_P \quad (\text{b})$$

(2) 按弯曲正应力强度条件选择截面：由式 (a) 并根据弯曲正应力强度条件，要求：

$$W_z \geqslant \frac{F_P l}{4[\sigma]} = \frac{20 \times 10^3 \times 6}{4 \times 100 \times 10^6} = 3.0 \times 10^{-4} (\text{m}^3)$$

由附录 II 型钢规格表查得，No.22a 工字钢截面的抗弯截面模量 $W_z = 3.09 \times$

$10^{-4} m^3$，所以，选择 No.22a 工字钢作梁符合弯曲正力强度条件。

(3) 校核梁的剪切强度：No.22a 工字钢截面的 $I_z/S_{z,max}=0.189m$，腹板厚度为 $\delta=7.5mm$。由式（b）与式（7.24）得梁的最大弯曲切应力为

$$\tau_{max}=\frac{F_Q}{\dfrac{I_z}{S_{z,max}}\delta}=\frac{20\times 10^3}{0.189\times 0.0075}=1.411\times 10^7 (Pa)=14.11(MPa)<[\tau]$$

可见，选择 No.22a 工字钢作梁，将同时满足弯曲正应力与弯曲切应力强度条件。

7.6 开口薄壁截面梁的切应力弯曲中心的概念

开口薄壁截面梁承受横弯曲时，其横截面上的切应力可以用确定实心截面梁弯曲切应力相同的方法求得，即先用两相邻截面从梁上截取 dx 微段梁，然后再用纵向截面从 dx 微段上截取一部分，考察作用在这一部分两侧横截面上的弯曲正应力所组成的合力 F_n^* 和 $F_n^*+dF_n^*$，以及作用在纵截面上的切应力所组成的合力，根据平衡条件，即可求得切应力的大小和方向。

这种梁和实心截面梁不同的是，所作的纵截面不总是平行于中性面的，而是垂直于薄壁截面周边中心线，如图 7.16 所示的 ABCD 截面。因为这样作出的纵截面与横截面相交所得到的截面壁厚 t 为最小厚度，其上的切应力比其他任何取向的纵截面上的切应力都要大。这时，只要将实心截面梁中的弯曲切应力公式 (7.16) 中的 b 变为薄壁截面在所求点处的厚度 t，即可求得该点切应力，即

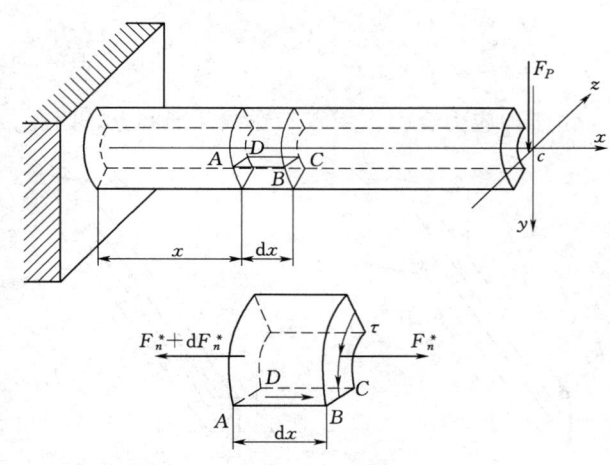

图 7.16 开口薄壁截面梁的切应力

$$\tau=\frac{F_Q S_z^*}{t I_z} \tag{7.25}$$

此外，由于壁很薄，切应力沿厚度方向可视为均匀分布，而且，由于梁表面没有外力作用，根据切应力互等定理，薄壁截面上的切应力沿着截面周边的切线方向，从而在截面上形成切应力流（shearing stress flow）。

开口薄壁截面上切应力对应的分布力系向某点简化其结果所得的主矢不为零而主矩为零，则这点称为截面上的弯曲中心（bending center）或剪切中心。一般情况下，弯曲中心不与截面形心重合。

以图 7.17 (a) 中的等厚度薄壁槽形截面为例来说明如何确定弯曲中心。

根据以上分析，槽形截面梁在横弯曲时，其翼缘和腹板上均有切应力形成的切应力流，应用式（7.25）不难求得翼缘和腹板上的切应力分布，如图 7.17（b）所示。从图中可看出，上下翼缘上的切应力分别组成大小相等、方向相反、互相平行的一对力 F_{Q1}，腹板上的切应力将合成垂直方向的剪力 F_Q，如图 7.17（c）所示。显然上下翼缘上的一对力 F_{Q1} 将组成一力偶，其力偶矩为 $F_{Q1}h$。这一力偶与剪力的合力作用点当然不在形心 C 上。而在腹板外的某一点 O 处，如设 O 点至腹板中线的距离为 e，经计算可知 $e = \dfrac{b^2 h^2 t}{4 I_z}$，$O$ 点便是槽形薄壁截面的弯曲中心，如图 7.17（d）所示。

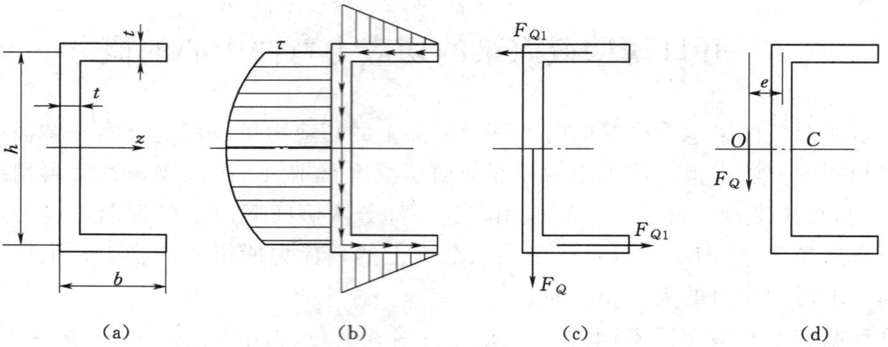

图 7.17 弯曲中心

由于切应力合力作用点不在截面形心上，因此，

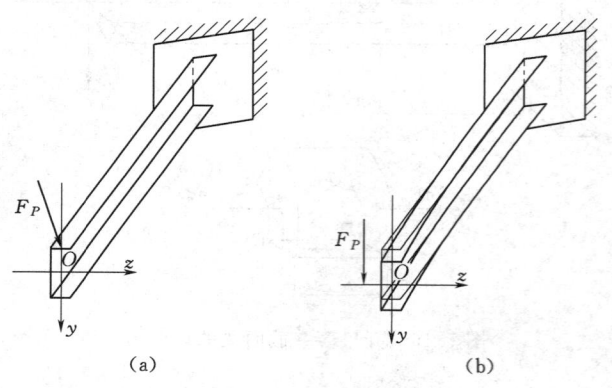

图 7.18 开口薄梁受横力作用

对于开口薄壁截面，当外力作用在通过形心主轴的平面内时，梁除了弯曲外，还将产生扭转，如图 7.18（a）所示。薄壁截面梁扭转时，截面将发生翘曲，如果这种翘曲客观存在约束，还会产生附加正应力，这种情况在工程中是不希望出现的。为此，对于开口薄壁截面梁，外力应当加在通过弯曲中心，并且平行于形心主轴方向。这样才能只产生平面弯曲不发生扭转，如图 7.18（b）所示。

对于工程结构中广泛采用的开口薄壁截面梁（例如槽钢、角钢等），由于其抗扭刚度较小，若外力作用平面不通过弯曲中心，则会引起较为严重的扭转，故确定这种截面弯曲中心的位置是比较重要的。

需要指出，弯曲中心的位置只与横截面的几何特征有关，这是因为弯曲中心仅取决于剪力作用线的位置，而与剪力的大小无关。下面以实例说明如何确定弯曲中心。

【例题 7.6】 一槽形薄壁梁，横截面如图 7.19（a）所示。试确定其弯曲中心的位置。

7.7 提高梁抗弯强度的措施

解：

由于 z 轴是截面的对称轴，所以弯曲中心 E 必位于该轴上。

设剪力 F_Q 通过弯曲中心，横截面上的弯曲切应力流如图 7.19（b）所示，下翼缘 η 处的切应力流为

$$q(\eta) = \frac{F_Q S_z(\eta)}{I_z} = \frac{F_Q h \delta_1 \eta}{2 I_z}$$

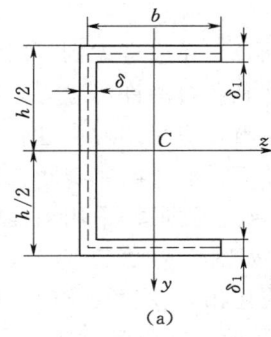
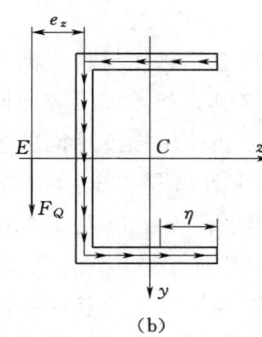
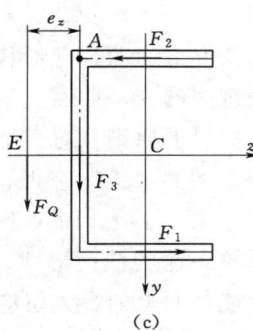

图 7.19　[例题 7.6] 图

而整个下翼缘上由切应力流所构成的剪力则为

$$F_1 = \int_0^b q(\eta) \mathrm{d}\eta = \int_0^b \frac{F_Q h \delta_1}{2 I_z} \eta \mathrm{d}\eta = \frac{F_Q h \delta_1 b^2}{4 I_z} \tag{a}$$

横截面对 z 轴的惯性矩为

$$I_z = \frac{\delta h^3}{12} + 2 b \delta_1 \left(\frac{h}{2}\right)^2 = \frac{h^2(\delta h + 6 b \delta_1)}{12}$$

将上式代入式（a），得

$$F_1 = \frac{3 F_Q \delta_1 b^2}{h(\delta h + 6 b \delta_1)} \tag{b}$$

如图 7.19（c）所示，作用在上翼缘和腹板上的剪力 F_2 和 F_3 相交于线的角点 A，于是，以 A 点为矩心，由合力矩定理得

$$e_z = \frac{F_1 h}{F_Q}$$

将式（b）代入上式，得

$$e_z = \frac{3 \delta_1 b^2}{\delta h + 6 b \delta_1} \tag{c}$$

7.7　提高梁抗弯强度的措施

设计梁的主要依据是强度条件。从该条件中可以看出，梁的抗弯强度与所用材料、横截面的形状和尺寸以及外力引起的弯矩有关。因此，为了提高梁的抗弯强度可从以下三方面考虑。

7.7.1 选择合理的截面形状

从抗弯强度方面考虑，最合理的截面形状是用最少的材料获得最大的抗弯截面模量。在一般截面中，抗弯截面模量与截面高度的平方成正比。因此，当截面面积一定时，应将较多的材料配置在远离中性轴的部位。实际上，由于弯曲正应力沿截面高度按线性规律分布，当离中性轴最远处的正应力到达许用应力时，中性轴附近各点处的正应力仍很小。所以，将较多的材料放置在远离中性轴的部位，必然会提高材料的利用率。

在研究截面的合理形状时，除应注意使材料远离中性轴外，还应考虑到材料的特性，最理想的应是截面上的最大拉应力和最大压应力同时达到各自的许用应力。

根据以上原则，对于抗拉强度和抗压强度相同的塑性材料，应采用对中性轴对称的截面，例如"工"字形，箱形截面如图 7.20（a）和（b）所示，再如实际工程中的应用（图 7.21）。而对于抗压强度高于抗拉强度的脆性材料，则最好采用截面形心偏于受拉一侧的截面形状，如"T"形、"U"形等截面，如图 7.20（c）和（d）所示，以使截面上的最大拉应力和最大压应力也相应不同。应指出，在设计梁时，除应满足正应力强度条件外，还应满足弯曲切应力强度条件，因此，在设计"工"字形、"T"形等薄壁截面梁时，也应注意使腹板具有一定的厚度，以保证梁的抗剪强度。

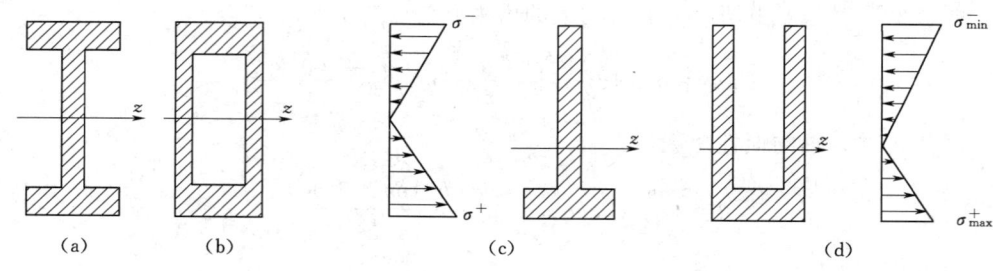

图 7.20 截面形状

7.7.2 采用变截面梁或等强度梁

在一般情况下，梁内不同横截面上的弯矩不同，因此，在按最大弯矩所设计的等截面梁中，除最大弯矩所在截面外，其余截面的材料强度均未得到充分利用。鉴于上述情况，为了减轻构件重量和节省材料，在工程实际中，常根据弯矩沿梁轴的变化情况，将梁也相应设计成变截面的。在弯矩较大处，采用较大的截面；在弯矩较小处，采用较小的截面。这种截面沿梁轴变化的梁称为变截面梁。

从抗弯强度方面考虑，理想的变截面梁应使所有截面上的最大弯曲正应力均相同，并且等于许用应力，即

$$\sigma_{max} = \frac{M(x)}{W(x)} = [\sigma] \tag{7.26}$$

这种梁称为等强度梁。

例如图 7.22（a）所示悬臂梁，在集中载荷 F_P 作用时，弯矩方程为

$$M(x) = F_P x$$

根据等强度的特点，如果梁截面宽度 b 保持一定，则由式（7.26）可知，截面高

7.7 提高梁抗弯强度的措施

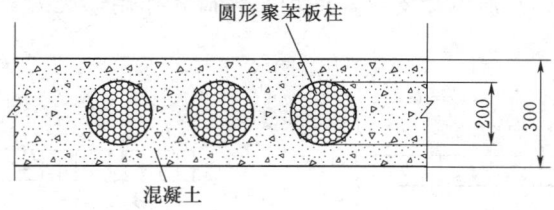

图 7.21 现浇钢筋混凝土空心楼板

（某大跨度空心楼板，板厚 300mm，轻质聚苯板圆柱体厚 200mm，钢筋混凝土实际厚 100mm）

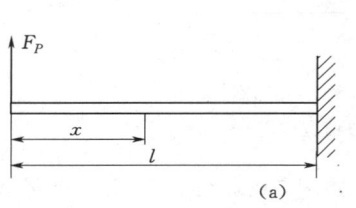
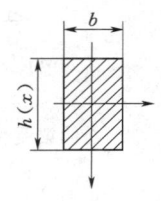
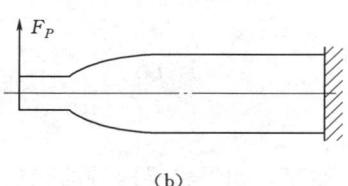

图 7.22 等强度梁

度 $h(x)$ 应按下面规律变化：

$$\frac{F_P x}{\dfrac{bh^2(x)}{6}}=[\sigma]$$

由此得

$$h(x)=\sqrt{\frac{6F_P x}{b[\sigma]}}$$

即截面高度沿梁轴按抛物线规律变化，如图 7.22（b）所示。在固定端处 h 最大，其值为

$$h_{\max}=\sqrt{\frac{6F_P l}{b[\sigma]}}$$

在自由端处 h 为零。但是为了保证梁的抗剪强度，设此处的截面高度为 h_1，则由抗剪强度条件：

$$\tau_{\max}=\frac{3}{2}\frac{F_Q}{A}=\frac{3}{2}\frac{F_P}{bh_1}\leqslant[\tau]$$

得
$$h_1 \geqslant \frac{3F_P}{2b[\tau]}$$

应当指出，等强度设计虽然是一种较理想的设计，但考虑到加工制造的方便以及构造上的需要等，实际构件往往只能设计成近似等强度的，如阶梯轴、梯形梁等。

7.7.3 改善梁的受力情况

提高梁弯曲强度的另一措施是合理安排梁的约束和加载方式，从而达到提高梁的承载能力的目的。

例如，图 7.23（a）所示简支梁，受均布载荷 q 作用，梁的最大弯矩为

$$M_{\max} = \frac{1}{8}ql^2$$

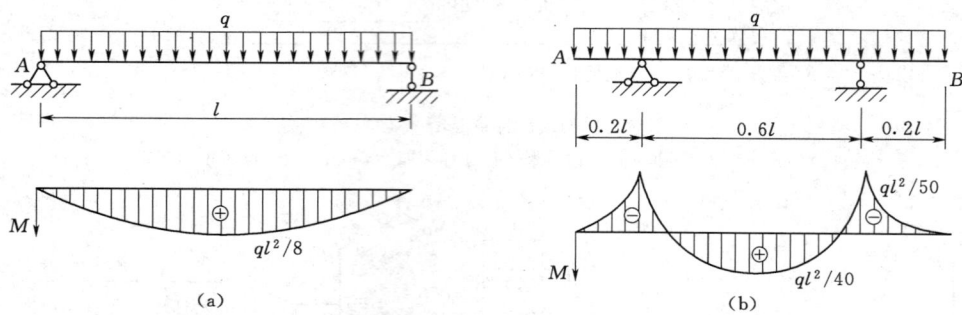

图 7.23 简支梁、处伸梁受力情况

然而，如果将梁两端的铰支座各向内移动 $0.2l$，如图 7.23（b）所示，则最大弯矩变为 $M'_{\max} = \frac{1}{40}ql^2$，仅为前者的 1/5。

又如图 7.24（a）所示的简支梁 AB，在跨度中点受集中力 F_P 作用，则梁的最大弯矩为 $M_{\max} = \frac{1}{4}F_P l$。

然而，如果将该梁上的载荷分解成几个大小相等、方向相同的力加在梁上，梁内的弯矩将会显著减小。例如，在梁上加一长为 $l/2$ 的辅梁 CD，如图 7.24（b）所示，这时梁 AB 内的最大弯矩将减为 $M'_{\max} = \frac{1}{8}F_P l$，仅为前者的一半。

这些例子说明，在条件允许的情况下，合理安排约束和加载方式将会提高梁的抗弯强度。

【**例题 7.7**】 如图 7.25 所示，一矩形截面简支梁，在跨度中点受集中力 F_P 作用，设横截面高度 h 为常量，按等强度条件设计该梁的宽度变化规律 $b(x)$。

解：

梁内的弯矩方程为

$$M = \frac{F_P}{2}x$$

7.7 提高梁抗弯强度的措施

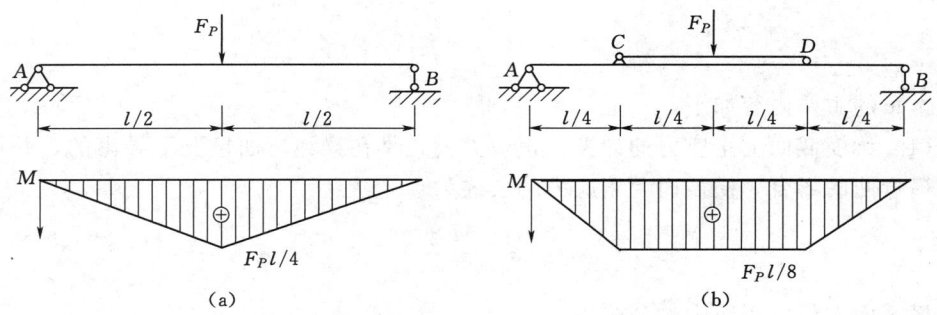

图 7.24 梁的受力情况

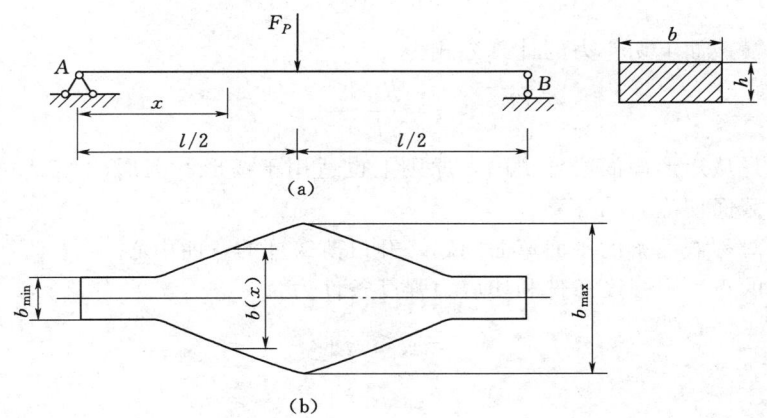

图 7.25 [例题 7.7] 图

其抗弯截面模量为

$$W(x) = \frac{b(x)h^2}{6}$$

由等强度条件：

$$\frac{M_{max}}{W(x)} = [\sigma]$$

于是得到

$$b(x) = \frac{3F_P}{[\sigma]h^2}x$$

从式中看到，当 $x=0$ 时，$b=0$，即截面面积为零，这显然不能满足抗剪强度条件。因此，需按梁的切应力强度条件来确定该处截面的最小宽度 b_{min}，即

$$\tau_{max} = \frac{3}{2}\frac{F_Q}{b_{min}h} = [\tau], \quad F_Q = \frac{F_P}{2}$$

$$b_{min} = \frac{3F_P}{4h[\tau]}$$

梁横截面的宽度 $b(x)$ 按直线规律变化，整个等强度梁为一块等高的菱形板，如图 7.25（b）所示。

小　结

本章的主要内容如下：

(1) 梁横截面上正应力的计算。正应力公式是在梁纯弯曲情况下导出的，并被推广到横弯曲的场合。横截面上正应力的公式为

$$\sigma = \frac{M_z y}{I_z}$$

横截面上最大正应力的公式为

$$\sigma_{max} = \frac{M_{max}}{W_z}$$

(2) 梁横截面上切应力的计算公式为

$$\tau = \frac{F_Q S_z^*}{I_z b}$$

该公式是从矩形截面梁导出的，原则上也适用于槽形、圆形、"工"字形、圆环形截面梁横截面切应力的计算。

(3) 非对称截面梁的平面弯曲问题，开口薄壁杆的弯曲中心。

(4) 梁的正应力强度条件和切应力强度条件为

$$\sigma_{max} \leqslant [\sigma]$$

$$\tau_{max} \leqslant [\tau]$$

根据上述条件，可以对梁进行强度校核、截面设计和许可载荷的计算，与此相关的还要考虑梁的合理截面问题。

本章的重要概念还有梁的平面弯曲、纯弯曲、横弯曲、梁的平面假设、梁的抗弯刚度等。

第 7 章基础
知识测试

习　题

7.1　试判断下列结论是否正确，正确的画√，不正确的画×。

(1) 平面弯曲时，中性轴一定通过横截面形心。(　　)

(2) 平面弯曲时，中性轴上点的弯曲正应力等于零；(　　) 弯曲切应力也等于零。(　　)

(3) 平面弯曲时，中性轴必垂直于载荷作用面。(　　)

(4) 最大弯曲正应力一定发生在弯矩值最大的横截面上。(　　)

7.2　题 7.2 图为各种梁的横截面形状，若载荷加在对称面内，试画出沿截面高度方向正应力分布的大致图形。

7.3　如题 7.3 图所示，直径为 d 的金属丝，绕在直径为 D 的轮缘上，已知材料的弹性模量为 E，试求金属丝中的最大弯曲正应力。

7.4　题 7.4 图为 "T" 形等截面铸铁梁，图中哪种承载方式是合理的？试说明原因。

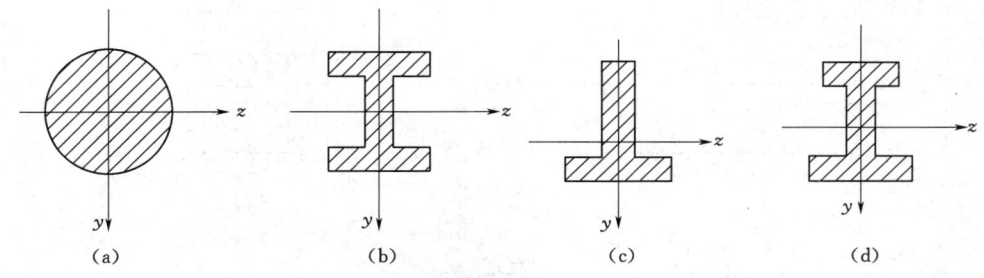

题 7.2 图

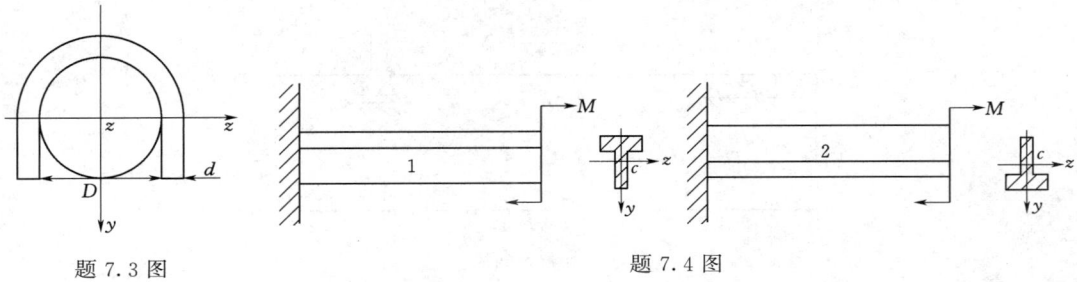

题 7.3 图　　　　　　　　　题 7.4 图

7.5　矩形截面梁受载荷如题 7.5 图所示，试画出图中所标明的 1、2、3、4、5、6 诸点单元体上的应力，并计算各点的应力值。

7.6　矩形截面悬臂梁，受集中力和集中力偶作用，如题 7.6 图所示，试求截面 Ⅰ 和固定端截面 Ⅱ 上 A、B、C、D 四点的正应力，已知 $F_P=15$kN，$M_e=20$kN·m。

7.7　如题 7.7 图所示，一矩形截面简支梁由圆柱形木料锯成，已知 $F_P=5$kN，$a=1.5$m，$[\sigma]=10$MPa。试确定抗弯截面模量为最大时矩形截面的高宽之比 h/b，以及锯成此梁所需木料的最小直径 d。

7.8　一木梁受载情况如题 7.8 图所示，已知 $F_P=20$kN，$q=10$kN/m，$[\sigma]=10$MPa，试设计如下三种截面尺寸 b，并比较其用料量。①高 $h=2b$ 的矩形；②高 $h=b$ 的正

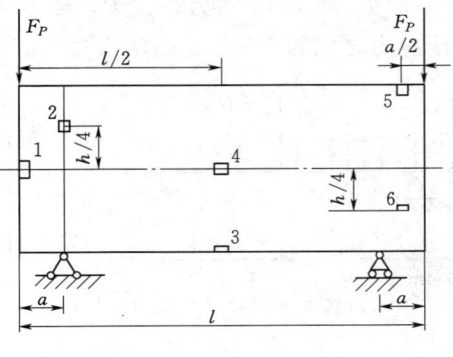

题 7.5 图

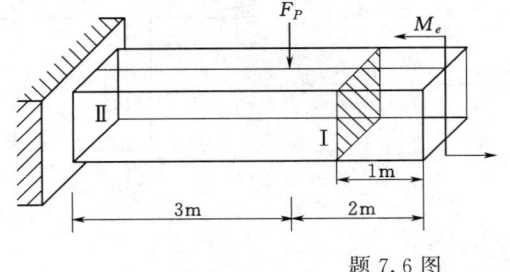

题 7.6 图

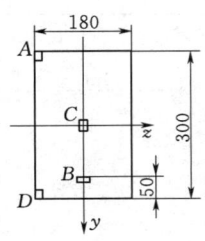

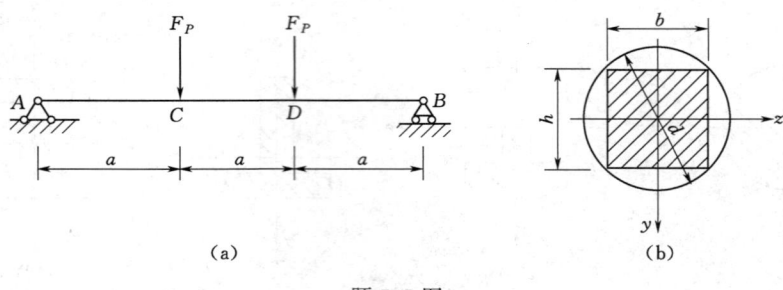

题 7.7 图

方形；③直径 $d=b$ 的圆形。

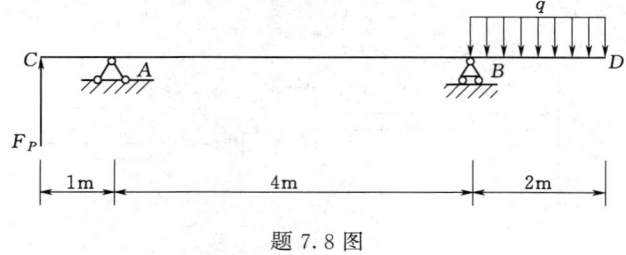

题 7.8 图

7.9 一钢梁承受载荷如题 7.9 图所示，材料的许用应力 $[\sigma]=150\mathrm{MPa}$，$F_P=50\mathrm{kN}$，$q=20\mathrm{kN/m}$，试选择如下两种型钢的型号：①工字钢；②两个槽钢。

7.10 题 7.10 图为铸铁梁，若 $h=100\mathrm{mm}$，$t=25\mathrm{mm}$，欲使最大的拉应力与最大压应力之比为 $1/3$，试确定尺寸 b 应是多少？

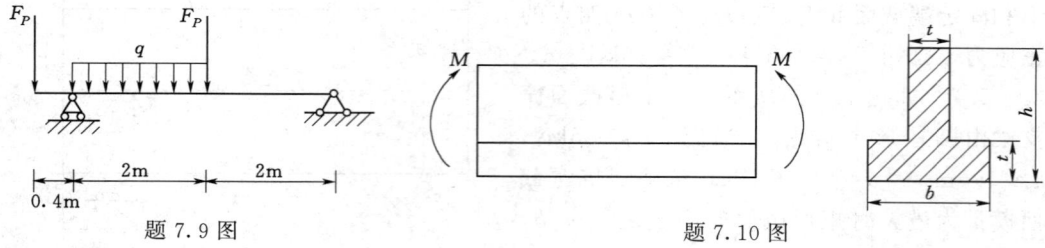

题 7.9 图   题 7.10 图

7.11 题 7.11 图所示为"T"形截面铸铁梁，已知 $F_{P1}=9\mathrm{kN}$，$F_{P2}=4\mathrm{kN}$，$I_{zc}=7.63\times10^{-6}\mathrm{m}^4$，$[\sigma]^+=30\mathrm{MPa}$，$[\sigma]^-=60\mathrm{MPa}$，试校核此梁的强度。

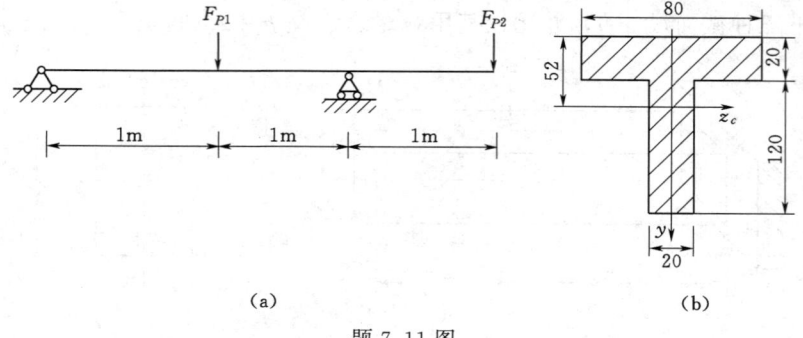

题 7.11 图

7.12 如题 7.12 图所示，梁 AB 的截面为 10 号工字钢，B 点由圆钢杆 BC 支承，已知圆杆和梁的许用应力 $[\sigma]=160\text{MPa}$，试求梁上的分布载荷，并设计 BC 杆的直径。

7.13 当 F_P 直接作用在梁 AB 的中点时，梁内的最大正应力超过许用值 30%，为了消除过载现象，配置了如题 7.13 图所示的辅助梁 CD，试求此辅助梁的跨度 a，已知 $l=6\text{m}$。

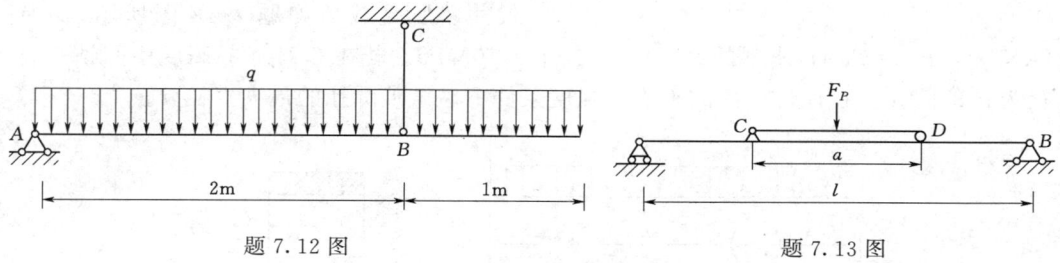

题 7.12 图   题 7.13 图

7.14 如题 7.14 图所示，我国营造法式中，对矩形截面给出的尺寸比例是 $h:b=3:2$。试用弯曲正应力强度证明：从圆木锯出的矩形截面梁，上述尺寸比例接近最佳比值。

7.15 如题 7.15 图所示，简支梁由两根尺寸相同的木板胶合而成。已知 $q=40\text{kN/m}$，$l=400\text{mm}$，木板的许用正应力 $[\sigma]=7\text{MPa}$，胶缝的许用切应力 $[\tau]=5\text{MPa}$，试校核该梁的强度。

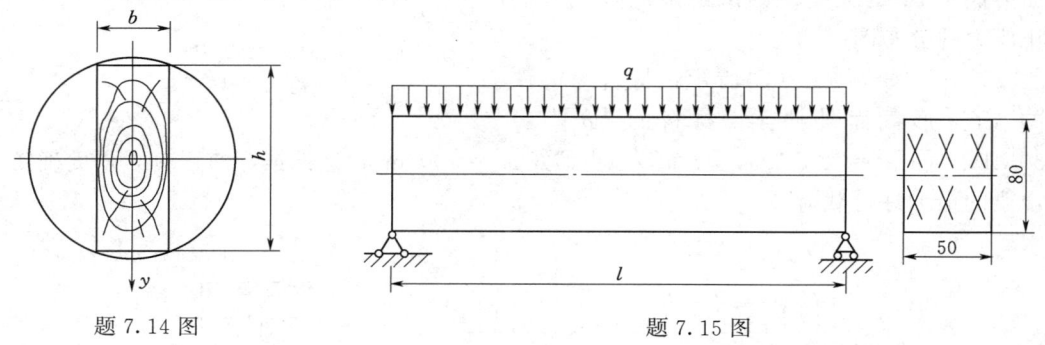

题 7.14 图   题 7.15 图

7.16 如题 7.16 图所示，槽形截面的 AD 梁，$q=10\text{kN/m}$，在 B 点悬挂于圆杆 BG，其直径 $d=60\text{mm}$，梁与圆杆的材料相同。$[\sigma]^+=32\text{MPa}$，$[\sigma]^-=140\text{MPa}$，$F_P=20\text{kN}$，槽形截面尺寸 $y_1=140\text{mm}$，$y_2=60\text{mm}$，$I_z=4\times 10^7\text{mm}^4$。试求：① 绘出梁

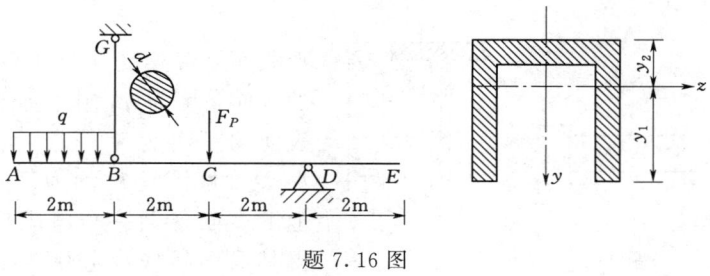

题 7.16 图

的剪力图和弯矩图；②校核该结构的强度。

7.17 如题 7.17 图所示的工字钢外伸梁，$l=4\text{m}$，$q=20\text{kN/m}$，$F_P=10\text{kN}$，材料的许用应力 $[\sigma]=160\text{MPa}$，$[\tau]=100\text{MPa}$，试选择工字钢型号。

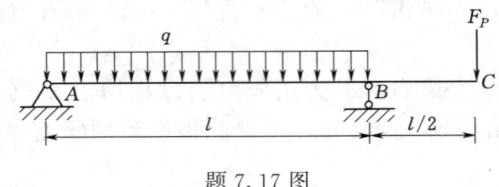

题 7.17 图

7.18 一正方形截面的悬臂木梁，其尺寸及所受载荷如题 7.18 图所示，$q=2\text{kN/m}$，$F_P=5\text{kN}$，木料的许用应力 $[\sigma]=10\text{MPa}$。若在 C 截面的高度中间钻一直径为 d 的圆孔，在保证该梁的正应力强度条件下，试求圆孔的最大直径 d。

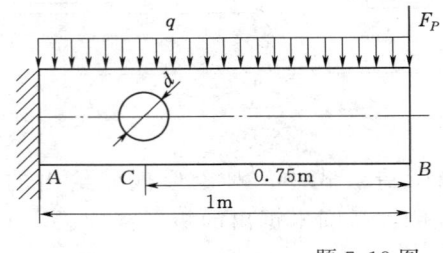 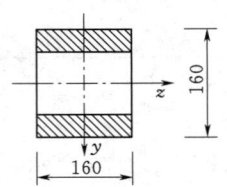

题 7.18 图

7.19 如题 7.19 图所示，受平面弯曲的 25a 槽形截面梁 $[\sigma]=160\text{MPa}$，在截面横放和竖放的两种情况下：①比较许用弯曲力偶矩 M 的大小；②试绘出危险截面上正应力的分布图。

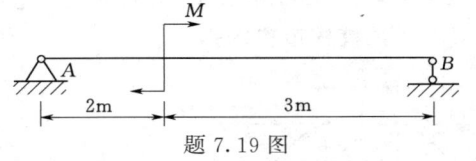

题 7.19 图

7.20 如题 7.20 图所示，材料为铸铁的 "T" 形截面外伸梁，材料的 $[\sigma]^+=50\text{MPa}$，$[\sigma]^-=120\text{MPa}$，截面形心主惯矩 $I_z=400\text{cm}^4$，试根据弯曲正应力强度确定该梁的最大许可载荷 $[q]$。

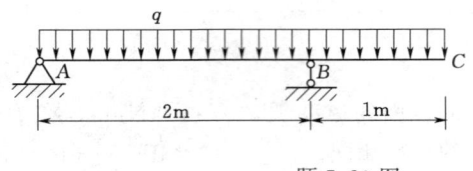 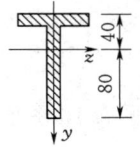

题 7.20 图

7.21 如题 7.21 图所示的 "T" 形截面悬臂梁受外力偶矩 M 作用，梁的截面高度为 h，中性层到梁的上、下表面的距离为 y_1 和 y_2，形心惯性矩 I_z 及弹性模量 E 均为已知。今在梁的上下表面各贴一个电阻应变片，并测得其纵向线应变分别为 $\varepsilon_{\text{上}}$ 和 $\varepsilon_{\text{下}}$，试

题 7.21 图

求外力偶矩 M 的值。

7.22 "T"形截面简支梁如题 7.22 图（a）所示，若 $[\sigma]^- = 3[\sigma]^+$，求题 7.22 图（b）和（c）两种情况下许可载荷之比。

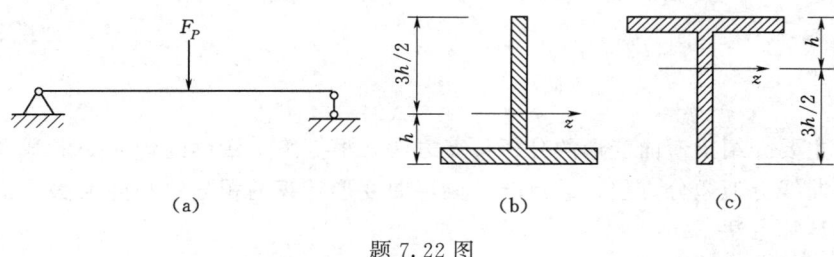

题 7.22 图

7.23 试判断如题 7.23 图所示各截面上的切应力流方向和弯曲中心的大致位置。

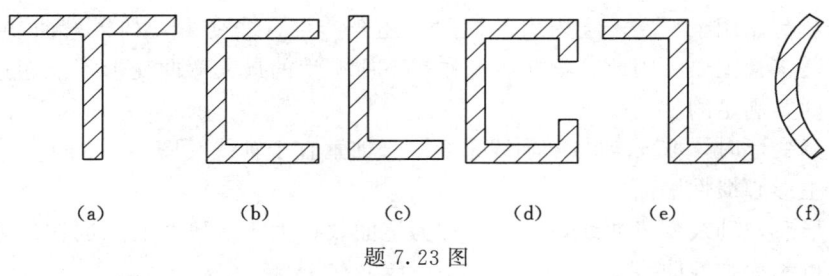

题 7.23 图

7.24 一宽度 b 不变的等强度悬臂梁，受均布载荷作用，如题 7.24 图所示。①证明此等强度梁具有楔形体形式；②此等强度梁所用的材料比等截面（$b \times h$）悬臂梁节省了百分之几。

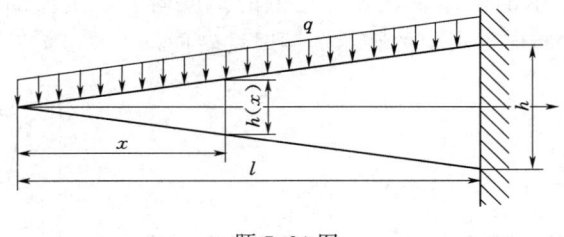

题 7.24 图

第 7 章习题参考答案

第 8 章 思维导图

第 8 章 弯 曲 变 形

本章主要介绍梁弯曲变形的分析计算方法,根据第 7 章梁的弯曲变形基本公式建立梁的挠曲线近似微分方程;重点介绍梁弯曲变形计算的积分法和叠加法,论述梁弯曲刚度的计算方法。

8.1 梁的挠度和转角

梁在载荷作用下,在产生内力的同时,还会产生弯曲变形,如果弯曲变形过大,就不能保证正常工作。因此,梁在载荷作用下所产生的最大弯曲变形不能超过规定的允许值,即要满足刚度的要求。

在计算变形时,取 x 轴与梁轴线重合,y 轴垂直于轴线 [图 8.1(a)],且 xy 平面为梁的主形心惯性平面。

梁变形后,轴线变成曲线,此曲线称为挠曲线,由于所研究的问题在线弹性范围内,所以也称为弹性曲线。

梁的位移用挠度和转角两个基本量度量,轴线上的点 C 为横截面形心。梁横截面形心 C 沿垂直于 x 轴方向的线位移 y,称为该点的挠度。横截面绕中性轴所转动的角度 θ,称为该截面的转角 [图 8.1(a)],微段变形如图 8.1(b) 所示。

在图 8.1(a) 所示的坐标中,规定正值的挠度向上,负值的挠度向下;并规定正值的转角为逆时针转向,负值的转角为顺时针转向。

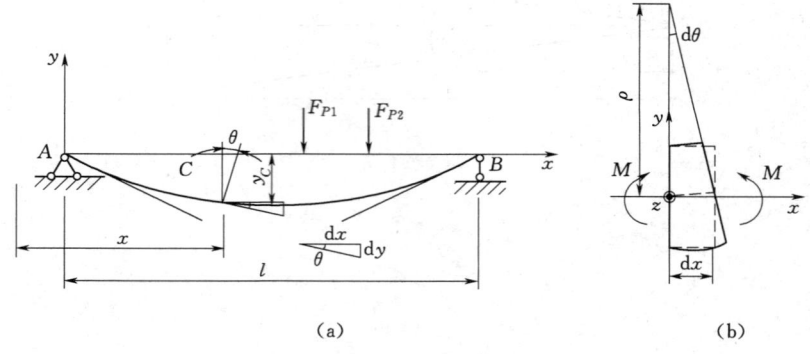

图 8.1 平面弯曲的挠曲变形

工程上常用的梁,其挠度远小于跨度,因此梁变形后轴线是一条平坦的曲线,所以对于轴线上的每一点,都可以略去沿 x 轴方向的线位移。

研究梁的弯曲变形时，必须计算每一个截面上的挠度 y 和转角 θ，它们都是截面位置 x 的函数，现用下式表达挠度函数，即

$$y = f(x) \tag{8.1}$$

式（8.1）称为挠曲线方程，在工程实际中，梁的转角 θ 一般很小，例如不超过 1°或 0.0175rad，于是由图 8.1 与式（8.1）得转角方程的表达式为

$$\theta \approx \tan\theta = \frac{\mathrm{d}y}{\mathrm{d}x} = f'(x) \tag{8.2}$$

以上两式表明，挠曲线方程式（8.1）在任一截面 x 的函数值，即该截面的挠度，而挠曲线上任一点切线的斜率等于该点处横截面的转角，表达式（8.2）可称为转角方程。由式（8.1）、式（8.2）可知，只要求得挠曲线方程，就很容易求得梁的挠度和转角。因此，计算梁的弯曲变形时，关键在于确定挠曲线方程。

8.2 挠曲线近似微分方程

在第 7 章建立纯弯曲正应力计算公式时，曾推导出梁轴线上任一点处曲率与弯矩的关系为 $\dfrac{1}{\rho} = \dfrac{M}{EI}$。在横弯曲中，当梁的跨度远大于横截面高度时，剪力 F_Q 对变形的影响很小，可不予考虑，故上式仍可应用。在此情况下，曲率半径 ρ 和弯矩 M 均为 x 的函数，即

$$\frac{1}{\rho(x)} = \frac{M(x)}{EI} \tag{8.3}$$

式（8.3）表明，挠曲线上任一点的曲率与该处横截面上的弯矩成正比，与抗弯刚度成反比。

由高等数学知识可知，任一平面曲线 $y = f(x)$ 上任意一点的曲率为

$$\frac{1}{\rho(x)} = \pm \frac{y''}{[1+(y')^2]^{\frac{3}{2}}} \tag{8.4}$$

由式（8.3）、式（8.4）可得

$$\pm \frac{y''}{[1+(y')^2]^{\frac{3}{2}}} = \frac{M(x)}{EI} \tag{8.5}$$

前面曾指出，在工程实际中，梁的转角一般很小。因此，$\left(\dfrac{\mathrm{d}y}{\mathrm{d}x}\right)^2$ 的值远小于 1，于是式（8.5）可简化为

$$\pm y'' = \frac{M(x)}{EI} \tag{8.6}$$

式（8.6）等式两边正负号的取舍与坐标系的选取及弯矩的符号有关。由于坐标系 Oxy 已经选定（图 8.2），弯矩的正负号已在第 6 章中作了规定，因此，式（8.6）中的正负号也可确定。

当弯矩 $M(x)$ 为正时，挠曲线应为凹曲线[图 8.2（a）]，在所取的坐标系中，

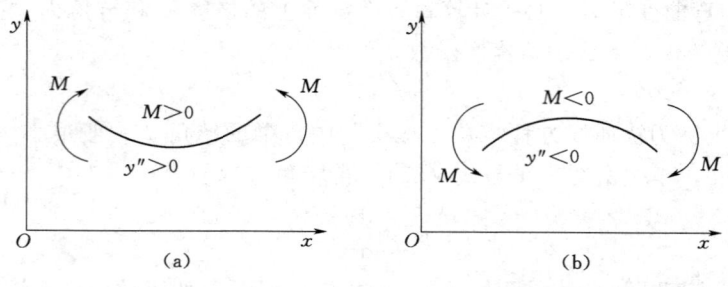

图 8.2 挠曲线、弯矩正负号

凹曲线的二阶导数 y'' 必大于零,即弯矩 $M(x)$ 与 y'' 同号。反之,当弯矩 $M(x)$ 为负值时,挠曲线应为凸曲线[图 8.2(b)],在所取的坐标系中,凸曲线的二阶导数 y'' 必小于零,即弯矩 $M(x)$ 与 y'' 仍然同号。

由上述分析可知,按所规定的 x 轴向右、y 轴向上为正的直角坐标系中,挠曲线上任一点处的二阶导数 y'' 与该处横截面上的弯矩 $M(x)$ 的正负符号相一致,故式(8.6)可表示为

$$y'' = \frac{M(x)}{EI} \tag{8.7}$$

在上述坐标系下,规定挠度 y 向上为正,转角逆时针为正。

式(8.7)称为挠曲线近似微分方程,其近似的原因是略去了剪力 F_Q 的影响以及略去了 $(y')^2$ 项的计算,但对于大多数工程实际问题来说是能够满足其精度要求的。从式(8.7)的推导过程看到,挠曲线近似微分方程式只有在满足胡克定律的条件下且变形很小时才成立。

应当指出的是,坐标系 Oxy 的选取是人为的。如果规定挠度 y 向下为正,转角顺时针为正,在图 8.2 所示的坐标系下,挠曲线近似微分方程为

$$y'' = -\frac{M(x)}{EI}$$

实际上,计算梁的变形时真正关心的是它的挠度和转角的大小及指向和转向,正负并不重要。

8.3 用积分法求弯曲变形

对挠曲线近似微分方程式(8.7)积分,即可得到梁的转角方程和挠曲线方程。对于等截面梁,其抗弯刚度 EI 为一常量,故式(8.7)可改写为

$$EIy'' = M(x) \tag{8.8}$$

对 x 积分一次,得转角方程为

$$EIy' = EI\theta = \int M(x)\mathrm{d}x + C \tag{8.9}$$

再对 x 积分一次,得挠曲线方程

8.3 用积分法求弯曲变形

$$EIy = \int \left[\int M(x)\mathrm{d}x \right] \mathrm{d}x + Cx + D \tag{8.10}$$

式中，积分常数 C、D 可通过梁支座处的位移边界条件求得。例如，在简支梁中，左右两铰支座处的挠度都等于零。在悬臂梁中，固定端处的挠度和转角均等于零。

积分常数确定后，将其代入式（8.9）和式（8.10），就可分别得到转角方程和挠曲线方程，从而可以确定梁上任一横截面的转角和挠度，这种方法称为积分法。从以上分析可知，梁的位移不但与载荷有关，而且也和梁的刚度及支座情况有关。

当作用在梁上的载荷较多或梁的 EI 沿梁轴变化时，各段梁的挠曲线近似微分方程也不一样。这就要在求梁的变形时分段写出不同的挠曲线近似微分方程，每段积分后，都会产生两个积分常数。所以除了利用梁的边界条件来确定部分积分常数外，同时还必须考虑挠曲线近似微分方程分段处挠度和转角的性质。由于梁的挠曲线是一条光滑连续的曲线，所以梁段交界处两侧的挠度和转角在该交界处必须取相同的数值。挠曲线近似微分方程分段处的挠曲线应满足光滑、连续条件，简称连续条件。

图 8.3 所示带有附属梁的连续梁，其边界条件和连续条件分别为：

（1）边界条件。在铰支座 A 处（$x_1=0$），有挠度 $y=0$。在固定端 D 处（$x_3=l$），有挠度 $y=0$，转角 $\theta=0$。

（2）连续条件。在铰接 B 处（$x_1=a_1$、$x_2=a_1$），有挠度 $y_1=y_2$。在集中力 F_P 处（$x_2=a_2$、$x_3=a_2$），有挠度 $y_2=y_3$，转角 $\theta_2=\theta_3$。

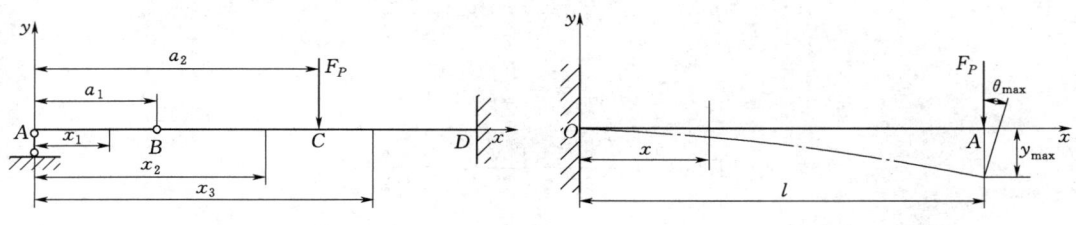

图 8.3 梁的边界和连续条件　　　　图 8.4 ［例题 8.1］图

下面举例说明利用积分法求梁的转角和挠度的方法和步骤。

【例题 8.1】 如图 8.4 所示悬臂梁 OA，在其自由端受一集中载荷 F_P 作用。试求此梁的挠曲线方程和转角方程，并确定其最大挠度 $y_{\max}$ 和最大转角 $\theta_{\max}$，已知 EI 为常数。

解：

（1）建立如图 8.4 所示的坐标系 Oxy。现取 x 处横截面右边一段梁进行研究。

（2）列弯矩方程：

$$M(x) = -F_P(l-x) = -F_Pl + F_Px$$

（3）建立挠曲线近似微分方程，并积分。

由式（8.8）得挠曲线近似微分方程：

$$EIy'' = F_P x - F_P l$$

积分一次，得

$$EIy' = \frac{F_P x^2}{2} - F_P l x + C \tag{a}$$

再积分一次，得

$$EIy = \frac{F_P x^3}{6} - \frac{F_P l x^2}{2} + Cx + D \tag{b}$$

（4）确定积分常数，列出转角方程和挠曲线方程。

在悬臂梁中，其边界条件是固定端处的挠度和转角都等于零，即

在 $x=0$ 处，$y=0$，由式（b）得 $D=0$。

在 $x=0$ 处，$\theta=0$，由式（a）得 $C=0$。

于是梁的挠度和转角方程为

$$EI\theta = \frac{F_P x^2}{2} - F_P l x \tag{c}$$

$$EIy = \frac{F_P x^3}{6} - \frac{F_P l}{2} x^2 \tag{d}$$

（5）求最大挠度和转角。根据梁的受力情况及边界条件，画出梁的挠曲线（图 8.4）。从图中可知，此梁的最大挠度和最大转角均在自由端 $x=l$ 处，将 $x=l$ 代入式（c）、式（d），得 A 点的 $y_{\max}$ 和 $\theta_{\max}$。

$$EI\theta_{\max} = \frac{F_P l^2}{2} - F_P l^2 = -\frac{F_P l^2}{2}$$

$$\theta_{\max} = -\frac{F_P l^2}{2EI}$$

$$EI y_{\max} = \frac{F_P l^3}{6} - \frac{F_P l^3}{2} = -\frac{F_P l^3}{3}$$

$$y_{\max} = -\frac{F_P l^3}{3EI}$$

【例题 8.2】 如图 8.5 所示一简支梁，在均布载荷 q 作用下，试求梁的最大挠度和转角，已知 EI 为常数。

解：

（1）列弯矩方程。由平衡条件求得简支梁 A、B 支座处的约束反力：

$$F_{Ay} = F_{By} = \frac{ql}{2}$$

距左端 A 点为 x 的任一横截面的弯矩 $M(x)$ 为

$$M(x) = \frac{1}{2}qlx - \frac{1}{2}qx^2$$

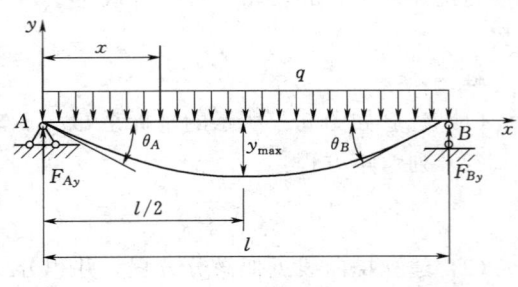

图 8.5 ［例题 8.2］图

(2) 建立挠曲线近似微分方程并积分。由式（8.8）得挠曲线近似微分方程：

$$EIy'' = \frac{1}{2}qlx - \frac{1}{2}qx^2$$

积分一次，得

$$EIy' = \frac{1}{4}qlx^2 - \frac{1}{6}qx^3 + C \qquad (a)$$

再积分一次，得

$$EIy = \frac{1}{12}qlx^3 - \frac{1}{24}qx^4 + Cx + D \qquad (b)$$

(3) 确定积分常数，列出转角方程和挠曲线方程。

即在 $x=0$ 处，$y=0$，由式（b）得 $D=0$。

在 $x=l$ 处，$y=0$，由式（b）得 $C=-\dfrac{1}{24}ql^3$。

于是得到梁的挠度和转角方程为

$$EI\theta = \frac{1}{4}qlx^2 - \frac{1}{6}qx^3 - \frac{1}{24}ql^3 \qquad (c)$$

$$EIy = \frac{1}{12}qlx^3 - \frac{1}{24}qx^4 - \frac{1}{24}ql^3 x \qquad (d)$$

(4) 求最大挠度和转角。由于对称梁的最大挠度发生在跨中，将 $x=\dfrac{l}{2}$ 代入式 (d)，得

$$EIy = \frac{ql}{12}\left(\frac{l}{2}\right)^3 - \frac{1}{24}q\left(\frac{l}{2}\right)^4 - \frac{ql^3}{24}\frac{l}{2} = -\frac{5ql^4}{384}$$

$$y_{\max} = -\frac{5ql^4}{384EI}$$

最大转角发生在梁的两端，将 $x=0$ 及 $x=l$ 分别代入式（c），得

$x=0$：

$$EI\theta_A = -\frac{1}{24}ql^3$$

$$\theta_A = -\frac{ql^3}{24EI}$$

$x=l$：

$$EI\theta_B = \frac{1}{24}ql^3$$

$$\theta_B = \frac{ql^3}{24EI}$$

【例题 8.3】 如图 8.6 所示一简支梁，在集中力 F_P 作用下，求梁的最大挠度和两端转角，已知 EI 为常数。

解：

(1) 列弯矩方程。由平衡条件求得简支梁 A、B 支座处的约束反力：

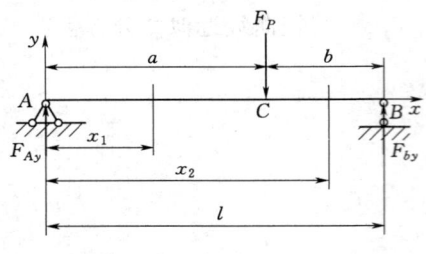

图 8.6 [例题 8.3] 图

$$F_{Ay}=\frac{F_P b}{l}, \quad F_{By}=\frac{F_P a}{l}$$

弯矩方程为

AC 段：

$$M_1(x)=\frac{F_P b}{l}x_1 \quad (0 \leqslant x_1 \leqslant a)$$

CB 段：

$$M_2(x)=\frac{F_P b}{l}x_2 - F_P(x_2-a) \quad (a \leqslant x_2 \leqslant l)$$

（2）建立挠曲线近似微分方程，并积分。

AC 段：

$$EIy_1''=\frac{F_P b}{l}x_1 \tag{a_1}$$

$$EIy_1'=\frac{F_P b x_1^2}{l \cdot 2}+C_1 \tag{b_1}$$

$$EIy_1=\frac{F_P b x_1^3}{l \cdot 6}+C_1 x_1+D_1 \tag{c_1}$$

CB 段：

$$EIy_2''=\frac{F_P b}{l}x_2-F(x_2-a) \tag{a_2}$$

$$EIy_2'=\frac{F_P b x_2^2}{l \cdot 2}-\frac{F_P}{2}(x_2-a)^2+C_2 \tag{b_2}$$

$$EIy_2=\frac{F_P b x_2^3}{l \cdot 6}-\frac{F_P}{6}(x_2-a)^3+C_2 x_2+D_2 \tag{c_2}$$

（3）确定积分常数，列出转角方程及挠曲线方程。4 个积分常数 C_1、C_2、D_1、D_2 可由边界条件和连续条件确定。

连续条件：在 $x_1=x_2=a$ 处，$y_1'=y_2'$，$y_1=y_2$，将上述条件分别代入式（b_1）、式（b_2）和式（c_1）、式（c_2）可得 $C_1=C_2$，$D_1=D_2$。

边界条件：当 $x_1=0$ 时，$y_1=0$，代入式（c_1）得 $EIy_1=D_1=0$，所以 $D_1=D_2=0$。
当 $x_2=l$ 时，$y_2=0$，代入式（c_2）。

$$0=\frac{F_P b l^3}{l \cdot 6}-\frac{F_P}{6}(l-a)^3+C_2 l$$

得

$$C_2=-\frac{F_P b}{6l}(l^2-b^2)$$

所以

$$C_1=C_2=-\frac{F_P b}{6l}(l^2-b^2)=-\frac{F_P ab}{6l}(l+b)$$

把求得的积分常数代入式（b_1）、式（c_1）、式（b_2）、式（c_2）中，得转角方程：

$$EI\theta_1 = \frac{F_P b x_1^2}{l\cdot 2} - \frac{F_P b}{6l}(l^2-b^2) \tag{d_1}$$

$$EI\theta_2 = \frac{F_P b x_2^2}{l\cdot 2} - \frac{F_P}{2}(x_2-a)^2 - \frac{F_P b}{6l}(l^2-b^2) \tag{d_2}$$

得挠曲线方程：

$$EI y_1 = \frac{F_P b x_1^3}{l\cdot 6} - \frac{F_P b x_1}{6l}(l^2-b^2) \tag{e_1}$$

$$EI y_2 = \frac{F_P b x_2^3}{l\cdot 6} - \frac{F_P}{6}(x_2-a)^3 - \frac{F_P b x_2}{6l}(l^2-b^2) \tag{e_2}$$

把 $x_1=0$ 值代入式（d_1），得 A 截面的转角为

$$\theta_A = -\frac{F_P ab}{6EI l}(l+b)$$

把 $x_2=l$ 值代入式（d_2），得 B 截面的转角为

$$\theta_B = \frac{F_P ab}{6EI l}(l+a)$$

（4）求梁的最大挠度和转角。设 $a>b$，则最大挠度将发生在 AC 段，最大挠度所在截面的转角应为零。

令

$$\frac{dy_1}{dx_1} = \theta_1 = 0$$

则

$$EI\theta_1 = \frac{F_P b x_1^2}{l\cdot 2} - \frac{F_P b}{6l}(l^2-b^2) = 0$$

得

$$x_1 = \sqrt{\frac{l^2-b^2}{3}} \tag{f}$$

把 x_1 值代入式（e_1），得

$$y_{\max} = -\frac{F_P b\sqrt{(l^2-b^2)^3}}{9\sqrt{3}\,EI l}$$

由上式可以看出，最大挠度的截面将随集中力 F_P 的位置改变而改变。如果集中力 F_P 作用在梁的跨中，即最大挠度所在位置为

$$x_1 = x = 0.5l \tag{g}$$

如果将力 F_P 向右移动，而使 $b \to 0$，则式（f）为

$$x_1 = \frac{l}{\sqrt{3}} = 0.577l \tag{h}$$

比较式（g）、式（h）可见，两种极限情况下发生的最大挠度的截面位置相差不大，由于简支梁的挠曲线是光滑曲线，所以可用梁跨中的挠度近似地表示简支梁在任意位置受集中力作用时所产生的最大挠度。当 $x=\dfrac{l}{2}$ 时，最大挠度为

$$|y|_{\max}=\frac{F_P l^3}{48EI}$$

最大转角为

$$|\theta|_{\max}=\frac{F_P l^2}{16EI}$$

从上面的例题可以看到,在对各梁段写弯矩方程时,都是从坐标原点开始,这样,后一段梁的弯矩方程中总是包括了前一段梁的方程,只增加了包含 $x-a$ 项。在对 $x-a$ 项积分时,注意不要把 x 作为自变量,而是把 $x-a$ 作为自变量。此时,计算挠曲线在 $x=a$ 处的两个连续条件时,就能使得两段梁上相应的积分常数相等,从而简化了确定积分常数的工作。

8.4 用叠加法求弯曲变形

在弯曲变形很小,梁又在线弹性范围内工作的情况下,所得梁的挠度和转角都是载荷的线性函数。在这种情况下,梁上某一载荷所引起的变形将不受其他载荷的影响,可以先分别计算每一载荷所引起的转角和挠度,然后再代数相加,从而得到这些载荷共同作用下梁的位移。这就是在前几章所应用过的叠加原理。

表 8.1 给出了简单载荷作用下的几种常用的挠曲线方程、最大挠度及端截面的转角。下面通过例题说明如何利用表 8.1 叠加计算梁的变形。

表 8.1   简单载荷作用下梁的变形表

梁的类型及载荷	挠曲线方程	转角及挠度
悬臂梁端部集中力 F_P	$y=-\dfrac{F_P x^2}{6EI}(3l-x)$	$\theta_B=-\dfrac{F_P l^2}{2EI}$ $y_B=-\dfrac{F_P l^3}{3EI}$
悬臂梁中部集中力 F_P (距固定端 a)	$y=-\dfrac{F_P x^2}{6EI}(3a-x) \quad (0\leqslant x\leqslant a)$ $y=-\dfrac{F_P a^2}{6EI}(3x-a) \quad (a\leqslant x\leqslant l)$	$\theta_B=-\dfrac{F_P a^2}{2EI}$ $y_B=-\dfrac{F_P a^2}{6EI}(3l-a)$
悬臂梁均布载荷 q	$y=-\dfrac{qx^2}{24EI}(x^2+6l^2-4lx)$	$\theta_B=-\dfrac{ql^3}{6EI}$ $y_B=-\dfrac{ql^4}{8EI}$
悬臂梁三角形分布载荷 q	$y=-\dfrac{qx^2}{120lEI}\times$ $(10l^3-10l^2 x+5lx^2-x^3)$	$\theta_B=-\dfrac{ql^3}{24EI}$ $y_B=-\dfrac{ql^4}{30EI}$

8.4 用叠加法求弯曲变形

续表

梁的类型及载荷	挠曲线方程	转角及挠度
(悬臂梁，自由端受力偶 M)	$y = -\dfrac{Mx^2}{2EI}$	$\theta_B = -\dfrac{Ml}{EI}$ $y_B = -\dfrac{Ml^2}{2EI}$
(简支梁，均布载荷 q)	$y = -\dfrac{qx}{24EI}(l^3 - 2lx^2 + x^3)$	$\theta_A = -\theta_B = -\dfrac{ql^3}{24EI}$ $y_{\max} = -\dfrac{5ql^4}{384EI}$
(简支梁，跨中集中力 F_P)	$y = -\dfrac{F_P x}{48EI}(3l^2 - 4x^2)$ $\left(0 \leqslant x \leqslant \dfrac{l}{2}\right)$	$\theta_A = -\theta_B = -\dfrac{F_P l^2}{16EI}$ $y_C = -\dfrac{F_P l^3}{48EI}$
(简支梁，集中力 F_P 作用在距左端 a 处)	$y = -\dfrac{F_P bx}{6lEI}(l^2 - x^2 - b^2)$ $(0 \leqslant x \leqslant a)$ $y = -\dfrac{F_P b}{6lEI}\left[(l^2 - b^2)x - x^3 + \dfrac{l}{b}(x-a)^3\right]$ $(a \leqslant x \leqslant l)$	$\theta_A = -\dfrac{F_P ab(l+b)}{6lEI}$ $\theta_B = \dfrac{F_P ab(l+a)}{6lEI}$ 若 $a>b$ 在 $x = \sqrt{\dfrac{l^2-b^2}{3}}$ 处， $y_{\max} = -\dfrac{\sqrt{3} F_P b}{27lEI}(l^2 - b^2)^{\frac{3}{2}}$
(简支梁，左端受力偶 M)	$y = -\dfrac{Mx}{6lEI}(l-x)(2l-x)$	$\theta_A = -\dfrac{Ml}{3EI}$　$\theta_B = \dfrac{Ml}{6EI}$ 在 $x = \left(1 - \dfrac{\sqrt{3}}{3}\right)l$ 处， $y_{\max} = -\dfrac{\sqrt{3}Ml^2}{27EI}$ 在 $x = \dfrac{l}{2}$ 处，$y_{\frac{l}{2}} = -\dfrac{Ml^2}{16EI}$
(简支梁，右端受力偶 M)	$y = -\dfrac{Mlx}{6EI}\left(1 - \dfrac{x^2}{l^2}\right)$	$\theta_A = -\dfrac{Ml}{6EI}$　$\theta_B = \dfrac{Ml}{3EI}$ 在 $x = \dfrac{\sqrt{3}}{3}l$ 处， $y_{\max} = -\dfrac{\sqrt{3}Ml^2}{27EI}$ 在 $x = \dfrac{l}{2}$ 处，$y_{\frac{l}{2}} = -\dfrac{Ml^2}{16EI}$

【例题 8.4】 如图 8.7（a）所示简支梁，在集中力 F_P 及均布载荷 q 作用下，用叠加法求梁中点挠度 y_C 和支座处的转角 θ_A 和 θ_B，已知 EI 为常数。

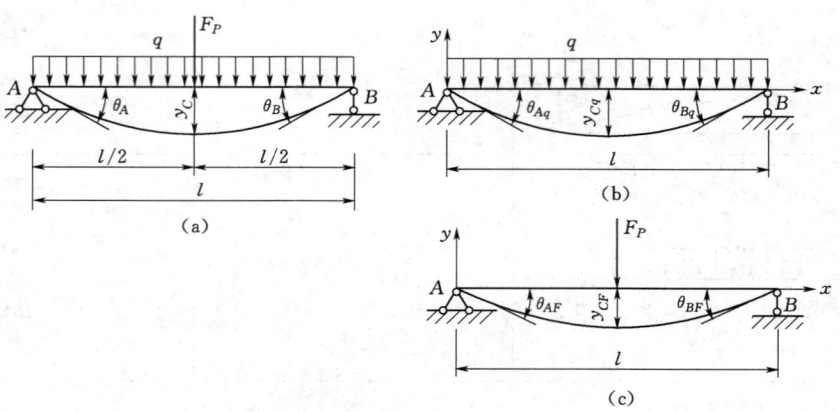

图 8.7　［例题 8.4］图

解：

把梁所受载荷分解为只受均布载荷 q 及只受集中力 F_P 的两种情况［图 8.7（b）和（c）］，应用表 8.1 分别查出相应的位移值，然后叠加，即

$$y_C = y_{Cq} + y_{CF} = -\frac{5ql^4}{384EI} - \frac{F_P l^3}{48EI}$$

$$\theta_A = \theta_{Aq} + \theta_{AF} = -\frac{ql^3}{24EI} - \frac{F_P l^2}{16EI}$$

$$\theta_B = \theta_{Bq} + \theta_{BF} = \frac{ql^3}{24EI} + \frac{F_P l^2}{16EI}$$

【例题 8.5】 如图 8.8（a）所示悬臂梁，沿自由端 $\dfrac{l}{2}$ 梁长受均布载荷 q 作用，试用叠加法求梁自由端 B 点的挠度和转角，已知 EI 为常数。

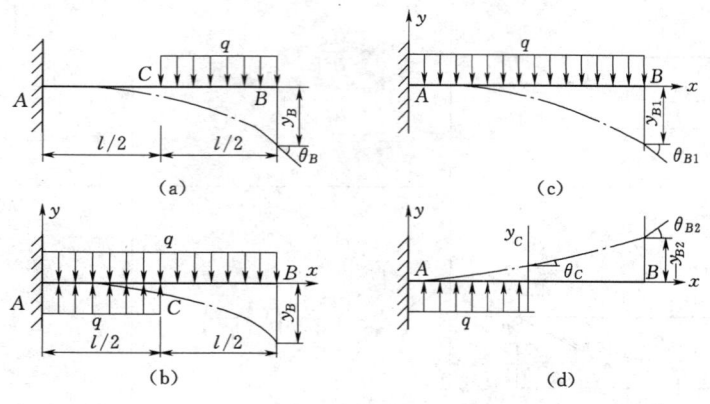

图 8.8　［例题 8.5］图

解：

为了能直接利用表 8.1 查出相应的挠度和转角，可将梁上的均布载荷延伸至 A 点。并在 AC 段上再加载荷集度相同而方向相反的均布载荷 q。这样图 8.8（b）所受的载荷与原结构相符。再将图 8.8（b）分解成图 8.8（c）和（d），表示成简单载荷作用下的梁。应用叠加原理得

$$y_B = y_{B1} + y_{B2}$$

$$y_{B1} = -\frac{ql^4}{8EI}$$

$$y_{B2} = y_C + \theta_C \frac{l}{2}$$

$$y_C = \frac{q\left(\dfrac{l}{2}\right)^4}{8EI} = \frac{ql^4}{128EI}$$

$$\theta_C = \frac{q\left(\dfrac{l}{2}\right)^3}{6EI} = \frac{ql^3}{48EI}$$

$$y_{B2} = \frac{ql^4}{128EI} + \frac{ql^3}{48EI} \cdot \frac{l}{2} = \frac{7ql^4}{384EI}$$

得

$$y_B = -\frac{ql^4}{8EI} + \frac{7ql^4}{384EI} = -\frac{41ql^4}{384EI}$$

$$\theta_B = \theta_{B1} + \theta_{B2}$$

$$\theta_{B1} = -\frac{ql^3}{6EI}$$

$$\theta_{B2} = \theta_C = \frac{q\left(\dfrac{l}{2}\right)^3}{6EI} = \frac{ql^3}{48EI}$$

得

$$\theta_B = -\frac{ql^3}{6EI} + \frac{ql^3}{48EI} = -\frac{7ql^3}{48EI}$$

对于非简、非悬臂的复杂梁，其变形不能直接查表 8.1，进而无法利用分离变形体的叠加实现其变形的叠加。此时，需将梁分解成若干个以一定方式连接的几种受基本载荷作用的简单梁，而后查表 8.1，利用变形累积的原理进行叠加。下面以例题说明这种方法的运用。

【例题 8.6】 试用叠加法求图 8.9（a）所示外伸梁 C、D 点的挠度及 A、B、D 点的转角。

解：

分别画出集中力 qa 及均布载荷 q 作用下的受力图 8.9（b）和（c）。集中力 qa 作用下的挠度及转角值可查表 8.1，得

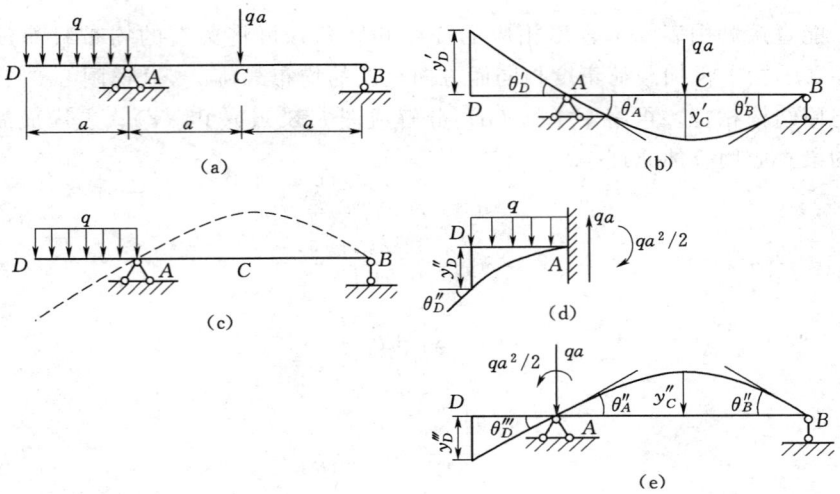

图 8.9 [例题 8.6] 图

$$y'_C = -\frac{qa(2a)^3}{48EI} = -\frac{qa^4}{6EI}$$

$$y'_D = \theta'_A a = \frac{qa(2a)^2}{16EI}a = \frac{qa^4}{4EI}$$

$$\theta'_A = -\frac{qa^3}{4EI}, \quad \theta'_B = \frac{qa^3}{4EI}, \quad \theta'_D = \theta'_A = -\frac{qa^3}{4EI}$$

均布载荷 q 作用下的外伸梁 [图 8.9 (c)] 不能直接查表 8.1。为此，假想在悬臂段 A 截面处进行刚化，使 A 截面既不能转动，也不能移动（相当于 A 截面为一固定端）。其转动力偶及移动力即为 AD 梁上固定端 A 点的约束反力偶 $\frac{qa^2}{2}$ 及约束力 qa [图 8.9 (d)]。为了与实际情况相符，又必须将刚化产生的转动力偶与移动力去掉，即放松。所放松的转动力偶与移动力必与所加的转动力偶与移动力大小相等、方向相反 [图 8.9 (e)]。这样将图 8.9 (b)、(d) 和 (e) 3 种情况叠加，即与原结构相符。

$$y''_D = -\frac{qa^4}{8EI}$$

$$\theta''_D = \frac{qa^3}{6EI}$$

$$y'''_D = -\theta''_A a = -\frac{Ml}{3EI}a = -\frac{\frac{qa^2}{2}2a}{3EI}a = -\frac{qa^4}{3EI}$$

$$y''_C = \frac{Ml^2}{16EI} = \frac{\frac{qa^2}{2}(2a)^2}{16EI} = \frac{qa^4}{8EI}$$

$$\theta''_A = \frac{Ml}{3EI} = \frac{\frac{qa^2}{2}2a}{3EI} = \frac{qa^3}{3EI}$$

8.4 用叠加法求弯曲变形

$$\theta''_B = -\frac{Ml}{6EI} = -\frac{\left(\frac{qa^2}{2}\right)(2a)}{6EI} = -\frac{qa^3}{6EI}$$

$$\theta'''_D = \theta''_A = \frac{qa^3}{3EI}$$

将图 8.9 (b)、(d) 和 (e) 的挠度与转角叠加为

$$y_D = y'_D + y''_D + y'''_D = \frac{qa^4}{4EI} - \frac{qa^4}{8EI} - \frac{qa^4}{3EI} = -\frac{5qa^4}{24EI}$$

$$y_C = y'_C + y''_C = -\frac{qa^4}{6EI} + \frac{qa^4}{8EI} = -\frac{qa^4}{24EI}$$

$$\theta_A = \theta'_A + \theta''_A = -\frac{qa^3}{4EI} + \frac{qa^3}{3EI} = \frac{qa^3}{12EI}$$

$$\theta_B = \theta'_B + \theta''_B = \frac{qa^3}{4EI} - \frac{qa^3}{6EI} = \frac{qa^3}{12EI}$$

$$\theta_D = \theta'_D + \theta''_D + \theta'''_D = -\frac{qa^3}{4EI} + \frac{qa^3}{6EI} + \frac{qa^3}{3EI} = \frac{qa^3}{4EI}$$

【例题 8.7】 如图 8.10 (a) 所示一变截面悬臂梁, 其惯性矩分别为 I 和 $2I$, 在 C 端受集中力 F_P 作用, 试求截面 C 的挠度。

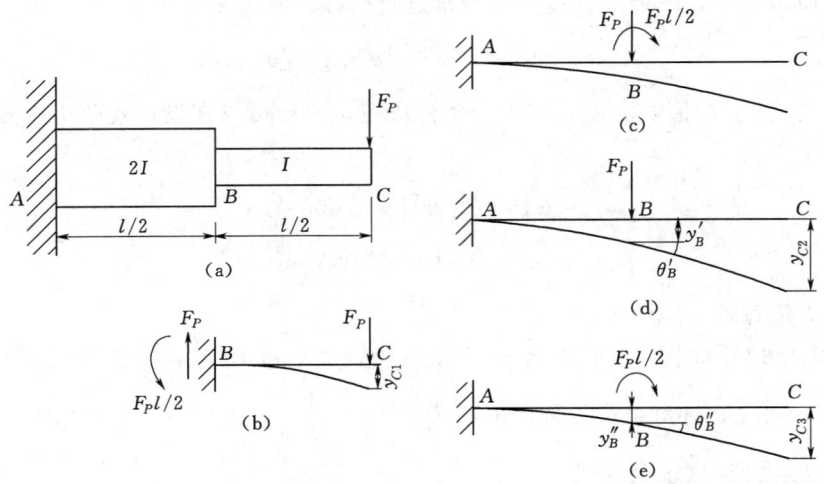

图 8.10 [例题 8.7] 图

解：

因 AB 段与 BC 段抗弯刚度不同, 不能直接查表, 因而还要和上例一样, 在 B 点进行刚化、放松。如图 8.10 (b) 和 (c) 所示, 而图 8.10 (c) 又可分解成图 8.10 (d) 和 (e), 将图 8.10 (b)、(d) 和 (e) 进行叠加, 即可求出原梁的变形。

$$y_{C1} = -\frac{F_P\left(\frac{l}{2}\right)^3}{3EI} = -\frac{F_P l^3}{24EI}$$

$$y_{C2}=y'_B+\theta'_B\frac{l}{2}=-\left(\frac{F_P\left(\frac{l}{2}\right)^3}{3E(2I)}+\frac{F_P\left(\frac{l}{2}\right)^2}{2E(2I)}\frac{l}{2}\right)=-\frac{5F_Pl^3}{96EI}$$

$$y_{C3}=y''_B+\theta''_B\frac{l}{2}=-\left(\frac{\frac{F_Pl}{2}\left(\frac{l}{2}\right)^2}{2E(2I)}+\frac{\frac{F_Pl}{2}\frac{l}{2}}{E(2I)}\frac{l}{2}\right)=-\frac{3F_Pl^3}{32EI}$$

$$y=y_{C1}+y_{C2}+y_{C3}=-\left(\frac{F_Pl^3}{24EI}+\frac{5F_Pl^3}{96EI}+\frac{3F_Pl^3}{32EI}\right)=-\frac{3F_Pl^3}{16EI}$$

8.5 梁的刚度校核

求出最大挠度及转角数值之后，就可以进行刚度校核，在建筑工程中，通常只校核挠度，即

$$\frac{y_{\max}}{l}\leqslant\left[\frac{y}{l}\right]$$

式中：$\left[\dfrac{y}{l}\right]$ 的值通常限制在 $\dfrac{1}{1000}\sim\dfrac{1}{200}$ 范围内。

在机械工程中，一般对挠度和转角都进行校核，刚度条件为

$$|y|_{\max}\leqslant[y], \quad |\theta|_{\max}\leqslant[\theta]$$

$[y]$ 及 $[\theta]$ 的值，均由具体工作条件决定，一般可以在设计规范中查到。例如，普通机床主轴为

$$[y]=(0.0001\sim0.0005)l$$

$$[\theta]=0.001\sim0.005\text{rad}$$

其中 l 是两轴承间的跨度。

【例题 8.8】 如图 8.11 所示矩形截面悬臂梁，受均布载荷作用。若已知 $q=10\text{kN/m}$，$l=3\text{m}$，许可单位长度内的挠度 $\left[\dfrac{y}{l}\right]=\dfrac{1}{250}$，已知 $[\sigma]=120\text{MPa}$，$E=2\times10^5\text{MPa}$，$h=2b$，试求截面尺寸 b、h。

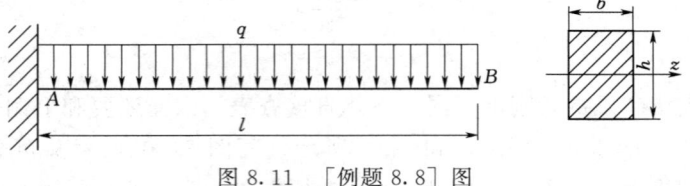

图 8.11 [例题 8.8] 图

解：

通常先按强度条件设计截面，然后按刚度条件校核，也可以同时按强度条件和刚度条件设计截面尺寸，最后选两者中较大尺寸。

(1) 根据强度条件：

$$\sigma_{\max} = \frac{M_{\max}}{W_z} \leqslant [\sigma] \tag{a}$$

$$M_{\max} = \frac{1}{2}ql^2 = \frac{1}{2} \times 10 \times 3^2 = 45(\text{kN} \cdot \text{m}) \tag{b}$$

$$W_z = \frac{bh^2}{6} = \frac{b(2b)^2}{6} = \frac{2b^3}{3} \tag{c}$$

将式 (b)、式 (c) 代入式 (a)，得

$$b \geqslant \sqrt[3]{\frac{3M_{\max}}{2\sigma_{\max}}} = \sqrt[3]{\frac{3 \times 45 \times 10^6}{2 \times 120}} = 82.5(\text{mm})$$

$$h = 2b \geqslant 2 \times 82.5 = 165(\text{mm})$$

(2) 根据刚度条件：

$$y_{\max} = \frac{ql^4}{8EI_z}, \quad \frac{y_{\max}}{l} = \frac{ql^3}{8EI_z} \tag{d}$$

$$I_z = \frac{bh^3}{12} = \frac{b(2b)^3}{12} = \frac{2b^4}{3} \tag{e}$$

将式 (e) 代入式 (d)，得

$$\frac{3ql^3}{16Eb^4} \leqslant \left[\frac{y}{l}\right]$$

则

$$b \geqslant \sqrt[4]{\frac{3ql^3}{16E\left[\frac{y}{l}\right]}} = \sqrt[4]{\frac{3 \times 10 \times (3 \times 10^3)^3}{16 \times 2 \times 10^5 \times \frac{1}{250}}} = 89.2(\text{mm})$$

$$h = 2b \geqslant 2 \times 89.2 = 178.4(\text{mm})$$

综合上述计算结果，按刚度计算所得的截面尺寸较大，即取 $b = 90\text{mm}$，$h = 180\text{mm}$。

8.6 提高弯曲刚度的主要措施

梁的挠度和转角与载荷的大小、跨度、支座情况、截面形状与尺寸以及材料有关，因此要提高弯曲刚度，必须从以下几个方面考虑。

8.6.1 提高梁的抗弯刚度

抗弯刚度 EI 包括弹性模量和截面惯性矩两个因素，由于碳钢和合金钢的弹性模量 E 很接近，所以采用高强度优质钢代替普通钢的意义不大，故应当选择合理截面形状以加大惯性矩，即使截面尽可能地分布在离中性轴较远处。例如，采用薄壁 "工"字形和箱形以及空心轴等截面形状较为合理。如图 7.20 所示的截面形状等。

8.6.2 尽量减小梁的跨度

因为梁的挠度和转角与梁跨度的几次幂成正比，因此，如能设法减小梁的跨度，将能显著地减小其挠度和转角值。

8.6.3 增加支座

增加支座，可以大大提高梁的刚度。例如，简支梁中间加支座、悬臂梁在自由端加支座等。当然，增加支座后，静定梁将变成超静定梁。

8.6.4 改善受力情况

即尽量使弯矩值减小。例如，悬臂梁在自由端受集中力 F_P 作用，是否有可能将集中力 F_P 变成均布荷载 q，这样，自由端的位移将明显减小。简支梁上的集中力是否可以分散成为几个力或分布载荷，这样也会减小梁的挠度。

小 结

本章的主要内容如下：

(1) 梁的挠曲线近似微分方程及其积分。梁的挠曲线近似微分方程为

$$y'' = \frac{M(x)}{EI}$$

建立这一方程应用了梁的小变形的假设，所以这一方程只适用于小挠度情况。对这一方程积分，并利用梁的边界条件和连续条件确定积分常数，就可以得到梁的挠曲线方程和转角方程。

在小变形和材料线弹性的约定条件下，在求解梁的位移时可以利用叠加原理。当梁受到几项载荷作用时，可以先分别计算各项载荷单独作用下梁的位移，然后求它们的代数和，就得到了这几项载荷共同作用下的位移。

(2) 梁的刚度条件为

$$\frac{y_{\max}}{l} \leqslant \left[\frac{y}{l}\right]$$
$$\theta_{\max} \leqslant [\theta]$$

利用上述条件可以对梁进行刚度校核、截面设计和许可载荷的计算。

第 8 章基础知识测试

习 题

8.1 如题 8.1 图所示，根据载荷及支座情况，试画出以下各梁的挠曲线大致形状。

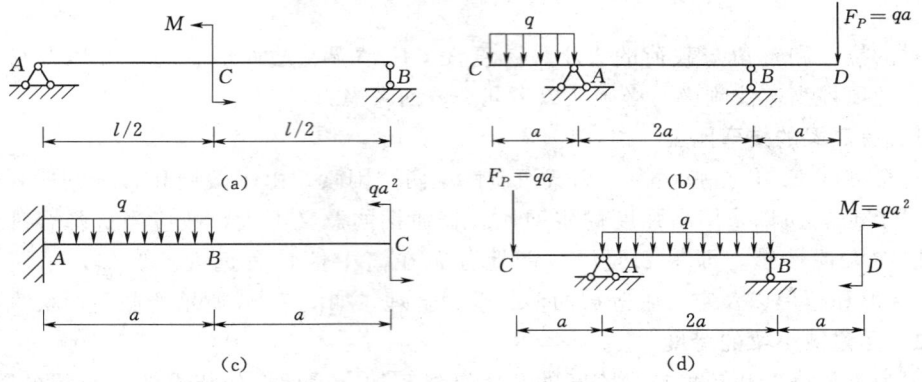

题 8.1 图

8.2 试写出如题 8.2 图所示各梁的边界条件及连续条件，其中题 8.2 图(c) 中 BC 杆的抗拉刚度为 EA，题 8.2 图（d）的弹性支座 B 处的弹簧刚度为 $k(kN/m)$。梁的抗弯刚度 EI 均为常数。

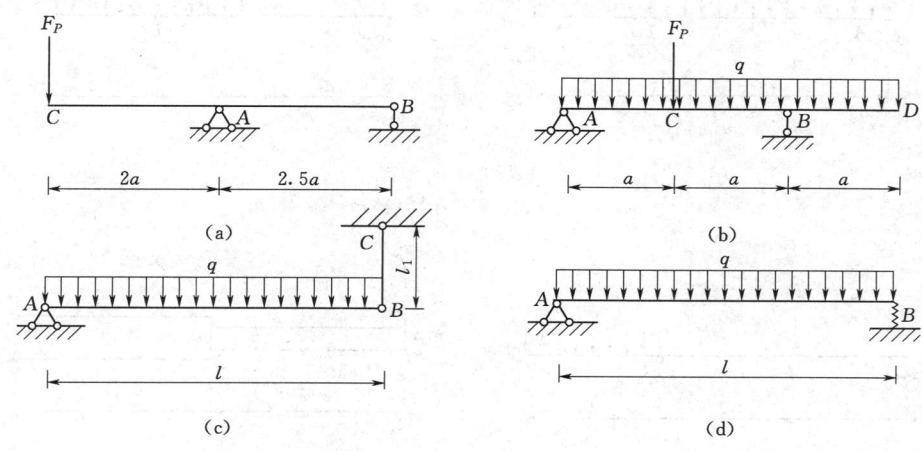

题 8.2 图

8.3 如题 8.3 图所示简支梁受三角形载荷作用，已知 B 截面最大分布载荷 q，试用积分法求 θ_A、θ_B、y_{max}，已知 EI 为常数。

8.4 试用积分法求如题 8.4 图所示外伸梁 AC 的 θ_A、y_C、y_D，已知 EI 为常数。

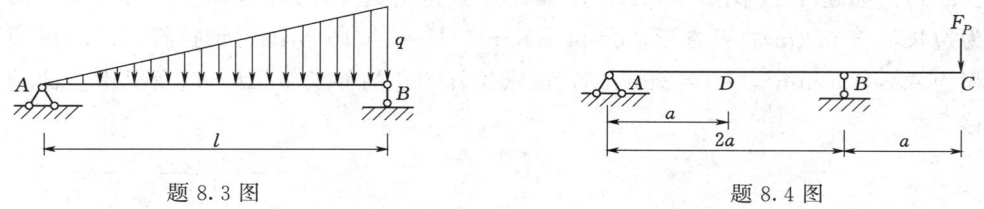

题 8.3 图　　　　　　　　　　题 8.4 图

8.5 试用积分法求如题 8.5 图所示外伸梁的 θ_B、y_C，已知 EI 为常数。

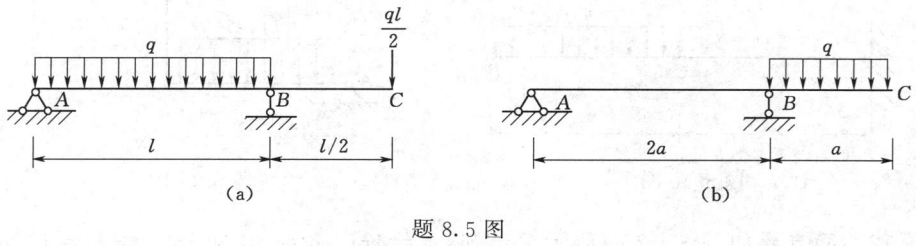

题 8.5 图

8.6 用叠加法求题 8.1 图（b）和（d）所示梁的 y_C、y_D、θ_A、θ_B。

8.7 用叠加法求如题 8.7 图所示外伸梁的 y_C、θ_B，已知 EI 为常数。

8.8 若如题 8.8 图所示梁 D 截面的挠度为零，试求 F_P 与 q 间的关系，已知 EI 为常数。

8.9 如题 8.9 图所示，变截面悬臂梁 AB，试求该梁 A 点处的挠度，已知 EI 为常数。

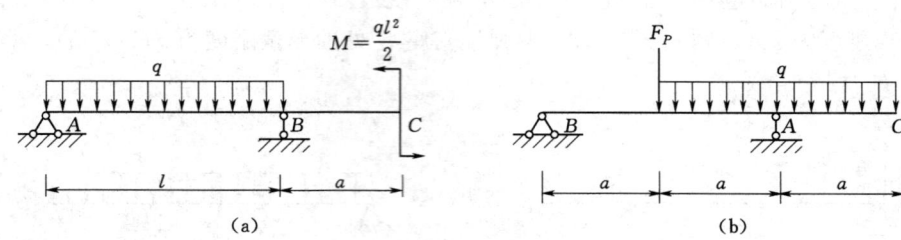

题 8.7 图

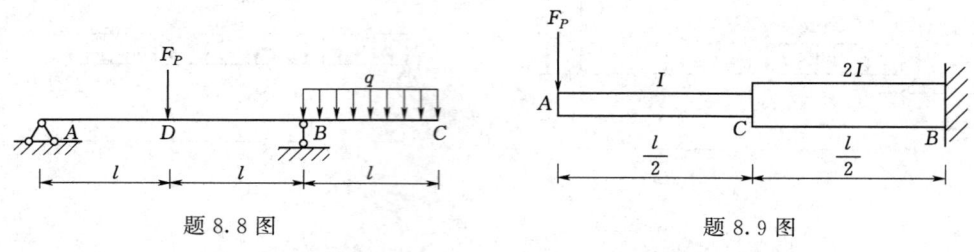

题 8.8 图 题 8.9 图

8.10 悬臂梁承受载荷如题 8.10 图所示，已知：$q=15\text{kN/m}$，$a=1\text{m}$，$E=200\text{GPa}$，$[y]=\dfrac{l}{500}$（其中 $l=2a$），试选择工字钢型号。

8.11 如题 8.11 图所示，AB 木梁在 B 点是由钢拉杆 BC 支承，已知：梁的横截面为边长等于 0.2m 的正方形，$q=40\text{kN/m}$，$E=1\times10^4\text{MPa}$，钢拉杆 BC 的横截面面积为 $A_2=250\text{mm}^2$，$E_2=210\text{GPa}$，试求拉杆 BC 的伸长量 Δl，以及梁中点的垂直位移。

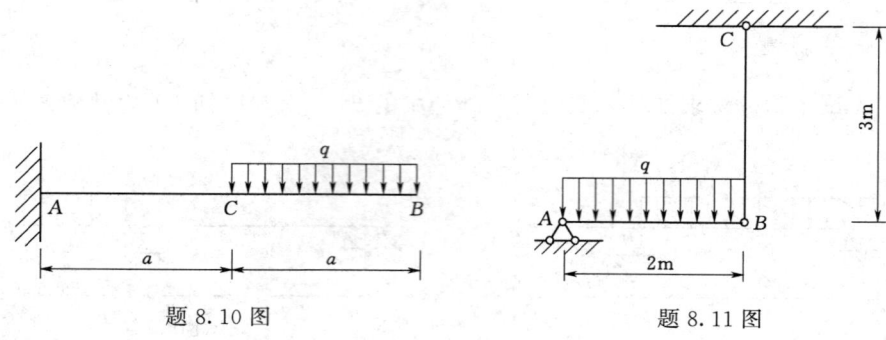

题 8.10 图 题 8.11 图

8.12 简支梁如题 8.12 图所示，已知：$l=4\text{m}$，$q=10\text{kN/m}$，$[\sigma]=100\text{MPa}$，若许用挠度 $[y]=\dfrac{l}{1000}$，截面为两个槽钢组成的组合截面，试选定槽钢的型号，并对自重影响进行校核。

8.13 如题 8.13 图所示，梁 AB 因强度和刚度不足，用同一材料和同样截面的梁 AC 加固，试求：①两梁接触点 C 处（滚子）的压力 F_C；②加固后梁 AB 的最大弯矩和 B 点的挠度减小的百分数。

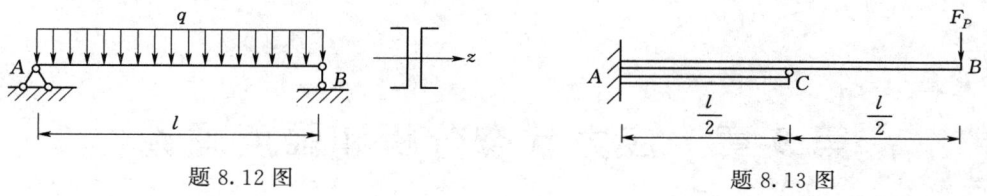

题 8.12 图   题 8.13 图

8.14 悬臂梁如题 8.14 图所示，自由端 A 处作用一集中力 F_P，若在距 A 端为 a 的 C 点处设置一支柱，欲使 A、C 两点在变形后保持在同一水平线上，试求：①支柱反力 F_C 和载荷 F_P 之间的关系式；② A 点的铅垂位移 y_A。

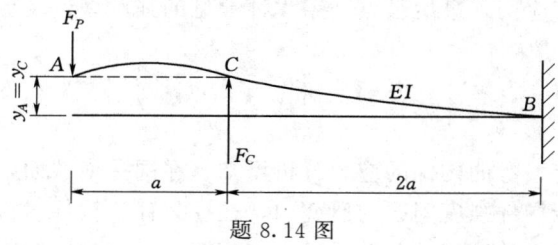

题 8.14 图

第 8 章习题
参考答案

第9章 应力状态分析和强度理论

本章首先重点研究平面应力状态理论,并对三向应力状态进行一般介绍。然后介绍广义胡克定律及其应用,最后重点介绍4种常见的强度理论及莫尔强度理论。

9.1 概　　述

由前面进行扭转、弯曲构件的应力分析可知,在同一横截面上各点处的应力并不相同。另外,在关于构件强度问题的研究中,往往只计算构件横截面上的应力,这是远远不够的。因为构件的破坏并不总是发生在横截面上,如铸铁圆轴扭转的断裂面与轴线成45°角,低碳钢试件拉伸屈服时的滑移线也与轴线成45°角等。这些破坏现象都与斜截面上的应力有密切关系。因此有必要研究构件内各点在不同方位截面上的应力。通过一点处的各个不同截面上应力值的集合,称为该点的应力状态(state of stress)。

研究一点的应力状态可以了解一点的应力值随截面方位的变化规律,掌握正应力、切应力(又称剪应力)的最大值、最小值及其所在截面方位;加深对构件破坏规律的认识;揭示更复杂情况下构件破坏的一般规律,从而建立复杂受力状态下构件的强度条件,即强度理论。

为了研究构件中一点处应力状态,围绕该点截取微小正六面体作为分离体,该微小正六面体称为单元体,给出此单元体各侧面上的应力,如图9.1所示。由于单元体各边边长均为无穷小量,因此各面上的应力都可看成是均匀分布的,且两平行面上对应的应力数值相等。将法线与 x、y、z 轴平行的面分别称为 x、y、z 面。用 σ_x、σ_y、σ_z 分别表示 x、y、z 面上的正应力,而切应力采用双下标表示,即第一个下标表示该切应力的所在面,第二个下标表示它的指向,如 τ_{xy} 表示 x 面上平行于 y 轴的切应力。

当单元体三对面上的应力已经确定时,为求某个方位面(斜截面)上的应力,其基本方法为:用一假想截面将单元体从所考察的斜截面处截为两部分,如图9.2所示,考察其中任意一部分的平衡,利用平衡条件求得这一斜截面上的正应力和切应力。

在应力单元体上,切应力等于零的截面称

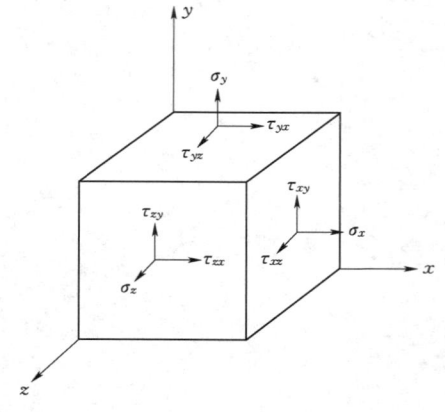

图9.1　单元体

为主平面，主平面上的正应力称为主应力。构件中一点处一般存在3个互相垂直的主平面，相应地存在三个主应力。若规定拉应力为正，压应力为负，则三个主应力按代数值从大到小依次称为第一、第二、第三主应力，分别记为 σ_1、σ_2、σ_3（$\sigma_1 \geqslant \sigma_2 \geqslant \sigma_3$）。全部由主平面组成的应力单元体称为主应力单元体。

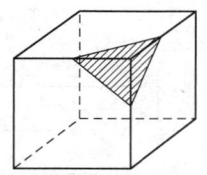

图 9.2　求斜截面应力示意图

一点处应力状态根据主应力情况可分成3类：①只有一个主应力不为零的称为单向（单轴）应力状态 [图 9.3 (a)]；②两个主应力不为零的称为二向应力状态 [图 9.3 (b)]；③三个主应力都不为零的称为三向（空间）应力状态 [图 9.3 (c)]。通常将单向和二向应力状态统称为平面应力状态，二向和三向应力状态统称为复杂应力状态。在二向应力状态中，若 σ_x、σ_y 均为零，只有 τ_{xy} 与 τ_{yx}，称为纯剪切状态。可见，纯剪切状态与单向应力状态均是二向应力状态的特例，而二向应力状态与单向应力状态又是三向应力状态的特例。一般工程中常见的是平面应力状态，因此，本章主要研究平面应力状态并介绍三向应力状态的主要结论。平面应力状态的研究方法通常分为解析法与图解法两种。

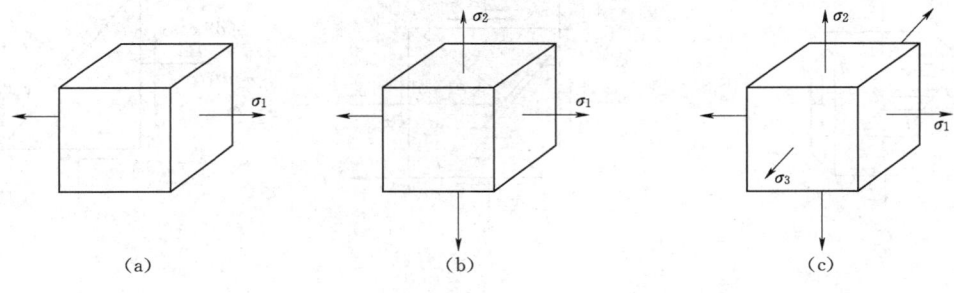

图 9.3　应力状态

构件因强度不足而引起的失效方式大致可分成两类：一类是脆性断裂，如铸铁构件拉伸、扭转，低碳钢构件三向等拉等；另一类是塑性屈服，如低碳钢构件拉伸、扭转，铸铁构件三向等压等。同一类失效方式是由某种相同的破坏因素引起的，可以根据实际观察推测破坏因素，从而提出各种假说，称为强度理论。本章主要介绍4个常用的古典强度理论。

9.2　二向应力状态分析——解析法

对于平面应力状态，由于单元体有一对面上没有应力作用，所以三维微元可以用一平面微元表示。以图 9.4 (a) 所示的悬臂梁弯曲为例，在梁上边缘点 A 处截取如图 9.4 (b) 所示单元体，其左右两侧面上的正应力可按弯曲正应力公式 $\sigma_{max} = M/W_z$ 算出。在离中性层为 y 的 B 点处截取如图 9.4 (c) 所示单元体，其左右两侧面上的正应力和切应力可由 $\sigma = My/I_z$ 和 $\tau = F_Q S_z^* / (bI_z)$ 求得，再根据切应力互等定理，在上下两个平面上还有切应力 τ。单元体 A、B 的前后两个侧面上都没有应力作用。按照应力状态的分类，A 点属于单向应力状态，B 点属于二向应力状态。

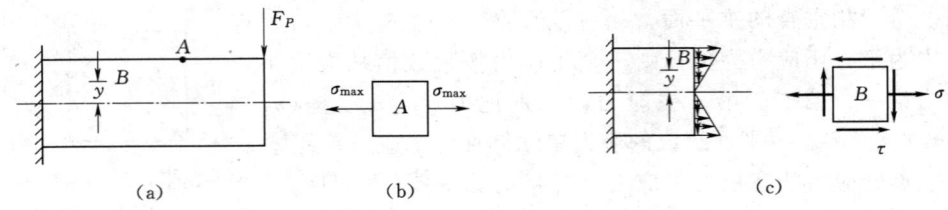

图 9.4 悬臂梁弯曲

9.2.1 任意斜截面上的应力

(1) 正负号规则。图 9.5 (a) 为二向应力状态的一般情形，任意斜截面是指所有平行于 z 轴的截面 [图 9.5 (a) 中阴影线部分]，其外法线 n 与 x 轴正向的夹角 α 如图 9.5 (b) 所示，简称 α 面。

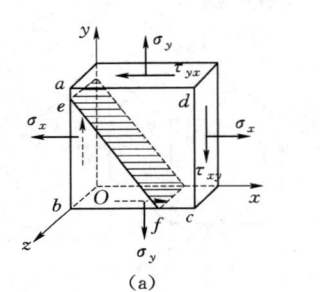 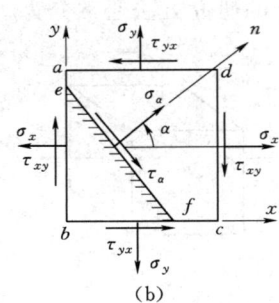 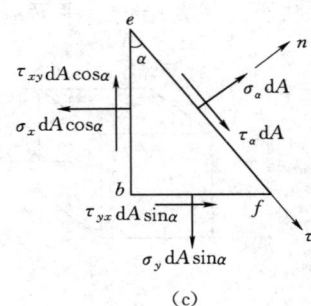

图 9.5 二向应力状态

正负号规则为：

α 角——从 x 正方向逆时针转至 n 正方向者为正；反之为负。

正应力——拉为正，压为负。

切应力——使单元体或其局部产生顺时针方向转动趋势者为正；反之为负。

图 9.5 (b) 中的 α 角及正应力 σ_x、σ_y、σ_α 和切应力 τ_{xy}、τ_α 均为正，τ_{yx} 为负。

(2) 平衡方程。设 α 面的面积为 dA，则图 9.5 (c) 的平衡方程为

$$\sum F_n = 0$$

$$\sigma_\alpha dA + (\tau_{xy} dA \cos\alpha)\sin\alpha - (\sigma_x dA \cos\alpha)\cos\alpha + (\tau_{yx} dA \sin\alpha)\cos\alpha - (\sigma_y dA \sin\alpha)\sin\alpha = 0$$
(9.1)

$$\sum F_\tau = 0$$

$$\tau_\alpha dA - (\tau_{xy} dA \cos\alpha)\cos\alpha - (\sigma_x dA \cos\alpha)\sin\alpha + (\tau_{yx} dA \sin\alpha)\sin\alpha + (\sigma_y dA \sin\alpha)\cos\alpha = 0$$
(9.2)

(3) 任意斜截面上的正应力、切应力。根据切应力互等定理，$\tau_{xy} = \tau_{yx}$，并将

9.2 二向应力状态分析——解析法

$$\cos^2\alpha = \frac{1+\cos2\alpha}{2}, \quad \sin^2\alpha = \frac{1-\cos2\alpha}{2}, \quad 2\sin\alpha\cos\alpha = \sin2\alpha$$

代入式 (9.1)、式 (9.2) 中，解得

$$\sigma_\alpha = \frac{\sigma_x+\sigma_y}{2} + \frac{\sigma_x-\sigma_y}{2}\cos2\alpha - \tau_{xy}\sin2\alpha \tag{9.3}$$

$$\tau_\alpha = \frac{\sigma_x-\sigma_y}{2}\sin2\alpha + \tau_{xy}\cos2\alpha \tag{9.4}$$

式 (9.3) 和式 (9.4) 就是平面应力状态任意斜截面上的应力计算公式。利用两式可求得已知单元体任意斜截面上的正应力 σ_α 和切应力 τ_α。

【例题 9.1】 单元体上的应力如图 9.6 所示，其垂直方向和水平方向各平面上的应力为已知，互相垂直的斜截面 ab 和 bc 的外法线分别与 x 轴成 $30°$ 和 $-60°$ 角。试求斜截面 ab 和 bc 上的应力。

解：

按应力和夹角的正负号规定，此题中 $\sigma_x = 10\text{MPa}$，$\sigma_y = 30\text{MPa}$，$\tau_{xy} = 20\text{MPa}$，$\tau_{yx} = -20\text{MPa}$，$\alpha_1 = +30°$，$\alpha_2 = -60°$。

(1) 求 $\alpha_1 = 30°$ 倾斜面上的应力：将数据代入式 (9.3) 和式 (9.4)，可得此斜截面上的正应力为

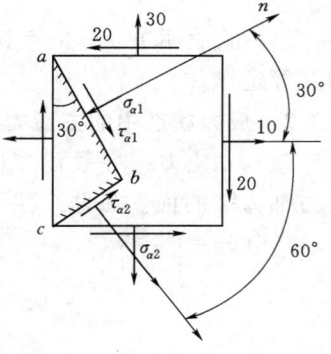

图 9.6 [例题 9.1] 图
（应力单位：MPa）

$$\begin{aligned}\sigma_{\alpha1} &= \frac{\sigma_x+\sigma_y}{2} + \frac{\sigma_x-\sigma_y}{2}\cos2\alpha_1 - \tau_{xy}\sin2\alpha_1 \\ &= \frac{10+30}{2} + \frac{10-30}{2}\cos60° - 20\sin60° \\ &= 20 - 10\times0.5 - 20\times0.866 = -2.32(\text{MPa})\end{aligned}$$

此斜截面上的切应力为

$$\begin{aligned}\tau_{\alpha1} &= \frac{\sigma_x-\sigma_y}{2}\sin2\alpha_1 + \tau_{xy}\cos2\alpha_1 \\ &= \frac{10-30}{2}\sin60° + 20\cos60° \\ &= -10\times0.866 + 20\times0.5 = 1.34(\text{MPa})\end{aligned}$$

所得正应力 $\sigma_{\alpha1}$ 为负值，表明它是压应力；切应力 $\tau_{\alpha1}$ 为正值，其方向如图 9.6 所示。

(2) 求 $\alpha_2 = -60°$ 斜截面上的应力：由式 (9.3) 和式 (9.4) 求得此斜截面上的正应力和切应力为

$$\begin{aligned}\sigma_{\alpha2} &= \frac{\sigma_x+\sigma_y}{2} + \frac{\sigma_x-\sigma_y}{2}\cos2\alpha_2 - \tau_{xy}\sin2\alpha_2 \\ &= \frac{10+30}{2} + \frac{10-30}{2}\cos(-120°) - 20\sin(-120°) \\ &= 20 - 10\times\left(-\frac{1}{2}\right) - 20\times(-0.866) \\ &= 42.32(\text{MPa})\end{aligned}$$

$$\tau_{\alpha 2} = \frac{\sigma_x - \sigma_y}{2}\sin 2\alpha_2 + \tau_{xy}\cos 2\alpha_2$$

$$= \frac{10-30}{2}\sin(-120°) + 20\cos(-120°)$$

$$= -10 \times (-0.866) + 20 \times \left(-\frac{1}{2}\right)$$

$$= -1.34 \text{(MPa)}$$

由上面的计算结果可得两相互垂直平面上的应力关系为

$$\sigma_{\alpha 1} + \sigma_{\alpha 2} = \sigma_x + \sigma_y = 40\text{MPa}$$

$$\tau_{\alpha 1} = -\tau_{\alpha 2} = 1.34\text{MPa}$$

第一式表明单元体的互相垂直平面上的正应力之和保持不变。第二式验证了切应力互等定律。

9.2.2 应力状态中的主应力与最大切应力

(1) 主应力、主平面。平面应力状态中有一个主平面是已知的，就是正应力和切应力都为零的面。另两个主平面都与它垂直，设它们与 x 轴正向的夹角为 α_0，令式 (9.4) 中 $\tau_\alpha = 0$，得

$$\tau_{\alpha 0} = \frac{\sigma_x - \sigma_y}{2}\sin 2\alpha_0 + \tau_{xy}\cos 2\alpha_0 = 0$$

$$\tan 2\alpha_0 = -\frac{2\tau_{xy}}{\sigma_x - \sigma_y} \tag{9.5}$$

此方程有 α_0 和 $\alpha_0 + 90°$ 两个解，说明两个主平面互相垂直。

平面应力状态中有一个主应力已知为零，另外两个主应力可将式 (9.5) 的解代回式 (9.3)，并按代数值的大小分别记为 $\sigma_{\max}$ 和 $\sigma_{\min}$，得

$$\left.\begin{matrix}\sigma_{\max}\\ \sigma_{\min}\end{matrix}\right\} = \frac{\sigma_x + \sigma_y}{2} \pm \sqrt{\left(\frac{\sigma_x - \sigma_y}{2}\right)^2 + \tau_{xy}^2} \tag{9.6}$$

将 $\sigma_{\max}$、$\sigma_{\min}$ 及 0 按代数值大小排序，便可得到 3 个主应力 σ_1、σ_2、σ_3。

将式 (9.3) 两端对 α 求一次导数，并令其等于零，有

$$\frac{\mathrm{d}\sigma_\alpha}{\mathrm{d}\alpha} = \frac{\sigma_x - \sigma_y}{2}(-2\sin 2\alpha) - 2\tau_{xy}\cos 2\alpha = 0$$

化简后得

$$\frac{\sigma_x - \sigma_y}{2}\sin 2\alpha + \tau_{xy}\cos 2\alpha = 0$$

由此解出的角度与式 (9.5) 完全一致。表明主应力具有极值的性质，即主应力是所有垂直于 $x-y$ 坐标面的方向面上正应力的极大值或极小值。

(2) 极值切应力。与正应力相类似，一般情形下，不同方向面上的切应力也是各不相同的，因而切应力亦可能存在极值。为求此极值，设极值切应力的方位角为 α_1，将式 (9.4) 对 α 求一次导数，并令其等于零，得到

$$\frac{\mathrm{d}\tau_\alpha}{\mathrm{d}\alpha} = (\sigma_x - \sigma_y)\cos 2\alpha_1 - 2\tau_{xy}\sin 2\alpha_1 = 0$$

9.2 二向应力状态分析——解析法

$$\tan 2\alpha_1 = \frac{\sigma_x - \sigma_y}{2\tau_{xy}} \quad (9.7)$$

此方程亦有 α_1 和 $\alpha_1 + 90°$ 两个解,说明两个极值切应力作用面亦互相垂直。将这两个解代回式(9.4),得极值切应力的计算公式,即

$$\left.\begin{array}{c}\tau_{\max}\\ \tau_{\min}\end{array}\right\} = \pm\sqrt{\left(\frac{\sigma_x - \sigma_y}{2}\right)^2 + \tau_{xy}^2} \quad (9.8)$$

将式(9.7)与式(9.5)比较,由于

$$\tan 2\alpha_1 = -\cot 2\alpha_0 = \tan(2\alpha_0 + 90°) = \tan 2(\alpha_0 + 45°)$$

可知极值切应力作用面与主平面成 45°角。

(3) 一点应力状态中的最大切应力。需要指出的是,式(9.8)所求得的极值切应力仅对垂直于 $x\text{-}y$ 坐标面的方向面而言,因而称为面内的最大和最小切应力,二者不一定是过这一点的所有方向面中切应力的最大值和最小值。为确定过一点所有方向面上的最大切应力,可以将平面应力状态视为有 3 个主应力作用的应力状态的特殊情形,如图 9.7(a)所示。在平行于主应力 σ_1 方向的任意方向面Ⅰ上[图 9.7(b)],其斜截面的正应力 σ_α 与切应力 τ_α 均与 σ_1 无关。作为平面应力状态,其应力计算式(9.3)、式(9.4)中的 $\sigma_x = \sigma_3$、$\sigma_y = \sigma_2$、$\tau_{xy} = 0$。同理,在平行于主应力 σ_2 和平行于主应力 σ_3 的任意方向面Ⅱ和Ⅲ上[图 9.7(c)和(d)],其斜截面的正应力 σ_α 与切应力 τ_α 均分别与 σ_2 和 σ_3 无关,同样可分别利用式(9.3)、式(9.4)求斜截面的正应力 σ_α 与切应力 τ_α。对比式(9.8)与式(9.6),可得

$$\tau_{\max} = \frac{\sigma_{\max} - \sigma_{\min}}{2}$$

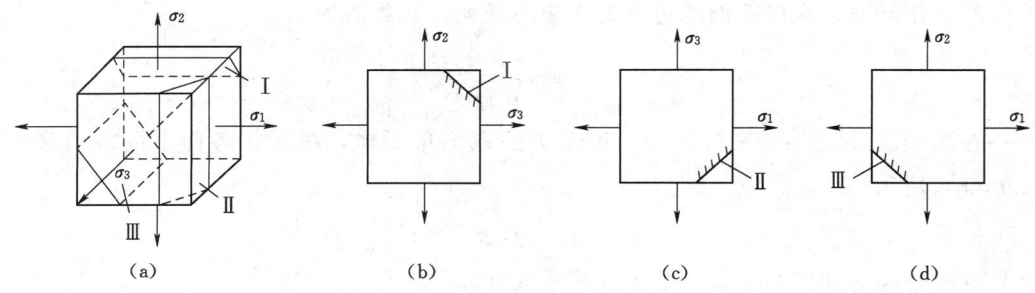

图 9.7 3 组平面内的最大切应力

于是,Ⅰ、Ⅱ和Ⅲ 3 组方向面内的最大切应力分别为

$$\tau' = \frac{\sigma_2 - \sigma_3}{2}$$

$$\tau'' = \frac{\sigma_1 - \sigma_3}{2}$$

$$\tau''' = \frac{\sigma_1 - \sigma_2}{2}$$

一点应力状态中的最大切应力应为上述 3 个极值切应力中最大的,即

$$\tau_{max} = \frac{\sigma_1 - \sigma_3}{2} \tag{9.9}$$

【例题 9.2】 分析拉伸实验时低碳钢试件出现滑移线的原因。

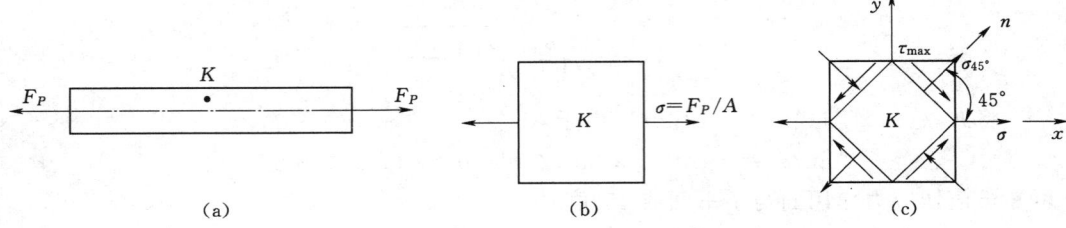

图 9.8 [例题 9.2] 图

解：
从轴向拉伸试件 [图 9.8（a）] 上任意点 K 处沿横截面和纵截面取应力单元体，如图 9.8（b）所示，分析各面上应力后可知它是主应力单元体，各面均为主平面。

滑移线出现在与横截面成 45°角的斜截面上，该面恰好为极值切应力所在的截面 [图 9.8（c）]，因此可以认为滑移线是最大切应力引起的。

分析 K 点的应力状态可知，其最大正应力为 $\sigma_{max} = \sigma$，最大切应力可由式（9.9）算出，$\tau_{max} = \sigma/2$，τ_{max} 的数值仅为 σ_{max} 的一半，却引起了屈服破坏，表明低碳钢一类塑性材料抗剪能力低于抗拉能力。

【例题 9.3】 讨论圆轴扭转时的应力状态，并分析铸铁试件受扭时的破坏现象。

解：
圆轴扭转时，在横截面的边缘处切应力最大，其数值为

$$\tau = \frac{T}{W_P}$$

在圆轴的表层，按图 9.9（a）所示方式取出单元体，单元体各面上的应力如图 9.9（b）所示。

$$\sigma_x = \sigma_y = 0, \quad \tau_{xy} = \tau$$

这就是纯剪切应力状态。把上式代入式（9.6），得

$$\left.\begin{matrix}\sigma_{max}\\\sigma_{min}\end{matrix}\right\} = \frac{\sigma_x + \sigma_y}{2} \pm \sqrt{\left(\frac{\sigma_x - \sigma_y}{2}\right)^2 + \tau_{xy}^2} = \pm \tau$$

由式（9.5）得

$$\tan 2\alpha_0 = -\frac{2\tau_{xy}}{\sigma_x - \sigma_y} \to -\infty$$

所以

$$2\alpha_0 = -90° \text{ 或 } -270°$$
$$\alpha_0 = -45° \text{ 或 } -135°$$

以上结果表明，从 x 轴量起，由 $\alpha_0 = -45°$（顺时针方向）所确定的主平面上的

主应力为 $\sigma_{\max}$,而由 $\alpha_0 = -135°$ 所确定的主平面上的主应力为 $\sigma_{\min}$。按照主应力的符号规定:

$$\sigma_1 = \sigma_{\max} = \tau,\ \sigma_2 = 0,\ \sigma_3 = \sigma_{\min} = -\tau$$

所以,纯剪切的主应力的绝对值相等,都等于切应力 τ,但一为拉应力,一为压应力。

圆截面铸铁试样扭转时,表面各点 $\sigma_{\max}$ 所在的主平面联成倾角为 $45°$ 的螺旋面 [图 9.9(a)]。由于铸铁抗拉强度较低,试件将沿这一螺旋面因拉伸而发生断裂破坏。

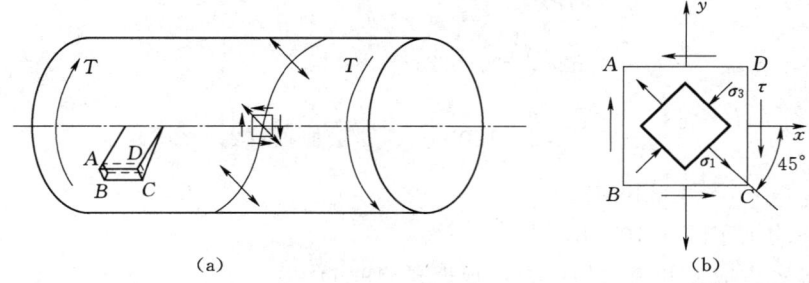

图 9.9 [例题 9.3] 图

【**例题 9.4**】 薄壁圆管受扭转和拉伸同时作用,如图 9.10(a) 所示。已知圆管的平均直径 $D = 50\text{mm}$,壁厚 $\delta = 2\text{mm}$。外加力偶的力偶矩 $M_e = 600\text{N·m}$,轴向荷载 $F_P = 20\text{kN}$。薄壁管截面的扭转截面模量可近似取为 $W_P = \dfrac{\pi D^2 \delta}{2}$。试求:①圆管表面上过 D 点与圆管母线夹角为 $30°$ 的斜截面上的应力;②D 点主应力和最大切应力。

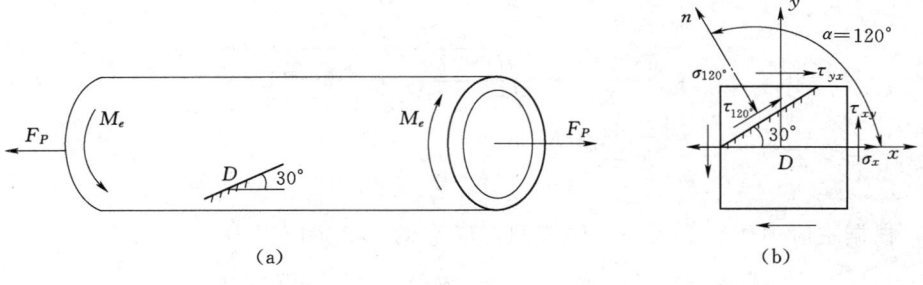

图 9.10 [例题 9.4] 图

解:

(1) 取微元体,确定各个面上的应力:围绕 D 点用横截面、纵截面和圆柱面截取微元体,其受力如图 9.10(b) 所示。利用轴向拉伸和圆轴扭转时横截面上的正应力和切应力公式计算微元体各面上的应力。

$$\sigma = \frac{F_P}{A} = \frac{F_P}{\pi D \delta} = \frac{20 \times 10^3}{\pi \times 50 \times 10^{-3} \times 2 \times 10^{-3}} = 63.7 \times 10^6 (\text{Pa}) = 63.7 \text{MPa}$$

177

$$\tau = \frac{T}{W_P} = \frac{2M_e}{\pi D^2 \delta} = \frac{2 \times 600}{\pi \times (50 \times 10^{-3})^2 \times 2 \times 10^{-3}} = 76.4 \times 10^6 (\text{Pa}) = 76.4 \text{MPa}$$

(2) 求斜截面上的应力：根据图 9.10 (b) 所示的应力状态以及关于 α、σ_x、σ_y、τ_{xy} 的正负号规则，本例中有：$\sigma_x = 63.7 \text{MPa}$，$\sigma_y = 0$，$\tau_{xy} = -76.4 \text{MPa}$。将这些数据代入式 (9.3) 和式 (9.4)，求得过 D 点与圆管母线夹角为 30° 的斜截面上的应力。

$$\sigma_{120°} = \frac{\sigma_x + \sigma_y}{2} + \frac{\sigma_x - \sigma_y}{2}\cos 2\alpha - \tau_{xy}\sin 2\alpha$$
$$= \frac{63.7 + 0}{2} + \frac{63.7 - 0}{2}\cos(2 \times 120°) - (-76.4)\sin(2 \times 120°)$$
$$= -50.2 (\text{MPa})$$

$$\tau_{120°} = \frac{\sigma_x - \sigma_y}{2}\sin 2\alpha + \tau_{xy}\cos 2\alpha$$
$$= \frac{63.7 - 0}{2}\sin(2 \times 120°) + (-76.4)\cos(2 \times 120°)$$
$$= 10.6 (\text{MPa})$$

两者的方向均示于图 9.10 (b) 中。

(3) 确定主应力和最大切应力：根据式 (9.6) 得

$$\sigma_{\max} = \frac{\sigma_x + \sigma_y}{2} + \sqrt{\left(\frac{\sigma_x - \sigma_y}{2}\right)^2 + \tau_{xy}^2}$$
$$= \frac{63.7 + 0}{2} + \sqrt{\left(\frac{63.7 - 0}{2}\right)^2 + (-76.4)^2}$$
$$= 114.6 (\text{MPa})$$

$$\sigma_{\min} = \frac{\sigma_x + \sigma_y}{2} - \sqrt{\left(\frac{\sigma_x - \sigma_y}{2}\right)^2 + \tau_{xy}^2}$$
$$= \frac{63.7 + 0}{2} - \sqrt{\left(\frac{63.7 - 0}{2}\right)^2 + (-76.4)^2}$$
$$= -50.9 (\text{MPa})$$
$$\sigma = 0$$

于是，根据主应力代数值大小顺序排列，D 点的 3 个主应力为

$$\sigma_1 = 114.6 \text{MPa}, \quad \sigma_2 = 0, \quad \sigma_3 = -50.9 \text{MPa}$$

根据式 (9.9)，D 点的最大切应力为

$$\tau_{\max} = \frac{\sigma_1 - \sigma_3}{2} = \frac{114.6 - (-50.9)}{2} = 82.75 (\text{MPa})$$

【例题 9.5】 图 9.11 (a) 为一横力弯曲梁，求得截面 $m-m$ 上的弯矩 M 及剪力 F_Q 后，算出截面上一点 A 处的弯曲正应力和切应力分别为：$\sigma = -70 \text{MPa}$，$\tau = 50 \text{MPa}$ [图 9.11 (b)]。试确定 A 点的主应力及主平面的方位，并讨论同一截面上其他点的应力状态。

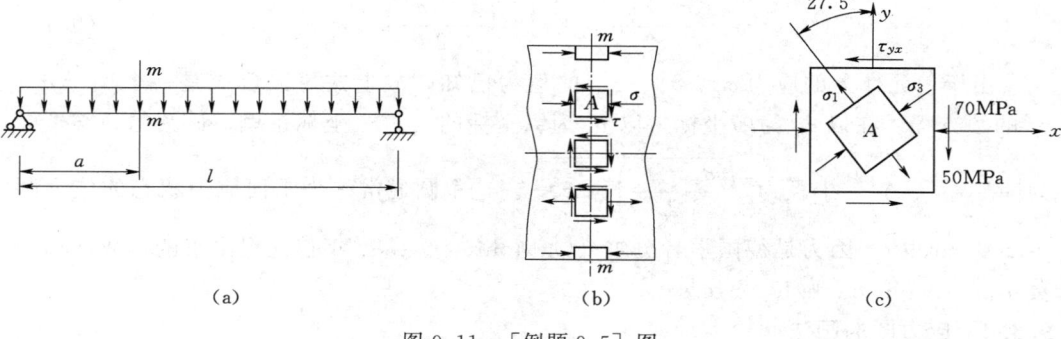

图 9.11 [例题 9.5] 图

解：

把从 A 点处截取的单元体图放大，如图 9.11（c）所示。

$$\sigma_x = -70\text{MPa}, \quad \sigma_y = 0, \quad \tau_{xy} = 50\text{MPa}$$

由式（9.5）得

$$\tan 2\alpha_0 = -\frac{2\tau_{xy}}{\sigma_x - \sigma_y} = -\frac{2 \times 50}{-70 - 0} = 1.429$$

$$2\alpha_0 = 55° \text{ 或 } 235°$$

$$\alpha_0 = 27.5° \text{ 或 } 117.5°$$

从 y 轴逆时针方向的角度 27.5°，确定 $\sigma_{\max}$ 所在的主平面；以同一方向逆时针转 117.5°，确定 $\sigma_{\min}$ 所在的另一主平面。两个主应力的大小由式（9.6）求出，即

$$\left.\begin{matrix}\sigma_{\max}\\\sigma_{\min}\end{matrix}\right\} = \frac{(-70)+0}{2} \pm \sqrt{\left[\frac{(-70)-0}{2}\right]^2 + (-50)^2} = \begin{cases}26\\-96\end{cases}(\text{MPa})$$

按照关于主应力规定，得

$$\sigma_1 = 26\text{MPa}, \quad \sigma_2 = 0, \quad \sigma_3 = -96\text{MPa}$$

主应力及主平面的位置已表示于图 9.11（c）中。

在梁的横截面 $m-m$ 上，其他点的应力状态都可用相同的方法进行分析。截面上下边缘处的各点为单向拉伸或压缩，横截面即为它们的主平面。在中性轴上，各点的应力状态为纯剪切，主平面与梁轴成 45°，如图 9.11（b）所示。

9.3 二向应力状态分析——图解法

利用式（9.3）、式（9.4）可以得出分析二向应力状态的图解法。该方法通过应力圆来进行分析。

9.3.1 应力圆方程

将式（9.3）改写成

$$\sigma_\alpha - \frac{\sigma_x + \sigma_y}{2} = \frac{\sigma_x - \sigma_y}{2}\cos 2\alpha - \tau_{xy}\sin 2\alpha$$

将上式及式（9.4）分别平方后相加，消去 α 后，得到

$$\left(\sigma_\alpha - \frac{\sigma_x + \sigma_y}{2}\right)^2 + \tau_\alpha^2 = \left(\frac{\sigma_x - \sigma_y}{2}\right)^2 + \tau_{xy}^2 \tag{9.10}$$

由于单元体上的应力 σ_x、σ_y、τ_{xy} 的值为已知，故上式可以看成是一个关于 σ_α、τ_α 的圆方程。在以 σ_α 为横坐标，以 τ_α 为纵坐标的 σ_α-τ_α 坐标系里，该圆的圆心坐标为 $\left(\frac{\sigma_x + \sigma_y}{2}, 0\right)$，半径为 $\sqrt{\left(\frac{\sigma_x - \sigma_y}{2}\right)^2 + \tau_{xy}^2}$。这个圆通常称为平面应力状态的应力圆（stress circle），因为是德国学者莫尔（O. Mohr）于1882年首先提出来的，故又称为莫尔圆（Mohr circle for stress）。

9.3.2 应力圆的画法

现以图 9.12（a）所示平面应力状态为例说明应力圆的做法。

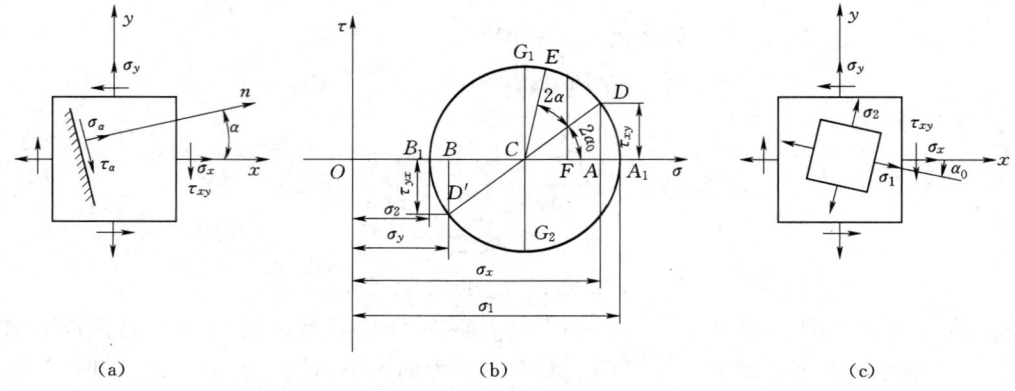

图 9.12　应力圆的做法

(1) 建立 $O\sigma\tau$ 坐标系，如图 9.12（b）所示。

(2) 按一定比例尺量取横坐标 $\overline{OA} = \sigma_x$，纵坐标 $\overline{AD} = \tau_{xy}$，确定 D 点。D 点的坐标代表 x 面上的应力。量取横坐标 $\overline{OB} = \sigma_y$，纵坐标 $\overline{BD'} = \tau_{yx}$，确定 D' 点。D' 点的坐标代表 y 面上的应力。

(3) 连接点 D 和 D'，与横坐标交于 C 点。以 C 点为圆心，$\overline{CD}$ 为半径，即可作出应力圆，如图 9.12（b）所示。

不难看出，该圆心 C 的纵坐标为零，横坐标 $\overline{OC}$ 和圆半径 $\overline{CD}$ 分别为

$$\overline{OC} = \overline{OB} + \frac{1}{2}(\overline{OA} - \overline{OB}) = \frac{1}{2}(\overline{OA} + \overline{OB}) = \frac{\sigma_x + \sigma_y}{2}$$

$$\overline{CD} = \sqrt{\overline{CA}^2 + \overline{AD}^2} = \sqrt{\left(\frac{\sigma_x - \sigma_y}{2}\right)^2 + \tau_{xy}^2}$$

9.3.3 应力圆与单元体的对应关系

可以证明，单元体内任意斜面上的应力都对应着应力圆上的一个点。例如图 9.12（a）所示，由 x 轴到任意斜面法线 n 的夹角为逆时针的 α 角。在应力圆上，从 D 点（代表 x 面上的应力）也按逆时针方向沿圆周转到 E 点，如图 9.12（b）所示，且使 DE 弧所对的圆心角为 2α，则 E 点的坐标就代表以 n 为法线的斜面上的应力。

证明如下：

E 点的坐标为

$$\overline{OF}=\overline{OC}+\overline{CE}\cos(2\alpha_0+2\alpha)=\overline{OC}+\overline{CE}\cos2\alpha_0\cos2\alpha-\overline{CE}\sin2\alpha_0\sin2\alpha$$

$$\overline{EF}=\overline{CE}\sin(2\alpha_0+2\alpha)=\overline{CE}\sin2\alpha_0\cos2\alpha+\overline{CE}\cos2\alpha_0\sin2\alpha$$

由于 $\overline{CE}=\overline{CD}$，则

$$\overline{CE}\cos2\alpha_0=\overline{CD}\cos2\alpha_0=\overline{CA}=\frac{\sigma_x-\sigma_y}{2}$$

$$\overline{CE}\sin2\alpha_0=\overline{CD}\sin2\alpha_0=\overline{AD}=\tau_{xy}$$

且已有 $\overline{OC}=\dfrac{\sigma_x+\sigma_y}{2}$，于是可得

$$\overline{OF}=\frac{\sigma_x+\sigma_y}{2}+\frac{\sigma_x-\sigma_y}{2}\cos2\alpha-\tau_{xy}\sin2\alpha$$

$$\overline{EF}=\frac{\sigma_x-\sigma_y}{2}\sin2\alpha+\tau_{xy}\cos2\alpha$$

与式（9.3）、式（9.4）比较，可见

$$\overline{OF}=\sigma_\alpha,\quad \overline{EF}=\tau_\alpha$$

即 E 点的坐标代表法线倾角为 α 的斜面上的应力。

归纳可得应力圆与单元体的对应关系如下：

（1）应力圆上的点与单元体上的截面一一对应。

（2）应力圆上任一点的横、纵坐标值代表单元体相应斜截面上的正应力和切应力。

（3）过圆上任意两点的两个半径之间的夹角，等于单元体上对应两个截面外法线夹角的两倍，并且两者转向相同。

利用应力圆还可以确定二向应力状态的主应力的数值和主平面的方位、极值切应力及其所在的平面。根据主应力的定义，图 9.12（b）中的 A_1 和 B_1 点即代表两个主应力，按照上述应力圆与单元体的对应关系，可将主应力单元体画在图 9.12（c）中。而极值切应力对应的点为图 9.12（b）中的 G_1 和 G_2 点，在应力圆上，由 A_1 到 G_1 所对应的圆心角为逆时针的 $\dfrac{\pi}{2}$；在单元体内，由 σ_1 所在主平面的法线到 $\tau_{\max}$ 所在平面的法线应为逆时针的 $\dfrac{\pi}{4}$。

读者可自行推导应力圆上主应力、主平面方位和极值切应力的表达式，并可看出各类表达式均与前面解析法所得出的相应公式一致。

【**例题 9.6**】 已知如图 9.13（a）所示单元体的 $\sigma_x=80\text{MPa}$，$\sigma_y=-40\text{MPa}$，$\tau_{xy}=-60\text{MPa}$。试用应力圆求主应力，并确定主平面位置。

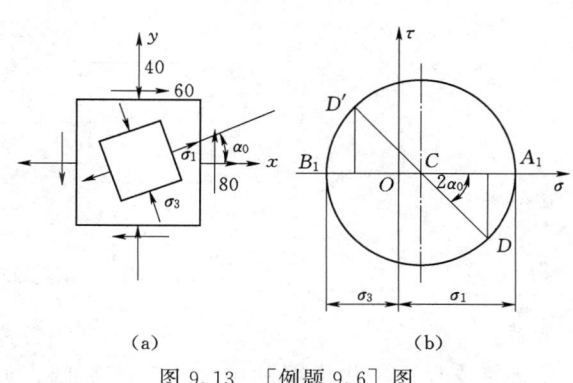

图 9.13 ［例题 9.6］图

解:

按选定的比例尺,以 $\sigma_x=80\text{MPa}$, $\tau_{xy}=-60\text{MPa}$ 为坐标确定 D 点[图 9.13(b)]。以 $\sigma_y=-40\text{MPa}$, $\tau_{yx}=60\text{MPa}$ 为坐标确定 D' 点。连接 D、D',与横坐标交于 C 点。以 C 为圆心,$\overline{DD'}$ 为直径作应力圆,如图 9.13(b)所示。按所用比例尺量出:

$$\sigma_1=\overline{OA_1}=105\text{MPa},\quad \sigma_3=\overline{OB_1}=-65\text{MPa}$$

在这里另一主应力 $\sigma_2=0$。在应力圆上由 D 到 A_1 为逆时针方向,且 $\angle DCA_1=2\alpha_0=45°$。所以,在单元体中从 x 以逆时针方向量取 $\alpha_0=22.5°$,确定 σ_1 所在主平面的法线,如图 9.13(a)所示。

【例题 9.7】 两端简支的焊接工字钢梁及其荷载如图 9.14(a)、(b)和(c)所示,试分别绘出 C 左截面[图 9.14(b)]上 a 和 b 两点处的应力圆,并用应力圆求出两点处的主应力。

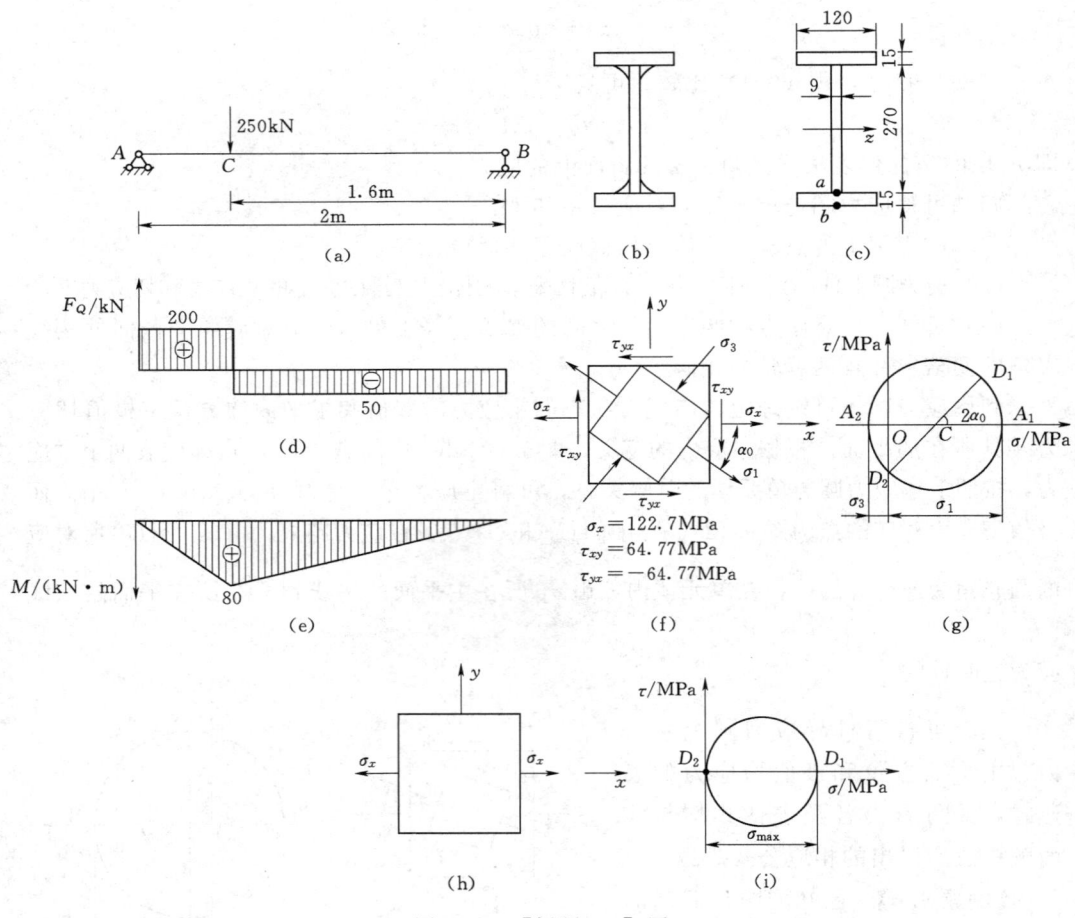

图 9.14 [例题 9.7]图

解:

计算支反力,作出梁的剪力图和弯矩图,如图 9.14(d)和(e)所示。然后根

据截面 C 的弯矩 $M_C = 80$ kN·m 及截面 C 左侧的剪力值 $F_{QC} = 200$ kN，计算横截面上 a、b 两点处的应力。为此，先算出横截面[图 9.14（b）]的惯性矩 I_z 和求 a 点处切应力时需用的静矩 S_{za}^* 等。

$$I_z = \frac{120 \times 300^3}{12} - \frac{111 \times 270^3}{12} = 8.8 \times 10^7 \text{(mm}^4\text{)}$$

$$S_{za}^* = 120 \times 15 \times (150 - 7.5) = 2.565 \times 10^5 \text{(mm}^3\text{)}$$

$$y_a = 135 \text{mm}$$

由以上各数据可计算得横截面 C 上 a 点处的应力为

$$\sigma_a = \frac{M}{I_z} y_a = \frac{80 \times 10^3}{88 \times 10^{-6}} \times 0.135 = 122.7 \times 10^6 \text{(Pa)} = 122.7 \text{(MPa)}$$

$$\tau_a = \frac{F_Q S_{za}^*}{I_z d} = \frac{(200 \times 10^3) \times (2.56 \times 10^{-4})}{(8.8 \times 10^{-5}) \times (9 \times 10^{-3})} = 64.77 \times 10^6 \text{(Pa)} = 64.77 \text{(MPa)}$$

据此，可绘出点 a 处单元体的 x、y 两对平面上的应力，如图 9.14（f）所示。在绘出坐标轴及选定适当的比例后，根据单元体上的应力值即可绘出相应的应力圆 $D_1(122.7, 64.77)$、$D_2(0, -64.77)$。由图 9.14（g）可见，应力圆与 σ 轴的两交点 A_1、A_2 的横坐标分别代表 a 点处的两个主应力 σ_1 和 σ_3，可用选定的比例尺量得，或由应力圆的几何关系求得。

$$\sigma_1 = \overline{OA_1} = \overline{OC} + \overline{CA_1} = \frac{\sigma_x}{2} + \sqrt{\left(\frac{\sigma_x}{2}\right)^2 + \tau_{xy}^2} = 150.56 \text{(MPa)}$$

$$\sigma_3 = \overline{OA_2} = \overline{OC} - \overline{CA_2} = \frac{\sigma_x}{2} - \sqrt{\left(\frac{\sigma_x}{2}\right)^2 + \tau_{xy}^2} = -27.86 \text{(MPa)}（压应力）$$

$$2\alpha_0 = -\arctan\left(\frac{64.77}{61.35}\right) = -46.6°$$

故由 x 平面至 σ_1 所在截面的夹角 α_0 应为 $-23.3°$。显然，σ_3 所在截面应垂直于 σ_1 所在截面[图 9.14（f）]。

对于横截面 C 上 b 点处的应力，由 $y_b = 150$ mm 可得

$$\sigma_b = \frac{M}{I_z} y_b = \frac{80 \times 10^3}{88 \times 10^{-6}} \times 0.15 = 136.4 \times 10^6 \text{(Pa)} = 136.4 \text{(MPa)}$$

$$\tau_b = 0$$

据此，可绘出 b 点处所取单元体各面上的应力，如图 9.14（h）所示。其相应的应力圆 $D_1(136.4, 0)$、$D_2(0, 0)$ 如图 9.14（i）所示。由此圆可见，b 点处的 3 个主应力分别为 $\sigma_1 = \sigma_x = 136.4$ MPa，$\sigma_2 = \sigma_3 = 0$。σ_1 所在截面就是 x 平面，亦即梁的横截面 C。

9.4 三向应力状态简介

在工程实际中，也常遇到三向应力状态。例如，滚珠轴承中的滚珠与外环的接触处（图 9.15），由于压力 F_P 的作用，在单元体 A 的上下平面上将产生主应力 σ_3；由

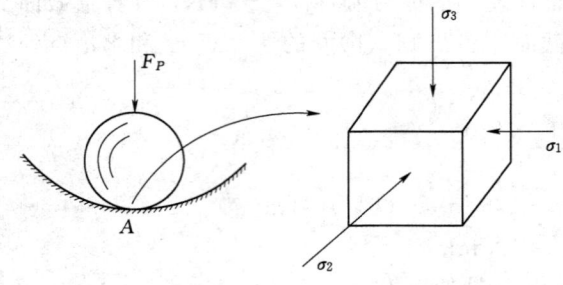

图 9.15 滚珠与外环的接触处点的单元体

于此处局部材料被周围大量材料所包围,其侧向变形受到阻碍,因而使单元体的 4 个侧面上也同时受到侧向压力,产生主应力 σ_1 和 σ_2,所以单元体 A 处于三向压缩应力状态。又如螺钉在拉伸时,其螺纹根部内的单元体则处于 3 个主应力均为拉应力的三向应力状态。

三向应力状态是一点应力状态中最一般、最复杂的情况。对于危险点处于三向应力状态下的构件进行强度计算,通常需确定其最大正应力和最大切应力。当受力物体内某一点处的 3 个主应力均为已知时 [图 9.16(a)],利用应力圆,可确定该点处的最大正应力和最大切应力。首先研究与 y 轴平行的各斜截面上的应力情况。由于作用在与 y 轴垂直的上下两面上的力互相平衡,不会在与 y 轴平行的各斜截面上引起应力。即平行于主应力 σ_2 的各斜截面上的应力不受 σ_2 的影响,只与 σ_1 和 σ_3 有关,其应力状态如图 9.16(b) 所示。根据主应力 σ_1 和 σ_3 绘出相对应的应力圆为图 9.16(e) 上的圆 MN。此圆上的各点坐标就代表了与主应力 σ_2 平行的所有斜截面上的应力。同样,与主应力 σ_3 平行的各斜截面上的应力 [图 9.16(c)],在图 9.16(e) 上由圆 MP 表示;与主应力 σ_1 平行的各斜截面上的应力 [图 9.16(d)],在图 9.16(e) 上由圆 NP 表示。

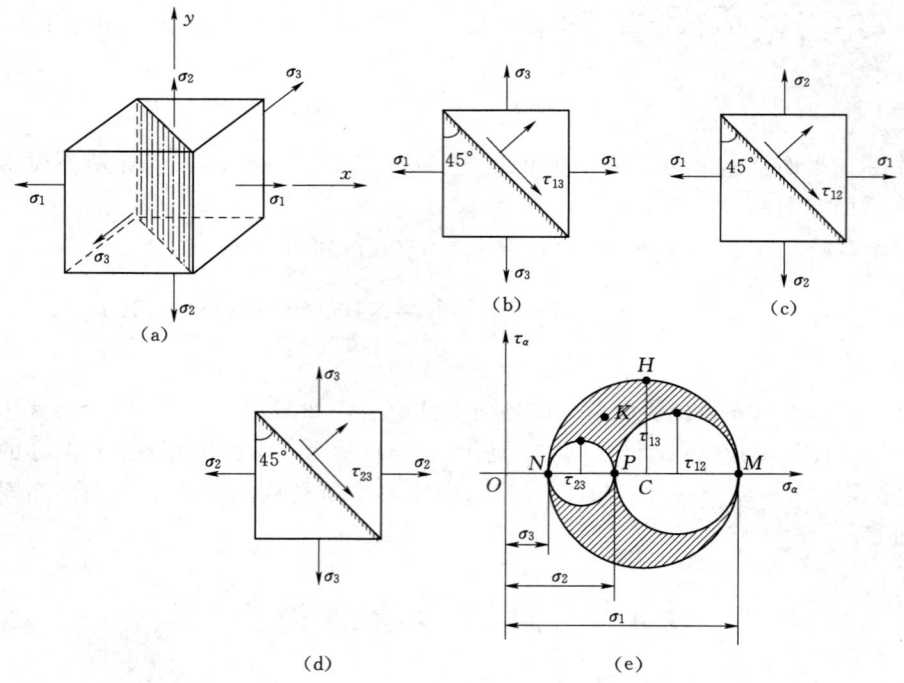

图 9.16 三向应力状态的应力圆

9.4 三向应力状态简介

进一步研究表明，不与任一坐标轴平行的任意斜截面上的应力，必位于上述 3 个应力圆所围成的阴影范围以内，如 K 点所示。

从图 9.16（e）上不难看出，与 M 和 N 两点对应的主应力 σ_1 和 σ_3 分别代表了三向应力状态的最大正应力和最小正应力，即

$$\sigma_{\max} = \sigma_1$$
$$\sigma_{\min} = \sigma_3$$

而三向应力状态的最大切应力等于最大圆 MN 上 H 点的纵坐标，即

$$\tau_{\max} = \frac{\sigma_1 - \sigma_3}{2}$$

由 H 点的位置可知，最大切应力所在的截面与 σ_2 主平面相垂直，并与 σ_1 和 σ_3 主平面各成 45°角。

【例题 9.8】 单元体各面上的应力如图 9.17（a）所示。试作应力圆，并求出主应力和最大切应力值及其作用面方位。

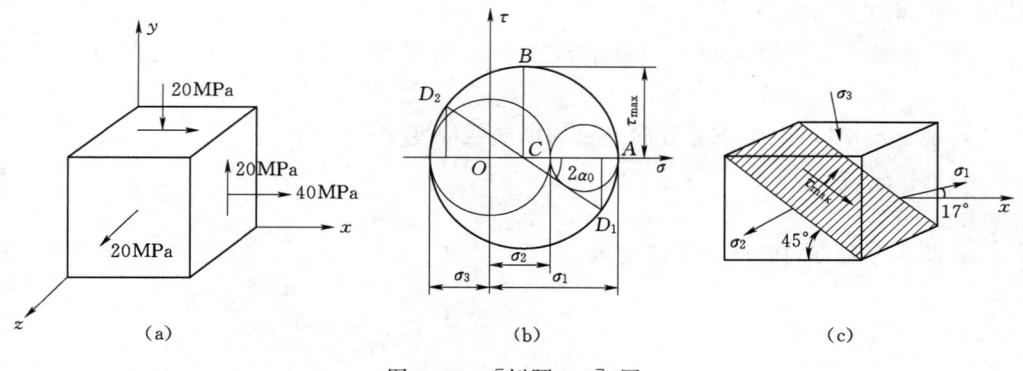

图 9.17 [例题 9.8] 图

解：

该单元体有一个已知的主应力 $\sigma_z = 20\text{MPa}$。因此，与该主平面正交的各截面上的应力与主应力 σ_z 无关。于是，可依据 x 截面和 y 截面上的应力画出应力圆 [图 9.17（b）]。由应力圆上可得两个主应力值为 46MPa 和 -26MPa。将该单元体的 3 个主应力按其代数值的大小顺序排列为

$$\sigma_1 = 46\text{MPa}, \quad \sigma_2 = 20\text{MPa}, \quad \sigma_3 = -26\text{MPa}$$

依据 3 个主应力值，便可作出 3 个应力圆，如图 9.17（b）所示。在其中最大的应力圆上，B 点的纵坐标（该圆的半径）即为该单元体的最大切应力，其值为

$$\tau_{\max} = \overline{BC} = 36\text{MPa}$$

且 $2\alpha_0 = 34°$，据此便可确定 σ_1 主平面方位及其余各主平面的位置。其中最大切应力所在截面与 σ_2 平行，与 σ_1 和 σ_3 所在主平面各成 45°夹角，如图 9.17（c）所示。

【例题 9.9】 已知某结构物中某一点处为平面应力状态，$\sigma_x = -180\text{MPa}$，$\sigma_y = -90\text{MPa}$，$\tau_{xy} = \tau_{yx} = 0$，试求该点的最大切应力。

解：

根据给定的应力可知，主应力 $\sigma_1=\sigma_z=0$，$\sigma_2=\sigma_y=-90\text{MPa}$，$\sigma_3=\sigma_x=-180\text{MPa}$。将有关主应力值代入式（9.9）可得

$$\tau_{\max}=\frac{1}{2}(\sigma_1-\sigma_3)=\frac{1}{2}\times[0-(-180)]=90(\text{MPa})$$

9.5 一般应力状态下的应力-应变关系

9.5.1 广义胡克定律

在最一般的情况下，描述一点的应力状态需要 9 个应力分量，如图 9.1 所示。利用切应力互等定理 $\tau_{xy}=\tau_{yx}$、$\tau_{xz}=\tau_{zx}$、$\tau_{yz}=\tau_{zy}$，则原来的 9 个应力分量中独立的就只有 6 个。这种普遍情况可以看作是三组单向应力和三组纯剪切应力的组合。对于各向同性材料，当变形很小且在线弹性范围内时，正应力只引起线应变，而切应力只引起同一平面内的切应变。

在第 1 章中，已经给出了单向和纯剪切应力状态下的应力-应变之间的关系式（1.2）、式（1.3）及式（1.4）。

如对于 σ_x 来讲，与应力方向一致的纵向线应变为

$$\varepsilon_x=\frac{\sigma_x}{E}$$

垂直于应力方向的横向线应变为

$$\varepsilon_y=-\mu\varepsilon_x=-\mu\frac{\sigma_x}{E}$$

$$\varepsilon_z=-\mu\varepsilon_x=-\mu\frac{\sigma_x}{E}$$

在小变形条件下，考虑到正应力与切应力的相互独立作用，应用叠加原理，可以得到三向应力状态下的应力-应变关系。

$$\left.\begin{aligned}\varepsilon_x&=\frac{1}{E}[\sigma_x-\mu(\sigma_y+\sigma_z)]\\ \varepsilon_y&=\frac{1}{E}[\sigma_y-\mu(\sigma_z+\sigma_x)]\\ \varepsilon_z&=\frac{1}{E}[\sigma_z-\mu(\sigma_x+\sigma_y)]\\ \gamma_{xy}&=\frac{\tau_{xy}}{G}\\ \gamma_{yz}&=\frac{\tau_{yz}}{G}\\ \gamma_{xz}&=\frac{\tau_{xz}}{G}\end{aligned}\right\} \quad (9.11)$$

式（9.11）称为一般应力状态下的广义胡克定律（generalization Hooke law）。

9.5 一般应力状态下的应力-应变关系

当3个主应力已知时,由于沿主应力方向只有线应变,而无切应变,则此时广义胡克定律成为

$$\left.\begin{aligned}\varepsilon_1 &= \frac{1}{E}[\sigma_1 - \mu(\sigma_2 + \sigma_3)] \\ \varepsilon_2 &= \frac{1}{E}[\sigma_2 - \mu(\sigma_3 + \sigma_1)] \\ \varepsilon_3 &= \frac{1}{E}[\sigma_3 - \mu(\sigma_1 + \sigma_2)]\end{aligned}\right\} \quad (9.12)$$

式中:ε_1、ε_2、ε_3 分别为沿主应力 σ_1、σ_2、σ_3 方向的应变,称为主应变(principal strain)。在线弹性范围内,由于各向同性材料的正应力只引起线应变,因此,任一点处的主应力指向与相应的主应变方向是一致的。

对于二向应力状态,设 $\sigma_z = \tau_{xz} = \tau_{yz} = 0$,广义胡克定律式(9.11)简化为

$$\left.\begin{aligned}\varepsilon_x &= \frac{1}{E}(\sigma_x - \mu\sigma_y) \\ \varepsilon_y &= \frac{1}{E}(\sigma_y - \mu\sigma_x) \\ \varepsilon_z &= -\frac{\mu}{E}(\sigma_x + \sigma_y) \\ \gamma_{xy} &= \frac{\tau_{xy}}{G}\end{aligned}\right\} \quad (9.13)$$

由上式可见,二向应力状态的 $\sigma_z = 0$,但其相应的线应变 $\varepsilon_z \neq 0$。

在第1章已指出对于各向同性材料,表征材料的3个弹性常数并不完全独立,它们之间存在下列关系:

$$G = \frac{E}{2(1+\mu)} \quad (9.14)$$

需要指出的是,对于绝大多数各向同性材料,泊松比一般在 $0 \sim 0.5$ 之间取值,因此有 $E/3 \leqslant G \leqslant E/2$。

9.5.2 体应变

构件在受力变形后,通常将引起体积变化。每单位体积的体积变化,称为体应变(volume strain)。现在讨论体积变化与应力间的关系。设图9.18所示为一主应力单元体,边长分别是 dx、dy、dz,变形前六面体的体积为

$$V = dx\,dy\,dz$$

变形后六面体的3个棱边分别变为 $(1+\varepsilon_1)dx$、$(1+\varepsilon_2)dy$、$(1+\varepsilon_3)dz$,变形后的体积变为

$$V_1 = (1+\varepsilon_1)(1+\varepsilon_2)(1+\varepsilon_3)dx\,dy\,dz$$

展开上式,并略去含有高阶微量 $\varepsilon_1\varepsilon_2$、$\varepsilon_2\varepsilon_3$、$\varepsilon_3\varepsilon_1$、$\varepsilon_1\varepsilon_2\varepsilon_3$ 的各项,得

$$V_1 = (1+\varepsilon_1+\varepsilon_2+\varepsilon_3)dx\,dy\,dz$$

单位体积的体积改变即体应变为

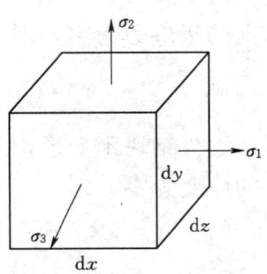

图 9.18 主应力单元体

$$\theta=\frac{V_1-V}{V}=\varepsilon_1+\varepsilon_2+\varepsilon_3$$

将式（9.12）代入上式，整理后可得

$$\theta=\frac{1-2\mu}{E}(\sigma_1+\sigma_2+\sigma_3) \tag{9.15}$$

由上面的结论可以看出，任一点处的体应变 θ 与该点处的 3 个主应力之和成正比，而与 3 个主应力之间的比例无关。

对于平面纯剪切应力状态，由于 $\sigma_1=-\sigma_3=\tau$，$\sigma_2=0$，由式（9.15）可知，材料的体应变等于零，即在小变形条件下，切应力不引起各向同性材料的体积改变。因此，在一般空间应力状态下，材料的体应变只与 3 个线应变有关。

即在任意形式的应力状态下，各向同性材料内一点处的体应变与通过该点的任意 3 个相互垂直的平面上的正应力之和成正比，而与切应力无关。

令 $\sigma_m=\dfrac{\sigma_1+\sigma_2+\sigma_3}{3}$，为平均主应力，则式（9.15）可改写成

$$\theta=\frac{3(1-2\mu)}{E}\frac{\sigma_1+\sigma_2+\sigma_3}{3}=\frac{\sigma_m}{K} \tag{9.16}$$

其中

$$K=\frac{E}{3(1-2\mu)}$$

式中：K 为体积弹性模量。

式（9.16）表明体应变 θ 与平均主应力 σ_m 成正比，称为体积胡克定律。

【**例题 9.10**】 如图 9.19 所示，在一体积较大的钢块上开一个贯穿的槽，其宽度和深度都是 10mm。在槽内紧密无隙地嵌入一铝质立方体，其尺寸为 10mm×10mm×10mm。铝的泊松比 $\mu=0.3$，弹性模量 $E=70\text{GPa}$，铝块受到 $F_P=60\text{kN}$ 的压力作用。设钢块不变形，试求铝块的主应力、体积应变以及最大剪应力。

解：

铝质立方体内垂直于 y 轴的截面上的应力为

$$\sigma_y=-\frac{F_P}{A}=-\frac{6\times10^3}{10\times10}=-60(\text{MPa})$$

由于 z 方向不受约束，所以 z 方向上的正应力为零，即

$$\sigma_z=0$$

因为钢块不变形，所以在 x 方向上的应变为零，即

$$\varepsilon_x=0$$

将 σ_y、σ_z 和 ε_x 代入式（9.11）中，得

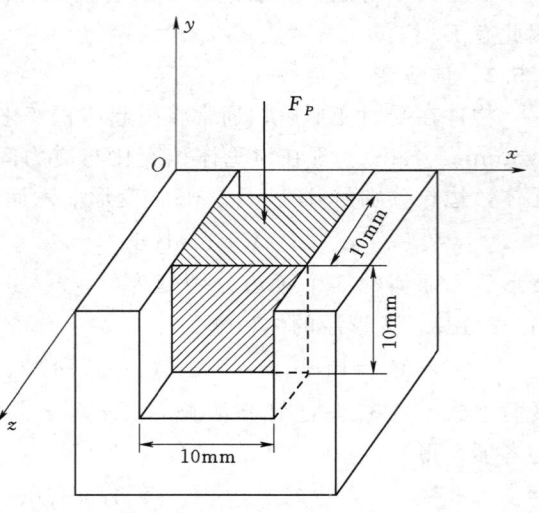

图 9.19 ［例题 9.10］图

$$0 = \frac{1}{E}[\sigma_x - \mu(\sigma_y + 0)]$$

即

$$\sigma_x = \mu\sigma_y = 0.3 \times (-60) = -18(\text{MPa})$$

因为 x、y、z 面上均无切应力，所以 σ_x、σ_y、σ_z 就是铝块的 3 个主应力，根据主应力大小规定知：$\sigma_1 = 0$，$\sigma_2 = -18\text{MPa}$，$\sigma_3 = -60\text{MPa}$。

将 3 个主应力代入式（9.15）的体应变公式，可得铝块的体应变为

$$\theta = \frac{1-2\mu}{E}(\sigma_1 + \sigma_2 + \sigma_3)$$

$$= \frac{1 - 2 \times 0.3}{70 \times 10^9}(0 - 18 \times 10^6 - 60 \times 10^6)$$

$$= -4.46 \times 10^{-4}$$

根据式（9.9），可得铝块的最大剪应力为

$$\tau_{\max} = \frac{\sigma_1 - \sigma_3}{2} = \frac{1}{2}[0 - (-60)]$$

$$= 30(\text{MPa})$$

9.6 复杂应力状态下的变形比能

材料在弹性范围内工作时，物体受外力作用而产生弹性变形。根据能量守恒原理，外力在弹性体位移上所做的功，全部转变为一种能量，储存于弹性体内部，这种能量称为弹性应变能或应变能（strain energy），用 V_ε 来表示，每单位体积物体内所积蓄的应变能称为应变能密度或比能（strain-energy density），用 v_ε 来表示。

当材料的应力-应变满足广义胡克定律时，在小变形的条件下，相应的力和位移也存在线性关系，如图 9.20 所示。这时力做功为

$$W = \frac{1}{2}F_P \Delta$$

对于弹性体，此功将转变为弹性应变能 V_ε。

对于在线弹性范围内、小变形条件下受力的物体，所积蓄的应变能只取决于外力的最后数值，而与加力顺序无关。为便于分析，假设物体上的外力按同一比例由零增至最后值，因此，物体内任一单元体各面上的应力也按同一比例由零增至其最后值。设图 9.21 所示主应力单元体的三对边长分别为 $\mathrm{d}x$、$\mathrm{d}y$、$\mathrm{d}z$，则与力 $\sigma_1 \mathrm{d}y\mathrm{d}z$、$\sigma_2 \mathrm{d}x\mathrm{d}z$、$\sigma_3 \mathrm{d}x\mathrm{d}y$ 相对应的位移分别为 $\varepsilon_1 \mathrm{d}x$、$\varepsilon_2 \mathrm{d}y$、$\varepsilon_3 \mathrm{d}z$，这些力所做功为

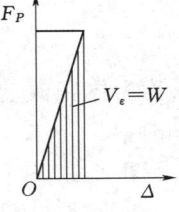

图 9.20 外力功与应变能

$$\mathrm{d}W = \frac{1}{2}(\sigma_1\varepsilon_1 + \sigma_2\varepsilon_2 + \sigma_3\varepsilon_3)\mathrm{d}x\mathrm{d}y\mathrm{d}z$$

则储存在单元体内部的应变能为

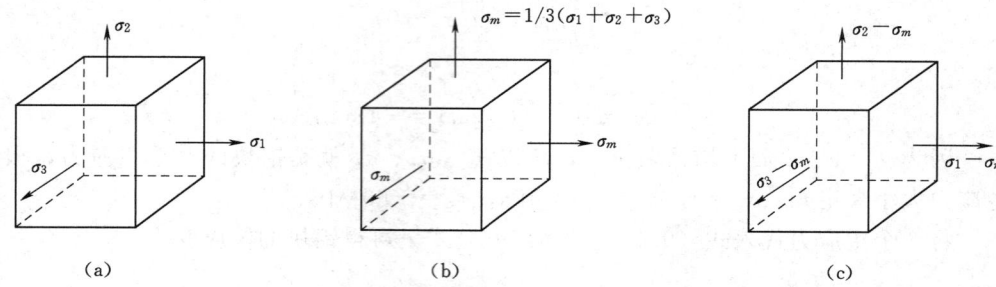

图 9.21 主应力单元体及形状改变与体积改变

$$dV_\varepsilon = dW = \frac{1}{2}(\sigma_1\varepsilon_1 + \sigma_2\varepsilon_2 + \sigma_3\varepsilon_3)dx\,dy\,dz$$
$$= \frac{1}{2}(\sigma_1\varepsilon_1 + \sigma_2\varepsilon_2 + \sigma_3\varepsilon_3)dV$$

式中：dV 为单元体的体积，$dV = dx\,dy\,dz$。

根据变形比能的定义，有

$$v_\varepsilon = \frac{dV_\varepsilon}{dV} = \frac{1}{2}(\sigma_1\varepsilon_1 + \sigma_2\varepsilon_2 + \sigma_3\varepsilon_3)$$

将式（9.12）代入上式，整理得

$$v_\varepsilon = \frac{1}{2E}[\sigma_1^2 + \sigma_2^2 + \sigma_3^2 - 2\mu(\sigma_1\sigma_2 + \sigma_2\sigma_3 + \sigma_3\sigma_1)] \tag{9.17}$$

在一般情况下，单元体变形时将同时发生体积改变和形状改变。若将主应力单元体分解为图 9.21（b）和（c）所示两种单元体的叠加，在平均应力作用下 [图 9.21（b）]，单元体处于三向等拉状态，其形状不变，仅发生体积改变，则其变形比能式（9.17）成为

$$v_v = \frac{1}{2E}[\sigma_m^2 + \sigma_m^2 + \sigma_m^2 - 2\mu(\sigma_m^2 + \sigma_m^2 + \sigma_m^2)]$$
$$= \frac{3(1-2\mu)}{2E}\sigma_m^2 = \frac{1-2\mu}{6E}(\sigma_1 + \sigma_2 + \sigma_3)^2 \tag{9.18}$$

v_v 称为体积改变比能（strain - energy density corresponding to the change of volume）。

图 9.21（c）所示单元体的 3 个主应力之和为零，故其体积不变，仅发生形状改变。于是其变形比能式（9.17）可写成

$$v_d = \frac{1+\mu}{6E}[(\sigma_1-\sigma_2)^2 + (\sigma_2-\sigma_3)^2 + (\sigma_3-\sigma_1)^2] \tag{9.19}$$

v_d 称为形状改变比能，又称畸变比能或歪形比能（strain - energy density corresponding to the distortion）。

根据式（9.17）~式（9.19）可以证明：

$$v_\varepsilon = v_v + v_d \tag{9.20}$$

即弹性体的变形比能等于体积改变比能与形状改变比能之和。

9.7 强度理论

9.7.1 四种常用的强度理论

在工程结构中，由于材料的力学行为而使构件丧失正常功能的现象，称为构件失效。在常温、静载条件下，构件失效可表现为强度失效、刚度失效等不同形式。其中，强度失效因材料不同会出现不同的失效现象。塑性材料以发生屈服现象，出现塑性变形为失效标志，如低碳钢试件在拉伸（压缩）或扭转实验中会发生显著的塑性变形或出现屈服现象；脆性材料的失效标志为突然断裂，如铸铁试件在拉伸时会沿横截面突然断裂、铸铁圆轴在扭转中会沿斜截面断裂等。

在单向受力的情况下，出现塑性变形时的屈服应力 σ_s 和发生断裂时的强度极限 σ_b 统称为失效应力，可由实验来测定，除以安全系数后便可得到许用应力 $[\sigma]$，从而建立强度条件：

$$\sigma \leqslant [\sigma]$$

但是，在复杂应力状态下，构件失效与应力的组合形式、主应力的大小及相互比值均有关系，例如，脆性材料在三向等压的应力状态下会产生明显的塑性变形，而塑性材料在三向拉伸的应力状态下会发生脆性断裂。实际构件的受力是非常复杂的，其应力状态也是多种多样的，单单依靠实验来建立失效准则是不可能的。因为一方面复杂应力状态各式各样，不可能——通过实验确定极限应力；另一方面，有些复杂应力状态的实验，技术上难以实现。因此，通常的做法是依据部分实验结果，经过推理，提出一些假说，推测材料失效的原因，从而建立强度条件。

大量实验结果表明，在常温、静载条件下，材料主要发生两种形式的强度失效，即屈服与断裂。长期以来，通过实践和研究，针对这两种失效形式，曾产生过很多关于材料破坏因素的假说，本教材将主要介绍经过实践检验并在工程上常用的强度理论。

(1) 第一强度理论（最大拉应力准则）（maximum tensile stress criterion）。这个理论最早由英国的兰金提出，认为最大拉应力是引起材料脆断破坏的因素，即不论在什么样的应力状态下，只要构件内一点处最大的拉应力 $\sigma_{max} = \sigma_1$ 达到材料的极限应力，材料就发生脆性断裂。而材料的极限应力则可通过单向拉伸实验测得的强度极限 σ_b 来确定。于是可得脆性断裂的失效判据为

$$\sigma_1 = \sigma_b$$

将 σ_b 除以安全系数 n_b 后，可得材料的许用拉应力 $[\sigma]$，因此按第一强度理论建立的复杂应力状态下的强度条件为

$$\sigma_1 \leqslant [\sigma] \tag{9.21}$$

实验表明，第一强度理论对于均质脆性材料（如玻璃、石膏、铸铁、砖及岩石等）比较适合，但由于没有考虑其他两个主应力对材料破坏的影响，其强度条件具有一定的局限性，并且，对于没有拉应力的应力状态（如单向及三向压缩的情况）无法应用。

(2) 第二强度理论（最大拉应变或最大线应变准则）（maximum tensile strain criterion）。这个理论是在 17 世纪后期由马里奥特提出的。该理论认为无论材料处于什么应力状态，只要发生脆性断裂，其原因都是由于单元体的最大拉应变达到了某个极限值。用于作为限定标准的极限值取单向拉伸实验中试件拉断时伸长线应变的极限值 $\varepsilon_u = \dfrac{\sigma_b}{E}$，即在任意应力状态下，只要最大拉应变 ε_1 达到极限值 $\varepsilon_u = \dfrac{\sigma_b}{E}$，材料就发生断裂。故得断裂准则为

$$\varepsilon_1 = \frac{\sigma_b}{E}$$

若构件在发生脆断破坏前一直服从胡克定律，则由式（9.12），断裂准则又可写成

$$\frac{1}{E}[\sigma_1 - \mu(\sigma_2 + \sigma_3)] = \frac{\sigma_b}{E}$$

即

$$\sigma_1 - \mu(\sigma_2 + \sigma_3) = \sigma_b$$

考虑安全系数 n_b 后，可得第二强度理论的强度条件为

$$\sigma_1 - \mu(\sigma_2 + \sigma_3) \leqslant [\sigma] \tag{9.22}$$

实验表明，对于少数脆性材料（如石、混凝土等）受轴向拉伸或压缩时，第二强度理论与实验结果大致相符，但对于塑性材料却不能为多数实验所证实。这一理论考虑了其余两个主应力对材料强度的影响，在形式上较最大拉应力理论更为完善。由于这一理论在应用上不如最大拉应力理论简便，故在工程实践中应用较少，只是在某些工业部门的特殊设计中应用较为广泛。

(3) 第三强度理论（最大切应力准则）（maximum shearing stress criterion）。最早由法国工程师、科学家库仑（C. A. Coulomb）于 1773 年提出，而后在 1864 年又由屈雷斯卡（H. Tresca）提出，所以又叫屈雷斯卡理论。该理论认为材料的屈服破坏是由最大切应力引起的，即认为无论什么应力状态，只要最大切应力达到与材料性质有关的某一极限值，材料就发生屈服。至于材料屈服时切应力的极限值 τ_u 同样可以通过单向拉伸实验来确定。对于像低碳钢一类的塑性材料，在单向拉伸实验时，材料沿最大切应力所在的 45°斜截面发生滑移出现明显的屈服现象，此时试件在横截面上的正应力就是材料的屈服极限 σ_s，45°斜截面上的切应力为 $\tau_{\max} = \tau_u = \dfrac{\sigma_s}{2}$，在任意应力状态下，由式（9.9）可知

$$\tau_{\max} = \frac{\sigma_1 - \sigma_3}{2}$$

于是，可得材料的屈服准则为

$$\frac{\sigma_1 - \sigma_3}{2} = \frac{\sigma_s}{2}$$

或

$$\sigma_1 - \sigma_3 = \sigma_s$$

引进安全系数 n_s，可得第三强度理论的强度条件为

$$\sigma_1 - \sigma_3 \leq [\sigma] \tag{9.23}$$

一些实验结果表明,对于塑性材料如低碳钢、铜等,这个理论是符合的。同时,该理论不但能解释塑性材料的流动,还能说明脆性材料的剪断。但是它未考虑到中间主应力 σ_2 对材料屈服的影响。

(4) 第四强度理论（最大形状改变比能理论或畸变能密度准则）(criterion of strain energy density corresponding to distortion)。该理论首先由波兰学者胡勃 (M. T. Hiber) 在 1904 年提出,而后又由德国米泽斯 (R. Von. Moses) 和亨奇 (H. Hencky) 分别于 1913 年和 1924 年先后独立提出并作了进一步的解释,从而形成了畸变能密度准则,又称米泽斯准则。该理论假设形状改变能密度是引起材料屈服的因素,即认为不论在什么样的应力状态下,只要构件内一点处的形状改变比能 v_d 达到了材料的极限值,该点处的材料就会发生塑性屈服。通过简单的拉伸实验,即可确定各种应力状态下发生屈服时畸变比能的极限值。因为单向拉伸实验至屈服时,对于像低碳钢一类的塑性材料,$\sigma_1 = \sigma_s$,$\sigma_2 = \sigma_3 = 0$,代入形状改变比能计算公式 (9.19) 中,得材料屈服时形状改变比能的极限值为

$$\frac{1+\mu}{6E}[(\sigma_1-\sigma_2)^2+(\sigma_2-\sigma_3)^2+(\sigma_3-\sigma_1)^2] = \frac{1+\mu}{3E}\sigma_s^2$$

而对于主应力为 σ_1、σ_2、σ_3 的任意应力状态,其形状改变比能为

$$v_d = \frac{1+\mu}{6E}[(\sigma_1-\sigma_2)^2+(\sigma_2-\sigma_3)^2+(\sigma_3-\sigma_1)^2]$$

根据上述两式,可得复杂应力状态下材料的屈服条件为

$$\frac{1+\mu}{6E}[(\sigma_1-\sigma_2)^2+(\sigma_2-\sigma_3)^2+(\sigma_3-\sigma_1)^2] = \frac{1+\mu}{3E}\sigma_s^2$$

整理后得

$$\sqrt{\frac{1}{2}[(\sigma_1-\sigma_2)^2+(\sigma_2-\sigma_3)^2+(\sigma_3-\sigma_1)^2]} = \sigma_s$$

将 σ_s 除以安全系数后,即可得第四强度理论的强度条件为

$$\sqrt{\frac{1}{2}[(\sigma_1-\sigma_2)^2+(\sigma_2-\sigma_3)^2+(\sigma_3-\sigma_1)^2]} \leq [\sigma] \tag{9.24}$$

对于工程塑性材料如普通钢材和铜、铝等,此强度理论与实验结果能较好符合。另外,实验表明,在平面应力状态下,一般地说,形状改变比能理论较最大切应力理论更符合实验结果。由于最大切应力理论是偏于安全的,且使用较为简便,故在工程实践中应用较为广泛。

9.7.2 莫尔强度理论

莫尔强度理论是由德国工程师莫尔在 1900 年提出的。此强度理论并不简单地假设材料的破坏是由某一个因素（例如应力、应变或能密度）达到了其极限值而引起的,而是以各种应力状态下材料的破坏实验结果为依据,建立起来的带有一定经验性的强度理论。它考虑到材料拉伸与压缩强度不等的情况,将最大切应力强度理论加以推广,并利用应力圆进行研究。

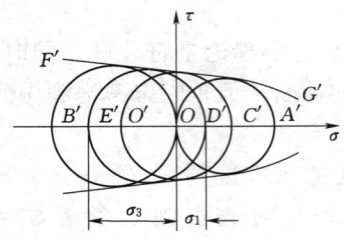

图 9.22 应力圆包络图

在 9.4 节中曾经指出，一点处的应力状态可用应力圆来表示，单向拉伸实验时，失效应力为屈服极限 σ_s 或强度极限 σ_b，此时绘出的应力圆为 OA'，称为极限应力圆（图 9.22）。同样，由单向压缩试验确定的极限应力圆为 OB'。由纯剪切试验确定的极限应力圆是以 OC' 为半径的圆。对任意的应力状态，由 3 个主应力可确定 3 个应力圆，应力圆上各点坐标分别代表与某一个主平面垂直的一组斜截面上的应力，任意斜截面上的应力则可用 3 个应力圆之间的阴影区域内相应点的坐标来表示。而代表一点处应力状态中最大正应力和最大切应力的点均在外圆上，现在只作出 3 个应力圆中最大的一个，亦即由 σ_1 和 σ_3 确定的应力圆，如图 9.22 中的 $D'E'$ 圆。按上述方式，可得到一系列的极限应力圆。莫尔认为，根据实验所得到的在各种应力状态下的极限应力圆具有一条公共包络线，如图 9.22 中的包络线 $F'G'$。一般地说，包络线是一条曲线，且与材料的性质有关，不同的材料包络线是不一样的，但对同一材料则认为它是唯一的。从工程应用的角度来看，可以用单向拉伸和单向压缩两种应力状态下实验所得的两个极限应力圆为依据，以两圆的公切线作为近似的公共包络线。

为了进行强度计算，还应该引进适当的安全因数。于是，可用材料在单向拉、压时的许用拉应力 $[\sigma]^+$ 和许用压应力 $[\sigma]^-$ 分别作出极限应力圆，并作两圆的公切线 ML 和 $M'L'$，如图 9.23 所示，以此来求得复杂应力状态下的强度条件。若由 σ_1 和 σ_3 确定的应力圆在公切线 ML 和 $M'L'$ 之内，则这样的应力状态是安全的。当应力圆与公切线相切时，便是许可状态的最高界限。这时由图 9.23 可知：

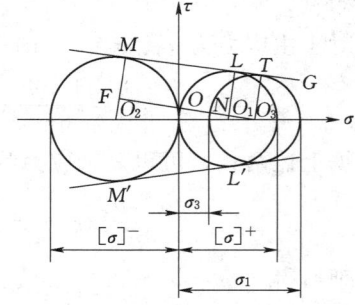

图 9.23 莫尔强度理论的应力圆

$$\frac{\overline{O_1 N}}{\overline{O_2 F}} = \frac{\overline{O_3 O_1}}{\overline{O_3 O_2}}$$

其中

$$\overline{O_1 N} = \overline{O_1 L} - \overline{O_3 T} = \frac{[\sigma]^+}{2} - \frac{\sigma_1 - \sigma_3}{2}$$

$$\overline{O_2 F} = \overline{O_2 M} - \overline{O_3 T} = \frac{[\sigma]^-}{2} - \frac{\sigma_1 - \sigma_3}{2}$$

$$\overline{O_3 O_1} = \overline{O_3 O} - \overline{O_1 O} = \frac{\sigma_1 + \sigma_3}{2} - \frac{[\sigma]^+}{2}$$

$$\overline{O_3 O_2} = \overline{O_3 O} - \overline{OO_2} = \frac{\sigma_1 + \sigma_3}{2} + \frac{[\sigma]^-}{2}$$

代入后整理简化可得

$$\sigma_1 - \frac{[\sigma]^+}{[\sigma]^-} \sigma_3 = [\sigma]^+$$

上式中的 σ_1、σ_3 是所研究的复杂应力状态下的许用应力值,若将其改为实际构件中危险点处的工作应力值,则莫尔强度理论的强度条件为

$$\sigma_1 - \frac{[\sigma]^+}{[\sigma]^-}\sigma_3 \leqslant [\sigma]^+ \tag{9.25}$$

实验表明,对于拉伸与压缩强度不等的脆性材料如岩石、铸铁等,此理论能给出比较满意的结果。对于拉伸与压缩强度相等的塑性材料,则式(9.25)即变为式(9.23)。由此可知,最大切应力理论可看成莫尔理论的特殊情况。另外,莫尔假设仅由应力圆的外圆来决定极限应力状态,即开始屈服或发生脆断时的应力状态,而没有考虑中间主应力 σ_2 对材料强度的影响。

9.7.3 相当应力

前面已介绍了常用强度理论的强度条件,即式(9.21)～式(9.25),各式的左边是按不同的强度理论得出的主应力综合值,称为相当应力,并用 σ_r 来表示。5个强度理论的相当应力分别为

第一强度理论:
$$\sigma_{r1} = \sigma_1$$

第二强度理论:
$$\sigma_{r2} = \sigma_1 - \mu(\sigma_2 + \sigma_3)$$

第三强度理论:
$$\sigma_{r3} = \sigma_1 - \sigma_3$$

第四强度理论:
$$\sigma_{r4} = \sqrt{\frac{1}{2}[(\sigma_1-\sigma_2)^2 + (\sigma_2-\sigma_3)^2 + (\sigma_3-\sigma_1)^2]}$$

莫尔强度理论:
$$\sigma_{rM} = \sigma_1 - \frac{[\sigma]^+}{[\sigma]^-}\sigma_3$$

9.8 强度理论的选择和应用

前面所讨论的强度理论着眼于材料的破坏规律,实验表明,不同材料的破坏因素可能不同,而同一种材料在不同的应力状态下也可能具有不同的破坏因素。因此,在实际应用中,除了要求材料满足常温、静荷载条件下的匀质、连续、各向同性的条件外,还应当注意根据构件的失效形式,即屈服还是断裂,选择合适的强度理论。

根据实验资料及实践经验,可将各种强度理论的适用范围归纳如下:

(1) 在大多数应力状态下,脆性材料将发生脆断破坏,因而应选择第一或第二强度理论;而在大多数应力状态下,塑性材料将发生屈服和剪断破坏,故应选择第三或第四强度理论。由于最大切应力理论的物理概念较为直观,计算较为简捷,而且其计算结果偏于安全,因而工程上常采用最大切应力理论。

(2) 不论是脆性或塑性材料,在三向拉伸应力状态下,都会发生脆性断裂,宜采

用最大拉应力理论。但由于塑性材料在单向拉伸实验时不可能得到材料发生脆断的极限应力，所以，此时式（9.21）中的 $[\sigma]$ 应用发生脆断时的最大主应力 σ_1 除以安全系数或采用莫尔强度理论。

（3）对于脆性材料，在二向拉伸应力状态下应采用最大拉应力理论。在复杂应力状态的最大和最小主应力分别为拉应力和压应力的情况下，由于材料的许用拉应力、压应力不等，宜采用莫尔强度理论。

（4）在三轴压缩应力状态下，不论是塑性材料还是脆性材料，通常都发生屈服失效，故一般应采用形状改变能密度理论。但因脆性材料不可能由单向拉伸实验结果得到材料发生屈服的极限应力，所以，式（9.24）中的许用应力 $[\sigma]$ 也不能用脆性材料在单向拉伸时的许用拉应力值。

【**例题 9.11**】 蒸汽锅炉如图 9.24（a）所示，炉内蒸汽压强为 p，锅炉内径为 d，壁厚为 t，$t \ll d$，炉壁材料的许用应力为 $[\sigma]$。试分别用第三、第四强度理论建立筒壁的强度条件。

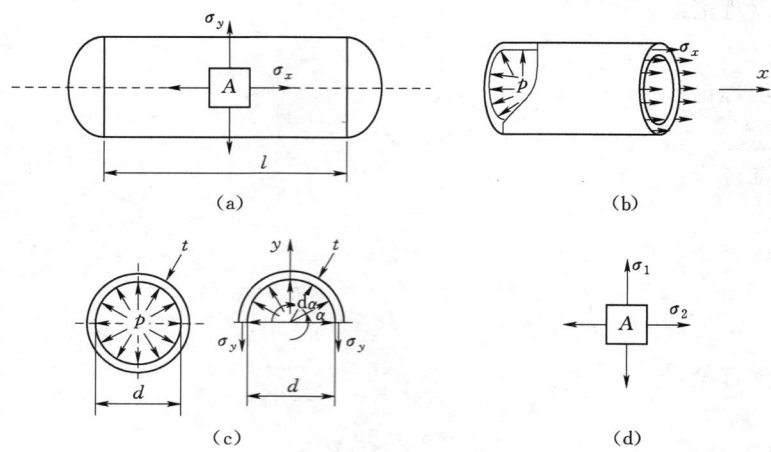

图 9.24 ［例题 9.11］图

解：

（1）应力状态分析。在筒壁上任取一点 A，其应力状态如图 9.24（a）所示，由于单元体前面为自由表面，无应力作用，后表面为圆筒内壁作用内压力 p，因 p 值远小于 σ_x 和 σ_y，故可略去，则点 A 的应力状态可简化为平面应力状态。

在任意位置沿横截面截开，取一段容器为研究对象，如图 9.24（b）所示。

由

$$\sum F_x = 0, \quad \sigma_x \pi d t - p \frac{\pi d^2}{4} = 0$$

解得

$$\sigma_x = \frac{pd}{4t}$$

将圆筒用径向截面（过轴线 x）截开，再沿直径取一半研究［图 9.24（c）］。因

9.8 强度理论的选择和应用

为锅炉壁厚 $t \ll d$,因此认为应力 σ_y 沿壁厚均匀分布。圆弧面上的总压力在 y 方向投影为 $p\left(l\dfrac{d}{2}\mathrm{d}\alpha\right)\sin\alpha$,于是由

$$\sum F_y = 0, \quad \int_0^\pi pl\dfrac{d}{2}\sin\alpha\,\mathrm{d}\alpha - 2\sigma_y lt = 0$$

解得

$$\sigma_y = \dfrac{pd}{2t}$$

(2) 确定主应力。根据主应力性质,如图 9.24(d) 所示,单元体上三个主应力分别为

$$\sigma_1 = \sigma_y = \dfrac{pd}{2t}; \quad \sigma_2 = \sigma_x = \dfrac{pd}{4t}; \quad \sigma_3 = 0$$

(3) 建立强度条件。将 σ_1、σ_2、σ_3 分别代入第三、第四强度理论,整理可得

$$\sigma_{r3} = \sigma_1 - \sigma_3 = \dfrac{pd}{2t} \leqslant [\sigma]$$

$$\sigma_{r4} = \sqrt{\dfrac{1}{2}[(\sigma_1-\sigma_2)^2+(\sigma_2-\sigma_3)^2+(\sigma_3-\sigma_1)^2]} = \dfrac{\sqrt{3}}{4}\dfrac{pd}{t} \leqslant [\sigma]$$

【例题 9.12】 图 9.25(a) 所示铸铁梁的 B 左截面上,弯矩为 $M = -4\,\mathrm{kN\cdot m}$,剪力为 $F_Q = -6.5\,\mathrm{kN}$。试用莫尔强度理论校核腹板与翼缘交界处的强度。设铸铁的抗拉和抗压许用应力分别为 $[\sigma]^+ = 30\,\mathrm{MPa}$,$[\sigma]^- = 160\,\mathrm{MPa}$。

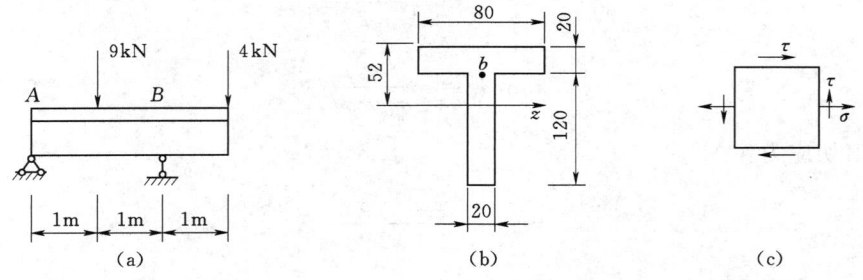

图 9.25 [例题 9.12] 图

解:

校核 b 点强度时,首先要算出该点的弯曲正应力和切应力。根据截面尺寸,求得

$$I_z = 763\,\mathrm{cm}^4, \quad S_z^* = 67.2\,\mathrm{cm}^3$$

从而算出

$$\sigma = \dfrac{My}{I_z} = \dfrac{(-4\times 10^3)\times(-32\times 10^{-3})}{763\times 10^{-8}} = 16.8\times 10^6(\mathrm{Pa}) = 16.8(\mathrm{MPa})$$

$$\tau = \dfrac{F_Q S_z^*}{I_z b} = \dfrac{(-6.5\times 10^3)\times(67.2\times 10^{-6})}{(763\times 10^{-8})\times(20\times 10^{-3})} = 2.86\times 10^6(\mathrm{Pa}) = 2.86(\mathrm{MPa})$$

在截面 B 上,b 点的应力状态如图 9.25(c) 所示。求出主应力为

$$\left.\begin{matrix}\sigma_1\\\sigma_3\end{matrix}\right\}=\frac{16.8}{2}\pm\sqrt{\left(\frac{16.8}{2}\right)^2+(2.86)^2}=\begin{cases}17.3\\-0.47\end{cases}(\text{MPa})$$

使用莫尔强度理论，得

$$\sigma_1-\frac{[\sigma]^+}{[\sigma]^-}\sigma_3=17.3-\frac{30}{160}(-0.47)=17.4(\text{MPa})\leqslant[\sigma]^+$$

所以满足莫尔理论的强度条件。

小　　结

本章给出了一点处应力状态的概念及分析方法，介绍了复杂应力状态时常用的强度理论。

（1）二向应力状态分析——解析法。

斜截面上的应力：

$$\sigma_\alpha=\frac{\sigma_x+\sigma_y}{2}+\frac{\sigma_x-\sigma_y}{2}\cos2\alpha-\tau_{xy}\sin2\alpha$$

$$\tau_\alpha=\frac{\sigma_x-\sigma_y}{2}\sin2\alpha+\tau_{xy}\cos2\alpha$$

主应力与主平面：

$$\left.\begin{matrix}\sigma_{\max}\\\sigma_{\min}\end{matrix}\right\}=\frac{\sigma_x+\sigma_y}{2}\pm\sqrt{\left(\frac{\sigma_x-\sigma_y}{2}\right)^2+\tau_{xy}^2}$$

$$\tan2\alpha_0=-\frac{2\tau_{xy}}{\sigma_x-\sigma_y}$$

极值切应力：

$$\tau_{\max}=-\frac{\sigma_{\max}-\sigma_{\min}}{2}$$

（2）二向应力状态分析——图解法。

应力圆方程：

$$\left(\sigma_\alpha-\frac{\sigma_x+\sigma_y}{2}\right)^2+\tau_\alpha^2=\left(\frac{\sigma_x-\sigma_y}{2}\right)^2+\tau_{xy}^2$$

应力圆与单元体的对应关系：

1）应力圆上的点与单元体上的截面一一对应。

2）应力圆上任一点的横坐标、纵坐标值代表单元体相应斜截面上的正应力和切应力。

3）过圆上任意两点的两个半径之间的夹角，等于单元体上对应两个截面外法线夹角的两倍，两者转向相同。

（3）三向应力状态主要结论。

主应力：
$$\sigma_1 \geqslant \sigma_2 \geqslant \sigma_3$$

最大切应力：
$$\tau_{max} = \frac{\sigma_1 - \sigma_3}{2}$$

(4) 广义胡克定律。
$$\varepsilon_x = \frac{1}{E}[\sigma_x - \mu(\sigma_y + \sigma_z)]$$
$$\varepsilon_y = \frac{1}{E}[\sigma_y - \mu(\sigma_z + \sigma_x)]$$
$$\varepsilon_z = \frac{1}{E}[\sigma_z - \mu(\sigma_x + \sigma_y)]$$
$$\gamma_{xy} = \frac{\tau_{xy}}{G}$$
$$\gamma_{yz} = \frac{\tau_{yz}}{G}$$
$$\gamma_{xz} = \frac{\tau_{xz}}{G}$$

体积应变：
$$\theta = \frac{1-2\mu}{E}(\sigma_1 + \sigma_2 + \sigma_3) = \frac{1-2\mu}{E}(\sigma_x + \sigma_y + \sigma_z)$$

形状改变比能：
$$v_d = \frac{1+\mu}{6E}[(\sigma_1 - \sigma_2)^2 + (\sigma_2 - \sigma_3)^2 + (\sigma_3 - \sigma_1)^2]$$

(5) 常用强度理论。

第一强度理论：
$$\sigma_1 \leqslant [\sigma]$$

第二强度理论：
$$\sigma_1 - \mu(\sigma_2 + \sigma_3) \leqslant [\sigma]$$

第三强度理论：
$$\sigma_1 - \sigma_3 \leqslant [\sigma]$$

第四强度理论：
$$\sqrt{\frac{1}{2}[(\sigma_1 - \sigma_2)^2 + (\sigma_2 - \sigma_3)^2 + (\sigma_3 - \sigma_1)^2]} \leqslant [\sigma]$$

莫尔强度理论：
$$\sigma_1 - \frac{[\sigma]^+}{[\sigma]^-}\sigma_3 \leqslant [\sigma]^+$$

习 题

9.1 在如题 9.1 图所示单元体中，图中应力单位均为 MPa。试用解析法求斜截面 ab 上的应力。

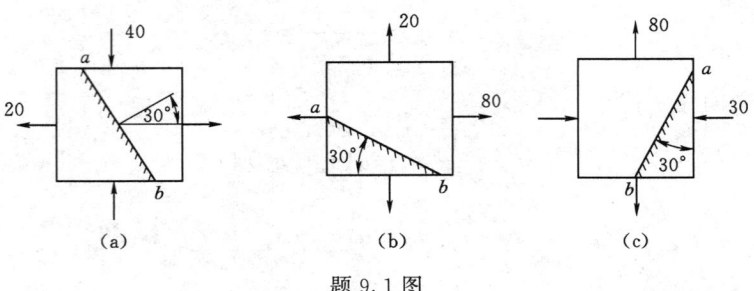

题 9.1 图

9.2 已知应力状态如题 9.2 图所示，材料的泊松比 $\mu=0.3$，图中应力单位均为 MPa。试用解析法求：①$\sigma_{30°}$ 和 $\tau_{30°}$；②主应力大小，主平面位置，并在单元体上绘出主平面位置及主应力方向；③最大剪应力；④试按第一、第二、第三、第四强度理论写出相当应力的大小。

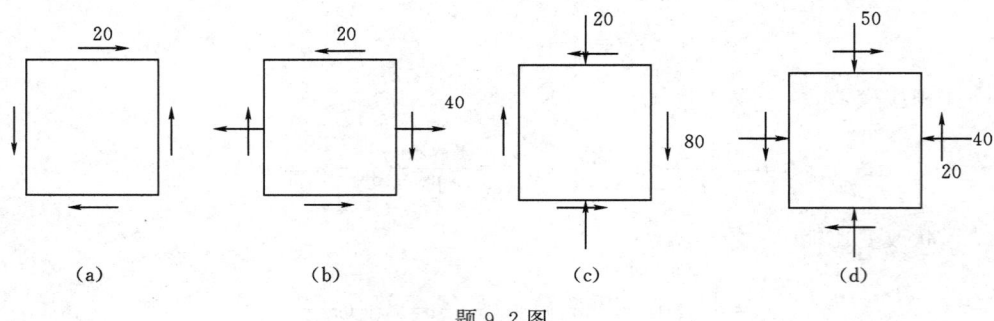

题 9.2 图

9.3 单元体各面上的应力如题 9.3 图所示，图中应力单位均为 MPa。试用应力圆法求主应力大小及最大剪应力。

9.4 单元体的应力状态如题 9.4 图所示，图中应力单位皆为 MPa。若已知 σ、E 和 μ，试求该单元体的主应力和主应变。

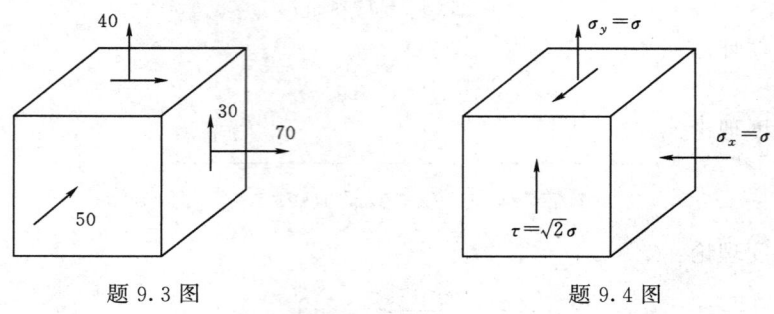

题 9.3 图　　　　　　　题 9.4 图

9.5 二向应力状态如题 9.5 图所示，应力单位为 MPa，试求主应力并作应力圆。

9.6 过 A 点处两截面的应力如题 9.6 图所示。试求该点处的主应力大小及方向，并画到该图上。

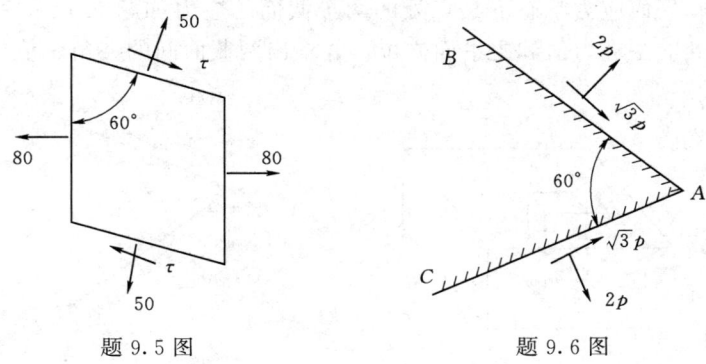

题 9.5 图 题 9.6 图

9.7 如题 9.7 图所示，锅炉直径 $d=1\text{m}$，壁厚 $t=10\text{mm}$，锅炉蒸汽压力 $p=3\text{MPa}$。试求：①壁内主应力 σ_1、σ_2 及最大切应力 $\tau_{\max}$；②斜截面 ab 上的正应力及切应力。

9.8 应力状态如题 9.8 图所示，边长为 a 的正方形薄板 $ABCD$，两侧面受面分布集度为 q 的均布拉力作用，已知板材料的 E 和 μ。试求对角线 AC 的伸长量 Δl_{AC}。

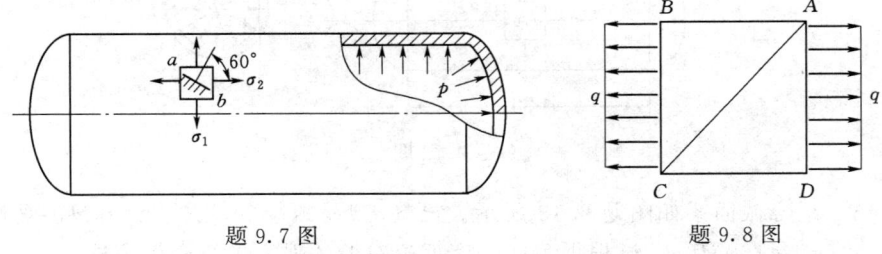

题 9.7 图 题 9.8 图

9.9 一正方形钢块，放在一刚性平面上，上表面承受均匀的压力，压强为 p。分别写出题 9.9 图所示两种情况下的 σ_{r3} 和 σ_{r4}。题 9.9 图（a）为自由受压，题 9.9 图（b）为放在一个刚性槽内，且钢块与槽之间没有任何空隙（设材料常数 E、μ 为已知）。

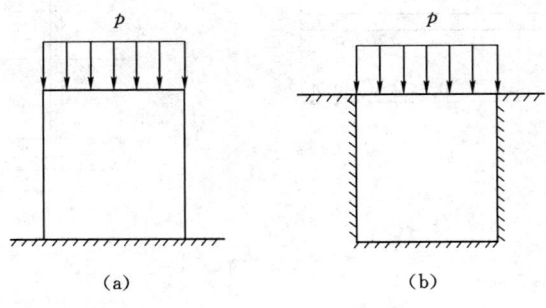

题 9.9 图

9.10 在一块厚钢板上挖了一个各边长为 10mm 的正方形小孔,如题 9.10 图所示。在孔内恰好放一钢立方块而不留间隙。立方块受合力为 F_P 的均布压力作用,$F_P = 7\text{kN}$,试求立方块 3 个主应力。(设材料常数 E、μ 为已知)

9.11 已知平面应力状态下某点处的两个截面的应力如题 9.11 图所示。试利用应力圆求该点处的主应力值和主平面方位,并求出两截面间的夹角 α 值。

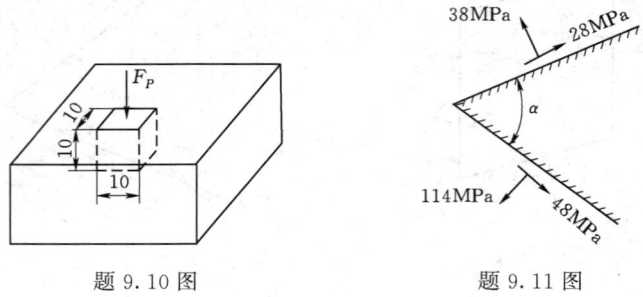

题 9.10 图 　　　　　题 9.11 图

9.12 锅炉内径 $d = 1000\text{mm}$,锅炉内的蒸汽压强 $p = 3.6\text{MPa}$,如题 9.12 图所示。材料许用应力 $[\sigma] = 160\text{MPa}$,试按第三和第四强度理论设计锅炉壁厚 t,并比较它们的差别。

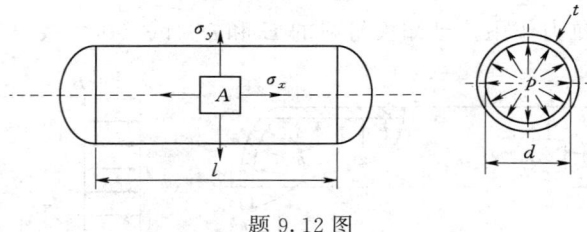

题 9.12 图

9.13 组合截面梁如图题 9.13 所示。已知 $q = 40\text{kN/m}$,$F_P = 48\text{kN}$,梁材料的许用应力 $[\sigma] = 160\text{MPa}$。试根据第四强度理论对梁的强度进行全面校核。

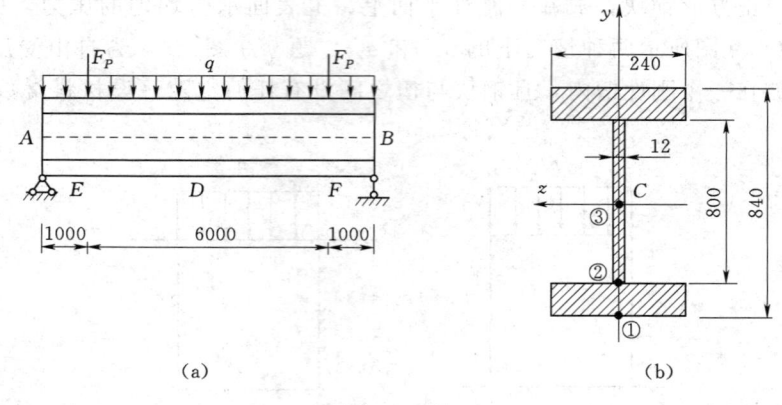

题 9.13 图

9.14 炮筒横截面如题 9.14 图所示,在危险点处,$\sigma_t = 550\text{MPa}$,$\sigma_r = -350\text{MPa}$,

第三个主应力垂直于图面是拉应力,且其大小为 420MPa。试按第三和第四强度理论计算其相当应力。

9.15 铸铁薄管如题 9.15 图所示。管的外径为 200mm,壁厚 $\delta=15$mm,内压 $p=4$MPa,$F_P=200$kN,铸铁的抗拉及和抗压许用应力分别为 $[\sigma_t]=30$MPa,$[\sigma_c]=120$MPa,$\mu=0.25$。试用第二强度理论校核薄管的强度。

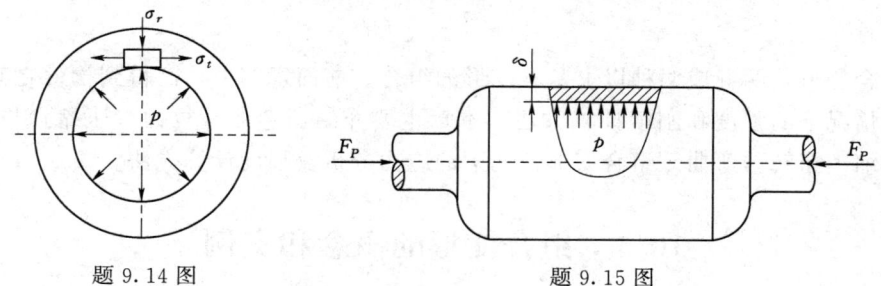

题 9.14 图　　　　　　　题 9.15 图

第 10 章 组 合 变 形

第 10 章
思维导图

组合变形是两种或两种以上基本变形的组合。前面章节中，已得到构件在某一基本变形情况下的强度和刚度计算方法。本章主要介绍斜弯曲、拉伸（压缩）与弯曲、偏心压缩、扭转与弯曲等组合变形情况下的应力分析及强度计算方法。

10.1 组合变形的概念和实例

前面几章分别讨论了构件在一种基本变形情况下的强度和刚度计算，即拉伸（压缩）、剪切、扭转、弯曲等变形下的强度和刚度计算。但在工程实际中，多数构件在受到复杂载荷作用下，往往不只产生某一种基本变形，而是同时产生两种或多种变形。这类由两种或多种基本变形组合而成的变形情况，称为组合变形（combined deformation）。例如，图 10.1（a）表示的烟囱，在自重作用下产生轴向压缩变形，在

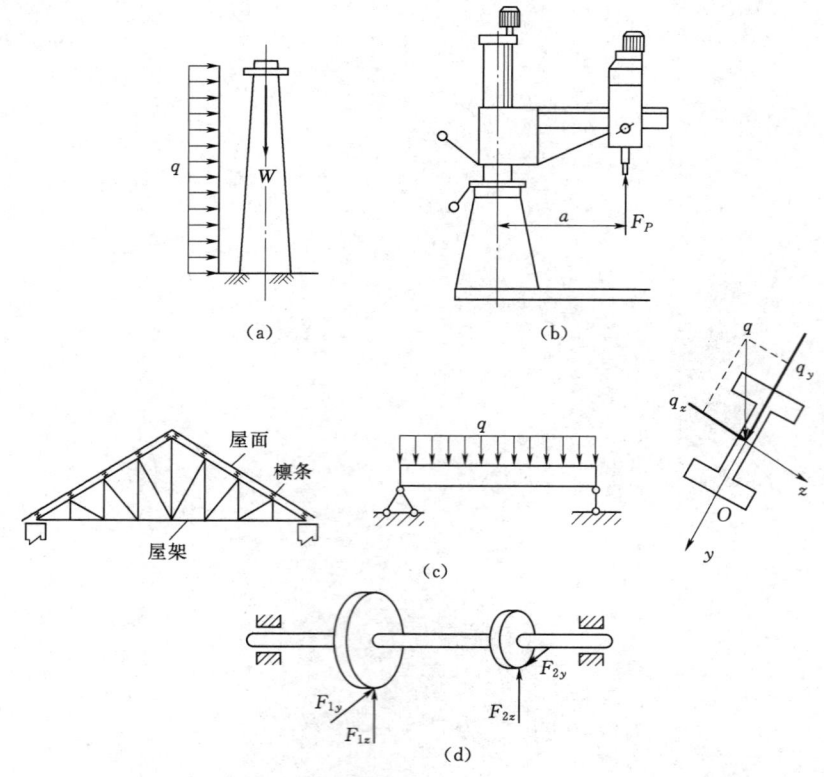

图 10.1 组合变形实例

水平方向风力产生弯曲变形；图 10.1（b）所示摇臂钻床的立柱部分，在工件约束力 F_P 作用下，将发生拉伸与弯曲变形；图 10.1（c）表示的房屋构架，檩条受到从屋面传来的垂直作用力后，分解为相互垂直两个平面内的载荷作用，产生组合变形——斜弯曲；图 10.1（d）表示齿轮传动轴，轴将产生在水平平面和垂直平面内的弯曲变形和扭转变形。

在材料服从胡克定律及小变形的前提下，构件因外力所产生的变形或位移很小，在计算各截面上的内力时，可忽略不计，即作用在构件上的诸外力之间不因彼此所产生的变形而相互影响它们的作用性质。可以假定所有外力的作用彼此独立而不相互影响——力作用的独立性原理。因此，可以应用叠加原理计算组合变形下的强度和刚度。即当杆件承受复杂载荷而产生几种变形时，只要把载荷在作用点适当地分解简化，使得构件在分解后的载荷作用下只产生基本变形。这样，可以分别计算每一基本变形各自引起的内力、应力、位移和应变，然后应用叠加原理，就可求得构件在组合变形下的内力、应力、位移和应变。

10.2 斜 弯 曲

第 7 章和第 8 章分别讨论了平面弯曲时的应力和变形的计算方法。在平面弯曲问题中，梁具有纵向对称面，横向力必须作用在纵向对称面内，梁弯曲变形后的挠曲线为一保持在外力作用平面内的平面曲线。如果梁没有纵向对称面时，横向力必须作用于通过弯曲中心的主惯性轴（见附录Ⅰ）平面内，这样才能产生弯曲变形。

在许多工程问题中，外力并不作用在形心主惯性轴平面内。例如，屋面桁条倾斜地放置于屋顶桁架上，所受的铅垂向下载荷并不在桁条的主惯性轴平面内，如图 10.2 所示。这种情况下，梁的挠曲线不在载荷作用面内，把这种弯曲称为斜弯曲（oblique bending）。

现以矩形截面悬臂梁（图 10.3）为例，分析斜弯曲的应力与变形计算。

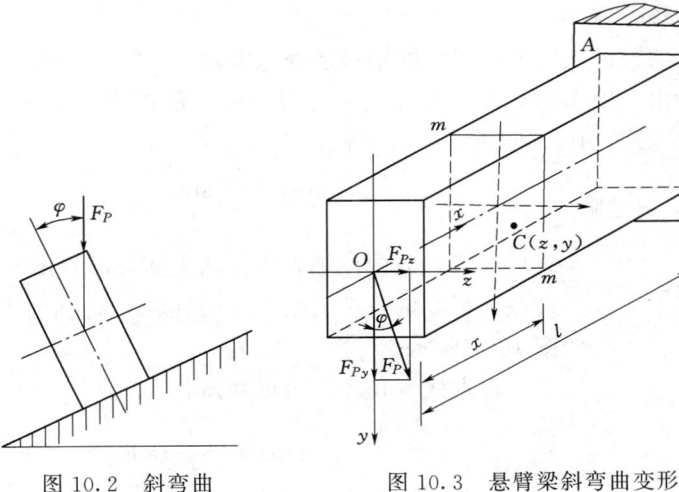

图 10.2 斜弯曲　　　　图 10.3 悬臂梁斜弯曲变形

假设悬臂梁在自由端受集中力 F_P 作用，F_P 垂直于梁的轴并通过截面形心，与形心主轴 y 成 φ 角。建立坐标系如图 10.3 所示。

10.2.1 外力分解

把 F_P 沿 y 轴和 z 轴分解为 F_{Py} 和 F_{Pz}，得

$$\left. \begin{array}{l} F_{Py} = F_P \cos\varphi \\ F_{Pz} = F_P \sin\varphi \end{array} \right\} \tag{10.1}$$

其中，F_{Py} 使梁在 xy 平面内弯曲，F_{Pz} 使梁在 yz 平面内弯曲。

10.2.2 内力分析

取距自由端 x 处截面 $m-m$，求出该截面弯矩 M_z 和 M_y。

$$\left. \begin{array}{l} M_z = F_{Py} x = x F_P \cos\varphi = M\cos\varphi \\ M_y = F_{Pz} x = x F_P \sin\varphi = M\sin\varphi \end{array} \right\} \tag{10.2}$$

其中，$M = F_P x$ 是 F_P 对截面 $m-m$ 的弯矩。

需要说明的是，梁的横截面上有剪力和弯矩两种内力。一般情况下，剪力影响很小，引起的切应力可以忽略。因此，在进行内力分析时，主要计算弯矩。

10.2.3 应力分析

在横截面 $m-m$ 上取任一点 $C(z, y)$，M_z 引起正应力 σ'，M_y 引起正应力 σ''。

$$\left. \begin{array}{l} \sigma' = \dfrac{M_z}{I_z} y = \dfrac{M\cos\varphi}{I_z} y \\ \sigma'' = \dfrac{M_y}{I_y} z = \dfrac{M\sin\varphi}{I_y} z \end{array} \right\} \tag{10.3}$$

根据叠加原理，横截面 $m-m$ 上任一点 C 处总弯曲正应力为

$$\sigma = \sigma' + \sigma'' = \dfrac{M_z}{I_z} y + \dfrac{M_y}{I_y} z = \dfrac{M\cos\varphi}{I_z} y + \dfrac{M\sin\varphi}{I_y} z \tag{10.4}$$

正应力的正负号可以直接观察弯矩 M_z 和 M_y 分别引起的正应力是拉应力还是压应力来确定。

10.2.4 确定中性轴位置

由于横截面上的最大正应力在离中性轴最远处，因此，要想求最大正应力，必须找到中性轴位置。由于中性轴截面上各点正应力等于零，所以用 y_0、z_0 表示中性轴上一点的坐标，代入式 (10.4)，令 $\sigma = 0$，则

$$\dfrac{\cos\varphi}{I_z} y_0 + \dfrac{\sin\varphi}{I_y} z_0 = 0 \tag{10.5}$$

式 (10.5) 为中性轴方程。从上式可以看出，中性轴是通过截面形心的一条直线，设中性轴与 z 轴的夹角为 α，如图 10.4 所示。

根据式 (10.5) 可以知道：

$$\tan\alpha = -\dfrac{I_z}{I_y} \tan\varphi \tag{10.6}$$

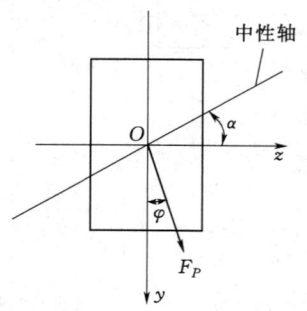

图 10.4 中性轴

由式 (10.6) 可知，中性轴的位置与 I_z、I_y 和 φ 有

关,即与横截面的形状和尺寸以及 φ 有关。

讨论：①如果 $I_z \neq I_y$，则 α 和 φ 不相等，即中性轴不垂直于外力作用的平面（如矩形等）；②如果 $I_z = I_y$，则 α 和 φ 相等，即中性轴垂直于外力作用的平面（如圆形、正方形等）。

10.2.5 最大正应力

为了进行强度计算，必须先确定危险截面，然后在危险截面上确定危险点。由式 (10.2) 可以看出，危险截面在悬臂梁固定端，最大正应力（危险点）在离中性轴最远处棱角 A、B 点，A 点为最大拉应力，B 点为最大压应力。

$$\left. \begin{array}{l} \sigma^+ = M\left(\dfrac{\cos\varphi}{I_z}y_a + \dfrac{\sin\varphi}{I_y}z_a\right) \\ \sigma^- = -M\left(\dfrac{\cos\varphi}{I_z}y_b + \dfrac{\sin\varphi}{I_y}z_b\right) \end{array} \right\} \quad (10.7)$$

对于不容易确定危险点的截面，如梁的横截面没有棱角，在确定中性轴位置以后，在横截面周边作两条与中性轴平行的切线，切点距中性轴最远的点为危险点。

(1) 强度条件。经过分析发现，危险截面上危险点 A、B 都是单向应力状态，如果材料的抗拉与抗压许用应力相同，则强度条件可写为

$$\sigma_{\max} = \dfrac{M_{z\max}}{I_z}y_{\max} + \dfrac{M_{y\max}}{I_y}z_{\max} = \dfrac{M_{z\max}}{W_z} + \dfrac{M_{y\max}}{W_y} \leqslant [\sigma] \quad (10.8)$$

(2) 梁的挠曲线计算。如图 10.5 所示，分力 F_{Py} 和 F_{Pz} 在自由端分别引起的挠度为

$$w_y = \dfrac{F_{Py}l^3}{3EI_z} = \dfrac{F_P\cos\varphi l^3}{3EI_z} \quad (10.9)$$

$$w_z = \dfrac{F_{Pz}l^3}{3EI_y} = \dfrac{F_P\sin\varphi l^3}{3EI_y} \quad (10.10)$$

则总挠度为两个挠度的几何和，大小为

$$w = \sqrt{w_y^2 + w_z^2} \quad (10.11)$$

设总挠度 w 与 y 轴方向的夹角为 β，则总挠度方向为

$$\tan\beta = \dfrac{w_z}{w_y} = \dfrac{I_z}{I_y}\tan\varphi = -\tan\alpha \quad (10.12)$$

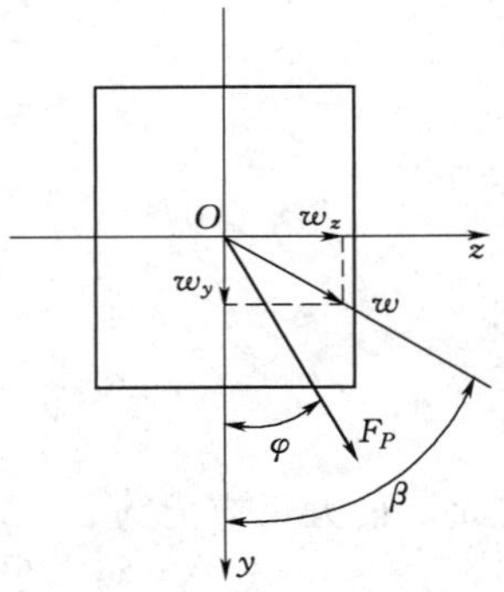

图 10.5 斜弯曲悬臂梁自由端挠度

式 (10.12) 表明，梁的两个形心主惯性矩 I_y 和 I_z 不相等，β 和 φ 不相等，说明斜弯曲梁的变形与载荷作用面不重合。只有形心主惯性矩 I_y 和 I_z 相等，β 和 φ 相等，梁的变形与载荷作用面重合，即平面弯曲。但无论梁形心主惯性矩 I_y 和 I_z 是否相等，梁的变形都在与中性轴垂直平面内。

【例题 10.1】 图 10.6 所示矩形截面的简支梁在跨中作用一个集中力 F_P。已知，$F_P = 10\text{kN}$，与形心主轴 y 形成 $\varphi = 15°$ 的夹角，设木材的弹性模量 $E = 10^4\text{MPa}$，试求：①危险截面上的最大正应力；②最大挠度及其方向。

解：

(1) 计算最大正应力：把载荷沿 y 轴和 z 轴分解为 F_{Py} 和 F_{Pz}，即

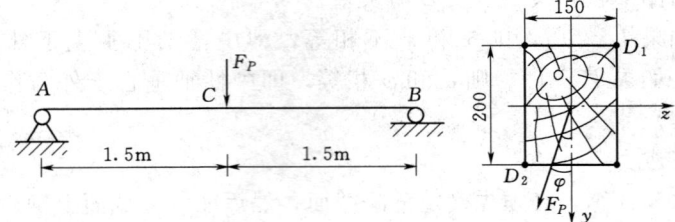

图 10.6 [例题 10.1] 图

$$F_y = F_P \cos\varphi = F_P \cos 15°$$
$$F_z = F_P \sin\varphi = F_P \sin 15°$$

危险截面在跨中，最大弯矩为

$$M_{z\max} = \frac{1}{2}F_{Py}l = \frac{1}{2}F_P \cos\varphi l = \frac{1}{2} \times 10 \times \cos 15° \times 1.5 = 7.25(\text{kN} \cdot \text{m})$$

$$M_{y\max} = \frac{1}{2}F_{Pz}l = \frac{1}{2}F_P \sin\varphi l = \frac{1}{2} \times 10 \times \sin 15° \times 1.5 = 1.94(\text{kN} \cdot \text{m})$$

由于正应力线性分布，再根据两弯矩方向，最大正应力在 D_1 点和 D_2 点，D_1 为最大拉应力点，D_2 为最大压应力点，由于矩形截面两点对称，因此，两点正应力的绝对值相等，只计算一点即可，计算 D_1 点。

$$\sigma_{\max} = \frac{M_{z\max}}{W_z} + \frac{M_{y\max}}{W_y}$$

其中

$$W_z = \frac{bh^2}{6} = \frac{150 \times 200^2}{6} = 10^6 (\text{mm}^3)$$

$$W_y = \frac{hb^2}{6} = \frac{200 \times 150^2}{6} = 7.5 \times 10^5 (\text{mm}^3)$$

因此，最大正应力为

$$\sigma_{\max} = \frac{M_{z\max}}{W_z} + \frac{M_{y\max}}{W_y} = \frac{7.25 \times 10^6}{10^6} + \frac{1.94 \times 10^6}{7.5 \times 10^5} = 9.84(\text{MPa})$$

（2）计算最大挠度及其方向：沿 z 轴和 y 轴方向的挠度为

$$w_z = \frac{F_{Pz}(2l)^3}{48EI_y} = \frac{F_P \sin\varphi l^3}{6EI_y}$$

$$w_y = \frac{F_{Py}(2l)^3}{48EI_z} = \frac{F_P \cos\varphi l^3}{6EI_z}$$

其中

$$I_y = \frac{hb^3}{12} = \frac{200 \times 150^3}{12} = 5.6 \times 10^7 (\text{mm}^4)$$

$$I_z = \frac{bh^3}{12} = \frac{150 \times 200^3}{12} = 1 \times 10^8 (\text{mm}^4)$$

总挠度为

10.2 斜 弯 曲

$$w = \sqrt{w_y^2 + w_z^2} = \frac{F_P l^3}{6EI_z}\sqrt{\left(\frac{I_z}{I_y}\right)^2 \sin^2\varphi + \cos^2\varphi}$$

$$= \frac{10\times10^3\times(1.5\times10^3)^3}{6\times10^4\times10^8}\sqrt{\left(\frac{10^8}{5.6\times10^7}\right)^2\sin^2 15° + \cos^2 15°}$$

$$= 6.02(\text{mm})$$

设总挠度 w 与 y 轴方向的夹角为 β，则总挠度方向为

$$\tan\beta = \frac{w_z}{w_y} = \frac{I_z}{I_y}\tan\varphi = \frac{10^8}{5.6\times10^7}\tan 15° = 0.478$$

即 $\beta = 25.55°$。

【例题 10.2】 如图 10.7 所示圆截面杆的直径为 120mm，试求杆上的最大正应力及其作用位置。

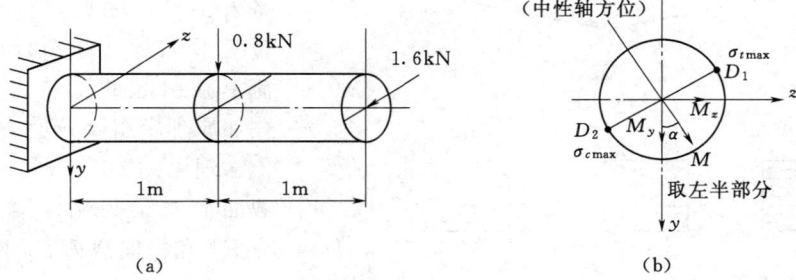

图 10.7 [例题 10.2] 图

解：

(1) 确定危险截面上的内力：分析可得固定端处为危险截面，将杆沿固定端截面截开，取其左半部分分析内力，截面上有两个弯矩分量，如图 10.7（b）所示，分别是

$$M_z = 0.8\times 1 = 0.8(\text{kN}\cdot\text{m}), \quad M_y = 1.6\times 2 = 3.2(\text{kN}\cdot\text{m})$$

由于圆轴任意过形心的轴均为形心主轴，所以圆杆产生的是平面弯曲，固定端截面上合成弯矩的大小为

$$M = \sqrt{M_y^2 + M_z^2} = 3.3\text{kN}\cdot\text{m}$$

同时，求得合成弯矩的方位，即变形后固定端截面上中性轴方位，如图 10.7（b）所示。

$$\alpha = \arctan\frac{M_z}{M_y} = \arctan\frac{0.8}{3.2} = 14.04°$$

(2) 计算杆上的最大正应力：在合成弯矩的作用下，杆上的最大正应力应发生在距离中性轴最远的点，即图 10.7（b）所示的 D_1、D_2 点，其正应力为

$$\sigma_{\max} = \frac{M}{W} = \frac{3.3\times 10^3\times 32}{\pi\times 0.12^3} = 19.5(\text{MPa})$$

10.3 拉伸（压缩）与弯曲组合

杆件在受轴向拉伸（压缩）力作用时，还受通过其轴线的纵向平面内垂直于轴线的载荷作用，这时杆将发生拉伸（压缩）与弯曲的组合变形。

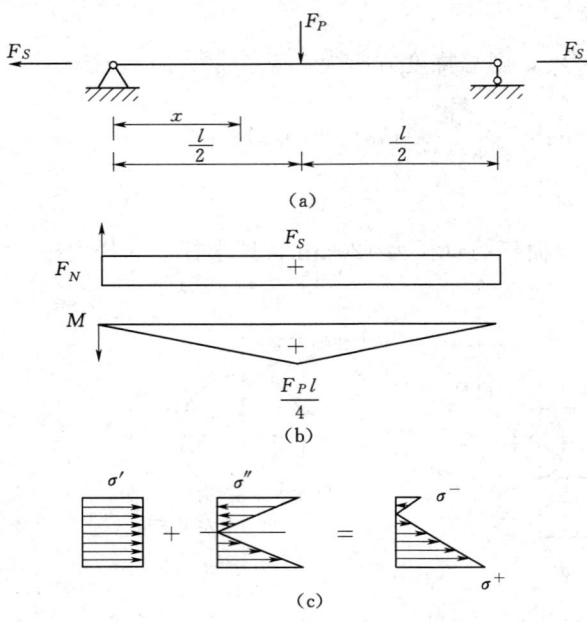

例如，烟囱在自重和风力的作用下发生压弯组合变形，如图 10.1（a）所示。在自重作用下，引起轴向压缩，在风力作用下引起弯曲，是轴向压缩与弯曲的组合。但是，这里的杆件具有较大的抗弯刚度，即轴向拉（压）力引起的弯矩可略去不计，因此，计算这种组合变形强度，分别计算各种载荷单独引起的正应力，然后按叠加原理求组合正应力。

图 10.8 矩形截面梁拉弯组合变形

现以图 10.8（a）所示矩形截面简支梁为例，梁受轴向拉力 F_S 和横向载荷 F_P 同时作用。

（1）外力。首先分析梁的外力作用引起的变形：F_S—轴向拉力，引起拉伸变形；F_P—横向载荷，引起弯曲变形。

（2）内力。求横截面上的内力，即

轴力：
$$F_N = F_S$$

弯矩：
$$M = \frac{F_P}{2}x \quad \left(0 \leqslant x \leqslant \frac{l}{2}\right) \tag{10.13}$$

由内力图 10.8（b）可看出，最大弯矩在梁的跨中，即

$$M_{max} = \frac{F_P}{4}l \tag{10.14}$$

由于梁弯曲切应力引起的破坏非常小，剪力可不考虑。

（3）正应力分析。轴力 F_N 引起的正应力 σ' 在梁的横截面上均匀分布。

$$\sigma' = \frac{F_N}{A} = \frac{F_S}{A} \tag{10.15}$$

式中：A 为梁的横截面面积。

弯矩 M 引起的正应力 σ'' 在梁的横截面上线性分布。距离中性轴为 y 处的正应

10.3 拉伸（压缩）与弯曲组合

力为

$$\sigma'' = \frac{My}{I_z} \tag{10.16}$$

根据叠加原理，横截面上正应力为

$$\sigma = \sigma' + \sigma'' = \frac{F_S}{A} \pm \frac{My}{I_z} \tag{10.17}$$

设 $\sigma'' > \sigma'$，最大拉应力、压应力在梁的中点截面下、上边缘处，公式为

$$\sigma_{\max} = \frac{F_S}{A} \pm \frac{M_{\max}}{W_z} = \frac{F_S}{A} \pm \frac{F_P l}{4W_z} \tag{10.18}$$

正应力分布如图 10.8（c）所示，正应力符号与前述规定相同。

（4）强度条件。危险点的应力为单向应力状态，因此直接建立强度条件：

$$\sigma = \frac{F_S}{A} + \frac{F_P l}{4W_z} \leqslant [\sigma] \tag{10.19}$$

如果杆件横截面为非对称，即许用拉应力与许用压应力不相等时，杆内的最大拉应力和最大压应力必须分别满足杆件的拉、压强度条件。

【例题 10.3】 图 10.9 所示，宽度为 b、厚度为 t 的板，板一侧有半径为 r 的半圆缺口，两端受合力为 F_P 的均布拉伸载荷作用，求最小截面 BC 处的应力。

解：
载荷的合力 F_P 作用于两端截面的形心，设过 BC 截面形心的轴线与过合力作用点的轴线之间距离为 h，则

$$h = \frac{b}{2} - \frac{b-r}{2} = \frac{r}{2}$$

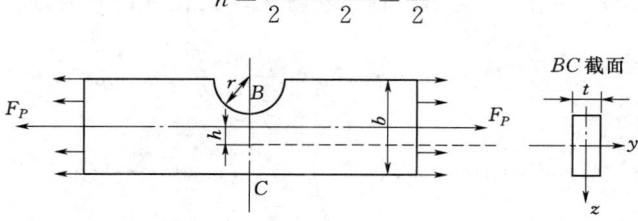

图 10.9 ［例题 10.3］图

作用于截面 BC 的力为拉力 F_P 和弯矩 $M = -F_P h = -\dfrac{F_P r}{2}$，故截面 BC 上产生的应力为

$$\sigma = \frac{F_P}{A} + \frac{Mz}{I_y} = \frac{F_P}{t(b-r)} - \frac{F_P \dfrac{r}{2} z}{\dfrac{t(b-r)^3}{12}} = \frac{F_P}{t(b-r)} - \frac{6F_P rz}{t(b-r)^3}$$

因此，B、C 点的应力 σ_B、σ_C 为

$$\sigma_B = \frac{F_P}{t(b-r)} - \frac{6F_P r \left(-\dfrac{b-r}{2}\right)}{t(b-r)^3} = \frac{F_P}{t(b-r)} \left(1 + \frac{3r}{b-r}\right)$$

$$\sigma_C = \frac{F_P}{t(b-r)} - \frac{6F_P r \dfrac{b-r}{2}}{t(b-r)^3} = \frac{F_P}{t(b-r)}\left(1 - \frac{3r}{b-r}\right)$$

【例题 10.4】 直径为 d、长度为 l 的均质实心圆杆 AB，其 B 端为铰链，A 端倚靠在光滑的铅垂墙上，杆轴线与水平面成角 θ，如图 10.10（a）所示。试求由杆自重产生的圆杆内压应力为最大时的横截面位置 x。

解：

（1）受力分析：以杆 AB 为研究对象，设杆件单位长度的重量为 q，墙对杆的水平支反力为 F_A，圆杆的受力图如图 10.10 (b) 所示。由平衡方程得

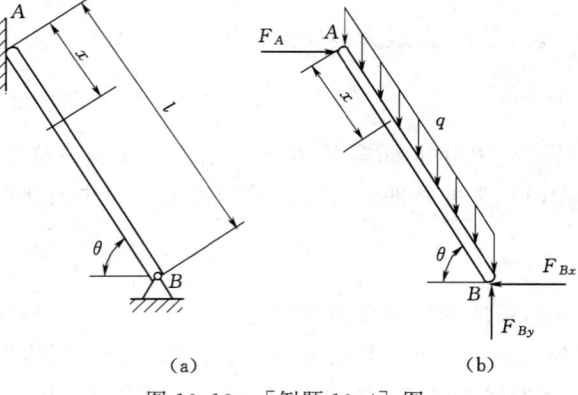

图 10.10　［例题 10.4］图

$$\sum M_B = 0, \quad F_A l\sin\theta - ql\frac{l}{2}\cos\theta = 0$$

求得墙面对杆的水平反力为

$$F_A = \frac{ql}{2\tan\theta}$$

（2）分析任意横截面 x 上的内力分量：杆 AB 由于自重和约束力产生压缩和弯曲的组合变形，对于任一截面 x 会出现轴力和弯矩，其表达式分别为

$$F_N = F_A\cos\theta + qx\sin\theta = \frac{ql}{2}\frac{\cos^2\theta}{\sin\theta} + qx\sin\theta$$

$$M = F_A\sin\theta\, x - qx\cos\theta\frac{x}{2} = \frac{ql}{2}x\cos\theta - \frac{qx^2}{2}\cos\theta$$

（3）求解任意截面上的应力：将轴力产生的压应力和弯矩产生的压应力进行叠加，由于弯矩引起线性分布正应力，则最大正应力为

$$\sigma = \frac{F_N}{A} + \frac{M}{W} = \frac{4}{\pi d^2}\left(\frac{ql}{2}\frac{\cos^2\theta}{\sin\theta} + qx\sin\theta\right) + \frac{32}{\pi d^3}\left(\frac{ql}{2}x\cos\theta - \frac{qx^2}{2}\cos\theta\right)$$

（4）确定杆内压应力最大的横截面的位置：将上述所得最大压应力 σ 对 x 求导，并令导数等于零，可得到正应力 σ 的极值点的位置，即

$$\frac{d\sigma}{dx} = 0, \quad \frac{4}{\pi d^2}q\sin\theta + \frac{32}{\pi d^3}\left(\frac{ql}{2}\cos\theta - qx\cos\theta\right) = 0$$

求得圆杆内最大压应力所在的截面位置为

$$x = \frac{l}{2} + \frac{d}{8}\tan\theta$$

10.4 偏心压缩截面核心

当外力作用线与杆的轴线平行但不重合时，将引起偏心压缩或拉伸（eccentric compression or tension），这实际是一种压缩（拉伸）与弯曲的组合变形。如图 10.11 厂房中吊车立柱，受到载荷 F_{P1} 和 F_{P2} 作用，F_{P1} 为轴向力，引起压缩变形，F_{P2} 作用线不经过立柱的轴线，因此，立柱将同时发生轴向压缩和弯曲变形。

10.4.1 偏心压缩应力计算

下面以矩形截面柱为例，如图 10.12（a）所示，矩形截面杆在 A 点受压力 F_P 作用。过截面形心建立直角坐标系，设 F_P 力作用点 A 的坐标为 y_F 和 z_F。

(1) 外力分析。把力 F_P 平移到形心轴上，因此截面上有外力 F_P、力矩 M_z 和 M_y，其中

$$M_z = F_P y_F$$
$$M_y = F_P z_F \tag{10.20}$$

(2) 内力分析。求出任一横截面上的内力，轴力为 $F_N = -F_P$，弯矩为 M_z、M_y，因此，偏心压（拉）属于压（拉）弯组合变形。

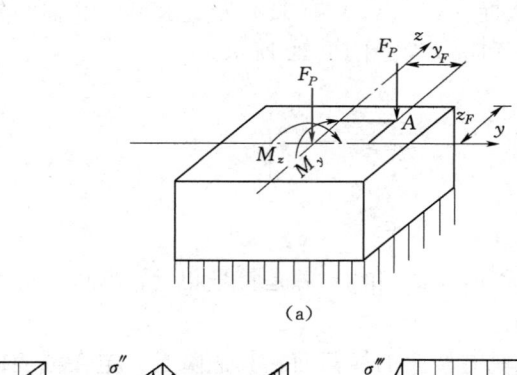

图 10.11 吊车立柱

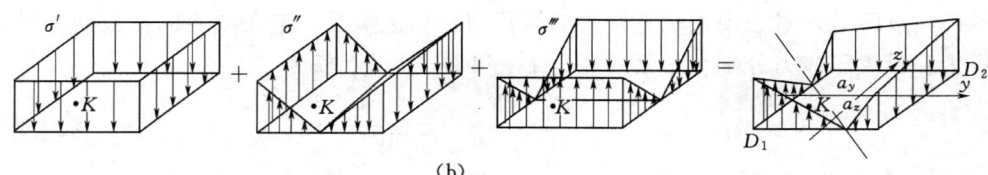

图 10.12 矩形截面柱及应力分布

(3) 应力分析。设轴力 F_N 引起正应力 σ'，M_z 引起正应力 σ''，M_y 引起正应力 σ'''，则任一横截面上 K 点的应力为

$$\sigma' = -\frac{F_P}{A}, \quad \sigma'' = -\frac{M_z y}{I_z}, \quad \sigma''' = -\frac{M_y z}{I_y} \tag{10.21}$$

其中，σ'' 和 σ''' 是压应力。

应用叠加原理，叠加后的正应力为

$$\sigma=\sigma'+\sigma''+\sigma'''=-\frac{F_P}{A}-\frac{M_zy}{I_z}-\frac{M_yz}{I_y}=-\frac{F_P}{A}-\frac{F_Py_Fy}{I_z}-\frac{F_Pz_Fz}{I_y} \tag{10.22}$$

正应力分布如图10.12（b）所示（设两个同方向的正应力大于一个反方向的正应力）。

（4）中性轴。为了寻找危险点，先找中性轴，中性轴上正应力 $\sigma=0$。

$$\sigma=-\frac{F_P}{A}-\frac{F_Py_Fy}{I_z}-\frac{F_Pz_Fz}{I_y}=0 \tag{10.23}$$

令

$$\frac{I_z}{A}=i_z^2,\quad \frac{I_y}{A}=i_y^2 \tag{10.24}$$

其中，i_z 和 i_y 为横截面面积对 z 轴和 y 轴的惯性半径。

将式（10.24）代入式（10.23），得

$$-\frac{F_P}{A}\left(1+\frac{y_Fy}{i_z^2}+\frac{z_Fz}{i_y^2}\right)=0$$

令 y_0、z_0 为中性轴上任一点的坐标，因此得到中性轴方程为

$$1+\frac{y_Fy_0}{i_z^2}+\frac{z_Fz_0}{i_y^2}=0 \tag{10.25}$$

式（10.25）表明，中性轴是一条不通过坐标原点（截面形心）的斜直线。它的位置与偏心力作用点 A 的坐标 (y_F, z_F) 有关，为了求出中性轴的位置，设它与坐标轴 y、z 的截距分别为 a_y 和 a_z，如图10.12所示。

当 $y_0=0$，$z_0=0$ 时：

$$\left.\begin{aligned}a_z&=-\frac{i_y^2}{z_F}\\a_y&=-\frac{i_z^2}{y_F}\end{aligned}\right\} \tag{10.26}$$

式（10.26）表明，a_z 和 z_F、a_y 和 y_F 总是符号相反，所以，外力作用点与中性轴必分别处于截面形心两侧。

（5）危险点。对于周边具有棱角的横截面，其危险点一定在截面的棱角处，最大拉应力和最大压应力分别在截面的棱角 D_1 和 D_2 处。其值为

$$\sigma_-^+=-\frac{F_P}{A}\pm\frac{F_Pz_F}{W_y}\pm\frac{F_Py_F}{W_z} \tag{10.27}$$

对于周边不具有棱角的横截面，在周边作与中性轴平行的两条切线，两切点为危险点，即横截面上最大拉应力与最大压应力的点。

（6）强度条件。由于危险点为单向应力状态，因此直接建立强度条件：

$$\sigma_-^+=-\frac{F_P}{A}\pm\frac{F_Pz_F}{W_y}\pm\frac{F_Py_F}{W_z}\leqslant[\sigma] \tag{10.28}$$

10.4.2 截面核心

如前所述，当偏心压力 F_P 的偏心距较小时，杆横截面上可能不出现拉应力，当

10.4 偏心压缩截面核心

偏心压力 F_P 的偏心距较大时，杆横截面上可能不出现压应力。土建工程中常用的混凝土构件和砖、石砌体，其拉伸强度远低于压缩强度，在这类构件的设计计算中，往往认为其拉伸强度为零。这就要求构件在受偏心压力作用时，其横截面上不出现拉应力。为此，应使中性轴与横截面不相交。由式（10.26）可以看出，如果（y_F, z_F）较小时，即外力作用点离形心越近，中性轴离形心越远。因此，当外力作用点位于截面形心附近的一个区域内时，就可以保证中性轴不与横截面相交，这个区域称为截面核心 (core of section)。当外力作用在截面核心的边界上时，与此相对应的中性轴正好与截面的周边相切，利用这一关系确定截面核心的边界。

为确定任意形状截面的截面核心边界（图 10.13），可将与截面周边相切的任意直线①视为中性轴，由式（10.26）确定与该中性轴对应的外力作用点 1，即截面核心的边界上的一个坐标，同理，分别将与截面周边相切的任意直线②、③等视为中性轴，由公式确定与该中性轴对应的外力作用点 2、3 等坐标，连接这些点得到一条封闭的曲线，曲线所包围的带阴影的面积，即截面核心。

下面以矩形截面为例，说明确定截面核心的方法。

如图 10.14 所示，矩形截面边长为 b、h，y 轴、z 轴为截面形心主惯性轴，先将与 AB 边相切的直线①视为中性轴，其在 y、z 两轴上的截距分别为

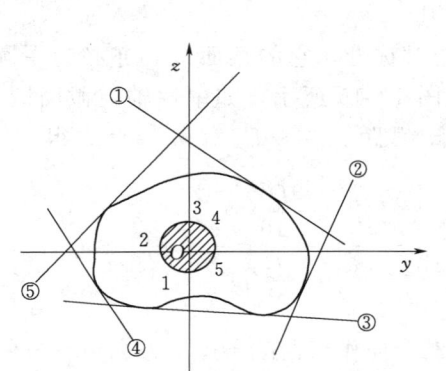

图 10.13 任意形状截面核心计算

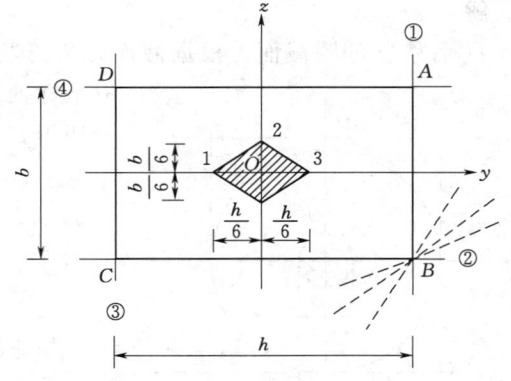

图 10.14 矩形截面核心计算

$$a_{y1}=\frac{h}{2}, \quad a_{z1}=\infty$$

其惯性半径为

$$i_y^2=\frac{b^2}{12}, \quad i_z^2=\frac{h^2}{12}$$

因此，得到截面核心边界 1 点的坐标为

$$y_{F1}=-\frac{i_z^2}{a_y}=-\frac{\dfrac{h^2}{12}}{\dfrac{h}{2}}=-\frac{h}{6}, \quad z_{F1}=-\frac{i_y^2}{a_z}=0$$

同理，分别取 BC、CD 和 DA 边相切的直线②、③、④为中性轴，可求得对应的

截面核心边界点 2、3、4 的坐标分别为 $y_{F_2}=0$，$z_{F_2}=\dfrac{b}{6}$，$y_{F_3}=\dfrac{h}{6}$，$z_{F_3}=0$，$y_{F_4}=0$，$z_{F_4}=-\dfrac{b}{6}$。

这样可得到截面核心边界上的 4 个点。但是通过 4 个点，不能完全确定截面核心的形状，即外力作用点的规律，如果中性轴由 1 转到 2，可以求出每个中性轴相对应的截面边界的位置，得到截面核心形状。但是，这样做过于烦琐，可通过中性轴方程确定。当中性轴由 1 转到 2 时，A 点坐标 $\left(\dfrac{h}{2},\dfrac{b}{2}\right)$ 为常数，中性轴方程 $1+\dfrac{y_F y_0}{i_z^2}+\dfrac{z_F z_0}{i_y^2}=0$ 中，y_0、z_0 为常数，可以发现，y_F、z_F 的关系为一条直线，因而，可以确定 1、2 点之间的关系也为一条直线。同理，确定 2、3、4 点之间的关系也为一条直线。所以，确定矩形截面偏心压（拉）截面核心为菱形。

对于具有棱角的截面，均可按上述方法确定截面核心。对周边具有凹进部分的截面（如"T"形截面），在选取中性轴边界时，凹进部分的周边不能作为中性轴，因为这种直线与横截面相交。

【例题 10.5】 试确定直径为 D 的圆形截面的截面核心。

解：

直径为 D 的圆截面，根据截面几何形状的对称性，它的截面核心亦必为一圆。

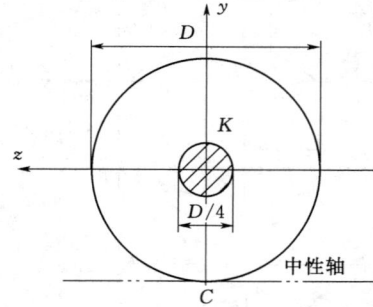

图 10.15 ［例题 10.5］图

取坐标轴如图 10.15 所示，如中性轴与截面圆周相切于 C 点，截距 $a_y=-D/2$，$a_z=\infty$，得

$$y_F=-\dfrac{i_z^2}{a_y}=\dfrac{-\dfrac{D^2}{16}}{-\dfrac{D}{2}}=\dfrac{D}{8},\quad z_F=0$$

相应的载荷应作用在 K（0，$D/8$），由于圆截面的中心对称性，截面核心是一个半径为 $D/8$ 的圆域如图 10.15 中阴影部分。

10.5 扭转与弯曲组合

工程中有许多构件同时受扭转与弯曲变形作用，如机械中的传动轴，下面以圆截面轴为例，叙述强度计算方法。

如图 10.16 所示，悬臂圆轴右端安有皮带轮，皮带轮拉力铅垂向下，分别为 F_{P1}、F_{P2}（$F_{P1}>F_{P2}$），圆轴直径 d，皮带轮直径为 D。

（1）外力。首先分析作用在圆轴上的外力。根据力的平移定理，把作用在皮带轮上的外力 F_{P1}、F_{P2} 平移到圆轴上，因此，作用在圆轴上的外力有

$$F_P=F_{P1}+F_{P2},\quad M_e=(F_{P1}-F_{P2})\dfrac{D}{2} \tag{10.29}$$

根据外力分析知道，圆轴在外力 F_P 和外力偶 M_e 作用下为弯曲与扭转组合变形。

(2) 内力——画出内力图。任意截面上的内力方程为

弯矩：
$$M_z = F_P x \quad (0 \leqslant x \leqslant l)$$

扭矩：
$$T = M_e \quad (0 \leqslant x < l) \tag{10.30}$$

最大弯矩：
$$M_{z\max} = F_P l$$

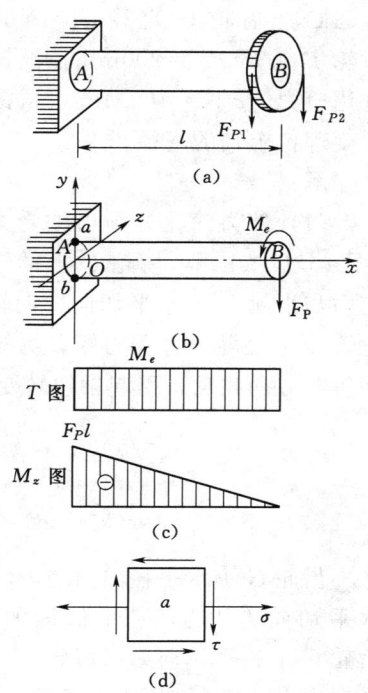

图 10.16 悬臂圆轴弯曲与扭转组合变形

(3) 应力。由内力分析得到危险截面为 A，则危险截面上离中性轴最远点 a、b 为危险点，弯矩和扭矩分别产生的应力为

$$\sigma = \pm \frac{M_{z\max}}{W_z} = \frac{F_P l}{W_z}, \quad \tau = \frac{T}{W_P} = \frac{M_e}{W_P} \tag{10.31}$$

(4) 强度条件。在危险点 a 取出单元体，应力状态如图 10.16 (d) 所示，根据应力状态分析，应用第三、第四强度理论，建立扭转与弯曲组合变形强度条件：

$$\sigma_{r3} = \sqrt{\sigma^2 + 4\tau^2} \leqslant [\sigma] \tag{10.32}$$

$$\sigma_{r4} = \sqrt{\sigma^2 + 3\tau^2} \leqslant [\sigma] \tag{10.33}$$

如果将应力式 (10.31) 代入式 (10.32)、式 (10.33)，并且将圆轴中 $W_z = \dfrac{\pi d^3}{32}$、$W_P = \dfrac{\pi d^3}{16}$ 代入，那么，应用第三、第四强度理论，扭转与弯曲组合变形强度条件为

$$\sigma_{r3} = \frac{\sqrt{M^2 + T^2}}{W} \leqslant [\sigma] \tag{10.34}$$

$$\sigma_{r4} = \frac{\sqrt{M^2 + 0.75T^2}}{W} \leqslant [\sigma] \tag{10.35}$$

必须强调指出，式 (10.34)、式 (10.35) 只适用于圆轴扭转与弯曲组合变形情况。

另外，工程上有许多构件同时承受两个垂直平面的弯曲 M_y、M_z 和扭转，这时截面上的弯矩为两个弯矩的合成，即 $M_{总} = \sqrt{M_y^2 + M_z^2}$。

【例题 10.6】 如图 10.17 (a) 所示一钢制实心圆轴，轴上的齿轮 C 上作用有铅垂切向力 5kN；径向力 1.82kN；齿轮 D 上作用有水平切向力 10kN；径向力

3.64kN。齿轮 C 直径 $d_1=400$mm，齿轮 D 直径 $d_2=200$mm。设材料的许用应力 $[\sigma]=100$MPa，试按第四强度理论求轴的直径。

解：

(1) 外力简化，画出轴受力简图 [图 10.17 (b)]：齿轮 C 上的铅垂切向力与齿轮 D 上水平切向力向轴线简化，简化后得到力和力矩，力矩大小相等、方向相反，引起轴扭转变形。

$$M_e=m_1=m_2=5\times\frac{d_1}{2}$$
$$=5\times\frac{0.4}{2}=1(\text{kN}\cdot\text{m})$$

齿轮 C 上水平径向力与齿轮 D 上水平切向力引起 xz 平面内的弯曲，齿轮 C 上铅垂切向力与齿轮 D 上铅垂径向力引起 xy 平面内的弯曲。

(2) 分别作内力图——扭矩图 T，xy 平面内的弯矩图 M_z，xz 平面内的弯矩图 M_y，如图 10.17 (c) 所示。

(3) 判断危险截面：由内力图可以判断出轴的危险截面为截面 B。在截面 B 上，扭矩 T 和合成弯矩 M 分别为

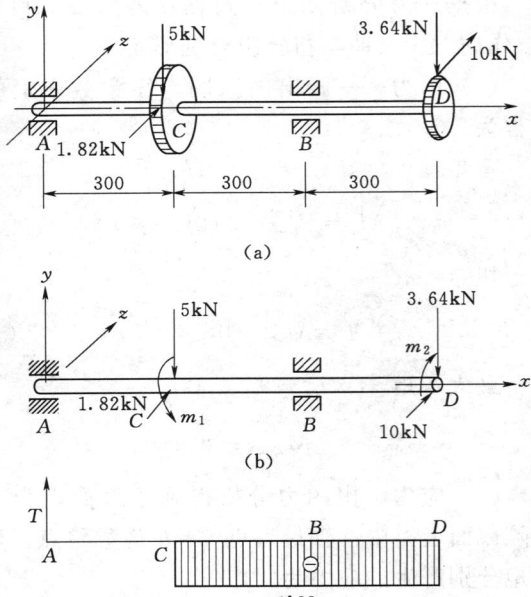

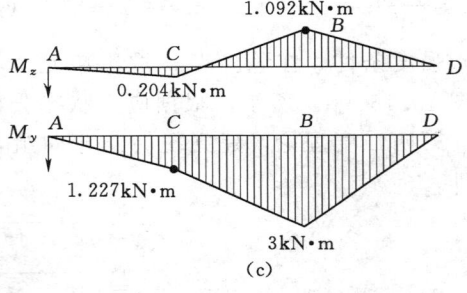

图 10.17 [例题 10.6] 图

$$T=M_e=1\text{kN}\cdot\text{m}$$
$$M=\sqrt{M_z^2+M_y^2}=\sqrt{1.092^2+3^2}=3.19(\text{kN}\cdot\text{m})$$

(4) 按照第四强度理论，求轴的直径：由式 (10.35) 得

$$\sigma_{r4}=\frac{\sqrt{M^2+0.75T^2}}{W}\leqslant[\sigma]$$

$$\sqrt{M^2+0.75T^2}=\sqrt{3.19^2+0.75\times1^2}=3.3(\text{kN}\cdot\text{m})$$

$$d\geqslant\sqrt[3]{\frac{32\times3.3\times10^6}{\pi[\sigma]}}=\sqrt[3]{\frac{32\times3.3\times10^6}{\pi\times100}}=69.5(\text{mm})$$

小　结

本章的主要内容如下：

（1）组合变形概念。构件在受外力作用下，同时产生两种或两种以上的基本变形，称为组合变形。

（2）组合变形构件强度分析方法。

组合变形构件强度是在各种基本变形应力计算基础上，具体步骤如下：

1）对外力进行分解，分解成几组基本变形构件受力情况。

2）分析基本变形的内力，确定危险截面。

3）计算危险截面上的应力，确定危险点位置。

4）根据危险点应力状态，建立相应的强度理论。

（3）常见的几种组合变形强度条件。

1）斜弯曲：

$$\sigma_{\max}=\frac{M_{z\max}}{I_z}y_{\max}+\frac{M_{y\max}}{I_y}z_{\max}=\frac{M_{z\max}}{W_z}+\frac{M_{y\max}}{W_y}\leqslant[\sigma]$$

2）拉伸（压缩）与弯曲：

$$\sigma_{\max}=\frac{F_S}{A}+\frac{M_{\max}}{W_z}\leqslant[\sigma]$$

3）偏心压缩：

$$\sigma_{-}^{+}=-\frac{F_P}{A}\pm\frac{M_{y\max}}{W_y}\pm\frac{M_{z\max}}{W_z}\leqslant[\sigma]$$

4）扭转与弯曲：

$$\sigma_{r3}=\sqrt{\sigma^2+4\tau^2}\leqslant[\sigma],\ \sigma_{r4}=\sqrt{\sigma^2+3\tau^2}\leqslant[\sigma]$$

如果为圆轴，则

$$\sigma_{r3}=\frac{\sqrt{M^2+T^2}}{W}\leqslant[\sigma],\ \sigma_{r4}=\frac{\sqrt{M^2+0.75T^2}}{W}\leqslant[\sigma]$$

习　题

第 10 章基础知识测试

10.1　悬臂梁受到水平平面内 F_{P1} 及铅垂面内 F_{P2} 的作用，如题 10.1 图所示，$F_{P1}=0.8\text{kN}$，$F_{P2}=1.65\text{kN}$，$l=1000\text{mm}$，该梁的尺寸为 $b=90\text{mm}$，$h=180\text{mm}$，弹性模量 $E=10\text{GPa}$，试求最大正应力及其作用点位置，并求该梁的最大挠度。

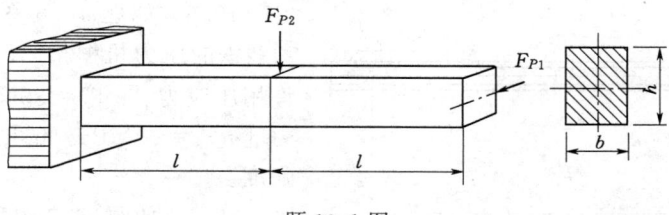

题 10.1 图

10.2 宽高比 $b/h=1/2$ 的矩形截面木梁，长度 $l=2\text{m}$，在自由端截面承受与水平面成 $30°$ 的集中载荷 $F_P=240\text{N}$，如题 10.2 图所示。设木材的许用正应力 $[\sigma]=10\text{MPa}$，不考虑切应力强度，试选定其截面尺寸。

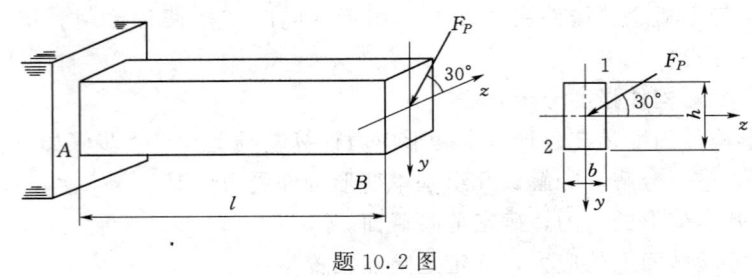

题 10.2 图

10.3 工字形截面简支梁如题 10.3 图所示，力 F_P 与截面铅垂轴的交角为 $5°$，若 $F_P=60\text{kN}$，$l=4\text{m}$，$[\sigma]=160\text{MPa}$，且最大挠度不超过 $\dfrac{l}{400}$，试选定工字钢的型号。

10.4 如题 10.4 图所示，梁 AB 的截面为 $100\text{mm}\times100\text{mm}$ 的正方形，若 $F_P=3\text{kN}$，求最大拉应力及最大压应力。

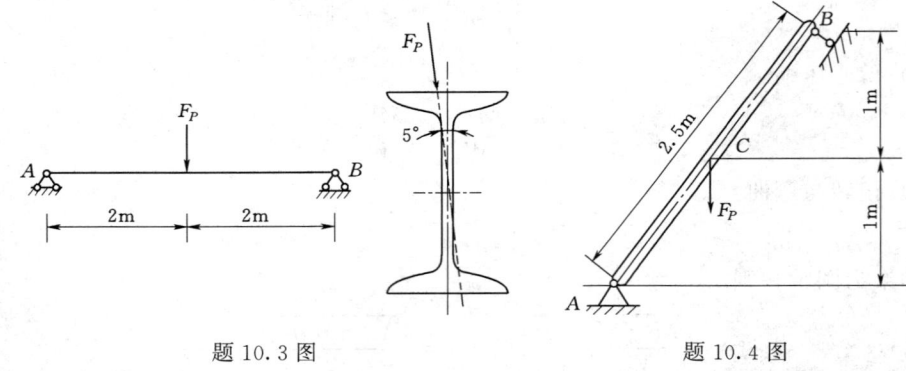

题 10.3 图　　　　　　题 10.4 图

10.5 如题 10.5 图所示，外悬式起重机由工字梁 AB 及拉杆 BC 组成，起重载荷 $F_P=25\text{kN}$，$l=2\text{m}$，若 $[\sigma]=100\text{MPa}$，而 B 处支承可近似地视为铰接，支承反力通过两杆轴线的交点，试选择 AB 梁的截面。

10.6 如题 10.6 图所示材料为灰口铸铁的压力机框架。已知 $F_P=12\text{kN}$，许用压应力 $[\sigma]^-=30\text{MPa}$，许用拉应力 $[\sigma]^+=80\text{MPa}$。试校核框架立柱的强度。

10.7 如题 10.7 图所示，砖砌烟囱高 $h=30\text{m}$，底截面 $m-m$ 的外径 $d_1=$

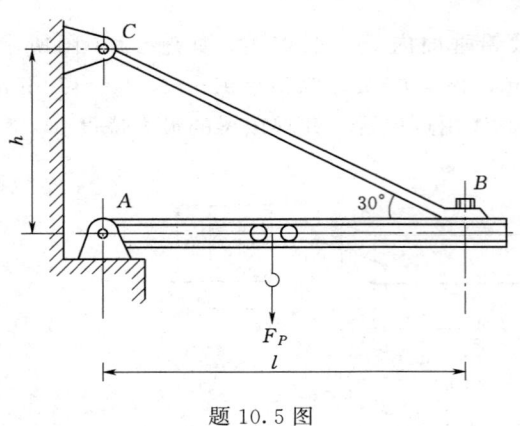

题 10.5 图

3m，内径 $d_2=2$m，自重 $P_1=2000$kN，受 $q=1$kN/m 的风力作用。试求：①烟囱底截面上的最大压应力；②若烟囱的基础埋深 $h_0=4$m，基础及填土自重按 $P_1=1000$kN 计算，土壤的许用压应力 $[\sigma]^-=0.3$MPa，圆形基础的直径 D 应为多大？

注：计算风力时，可略去烟囱直径的变化，把它看作是等截面的。

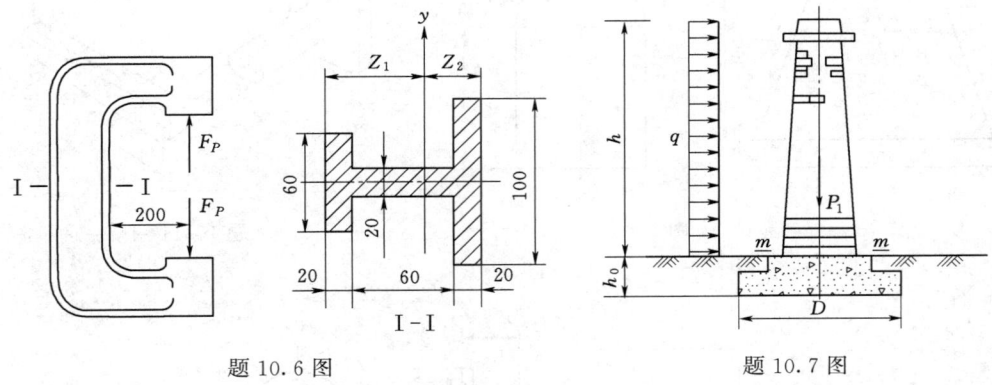

题 10.6 图   题 10.7 图

10.8 受拉构件形状如题 10.8 图所示，已知截面尺寸为 40mm×5mm，承受轴向拉力 $F_P=12$kN。现拉杆开有切口，如不计应力集中影响，当材料的作用应力 $[\sigma]=100$MPa 时，试确定切口的最大许可深度，并绘出切口截面的应力变化图。

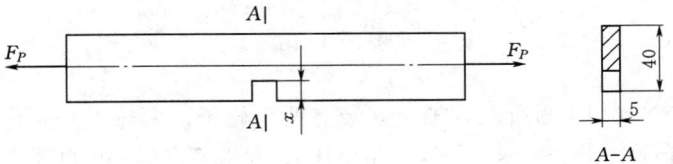

题 10.8 图

10.9 如题 10.9 图所示一浆砌块石挡土墙，墙高 4m，已知墙背承受的土压力 $F_P=137$kN，并且与铅垂线成夹角 $\alpha=45.7°$，浆砌石的密度为 2.35×10^3kg/m³。试取 1m 长的墙体作为计算对象，试计算作用在截面 AB 上 A 点和 B 点处的正应力。已知砌体的许用压应力 $[\sigma]^-$ 为 3.5MPa，许用拉应力 $[\sigma]^+$ 为 0.14MPa，试作强度校核。

10.10 短柱的截面形状如题 10.10 图所示，试确定其截面形心。

10.11 曲拐圆形部分的直径 $d=50$mm，受力如题 10.11 图所示，试绘出 A 点的应力状态，并求其主应力及最大切应力。

10.12 如题 10.12 图所示，电动机功率为 9kW，转速为 715r/min，皮带轮直径 $D=$

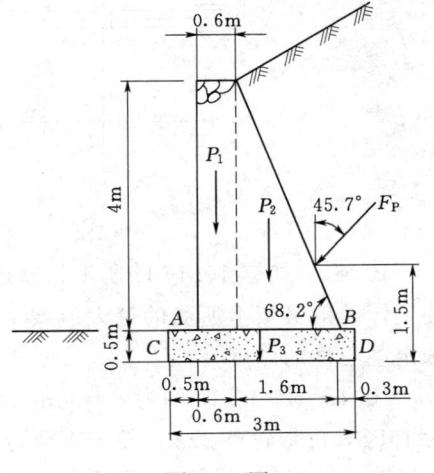

题 10.9 图

250mm，外伸臂长 $l=120$mm，轴的直径 $d=40$mm。若 $[\sigma]=60$MPa，试用第三强度理论进行校核轴的直径。

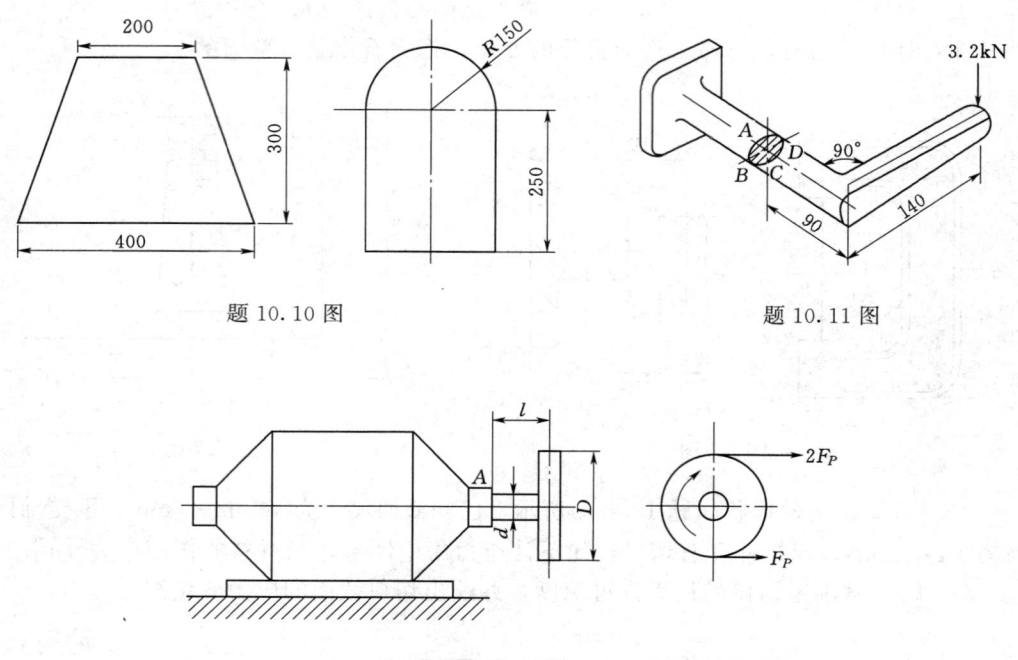

题 10.10 图　　　　　　　　　　　题 10.11 图

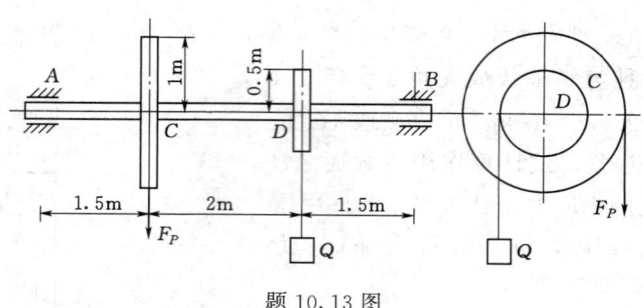

题 10.12 图

10.13　如题 10.13 图所示，轴上安装有两个轮子，两轮上分别作用有 $F_P=3$kN 及 Q，该轴处于平衡状态。若 $[\sigma]=60$MPa，试按第三及第四强度理论选定轴的直径。

题 10.13 图

10.14　如题 10.14 图所示，铁道路标圆信号板，装在外径 $D=60$mm 的空心圆柱上，若信号板上所受的最大风载 $p=2$kN/m^2，$[\sigma]=60$MPa，试按第三强度理论选定空心柱的厚度。

10.15　题 10.15 图为 $d=80$mm 的传动轴的外伸臂，转速 $n=110$r/min，传递功率为 16PS，皮带轮重 2kN，轮子直径为 1m。紧边皮带张力等于松边的三倍。若 $[\sigma]=70$MPa，试按第三强度理论计算许可外伸臂长度 l。

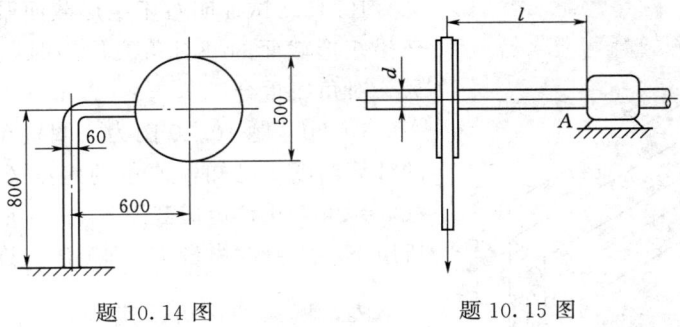

题 10.14 图　　　　　　题 10.15 图

10.16　如题 10.16 图所示为传动轴，传递功率为10PS，转速为100r/min，A 轮上的皮带是水平的，B 轮上的皮带是铅垂的，若两轮直径均为 600mm，$F_{P1}>F_{P2}$，$F_{P2}=1.5$kN，$[\sigma]=80$MPa，试按第三强度理论选定轴的直径。

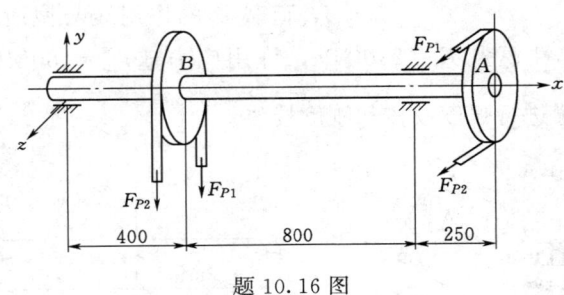

题 10.16 图

10.17　如题 10.17 图所示，飞机起落架的折轴为管状截面，内径 $d=70$mm，外径 $D=80$mm。材料的许用应力 $[\sigma]=100$MPa，$F_{P1}=1$kN，$F_{P2}=4$kN，试按第三强度理论校核折轴的强度。

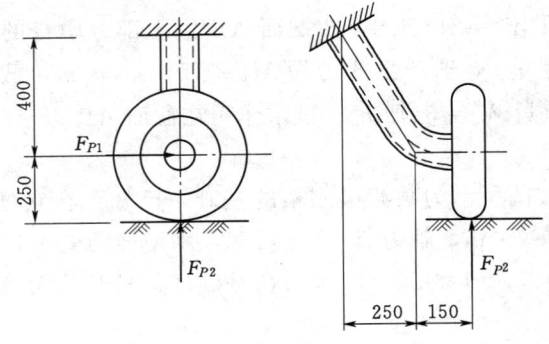

题 10.17 图

10.18　题 10.18 图所示为一木悬臂梁，梁长 $l=2$m，矩形截面 $b\times h=0.15$m$\times 0.3$m，集中荷载 $P=800$N，要求：

(1) 计算 α 为 0°和 90°时的最大拉应力，并指出最大拉应力发生在什么地方。

(2) 计算 α 为 45°时的最大拉应力，并指出最大拉应力发生在什么地方。

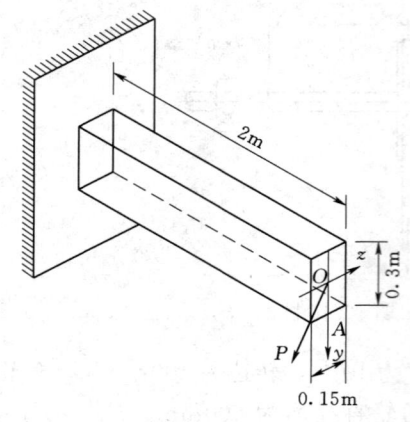

题 10.18 图

10.19 试证明对于矩形截面梁,当集中荷载 P 沿矩形截面的一对角线作用时,其中性轴将与另一对角线重合。

10.20 题 10.20 图为一搁置在屋架上的檩条的计算简图。已知:檩条的跨度 $l=5\text{m}$,均布荷载 $q=2\text{kN/m}$,矩形截面 $b \times h=0.15\text{m} \times 0.20\text{m}$,所用松木的弹性模量 $E=10\text{GPa}$,许用应力 $[\sigma]=10\text{MPa}$,檩条的许可挠度为 $[f]=\dfrac{l}{250}$,试校核檩条的强度和刚度。

10.21 题 10.21 图所示为一简支梁,选用了I25a工字钢。已知:作用在跨中的集中荷载 $P=5\text{kN}$,荷载 P 的作用线与截面的竖直主轴间的夹角 $\alpha=30°$,钢材的弹性模量 $E=210\text{GPa}$,许用应力 $[\sigma]=160\text{MPa}$,梁的许可挠度 $[f]=\dfrac{l}{500}$。试对此梁进行强度校核和刚度校核。

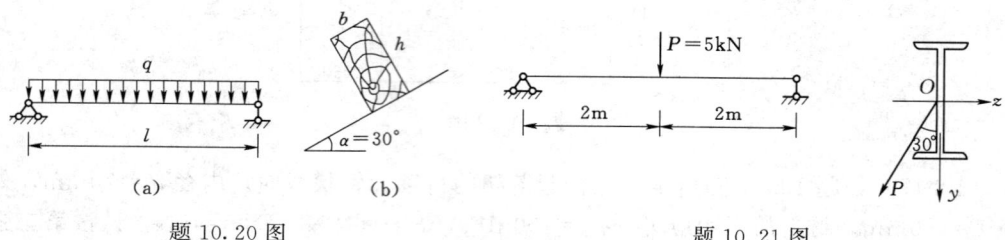

题 10.20 图　　　　　　　　题 10.21 图

10.22 题 10.22 图所示为一渡槽的空心墩。已知:墩上承受的水重 $W_3=2400\text{kN}$,渡槽槽身重 $W_2=2143\text{kN}$,在截面 AB 以上部分墩身的自重 $W_1=5115\text{kN}$,风压力对截面 AB 上 y-y 轴产生的力矩 $M_y=7514\text{kN} \cdot \text{m}$,截面 AB 的面积 $A=4.67\text{m}^2$,抗弯截面模量 $W_z=6.42\text{m}^3$。试求作用在截面 AB 以上的最大正应力和最小正应力。

10.23 题 10.23 图所示为某渡槽刚架的基础。已知:在它的顶面上受到由柱子传来的弯矩 $M=110\text{kN} \cdot \text{m}$,轴力 $N_1=980\text{kN}$,水平剪力 $Q=60\text{kN}$,基础的自重和基础上土重的总重为 $N_2=173\text{kN}$。试作出在基础底面的反力分布图(假定反力是按直线规律分布的)。

10.24 如题 10.24 图所示的混凝土重力坝,剖面为三角形,坝高 $h=30\text{m}$,混凝土的密度为 $2.396 \times 10^3 \text{kg/m}^3$。若只考虑上游水压力和坝体自重的作用,在坝底截面上不允许出现拉应力,试求所需的坝底宽度 B 和在坝底上产生的最大压应力。

10.25 题 10.25 图所示为链条中的一环,受到拉力 $P=10\text{kN}$ 的作用。已知链环的横截面为直径 $d=50\text{mm}$ 的圆形,材料的许用应力 $[\sigma]=80\text{MPa}$。试校核链条的强度。

习 题

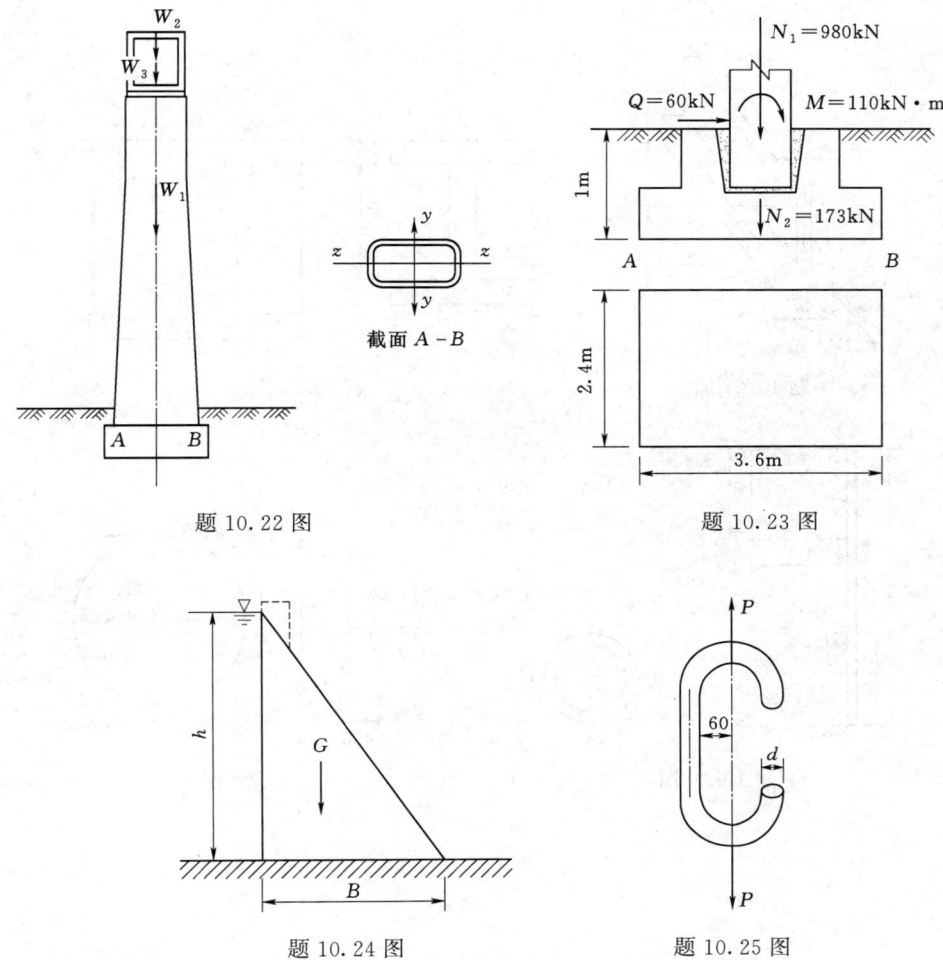

题 10.22 图　　　　题 10.23 图

题 10.24 图　　　　题 10.25 图

10.26　一圆截面直杆受偏心拉力作用，偏心距 $e=20$mm，杆的直径为 70mm，许用拉应力 $[\sigma]$ 为 120MPa，试求此杆的许可偏心拉力值。

10.27　求题 10.27 图所示杆内的最大正应力（力 P 与杆的轴线平行）。

10.28　试画出题 10.28 图所示截面的截面核心。

10.29　题 10.29 图所示为一标志牌，支在外直径为 50mm、内直径为 40mm、高为 3m 的圆管上。若标志牌的尺寸为 $1m\times 1mm$，作用在标志牌上风压力的压强为 400Pa，试求由于风压作用使管底截面在点 A 处产生的主应力和点 B、C 处产生的剪应力。

10.30　如题 10.30 图所示，直径为 0.6m、重量为 2kN 的皮带轮，随着横截面直径为 50mm 的圆轴一同转动。已知皮带中的拉力为 8kN 和 1.5kN，轴承与皮带轮间的距离为 0.15m，试计算圆轴在轴承处的主拉应力和最大剪应力。设圆轴材料的许用应力 $[\sigma]=160$MPa，试按第三强度理论（最大剪应力理论）进行强度校核。

第10章 组合变形

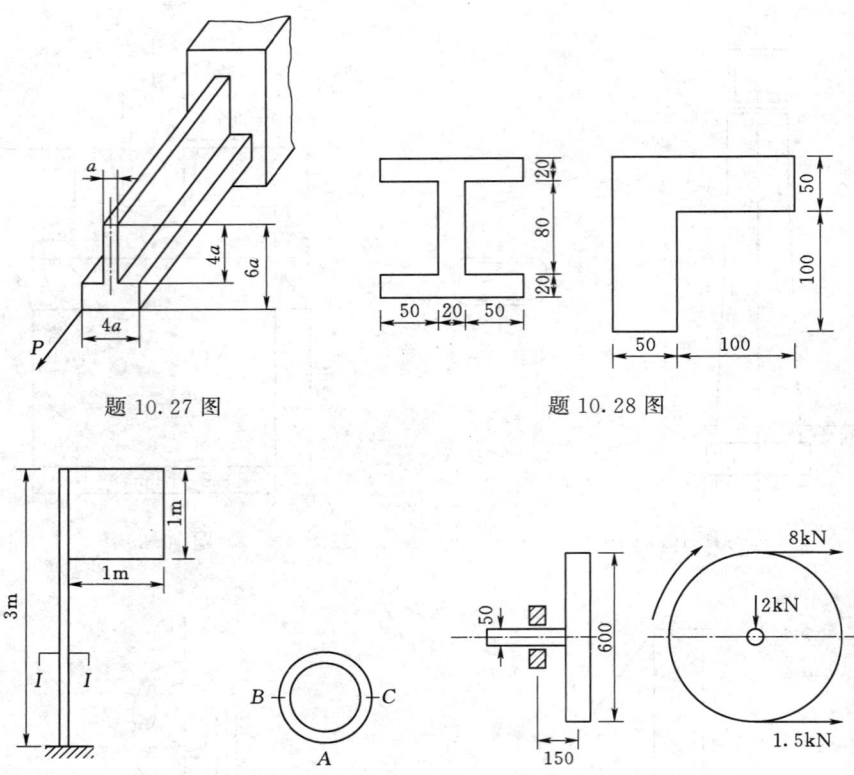

题 10.27 图

题 10.28 图

题 10.29 图

题 10.30 图

第10章习题
参考答案

第 11 章 能 量 法

第11章
思维导图

在工程结构计算中常会遇到较复杂的位移、变形计算，用能量法进行演算较简便。本章将介绍用能量法计算弹性杆件或杆系的位移的一般原理及应用，主要包括单位载荷法、图形互乘法、功互等定理和位移互等定理等。

11.1 应变能的计算

弹性体在外力作用下发生变形时，载荷的作用点也将随之产生位移，外力因此而做功。弹性体因变形而具备了做功的能力，表明储存了能量。弹性体因变形而储存在其内的能量称为应变能（strain energy）。若外力从零开始缓慢地增加到最终值，变形中的每一瞬间弹性体都处于平衡状态，动能和其他能量的变化皆忽略不计，弹性体的应变能等于外力在其相应位移上所做的功。即

$$V_\varepsilon = W$$

这个原理称为弹性体的功能原理。在固体力学中，将应用功和能的关系求解弹性体变形、位移和内力等的方法，称为变形能法或能量法（energy methods）。能量法是力学上应用较广的一种方法，不仅应用于线弹性体，也应用于非线性弹性体。本章只研究线弹性体。

弹性体的应变能是可逆的，即当外力逐渐解除、变形逐渐消失时，弹性体可释放出全部应变能而做功。超出弹性范围，塑性变形将耗散一部分能量，应变能则不能全部转化为功。

11.1.1 基本应变能的计算

1. 轴向拉伸（压缩）时杆内的应变能

对轴向拉伸（压缩）变形杆件，其受力情况如图 11.1 所示。由前面介绍知道，在弹性范围内，外力 F_P 与变形 Δl 关系成正比 [图 11.1（b）]，因此，外力做功为

$$W = \frac{1}{2} F_P \Delta l$$

杆内的应变能为

$$V_\varepsilon = W = \frac{1}{2} F_P \Delta l$$

由于 $\Delta l = \dfrac{F_N l}{EA}$，$F_P = F_N$，所以，拉伸（压缩）变形时，杆内的应变能为

$$V_\varepsilon = \frac{F_N^2 l}{2EA} \tag{11.1}$$

式中：F_N 为杆件的轴力；EA 为抗压刚度。

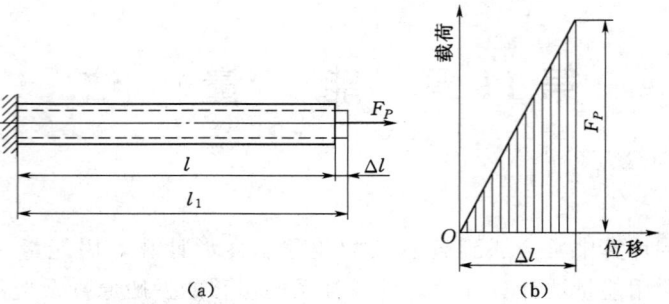

图 11.1 外力在弹性体上做功

2. 扭转时圆轴内的应变能

对扭转变形圆轴，其受力情况如图 11.2 所示。受扭圆轴处于弹性阶段时，其扭转角 φ 与外扭矩 M_e 呈线性关系 [图 11.2（b）]，此时外力做功为

$$W = \frac{1}{2} M_e \varphi$$

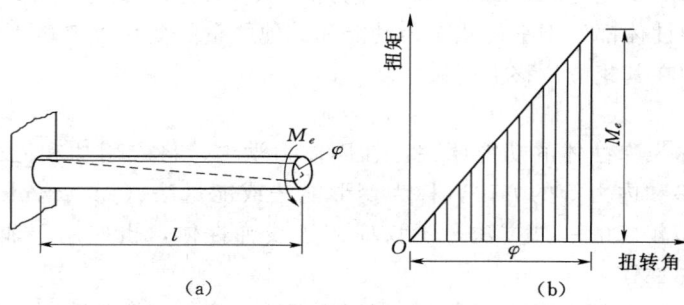

图 11.2 受扭圆轴

圆轴内的应变能为

$$V_\varepsilon = W = \frac{1}{2} M_e \varphi$$

由于 $\varphi = \dfrac{Tl}{GI_p}$，$M_e = T$，所以，圆轴扭转时，杆内的应变能为

$$V_\varepsilon = \frac{T^2 l}{2GI_p} \tag{11.2}$$

式中：T 为杆件的扭矩；GI_p 为扭转刚度。

3. 弯曲时梁内的应变能

梁在横力弯曲时，横截面上同时存在弯矩和剪力，且弯矩和剪力都随截面位置而变化，都是截面位置坐标 x 的函数，对应有两部分应变能，即剪切应变能和弯曲应变能。但对于一般细长梁而言，剪切应变能远小于弯曲应变能，可以忽略不计，所以对横力弯曲的细长梁只需要计算弯曲应变能。

从图 11.3（a）梁中截取微段 dx，微段上内力如图 11.3（b）所示，忽略微段内

弯矩增量 $dM(x)$，在弹性范围内，弯矩 $M(x)$ 与转角 $d\theta$ 成正比，因此，弯矩做的功为

$$dW = \frac{1}{2} M(x) d\theta$$

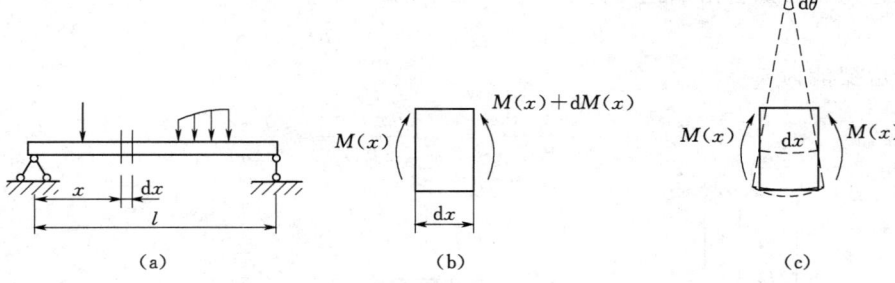

图 11.3 梁弯曲变形微段内力和变形

梁内的应变能为

$$dV_\varepsilon = dW = \frac{1}{2} M(x) d\theta$$

由于 $d\theta = \dfrac{M(x) dx}{EI}$，所以，积分上式可求得弯曲时梁内的应变能为

$$V_\varepsilon = \int_l \frac{M^2(x) dx}{2EI} \tag{11.3}$$

如果梁产生纯弯曲变形，则应变能为

$$V_\varepsilon = \frac{M^2 l}{2EI} \tag{11.4}$$

式中：M 为杆件的弯矩；EI 为弯曲刚度。

11.1.2 弹性体组合变形时的应变能

弹性体在拉伸、扭转、弯曲组合变形时，在弹性体内取微段（图 11.4），微段截面上内力有轴力 $F_N(x)$、扭矩 $T(x)$ 和弯矩 $M(x)$，分别引起的位移为 $d(\Delta l)$、$d\varphi$、$d\theta$，则微段上的应变能为

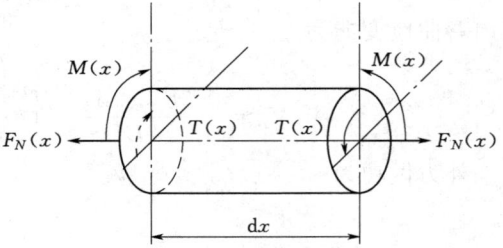

图 11.4 拉伸、扭转和弯曲组合变形

$$\begin{aligned} dV_\varepsilon &= \frac{1}{2} F_N(x) d(\Delta l) + \frac{1}{2} T(x) d\varphi + \frac{1}{2} M(x) d\theta \\ &= \frac{F_N^2(x) dx}{2EA} + \frac{T^2(x) dx}{2GI_p} + \frac{M^2(x) dx}{2EI} \end{aligned}$$

如果杆长为 l，积分上式，整个杆内的应变能为

$$V_\varepsilon = \int_l \frac{F_N^2(x) dx}{2EA} + \int_l \frac{T^2(x) dx}{2GI_p} + \int_l \frac{M^2(x) dx}{2EI} \tag{11.5}$$

由式（11.5）可看出，载荷在自身引起的位移、其他载荷引起的位移上都做功，

不能采用叠加法计算应变能。另外，应变能与载荷加载顺序无关。

【例题 11.1】 图 11.5 为考虑自重的杆，已知：杆长为 l，抗拉刚度 EA，载荷 q，试求杆内的应变能。

解：

取任意截面到自由端距离为 x，该截面上的轴力为
$$F_N(x) = qx \quad (0 \leqslant x < l)$$

杆内的应变能为
$$V_\varepsilon = \int_l \frac{F_N^2(x)\mathrm{d}x}{2EA} = \int_0^l \frac{(qx)^2\mathrm{d}x}{2EA} = \frac{q^2 l^3}{6EA}$$

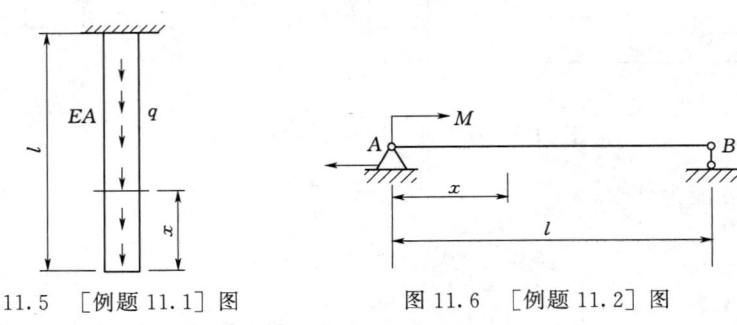

图 11.5　[例题 11.1] 图　　　图 11.6　[例题 11.2] 图

【例题 11.2】 图 11.6 为简支梁，抗弯刚度为 EI，试求在力偶 M 作用下 A 的转角。

解：

取任意截面到 A 端距离为 x，该截面弯矩方程为
$$M(x) = M - \frac{M}{l}x \quad (0 < x \leqslant l)$$

梁内弯曲应变能为
$$V_\varepsilon = \int_l \frac{M^2(x)\mathrm{d}x}{2EI} = \int_0^l \frac{\left(M - \frac{M}{l}x\right)^2 \mathrm{d}x}{2EI} = \frac{M^2 l}{6EI}$$

外力做功为
$$W = \frac{1}{2}M\theta_A$$

由 $V_\varepsilon = W$ 得
$$\frac{1}{2}M\theta_A = \frac{M^2 l}{6EI}$$

从而得
$$\theta_A = \frac{Ml}{3EI}$$

【例题 11.3】 在图 11.7 所示桁架结构中，已知 AC 与 BC 两杆的抗拉刚度均为 EA，$\alpha = 45°$，试用能量法求力 F_P 作用下节点 C 的垂直位移。

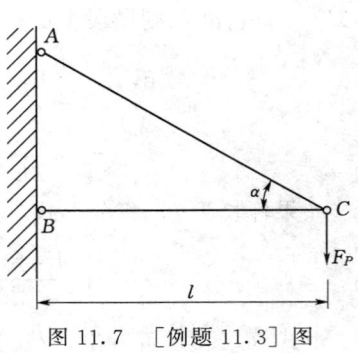

图 11.7　[例题 11.3] 图

解:

由平衡方程求出 AC、BC 杆的内力分别为

$$F_{NAC}=\sqrt{2}F_P(拉力), \quad F_{NBC}=F_P(压力)$$

杆系内的应变能等于各杆应变能之和,即

$$V_\varepsilon = \sum \frac{F_{Ni}^2 l_i}{2EA} = \frac{F_{NAC}^2 l_{AC}}{2EA} + \frac{F_{NBC}^2 l_{BC}}{2EA}$$

因此

$$V_\varepsilon = \frac{F_{NAC}^2 l_{AC}}{2EA} + \frac{F_{NBC}^2 l_{BC}}{2EA} = \frac{\sqrt{2}F_P^2 l}{EA} + \frac{F_P^2 l}{2EA} = (1+2\sqrt{2})\frac{F_P^2 l}{2EA}$$

外力做功为

$$W = \frac{1}{2}F_P \Delta_C$$

外力 F 在沿其作用方向上的位移 Δ_C 所做的功等于杆系内的应变能,即 $V_\varepsilon = W$,则

$$\frac{1}{2}F_P \Delta_C = (1+2\sqrt{2})\frac{F_P^2 l}{2EA}$$

从而得

$$\Delta_C = (1+2\sqrt{2})\frac{F_P l}{EA}$$

这里需要补充的是,利用 $V_\varepsilon = W$ 求杆件或结构的位移,只能求一个载荷作用下,沿载荷方向载荷作用点的位移,这种方法有很大的局限性。因此,介绍其他方法求一般情况下的位移。

11.2 单位载荷法

单位载荷法(dummy load method)又称莫尔定理或莫尔积分法(Mohr's integral method),依据虚功原理推导出该方法。

11.2.1 变形体的虚功原理

由理论力学虚功原理可得到变形体的虚功原理。变形体的虚功原理表述为:变形体处于平衡的必要和充分条件是,作用在其上的外力、内力对于任何微小的、可能的虚位移所做的虚功总和等于零。

$$W_e + W_i = 0 \tag{11.6}$$

式中:W_e 和 W_i 分别为外力和内力对虚位移所做的虚功。

需要说明的是,这里的外力指的是载荷和支座反力,内力为截面上各部分间相互作用的力。

下面以梁(图 11.8)为例,计算虚功原理的具体表达式。

悬臂梁在集中力、集中力偶 F_{P1},F_{P2},$\cdots$,F_{Pn} 作用下,沿其作用方向的相应虚位移分别为 Δ_1,Δ_2,$\cdots$,Δ_n,则外力所做的虚功为

$$W_e = F_{P1}\Delta_1 + F_{P2}\Delta_2 + \cdots + F_{Pn}\Delta_n = \sum F_{Pi}\Delta_i \tag{11.7}$$

为了计算梁的内力对于虚位移所做的虚功,在梁上任意位置取微段 dx,则微段上微内力有轴力 F_N、弯矩 M 和扭矩 T。忽略剪力影响,在这些微内力作用下,微段相应产生虚位移 $d(\Delta l)$、$d\theta$、$d\varphi$。对于微段而言,微内力可看作是微段上的外力,则所做的虚功为

$$dW_e = F_N d(\Delta l) + M d\theta + T d\varphi \tag{11.8}$$

由于微段在上述外力作用下处于平衡状态,根据虚功原理,所有外力对于微段的虚位移所做的虚功等于零,即

$$dW_e + dW_i = 0 \tag{11.9}$$

则,微段上的内力做的虚功为

$$dW_i = -[F_N d(\Delta l) + M d\theta + T d\varphi] \tag{11.10}$$

于是,整个梁上内力所做的虚功为

$$W_i = \int_l -[F_N d(\Delta l) + M d\theta + T d\varphi] \tag{11.11}$$

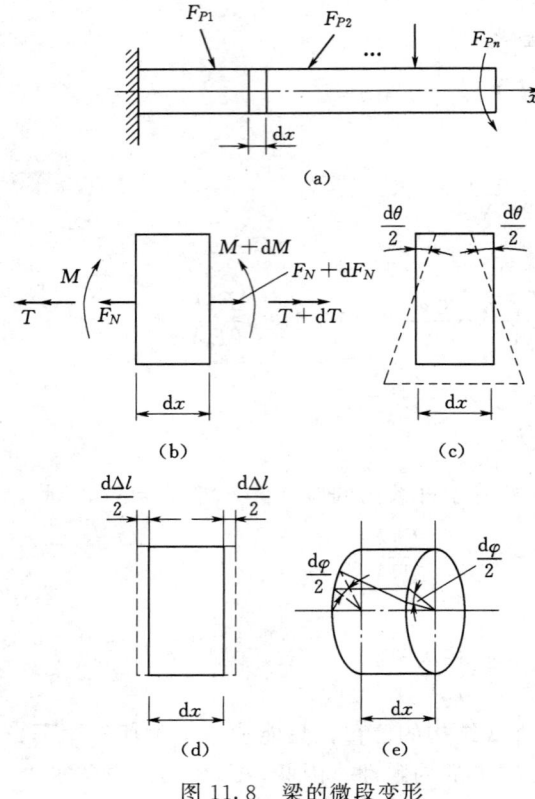

图 11.8 梁的微段变形

把式(11.11)代入虚功原理式(11.6),得

$$\sum F_{Pi}\Delta_i = \int_l [F_N d(\Delta l) + M d\theta + T d\varphi] \tag{11.12}$$

11.2.2 单位载荷法的计算

式(11.12)中,Δ_i 是沿力方向上的虚位移,要想求出任一点任意方向的真实位移,必须建立一个相应的变换。确定在实际载荷作用下杆件上某一截面沿某一指定方向(或转向)的位移 Δ,可在该点处施加一个相应的单位力"1",单位力所引起的杆件任意横截面上的内力为 $\overline{F}_N$、$\overline{M}$、$\overline{T}$。把实际载荷作用下的位移作为单位力作用下的虚位移,则虚功原理式(11.12)可表达为

$$1\cdot\Delta = \int_l [\overline{F}_N d(\Delta l) + \overline{M} d\theta + \overline{T} d\varphi] \tag{11.13}$$

式中:Δ 为实际载荷引起的所求的位移,被看作单位力"1"引起的虚位移;$1\cdot\Delta$ 为单位力所做的虚功;Δl、$d\theta$、$d\varphi$ 为实际载荷引起的位移。

由前面可知,实际载荷引起的微段 dx 两端面间的变形分别为

$$\begin{cases} d(\Delta l) = \dfrac{F_N dx}{EA} \\ d\theta = \dfrac{M dx}{EI} \\ d\varphi = \dfrac{T dx}{GI_p} \end{cases}$$

式中：F_N、M、T 为杆件横截面上实际载荷引起的内力。

把上式代入式（11.13），得

$$1\Delta = \int_l \overline{F}_N \frac{F_N dx}{EA} + \int_l \overline{M} \frac{M dx}{EI} + \int_l \overline{T} \frac{T dx}{GI_p} \tag{11.14}$$

此式称为单位载荷法，或称为莫尔定理。在推导公式时，应用胡克定律及叠加原理，因此只适用于线弹性体。

注意：在应用式（11.14）计算位移时，单位力的方向是假设的，求出的位移 Δ 为正，说明位移 Δ 的实际方向和单位力的所设方向相同；若为负则相反。

【例题 11.4】 图 11.9 所示弯曲刚度为 EI 的等截面简支梁受均布载荷 q 作用，试用单位载荷法计算梁中点 C 的挠度。

解：

（1）求支反力：

$$F_{Ay} = \frac{ql}{8}, \quad F_{By} = \frac{3ql}{8}$$

（2）求出实际载荷作用下引起的弯矩方程。

AC 段：

$$M(x_1) = \frac{ql}{8} x_1 \quad \left(0 \leqslant x_1 \leqslant \frac{l}{2}\right)$$

CB 段：

$$M(x_2) = \frac{3ql}{8} x_2 - \frac{q x_2^2}{2} \quad \left(0 \leqslant x_2 \leqslant \frac{l}{2}\right)$$

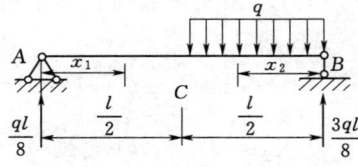

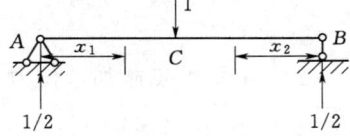

图 11.9 ［例题 11.4］图

（3）在所求 C 点施加单位力"1"，求出单位力作用下引起的弯矩方程。

AC 段：

$$\overline{M}(x_1) = \frac{1}{2} x_1 \quad \left(0 \leqslant x_1 \leqslant \frac{l}{2}\right)$$

CB 段：

$$\overline{M}(x_2) = \frac{1}{2} x_2 \quad \left(0 \leqslant x_2 \leqslant \frac{l}{2}\right)$$

代入公式，求出位移。

$$\Delta_c = \int_l \frac{\overline{M}(x) M(x)}{EI} dx = \int_0^{\frac{l}{2}} \frac{\frac{1}{2} x_1}{EI} \frac{ql}{8} x_1 dx_1 + \int_0^{\frac{l}{2}} \frac{\frac{1}{2} x_2}{EI} \left(\frac{3ql}{8} x_2 - \frac{q x_2^2}{2}\right) dx_2 = \frac{5 q l^4}{768 EI} (\downarrow)$$

【例题 11.5】 图 11.10（a）所示折杆，弯曲刚度为 EI，求截面 A 的水平位移和截面 B 的转角。

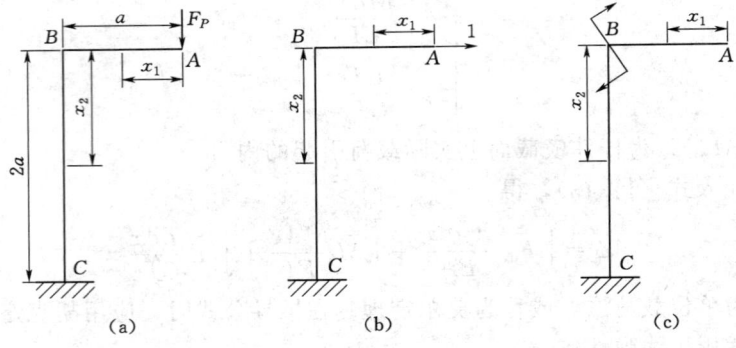

图 11.10 ［例题 11.5］图

解：

(1) 求出实际载荷作用下引起的内力方程。

AB 段：
$$M(x_1) = -F_P x_1 \text{（上拉）} \quad (0 \leqslant x_1 < a)$$
$$F_N(x_1) = 0$$

BC 段：
$$M(x_2) = -F_P a \text{（左拉）} \quad (0 < x_2 < 2a)$$
$$F_N(x_2) = -F_P \text{（左拉）}$$

(2) 所求 A 点施加单位力"1"［图 11.10（b）］，求出单位力作用下引起的内力方程。

AB 段：
$$\overline{M}(x_1) = 0, \quad \overline{F}_N(x_1) = 1$$

BC 段：
$$\overline{M}(x_2) = -x_2, \quad \overline{F}_N(x_2) = 0$$

代入公式，求出位移。

$$\Delta_x = \int_0^a \frac{\overline{M}(x_1)M(x_1)}{EI} dx_1 + \int_0^{2a} \frac{\overline{M}(x_2)M(x_2)}{EI} dx_2 + \sum \frac{\overline{F}_N(x_i)F_N(x_i)}{EA} l_i$$

$$= \int_0^{2a} \frac{-x_2(-F_P a)}{EI} dx_2 = \frac{2F_P a^3}{EI} (\rightarrow)$$

(3) 所求 B 点施加单位力偶 1 ［图 11.10（c）］，求出单位力偶作用下引起的内力方程。

AB 段：
$$\overline{M}(x_1) = 0$$

BC 段：
$$\overline{M}(x_2) = -1$$

代入公式，求出转角。

$$\theta_B = \int_0^a \frac{\overline{M}(x_1)M(x_1)}{EI}\mathrm{d}x_1 + \int_0^{2a} \frac{\overline{M}(x_2)M(x_2)}{EI}\mathrm{d}x_2$$

$$= \int_0^{2a} \frac{(-1)(-F_P a)}{EI}\mathrm{d}x_2 = \frac{2F_P a^2}{EI}$$

【例题 11.6】 图 11.11（a）所示桁架，各杆的 EA 相同，试求 A、C 两点之间的相对位移 Δ_{AC}。

解：

（1）求支反力，方向如图 11.11（a）所示。

$$F_{Ax} = F_P,\quad F_{Ay} = F_P,\quad F_{By} = F_P$$

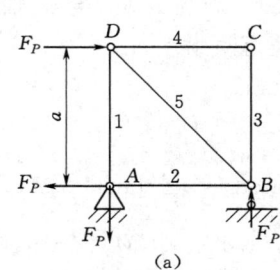 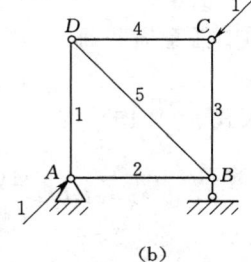

图 11.11 ［例题 11.6］图

为了方便表述，在图 11.11（b）中标出桁架各杆编号，由于各杆为二力杆，根据节点法或截面法，求出各杆的轴力已列入表 11.1 中。

（2）在 A 点和 C 点沿 A 与 C 的连线作用一对相反的单位力，求出各杆的轴力［图 11.11（b）］，也列入表 11.1 中。

表 11.1　　　　　　　　　　［例题 11.6］计算表

杆件编号	l_i	F_{Ni}	$\overline{F}_{Ni}$	$\overline{F}_{Ni}F_{Ni}l_i$
1	a	F_P	$\dfrac{-\sqrt{2}}{2}$	$\dfrac{-\sqrt{2}}{2}F_P a$
2	a	F_P	$\dfrac{-\sqrt{2}}{2}$	$\dfrac{-\sqrt{2}}{2}F_P a$
3	a	0	$\dfrac{-\sqrt{2}}{2}$	0
4	a	0	$\dfrac{-\sqrt{2}}{2}$	0
5	$\sqrt{2}a$	$-\sqrt{2}F_P$	1	$-2F_P a$

将表中数值代入公式，求得

$$\Delta_{AC} = \sum \frac{\overline{F}_{Ni}F_{Ni}l_i}{EA} = \frac{1}{EA}\left(-\frac{\sqrt{2}}{2}F_P a - \frac{\sqrt{2}}{2}F_P a - 2F_P a\right) = -\frac{F_P a}{EA}(\sqrt{2}+2) \quad (\leftarrow\rightarrow)$$

经过分析可看出，应用单位载荷法求点的位移时，只需在这个点上加单位力；求两点相对位移时，在两个点连线作用方向上加一对单位力；求截面的转角时，在该截面上加单位力偶。

11.3 图形互乘法

应用单位载荷法计算弯曲位移时，需要分别求出载荷、单位力作用下各段的弯矩方程，然后积分求解，积分计算比较烦琐。对于等截面直杆，EI 为常量，因此，把积分中的 EI 提取出来，然后用某数值乘积的形式代替积分，即

$$\Delta = \int_l \frac{\overline{M}(x)M(x)}{EI}\mathrm{d}x = \frac{1}{EI}\int_l \overline{M}(x)M(x)\mathrm{d}x \tag{11.15}$$

如图 11.12 所示，等截面直杆 ab 的 $\overline{M}(x)$ 图和 $M(x)$ 图，其中 $\overline{M}(x)$ 图为一斜直线（单位力作用，弯矩图必为斜直线或折线），斜角为 α，与 x 轴的交点为坐标原点 O，则 $\overline{M}(x)$ 图中任意横截面上的纵坐标值可写为

$$\overline{M}(x) = x\tan\alpha \tag{11.16}$$

把式（11.16）代入式（11.15）得

$$\Delta = \frac{1}{EI}\int_l \overline{M}(x)M(x)\mathrm{d}x = \frac{1}{EI}\int_l M(x)x\tan\alpha\mathrm{d}x = \frac{1}{EI}\tan\alpha\int_l xM(x)\mathrm{d}x \tag{11.17}$$

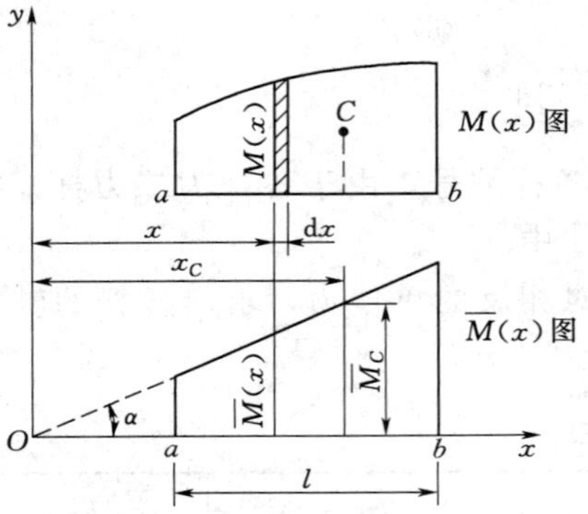

式（11.17）中 $M(x)\mathrm{d}x$ 是 $M(x)$ 图中画阴影部分的微分面积，$xM(x)\mathrm{d}x$ 是该微分面积对 M 轴的静矩，因而 $\int_l xM(x)\mathrm{d}x$ 是 $M(x)$ 图的面积对 M 轴的静矩。若以 A 代表 $M(x)$ 图的面积，x_C 代表 $M(x)$ 图的形心 C 到 M 轴的距离，则有

$$\int_l xM(x)\mathrm{d}x = Ax_C$$

因此，式（11.17）可化为

$$\Delta = \frac{1}{EI}Ax_C\tan\alpha$$

图 11.12 图形互乘法

其中，$x_C\tan\alpha$ 为 $\overline{M}(x)$ 图中与 $M(x)$ 图形中的形心 C 对应截面的弯矩值，用 $\overline{M}_C$ 表示。因此，莫尔积分公式可写为

$$\Delta = \int_l \frac{M(x)\overline{M}(x)}{EI}\mathrm{d}x = \frac{A\overline{M}_C}{EI} \tag{11.18}$$

式中：Δ 为所求点的位移；EI 为弯曲刚度。式（11.18）就是用图形互乘法求解梁和刚架位移的计算公式。

如果等截面直杆为拉伸或扭转变形，相应的把上式用轴力或扭矩符号表示。

需要指出的是，图形互乘法中的一个弯矩图形必须是直线。如果是折线，以该点为分界点，图形互乘再相加。

应用式（11.18）时，由于 $M(x)$ 图在多种载荷共同作用下的弯矩图的面积不易求出，因此，应用叠加原理，将每个载荷单独作用下的弯矩图分别相乘，然后求其总和。

应用图形互乘法时，要经常计算弯矩图形的面积和形心的位置。图 11.13 给出了几种常见图形的面积和形心的位置计算公式。

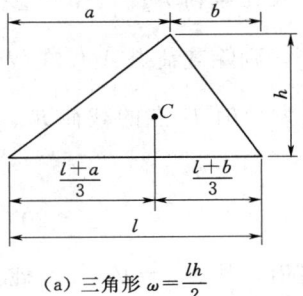

(a) 三角形 $\omega = \dfrac{lh}{2}$

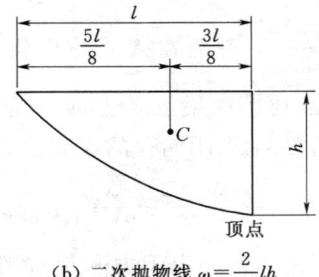

(b) 二次抛物线 $\omega = \dfrac{2}{3}lh$

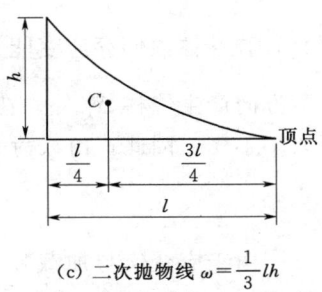

(c) 二次抛物线 $\omega = \dfrac{1}{3}lh$

图 11.13　图形的面积及形心

【例题 11.7】　图 11.14 所示外伸梁，EI 为常数，试求 C 截面的挠度。

解：

画出实际载荷分别作用时的弯矩图、单位力作用时的弯矩图。单位力作用时的弯矩图为一条折线，因此以这点为分界点。利用式 (11.18)，对弯矩图每一部分分别应用图形互乘法，然后求其总和。

$$y_c = \frac{A\overline{M}_C}{EI}$$

$$= \frac{1}{EI}\left[2\times\frac{1}{2}a\times\frac{qa^2}{2}\times\left(-\frac{1}{2}a\right)+\left(-\frac{1}{2}\times 2a\times\frac{qa^2}{2}\right)\right.$$

$$\left.\times\left(-\frac{2}{3}a\right)+\left(-\frac{1}{3}a\times\frac{qa^2}{2}\right)\times\left(-\frac{3}{4}a\right)\right]$$

$$= \frac{5qa^4}{24EI}$$

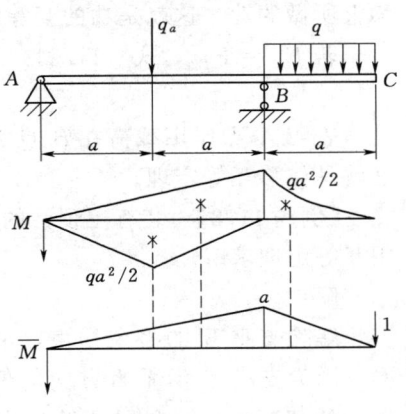

图 11.14　［例题 11.7］图

*11.4　互　等　定　理

对于线弹性体，应用应变能概念可导出功的互等定理和位移互等定理，这些互等定理（reciprocal theorem）在许多情况下应用，在结构分析中具有重要的地位。

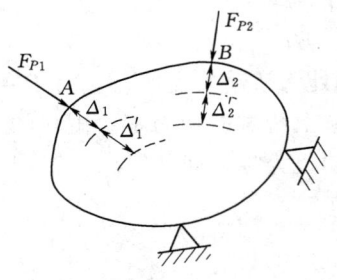

图 11.15　弹性体变形

如图 11.15 所示，对弹性体加以约束，使其不产生刚体运动。若在 A 点单独作用载荷 F_{P1}，则载荷点 A 仅在载荷方向产生位移 Δ_1，弹性体内储存应变能为 $\dfrac{F_{P1}\Delta_1}{2}$。然后在 B 点作用载荷 F_{P2}，则除载荷点 B 仅在载荷方向产生位移 Δ_2 外，在 A 点还产生沿 F_{P1} 方向的位移 Δ_1'，此时 A 点的载荷 F_{P1} 大小不变。因此，由载荷 F_{P1}、F_{P2} 作用储存的应变能为

$$V_{\varepsilon 1}=\frac{F_{P1}\Delta_1}{2}+\frac{F_{P2}\Delta_2}{2}+F_{P1}\Delta_1' \tag{11.19}$$

换一种加载顺序，先在 B 点作用载荷 F_{P2}，则载荷点 B 仅在载荷方向产生位移 Δ_2，弹性体内储存应变能为 $\dfrac{F_{P2}\Delta_2}{2}$，然后在 A 点作用载荷 F_{P1}，则除载荷点 A 仅在载荷方向产生位移 Δ_1 外，在 B 点还产生沿 F_{P2} 方向的位移 Δ_2'，此时 B 点的载荷 F_{P2} 大小不变。因此，由载荷 F_{P2}、F_{P1} 作用储存的应变能为

$$V_{\varepsilon 2}=\frac{F_{P2}\Delta_2}{2}+\frac{F_{P1}\Delta_1}{2}+F_{P2}\Delta_2' \tag{11.20}$$

由于应变值与加载顺序无关，只决定于力和位移的最终值，故 $V_{\varepsilon 1}=V_{\varepsilon 2}$，因此得出

$$F_{P1}\Delta_1'=F_{P2}\Delta_2' \tag{11.21}$$

即 A 点作用载荷在 B 点引起的位移上所做的功，等于 B 点作用载荷在 A 点引起的位移上所做的功。这就是功的互等定理。

若 $F_{P1}=F_{P2}$，式（11.21）可变为

$$\Delta_1'=\Delta_2' \tag{11.22}$$

表明 A 点作用载荷在 B 点引起的位移，等于 B 点作用载荷在 A 点引起的位移。这就是位移互等定理。

【例题 11.8】 装有尾顶针的车削工件可简化成超静定梁，如图 11.16 所示。试利用互等定理求解。

解：

解除支座 B 的多余约束，把工件看作是悬臂梁。因为支座 B 沿垂直方向的位移为零，可把工件上的切削力 F_P 和尾顶针反力 F_{By} 作为第一组力。然后设想在同一悬臂梁的右端作用 $\overline{F}=1$ 的单位力，如图 11.16（b）所示，并作为第二组力。首先求出在 $\overline{F}=1$ 作用下，F_P 及 F_{By} 的相应位移。

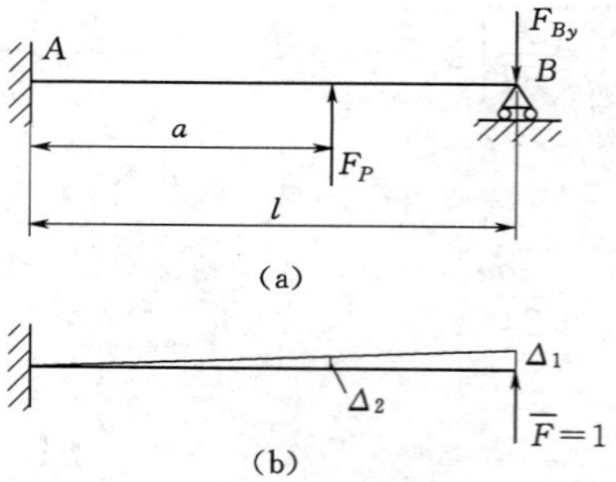

$$\Delta_1=\frac{a^2}{6EI}(3l-a),\quad \Delta_2=\frac{l^3}{3EI}$$

图 11.16 ［例题 11.8］图

第一组力在第二组力引起的位移上所做的功应为

$$F_P\Delta_1-F_{By}\Delta_2=\frac{F_P a^2}{6EI}(3l-a)-\frac{F_{By}l^3}{3EI}$$

在第一组力作用下，如图 11.16（a）所示，由于 B 处为活动铰支座，它沿 $\overline{F}=1$ 方向的位移应等于零，故第二组力在第一组力引起的位移上所做的功为零。由功的互等定理可知，第一组力在第二组力引起的位移上所做的功也为零，即

$$\frac{F_P a^2}{6EI}(3l-a)-\frac{F_{By}l^3}{3EI}=0$$

由此解得

$$F_{By}=\frac{F_P a^2}{2l^3}(3l-a)$$

可见利用功的互等定理可以方便地解决静不定问题。

小　　结

本章的主要内容如下：

(1) 基本概念。

1) 应变能：弹性体在载荷作用下，由于变形而储存在弹性体内的能量，记为 V_ε。

2) 功能原理：弹性体的外力由零缓慢增加到最终值，忽略弹性体在变形过程中的其他能量损耗，则弹性体的应变能等于外力在其相应位移上所做的功。即

$$V_\varepsilon = W$$

(2) 构件变形应变能。

拉伸与压缩：

$$V_\varepsilon = \frac{F_N^2 l}{2EA}$$

扭转：

$$V_\varepsilon = \frac{T^2 l}{2GI_p}$$

纯弯曲：

$$V_\varepsilon = \frac{M^2 l}{2EI}$$

横力弯曲：

$$V_\varepsilon = \int_l \frac{M^2(x)\,\mathrm{d}x}{2EI}$$

组合变形应变能：

$$V_\varepsilon = \int_l \frac{F_N^2(x)\,\mathrm{d}x}{2EA} + \int_l \frac{T^2(x)\,\mathrm{d}x}{2GI_p} + \int_l \frac{M^2(x)\,\mathrm{d}x}{2EI}$$

这种应变能只能求出力作用方向上的点的位移。

(3) 单位载荷法（莫尔定理）。为了计算任意点在载荷作用下，任意方向的位移，采用单位载荷法。

$$1\Delta = \int_l \overline{F}_N \frac{F_N\,\mathrm{d}x}{EA} + \int_l \overline{M}\frac{M\,\mathrm{d}x}{EI} + \int_l \overline{T}\frac{T\,\mathrm{d}x}{GI_p}$$

注意：在所求点施加单位力"1"，这里的单位力是广义力，即集中力、集中力偶等。

(4) 图形互乘法。采用图形互乘法省去烦琐的积分过程，通过寻找弯矩图图形面积及形心、形心对应截面的弯矩值，然后进行乘积。

$$\Delta = \int_l \frac{M(x)\overline{M}(x)}{EI}\,\mathrm{d}x = \frac{A\overline{M}_C}{EI}$$

第11章 能 量 法

习 题

11.1 计算题11.1图所示各杆的应变能。

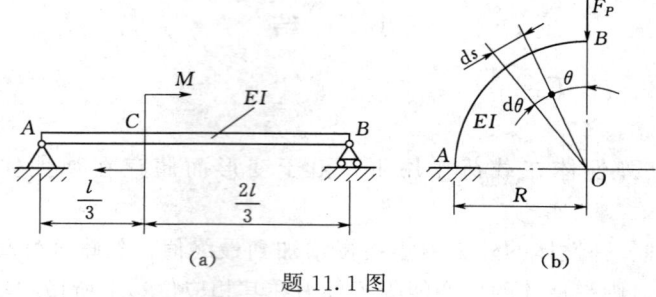

题 11.1 图

11.2 如题 11.2 图所示两种圆杆，受相等的扭矩 T 作用，求两杆储存的应变能之比 $V_{\varepsilon a}/V_{\varepsilon b}$。

11.3 已知如题 11.3 图所示三角桁架中各杆的拉伸、压缩刚度均为 EA。①计算桁架内的弹性变形能；②求 B 点的竖向位移。

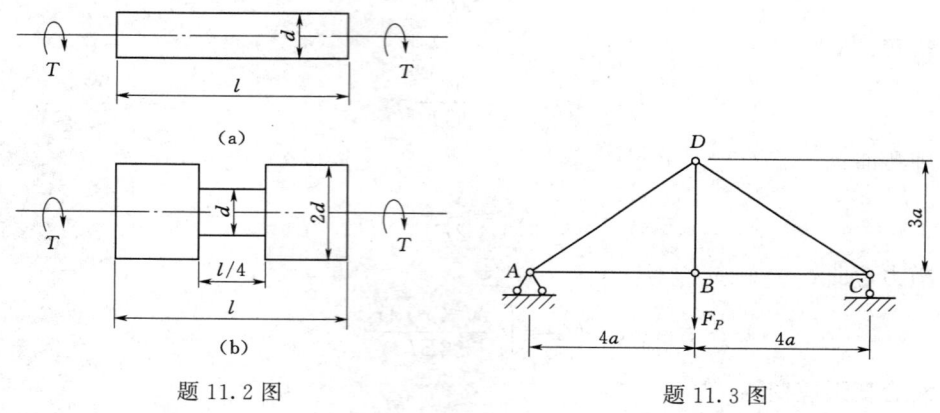

题 11.2 图　　　　题 11.3 图

11.4 分别用单位载荷法和图形互乘法求题 11.4 图中所示各梁 A 截面的转角和 A、B 两截面的挠度。EI 为已知。

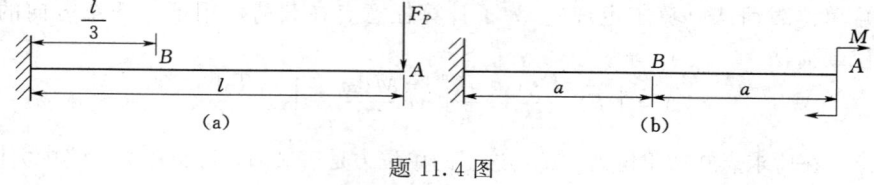

题 11.4 图

11.5 求题 11.5 图中所示各梁 A 截面的挠度和 B 截面的转角。EI 为已知。

11.6 平面桁架如题 11.6 图所示，已知作用力 F_P，各杆拉压刚度相同，均为 EA。试用单位载荷法求桁架中杆 AB 的转角。

11.7 如题 11.7 图所示结构，水平杆的抗弯刚度 EI、横截面面积 A 及斜杆弹

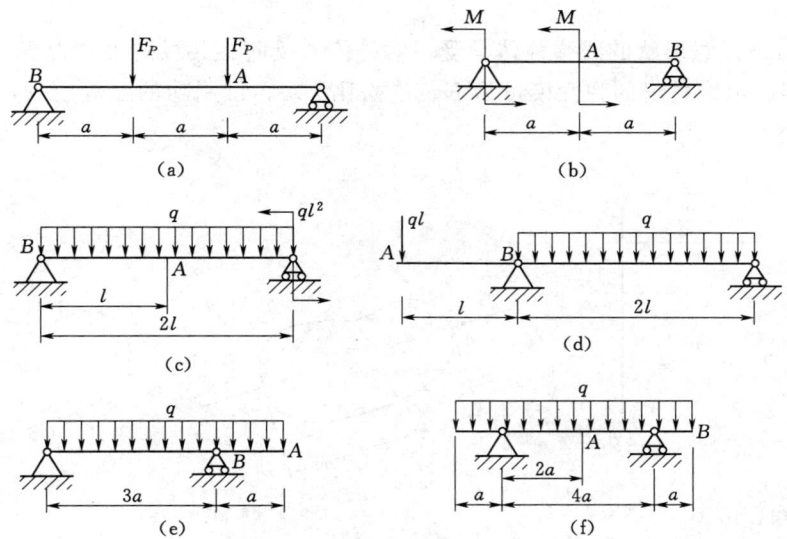

题 11.5 图

性模量 E_1、横截面面积 A_1 均为已知,求力 F_P 所引起的 A 截面的水平和铅垂位移。

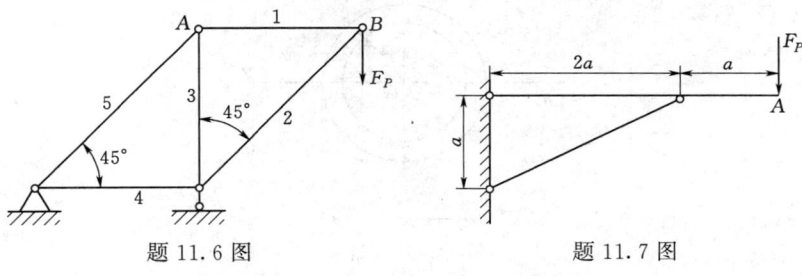

题 11.6 图 题 11.7 图

11.8 已知如题 11.8 图所示刚架 AC 和 CD 两部分的 $I = 3 \times 10^3 \mathrm{cm}^3$,$E = 200 \mathrm{GPa}$,$F_P = 10 \mathrm{kN}$,$l = 1 \mathrm{m}$。试求截面 D 的水平位移和转角。

11.9 求题 11.9 图中所示刚架 B 截面的水平位移及转角。

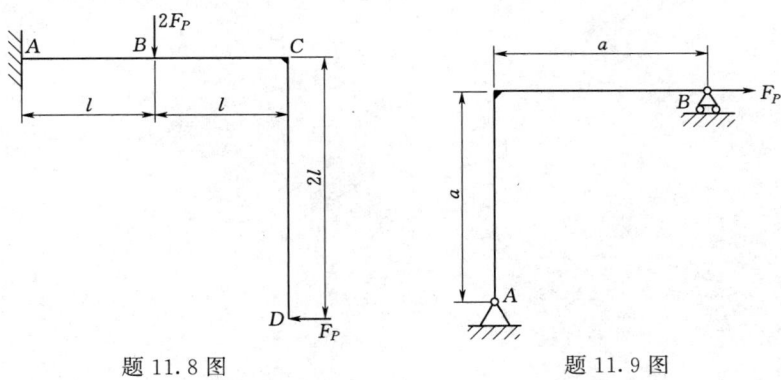

题 11.8 图 题 11.9 图

11.10 求题 11.10 图中所示刚架 A 截面的转角,B 截面的水平位移,C 截面的铅垂位移。

*11.11 任意形状的线弹性体承受一对等值、反向、共线的集中力 F_P 作用，如题 11.11 图所示。材料的弹性模量为 E、泊松比为 μ，试用功的互等定理，求弹性体的体积改变。

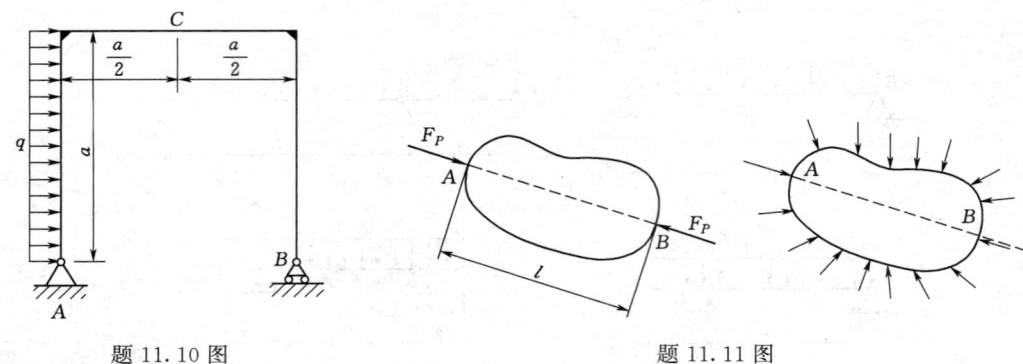

题 11.10 图　　　　　　　　题 11.11 图

*11.12 一薄壁的厚度为 δ，宽度为 1，平均直径为 D，弹性模量为 E，受力如题 11.12 图所示。试用互等定理求解变形后与受力前圆环所围面积的改变量。

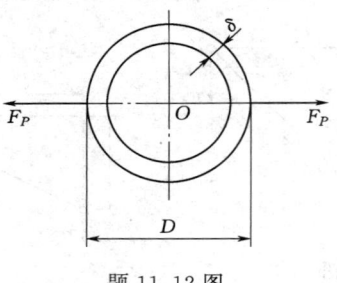

题 11.12 图

第 12 章 压 杆 稳 定

第 12 章
思维导图

工程中有些受压构件具有足够的强度、刚度,却不一定能安全可靠地工作,这是因为压杆稳定性存在问题。本章主要讨论压杆稳定(stability)的概念、细长压杆临界力计算的欧拉公式、临界应力和柔度以及压杆的稳定计算等有关内容。压杆的临界力和临界应力是压杆稳定的界限值,在材料处于线弹性范围之内,由挠曲线近似微分方程导出细长压杆在不同约束下的临界力的计算公式;根据压杆柔度值判别临界力和临界应力的计算是采用欧拉公式还是经验公式;校核压杆的稳定性,以确保压杆能安全、可靠地工作。

12.1 压杆稳定的概念

12.1.1 压杆平衡状态的稳定性及其临界状态

由第 2 章轴向拉伸与压缩杆件的强度计算可知,对于受拉杆件或受压短粗杆,当应力到达屈服极限或强度极限时,杆件将产生塑性或断裂失效,这种破坏是由于强度不足而引起的,属于强度破坏问题。

实际工程中有些承受压力的细长杆件,在压力作用下,表现出与上述强度问题截然不同的性质。如图 12.1 所示的细长木杆受压时,通过实验可知,在压力 F_P 达到某一值但还小于按强度极限所确定的载荷时,细长直杆已经发生弯曲变形。显然这种弯曲不是由横向力引起的,而是由轴向力引起的,所以称为纵向弯曲变形,这时直杆丧失了正常工作能力,这显然不是强度破坏问题。读者可以用一根细长的木条进行实验,如图 12.2 所示,就能看到这种情况。

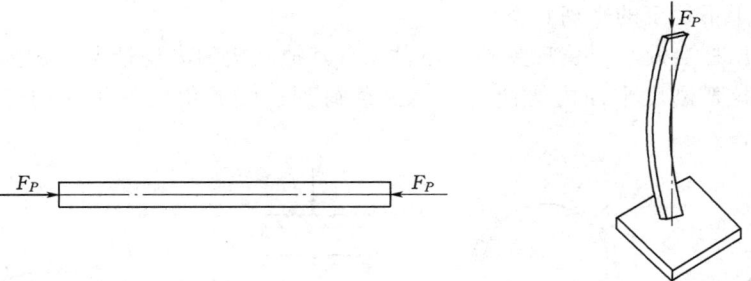

图 12.1 细长杆受压(一)　　图 12.2 细长杆受压(二)

从上述细长杆压缩变形发生的情况,可以总结出两个重要的特点:第一,变形性质发生变化,由压缩变形转化为纵向弯曲变形;第二,出现这种弯曲变形时构件所能承受的轴向载荷将小于按抗压强度极限确定的载荷值。把压杆发生的这种情况称为丧失稳定性，简称失稳（buckling），把这一类问题称为稳定问题。与此类似，工程结构中也有很多受压的细长杆，如机械连接中的受压杆（翻斗车或铲车中的液压顶杆）、桁架结构中的受压杆、建筑物中的柱等。工程史上，曾发生过不少因受压杆的突然弯曲导致整个结构毁坏的事故，其中最有名的是1907年北美魁北克圣劳伦斯河上的大铁桥，因桁架中一根受压弦杆突然弯曲，引起大桥的坍塌。因此工程设计中为了保证结构能安全可靠地工作，对细长压杆仅考虑强度、刚度要求是不够的，还要满足稳定性要求。

前面简述了压杆失稳现象。为了进一步揭示其实质，首先建立有关稳定平衡和不稳定平衡的概念。现以图12.3所示小球的三种平衡状态对稳定性加以说明。小球在 A、B、C 三个位置虽然都可以保持平衡，但这些平衡状态对干扰力的反应能力不同。图12.3（a）所示小球在曲面槽内 A 的位置保持平衡，这时若有一微小干扰力使小球离开 A 的位置，当干扰力消失时，小球仍能回到原来的位置，继续在 A 处保持平衡，小球在 A 处的平衡状态即为稳定的平衡状态。图12.3（b）的小球在凸面顶 B 处的平衡状态则不同，当它受到干扰后，会沿曲面滚下去，而不会回到原来的位置 B，小球在曲面顶 B 处的平衡状态即为不稳定的平衡状态。图12.3（c）小球在平面 C 处的平衡状态，在受到干扰后，小球不回到原处，而是在新的位置保持了新的平衡，小球在 C 处的平衡状态即为临界平衡状态。显然，小球的平衡状态从"稳定"变到"不稳定"，与曲面从凹变到凸有关，其间的分界线是平面，即临界状态。临界状态具有了不稳定状态的特点，所以可以视为是不稳定平衡的开始。

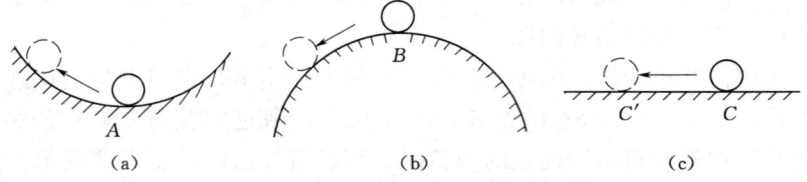

图12.3 稳定、不稳定、临界平衡示意图

同样，如在外力作用下处于平衡的构件，经过外部小的干扰后仍能保持它原有的平衡状态，就称这个构件处于稳定的平衡状态；相反，如不能保持原来的平衡状态，称这个构件处于不稳定的平衡状态。

除了细长压杆会发生失稳现象外，还存在着其他结构的失稳情况。例如，板条或工字梁在最大抗弯刚度平面内弯曲时，会因载荷到达临界值而发生侧向弯曲，如图12.4（a）所示。

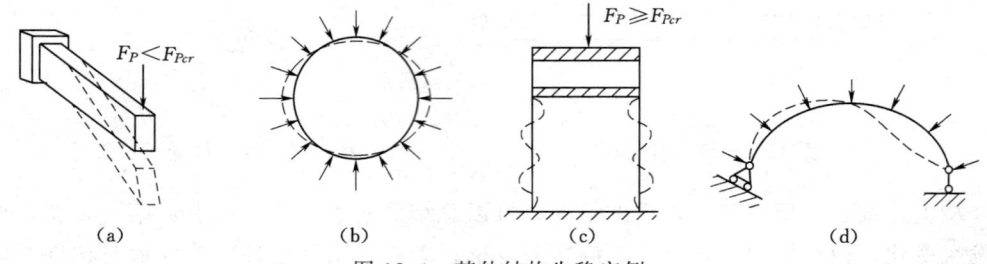

图12.4 其他结构失稳实例

12.1 压杆稳定的概念

圆柱薄壳在均匀外压力作用下,壁内应力为压应力,当外压力达到临界值时,薄壳的圆形平衡就转变为不稳定,会突然变成由虚线表示的椭圆形,如图 12.4(b)所示。图 12.4(c)、(d) 表示框架柱、两铰拱的失稳问题。本课程只讨论压杆的平衡稳定问题。

在实际结构中受压构件的横截面尺寸一般比按强度条件算出的大,而且横截面的形状往往与梁的横截面形状相仿,即尽可能增大截面的形心主惯性矩,如钢桁架上弦杆(压杆)的截面[图 12.5(a)]、厂房钢柱的截面[图 12.5(b)]等。其原因可根据下面一个例子来说明。

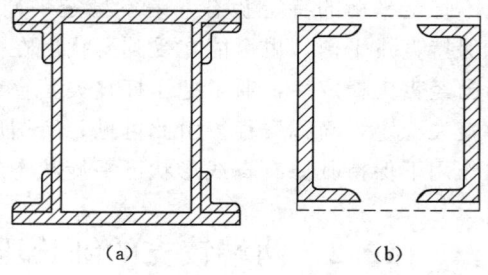

图 12.5 压杆横截面

取一根平直的钢锯条,设钢锯条的长度为 310mm,横截面尺寸为 11.5mm × 0.6mm,若钢的许用应力为 $[\sigma]=230\mathrm{MPa}$,若按强度条件计算,可以承受的轴向压力约为 1600N。将其立于桌子上,以手压其上方,在不到 5N 的压力下就朝着厚度很薄的方向弯曲,钢锯条不可能承受更多的压力,而这个压力比 1600N 小很多。由此可见,钢锯条的承载能力并不取决于轴向压缩的抗压强度,而是取决于与钢锯条受压保持稳定性的能力。因此,要提高压杆的承载能力,就应提高压杆的抗弯刚度,这就是压杆的横截面之所以要做成和梁的横截面相仿的原因。而且压杆在制造时其轴线不可避免地存在初曲率,压杆上的合力作用线不可能毫无偏差地与轴线重合,这些因素使压杆在外力作用下除了发生轴向压缩变形外,还发生附加的弯曲变形,弯曲变形随着压力的增大而增大,并逐渐转化为主要变形,从而导致压杆丧失承载能力,即丧失稳定性。为了说明这一问题,可以把这些因素用外加压力的偏心压杆来模拟。

综上所述,压杆是否会丧失稳定性关键在于确定压杆的临界力,若外载荷小于临界力,平衡是稳定的;若外载荷等于或大于临界力,平衡是不稳定的。

12.1.2 临界力的概念

现以图 12.6 所示的压杆来说明与稳定有关的几个概念。在压杆的顶端作用一对轴向压力 F_P,当力 F_P 的数值小于某一极限值时,压杆能一直保持它在直线形状下的平衡。若在压杆的侧向施加一个微小的干扰力 F_1,则压杆将弯曲,并在微弯曲状态下保持平衡,如图 12.6(a)所示。若解除干扰力,压杆又恢复原有的直线平衡状态,如图 12.6(b)所示。此时,压杆在直线形状下的平衡是稳定的,称原有的直线平衡状态为稳定平衡状态。当力 F_P 增大到某一极限值 F_{Pcr} 时,压杆暂时也能处于直线平衡状态,但这时若再作用一微小的干扰力,使压杆发生微小的弯曲变形,则在干扰力解除后,压杆将在曲线形状下保持平衡,而

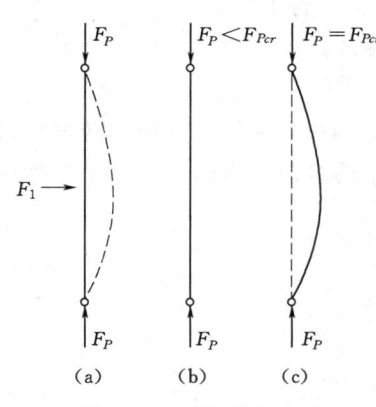

图 12.6 压杆稳定示意

不能再恢复到原来的直线平衡，如图 12.6（c）所示。上述压力的极限值称为临界压力或临界力（critical load），记为 F_{Pcr}，所对应的状态称为临界状态（critical state）。若继续增大力 F_P 使其超过 F_{Pcr}，则杆将继续弯曲，甚至破坏，则称原来暂时的直线平衡状态为不稳定平衡状态。从以上分析可以看出临界状态实际上是从稳定平衡过渡到不稳定平衡的特定状态，是不稳定平衡的开始。在临界力 F_{Pcr} 的作用下，压杆可能保持直线平衡，也可能在受到干扰后在微弯情况下保持平衡，这表明原来的直线平衡已经丧失稳定性，通常把压杆丧失其直线形状的平衡而过渡为曲线形状的平衡，称为丧失稳定，简称失稳。由此可见，所谓压杆稳定（或稳定性）是指细长压杆在轴向力作用下保持其原有直线形状下平衡状态的能力。

12.2　两端铰支的细长压杆的临界压力、欧拉公式

细长压杆在临界载荷作用下，处于不稳定平衡的直线形态，但其材料仍处于线弹性范围内，这类稳定问题称为线弹性稳定问题，它是压杆稳定问题中最简单也是最基本的情况。为了研究问题的方便，把实际细长压杆理想化成理想压杆，即杆由均质材料制成，轴线为直线，外力的作用线与压杆轴线完全重合。压杆的临界力与两端的约束类型有关。

取一两端用球形铰支座支承的细长压杆，设其长度为 l，在它的两端作用着轴向力 F_P，当压力 F_P 达到临界值 F_{Pcr} 时，压杆可在微弯状态维持平衡。选取坐标系如图 12.7 所示，距原点为 x 的任一截面的挠度为 y，则该截面上的弯矩为

$$M(x) = F_{Pcr} y$$

因压杆的弯曲变形很小，建立挠曲线的近似微分方程，即

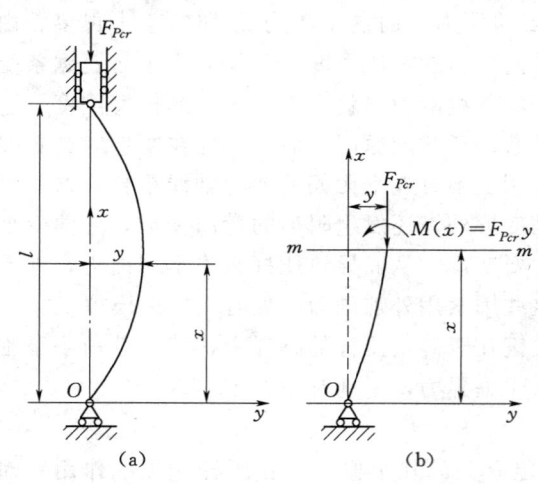

图 12.7　两端铰支细长压杆临界力

$$\frac{d^2 y}{dx^2} = -\frac{M(x)}{EI} \quad \text{或} \quad y'' = -\frac{M(x)}{EI}$$

需要说明的是，由于压杆两端是球形铰支座，它对端截面在任何方向的转角皆没有限制，因而杆件的微弯变形一定发生在抗弯能力最小的纵向平面内，所以上式中的 I 应该是横截面的最小惯性矩。

$$y'' = -\frac{F_{Pcr} y}{EI} \tag{12.1}$$

令

$$k^2 = \frac{F_{Pcr}}{EI} \tag{12.2}$$

12.2 两端铰支的细长压杆的临界压力、欧拉公式

得二阶常系数线性微分方程：

$$y'' + k^2 y = 0 \tag{12.3}$$

其通解为

$$y = A\sin kx + B\cos kx \tag{12.4}$$

式（12.4）中的 A 和 B 为积分常数，可由压杆的边界条件求得，即

$x = 0$ 时： $\qquad y = 0$

$x = l$ 时： $\qquad y = 0$

将第一个边界条件代入式（12.4），得

$$B = 0$$

于是式（12.4）改写为

$$y = A\sin kx \tag{12.5}$$

再将第二个边界条件代入式（12.5），则

$$A\sin kl = 0$$

可得

$$A = 0 \text{ 或 } \sin kl = 0$$

若 $A = 0$，则由式（12.5）知 $y = 0$，表示压杆未发生弯曲，这与压杆产生微弯曲的前提相矛盾，于是

$$\sin kl = 0$$

由上述条件可得

$$kl = n\pi \quad (n = 0, 1, 2, \cdots)$$

将上式代入式（12.2），可得

$$F_{Pcr} = \frac{n^2 \pi^2 EI}{l^2}$$

上式表明，当压杆处于微弯平衡状态时，在理论上临界力 F_{Pcr} 是多值的。但具有实际意义的应是最小值。因此取 $n = 1$，得

$$F_{Pcr} = \frac{\pi^2 EI}{l^2} \tag{12.6}$$

式（12.6）是由著名数学家欧拉（L. Euler）于 1744 年首先导出的，故通常称为欧拉公式（Euler's formula）。式（12.6）表明压杆的临界力与压杆的抗弯刚度成正比，与杆长的平方成反比，即杆越细长，其临界力越小，压杆越容易失稳。

在上述临界力 F_{Pcr} 作用下，$k = \dfrac{\pi}{l}$，故式（12.5）可改为

$$y = A\sin \frac{\pi x}{l}$$

即两端球铰支压杆在临界力作用下的挠曲线为半波正弦曲线。

12.3 其他支座条件下细长压杆的临界力

杆件压弯后的曲线形式与杆件两端的支承形式密切相关。前面推导了两端铰支的中心受压杆的临界力的计算公式。工程中最常见的杆端支承形式主要有 4 种，见表 12.1。各种支承情况下压杆的临界力计算公式可以仿照两端球铰支形式的方法进行推导，也可以把各种支承临界平衡状态下的弹性曲线与两端球铰支形式（基本形式）下的弹性曲线相对比来获得临界力计算公式。下面用对比的方法来确定各种支承形式下的压杆的临界力计算公式。

表 12.1　各种支承约束条件下等截面细长压杆临界力的欧拉公式

杆端支承情况	两端铰支	一端固定 一端铰支	两端固定	一端固定 一端自由	两端固定但可 沿横向相对移动
失稳时挠 曲线形状	（图）	（图） C 为挠曲 线拐点	（图） C,D 为挠曲 线拐点	（图）	（图） C 为挠曲 线拐点
临界力 （欧拉公式）	$F_{Pcr}=\dfrac{\pi^2 EI}{l^2}$	$F_{Pcr}\approx\dfrac{\pi^2 EI}{(0.7l)^2}$	$F_{Pcr}=\dfrac{\pi^2 EI}{(0.5l)^2}$	$F_{Pcr}=\dfrac{\pi^2 EI}{(2l)^2}$	$F_{Pcr}=\dfrac{\pi^2 EI}{l^2}$
长度系数 μ	$\mu=1$	$\mu\approx 0.7$	$\mu=0.5$	$\mu=2$	$\mu=1$

12.3.1　一端固定、一端自由的压杆的临界力

取一端固定、一端自由的压杆如图 12.8（a）所示，在临界力 F_{Pcr} 的作用下，其挠曲线为 1/2 个正弦半波曲线，正好与长度为 $2l$ 的两端铰支压杆微弯成一个正弦半波曲线相同。因此，这种形式下压杆的临界力，与长度为 $2l$ 且两端铰支压杆的临界力相等。由式（12.6）有

$$F_{Pcr}=\frac{\pi^2 EI}{(2l)^2} \tag{12.7}$$

式（12.7）为一端固定、一端自由压杆的临界力计算公式。

12.3.2　两端固定的压杆的临界力

如图 12.9 所示，两端固定的压杆在临界力 F_{Pcr} 的作用下，其挠曲线上有两个距离端部 $0.25l$ 的反弯点 C 和 D，其弯矩等于零，因而可将这两点视为铰链，将长为 $0.5l$ 的中间部分 CD 可看作是两端铰支的压杆。于是压杆的临界力公式只需将式（12.6）中长度改为 $0.5l$，即

$$F_{Pcr}=\frac{\pi^2 EI}{(0.5l)^2} \tag{12.8}$$

12.3 其他支座条件下细长压杆的临界力

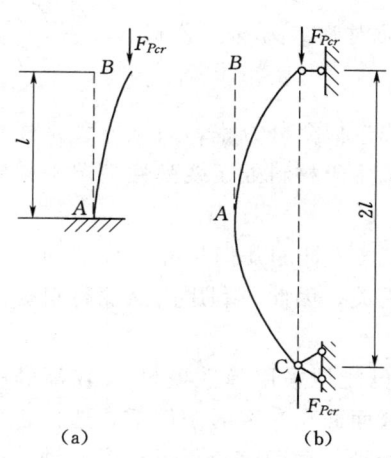
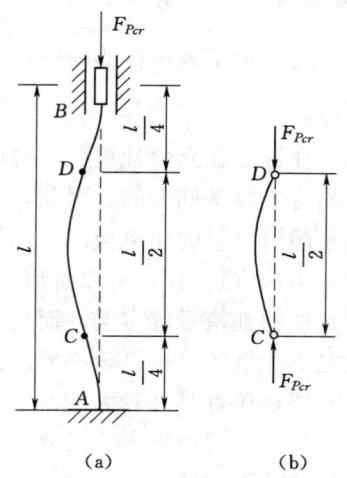

图 12.8 比较绕曲线形状直接导出临界力的计算公式（一端固定、一端自由的压杆）

图 12.9 比较绕曲线形状直接导出临界力的计算公式（两端固定的压杆）

12.3.3 一端固定、一端铰支的压杆的临界力

一端固定、一端铰支的压杆如图 12.10 所示，在临界力 F_{Pcr} 的作用下，其挠曲线上在距离下端约 $0.3l$ 处有一个反弯点，这样上下两个铰链 BC 之间长度约为 $0.7l$ 的挠曲线正好与两端铰接压杆的挠曲线相同。于是，计算临界力的公式为

$$F_{Pcr} \approx \frac{\pi^2 EI}{(0.7l)^2} \quad (12.9)$$

从上述分析比较可见，其他支承形式下压杆的临界力计算公式与两端铰支下临界力计算公式，仅是长度参数的不同。这样，可把各种支承形式下的临界力计算的欧拉公式写成统一的表达式，即

$$F_{Pcr} = \frac{\pi^2 EI}{(\mu l)^2} \quad (12.10)$$

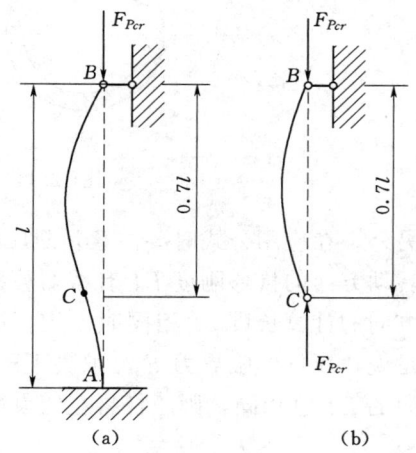

图 12.10 比较绕曲线形状直接导出临界力的计算公式（一端固定、一端铰支的压杆）

式中：μ 为压杆长度系数（coefficient of length）；μl 为将压杆折算成两端铰支压杆的长度，称为相当长度（equivalent length）或计算长度（count length）。四种支承形式下的 μ 值归纳于表 12.1 中。

显然，上面所介绍的压杆的几种支承方式都是按理想约束情况确定的，在工程实际中，压杆的实际支承情况比较复杂，因此，应根据压杆的实际支承情况，将其恰当地化为上述典型形式或认定它处在哪两种情况之间，从而定出适当的长度系数 μ 值。对于常用压杆的计算长度，在各种设计规范中都有具体的规定。

12.3.4 对临界力计算公式的分析

为了进一步了解压杆的一些基本性质，下面对临界力计算公式 $F_{Pcr}=\dfrac{\pi^2 EI}{(\mu l)^2}$ 进一步进行分析。

(1) 在推导临界力计算公式时应用了挠曲线近似微分方程，而该方程是建立在材料符合胡克定律基础上的。因此，欧拉公式只适用于材料处于线弹性情况下，即压杆中应力不超过材料的比例极限 σ_p 时适用。

(2) 由式 (12.10) 可以看出，临界力 F_{Pcr} 与压杆的几何尺寸、杆端的支承情况以及材料的弹性模量等有关，而与材料的强度无关。因此，利用高强度材料提高压杆稳定性是不经济的，也是没必要的。

(3) 要使压杆具有较大的临界力，就应尽可能地采用弹性模量 E 较高的材料和惯性矩 I 较大的截面形式。因此，在压杆的横截面面积一定的条件下，选择合理的截面形状，使截面的惯性矩 I 增大。为此，应适当地使截面分布得远离形心轴。通常采用空心截面和型钢组合截面，如图 12.11 所示。其中图 12.11 (a) 与 (b) 的截面面积相同，显然空心圆较实心圆合理。当然，压杆的壁厚不可太薄，以防止整体失稳以前先出现翘曲而使压杆丧失承载能力。

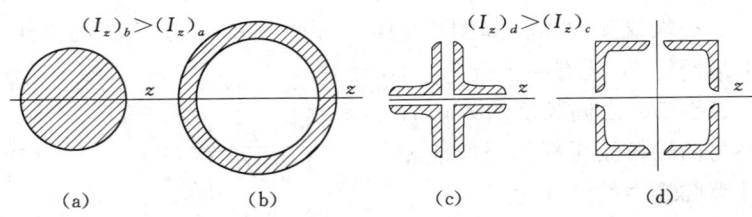

图 12.11　组合截面示意图

另外，在应用公式时要注意判断压杆可能的弯曲方向，这与杆端的支承情况以及截面转动方向的抗弯刚度 EI 有密切关系。当杆端在各方向的约束都相同时，即压杆在各方向的计算长度 μl 相同时，压杆的失稳将发生在抗弯刚度最小的纵向平面内。也就是说，压杆的临界力 F_{Pcr} 取决于压杆的最小抗弯刚度 $EI_{\min}$。如果压杆截面在各个方向的 EI 也相同，则压杆将在约束最弱的平面内失稳，即在计算长度最大的平面内失稳。

12.4　欧拉公式的适用范围、临界应力总图

12.4.1 细长压杆的临界应力与柔度

为了使用方便，除式 (12.10) 表达的临界力外，还要引入临界应力的概念。压杆在临界力的作用下处于从稳定平衡向不稳定平衡过渡的状态，假定此时压杆暂时保持直线状态，则临界应力 (critical stress) 等于临界力除以压杆横截面面积，即

$$\sigma_{cr}=\dfrac{F_{Pcr}}{A}=\dfrac{\pi^2 EI}{Al_0^2}=\dfrac{\pi^2 EI}{(\mu l)^2 A}$$

12.4 欧拉公式的适用范围、临界应力总图

上式中令 $i=\sqrt{\dfrac{I}{A}}$，i 为惯性半径，并令

$$\lambda=\dfrac{\mu l}{i} \tag{12.11}$$

则有

$$\sigma_{cr}=\dfrac{\pi^2 E}{\lambda^2} \tag{12.12}$$

式中：λ 为压杆的柔度（compliance）或长细比（slenderness ratio），是无量纲的量，它反映杆端支承情况、杆长和横截面形状和尺寸等因素对压杆临界应力的综合影响。

式（12.12）是欧拉公式的另一种表达形式。

由式（12.12）可见，杆件越细长，其柔度越大，临界应力就越小，压杆的稳定承载能力越小，稳定性较差。反之，若杆件越粗短，其柔度越小，临界应力就越大，表明压杆的稳定承载能力较大，稳定性较强。

12.4.2 临界应力欧拉公式的适用范围

式（12.12）表明，σ_{cr} 是柔度 λ 的函数，其函数关系曲线为欧拉曲线（图 12.12）。

推导欧拉公式时利用了梁的挠曲线近似微分方程，而公式仅在材料服从胡克定律时才成立，即欧拉公式的适用条件是材料在线弹性范围内工作，即临界应力 σ_{cr} 不超过材料的比例极限 σ_P 时欧拉公式才适用，即

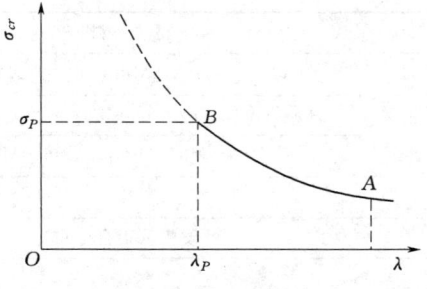

图 12.12 欧拉曲线

$$\sigma_{cr}=\dfrac{\pi^2 E}{\lambda^2}\leqslant\sigma_P \quad \text{或} \quad \lambda\geqslant\pi\sqrt{\dfrac{E}{\sigma_P}} \tag{12.13}$$

若用 λ_P 表示对应于 $\sigma_{cr}=\sigma_P$ 时的柔度值（图 12.12），则有

$$\lambda_P=\pi\sqrt{\dfrac{E}{\sigma_P}} \tag{12.14}$$

于是欧拉公式的适用范围可用柔度表示为

$$\lambda\geqslant\lambda_P$$

也就是说，只有当压杆的柔度 $\lambda\geqslant\lambda_P$ 时，才能应用欧拉公式来计算压杆的临界力。这里，λ_P 是判断欧拉公式能否应用的柔度，称为判别柔度。

由此可见，前面所说的细长压杆，应为其柔度不小于 λ_P，即满足 $\lambda\geqslant\lambda_P$ 这一条件的压杆称为大柔度杆（long columns）或细长压杆。而当压杆的柔度 $\lambda<\lambda_P$ 时，称为小柔度杆或细长杆，将不能应用欧拉公式计算临界力或临界应力。

以 Q235 钢为例，$E=200\text{GPa}$，$\sigma_P=200\text{MPa}$，代入式（12.14）得

$$\lambda_P=\pi\sqrt{200\times10^9/(200\times10^6)}\approx 99$$

即对由 Q235 钢制成的压杆，只有当其柔度 $\lambda>99$ 时，才能用欧拉公式计算其临界力或临界应力。

12.4.3 小柔度杆的临界应力

在工程实际中,当 $\sigma_{cr} > \sigma_P$ 或 $\lambda < \lambda_P$ 时,压杆产生塑性变形,称为弹塑性稳定问题。此类压杆为非细长压杆,这类问题的临界应力可通过解析法求得。通常采用经验公式进行计算,在实验与分析的基础上建立的经验公式,这里介绍直线经验公式和抛物线经验公式。

直线经验公式为

$$\sigma_{cr} = a - b\lambda$$

抛物线经验公式为

$$\sigma_{cr} = a - b\lambda^2$$
$$F_{Pcr} = \sigma_{cr} A \tag{12.15}$$

式中:A 为压杆的横截面面积;λ 为压杆的柔度;a 和 b 为与材料有关的常数,具体参见相关设计规范或其他参考书。一些材料的 a、b 值列于表 12.2 中。

表 12.2   直线经验公式的系数 a、b

材 料	a/MPa	b/MPa
A3 钢($\sigma_s = 235$MPa,$\sigma_b \geqslant 372$MPa)	304	1.12
优质碳素钢($\sigma_s = 306$MPa,$\sigma_b = 471$MPa)	465	2.568
硅钢($\sigma_s = 353$MPa,$\sigma_b \geqslant 510$MPa)	578	3.744
铬钼钢	980.7	5.296
硬铝(铝合金)	373	2.15
铸铁	332.2	1.454
松木	28.7	0.19

当 $\sigma_{cr} > \sigma_P$ 或 $\lambda < \lambda_P$ 时,压杆已进入非弹性范围内,此类压杆为非细长压杆。这类压杆可分为两类:

(1) 第一类杆件为中长杆或中柔度杆。这类杆件在工程中用的最多,因此应特别注意。从破坏情况看,此类压杆与细长杆相似,主要是因失稳而破坏,不同之处是其临界应力虽小于材料的屈服极限或强度极限,但已超过比例极限,欧拉公式已不适用。这里仅介绍由经验得出的直线经验公式。直线经验公式也有适用范围,其临界应力不能超过材料的极限应力(σ_s 或 σ_b),对塑性材料应有

$$\sigma_{cr} = a - b\lambda \leqslant \sigma_s$$

当 $\sigma_{cr} = \sigma_s$ 时的柔度 λ_s 为

$$\lambda_s = (a - \sigma_s)/b \tag{12.16}$$

对屈服极限 $\sigma_s = 235$MPa 的 Q235 钢,$a = 304$MPa,$b = 1.12$MPa,可求得

$$\lambda_s = \frac{304 - 235}{1.12} \approx 62$$

即对 Q235 钢而言,$\lambda \geqslant \lambda_s = 62$ 时才能应用直线经验公式。

12.4 欧拉公式的适用范围、临界应力总图

（2）第二类杆件为粗短杆或小柔度杆。当压杆的柔度 $\lambda \leqslant \lambda_s$ 时，这类压杆称为粗短杆或小柔度杆。这类压杆一般不会因为失稳而破坏，只会因为杆中的压应力达到材料的屈服极限或强度极限而破坏，属于强度破坏，按简单压缩情况计算，即

$$\sigma_{cr} = \frac{F_P}{A} \leqslant \sigma_s \quad \text{（塑性材料）}$$

$$\sigma_{cr} = \frac{F_P}{A} \leqslant \sigma_b \quad \text{（脆性材料）}$$

12.4.4 临界应力总图

综上所述，在不同 λ 范围内，上述两类压杆的临界应力 σ_{cr} 与柔度 λ 之间的关系可以用 $\sigma_{cr} - \lambda$ 曲线表示，以临界应力 σ_{cr} 为纵坐标，柔度 λ 为横坐标作出 $\sigma_{cr} - \lambda$ 间的关系曲线，如图 12.13 所示，称为压杆的临界应力总图。

对于 $\lambda \leqslant \lambda_s$ 的小柔度杆，应按强度问题计算，在图 12.13 中表示为 AB 段；对于 $\lambda \geqslant \lambda_P$ 的大柔度杆，用式（12.12）计算临界应力，在图 12.13 中表示为 CD 段；柔度介于 λ_s 和 λ_P 之间的中柔度杆，用式（12.16）计算临界应力，在图 12.13 中表示为 BC 段。

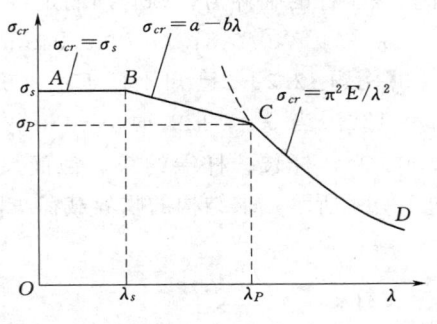

图 12.13 临界应力总图

总结以上分析，求解压杆临界压力或临界应力的思路如下：

1. 判断压杆的失稳平面

在计算压杆的临界压力或临界应力时，首先要判断压杆在哪个纵向平面内失稳，即压杆的失稳平面。由压杆的临界应力总图可以看出，压杆的柔度越大其临界应力或临界压力越小，压杆越容易发生失稳，因此，柔度最大的纵向平面为压杆的失稳平面。由柔度的计算公式（12.11）可知：

当压杆在各个纵向平面内的杆端约束相同（即 μ 相同）时，则在抗弯刚度 EI 最小（即 i 最小）的纵向平面内，压杆的柔度最大，因而该平面为压杆的失稳平面。

当压杆在各个纵向平面内的抗弯刚度 EI 相同（即 i 相同）时，则在杆端约束最弱（即 μ 最大）的纵向平面内，压杆的柔度最大，因而该平面为压杆的失稳平面。

当压杆在各个纵向平面内的杆端约束和抗弯刚度均各不相同时，则根据轴心受压直杆失稳时只发生平面弯曲变形的假设，计算压杆在两个形心主惯性平面内的柔度值，柔度较大的形心主惯性平面即为压杆的失稳平面。

2. 选择临界压力或临界应力的计算公式

在确定了压杆失稳平面后，再由失稳平面内压杆的柔度 λ 值，选取相应的临界压力或临界应力的计算公式。对于大柔度压杆，采用欧拉公式计算；对于中柔度杆采用经验公式计算；对于小柔度杆采用强度条件进行计算。

【例题 12.1】 两端为球铰支的圆截面杆，材料的弹性模量 $E = 2.03 \times 10^5 \text{MPa}$，$\sigma_P = 300 \text{MPa}$，杆的直径 $d = 100 \text{mm}$，试确定可用欧拉公式计算杆的临界力时的杆长。

解：
$$\lambda_P = \pi\sqrt{\frac{E}{\sigma_P}} = \pi\sqrt{\frac{2.03 \times 10^5}{300}} = 81.7$$

$$i = \sqrt{\frac{I}{A}} = \sqrt{\frac{\frac{1}{64}\pi d^4}{\frac{1}{4}\pi d^2}} = \frac{1}{4}d = 0.025(\text{m})$$

$$\lambda = \frac{\mu l}{i} = \frac{1 \times l}{0.025} = 40l，若用欧拉公式$$

计算该压杆的临界力，则必须满足：
$$\lambda > \lambda_P，40l > 81.7，l > 2.043\text{m}$$

【例题 12.2】 已知压杆 $E = 200\text{GPa}$，$\lambda_P = 122$，当 $\lambda < 122$ 时，$\sigma_{cr} = 240 - 0.0068\lambda^2$，杆长、杆端约束、截面尺寸如图 12.14 所示，求结构的临界载荷 F_{Pcr}。

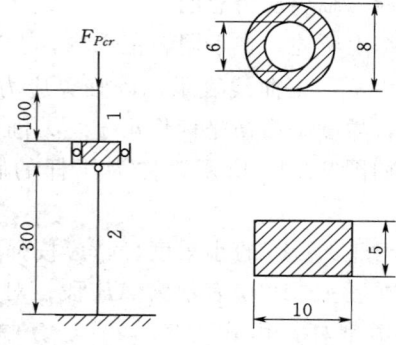

图 12.14 ［例题 12.2］图

解：

1 杆：
$$i_1 = \sqrt{\frac{I_1}{A_1}} = \sqrt{\frac{\frac{1}{64}\pi(D^4 - d^4)}{\frac{1}{4}\pi(D^2 - d^2)}} = \sqrt{\frac{8^4 - 6^4}{16 \times (8^2 - 6^2)}} = 2.5(\text{mm})$$

$$\lambda_1 = \frac{\mu_1 l_1}{i_1} = \frac{2 \times 100}{2.5} = 80 < 122，属于中长杆，则$$

$$\sigma_{1cr} = 240 - 0.0068\lambda^2 = 240 - 0.0068 \times 80^2 = 196.48(\text{MPa})$$

$$F_{1Pcr} = \sigma_{1cr} A_1 = 196.48 \times \frac{1}{4}\pi \times (8^2 - 6^2) = 4.32(\text{kN})$$

2 杆：
$$i_2 = \sqrt{\frac{I_2}{A_2}} = \sqrt{\frac{\frac{1}{12} \times 10 \times 5^3}{10 \times 5}} = 1.443(\text{mm})$$

$$\lambda_2 = \frac{\mu_2 l_2}{i_2} = \frac{0.7 \times 300}{1.443} = 145.5 > 122，属于细长杆，则$$

$$F_{2Pcr} = \frac{\pi^2 EI}{(\mu l)^2} = \frac{\pi^2 \times 200 \times 10^3 \times \frac{1}{12} \times 10 \times 5^3}{(0.7 \times 300)^2} = 4.66(\text{kN})$$

综上，结构的临界载荷由杆1决定，为 4.32kN。

【例题 12.3】 钢柱长为 7m，两端固定，材料为 Q235 钢，横截面由两个 10 号槽钢组成，如图 12.15 所示。已知 $E = 200\text{GPa}$。试求钢柱的临界载荷：① 当两槽钢靠

12.4 欧拉公式的适用范围、临界应力总图

紧，如图 12.15（a）所示；②当两槽钢距离为 3cm 时，如图 12.15（b）所示。

解：

（1）两槽钢靠紧的情形：从型钢表中查得

$$A = 2 \times 12.74 = 25.48 (\text{cm}^2)$$

$$I_{\min} = I_y = 2 \times 54.9 = 109.8 (\text{cm}^4)$$

$$i_{\min} = i_y = \sqrt{\frac{I_y}{A}} = \sqrt{\frac{109.8}{25.48}} = 2.08 (\text{cm})$$

可求得柔度为

$$\lambda_y = \frac{\mu l}{i_y} = \frac{0.5 \times 700}{2.08} = 168 > \lambda_P = 100$$

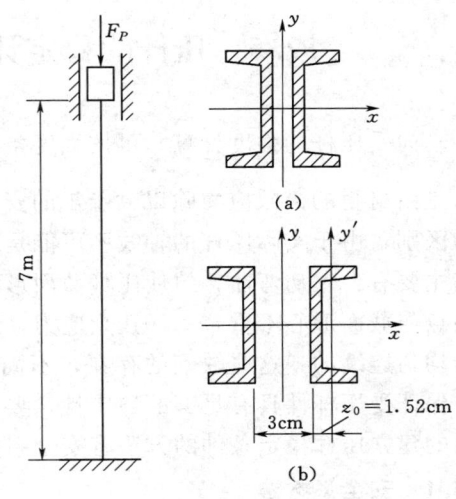

图 12.15 ［例题 12.3］图

故可用欧拉公式计算临界载荷，即

$$F_{Pcr1} = \sigma_{cr} A = \frac{\pi^2 E A}{\lambda^2} = \frac{\pi^2 \times 200 \times 10^9 \times 25.48 \times 10^{-4}}{168^2} = 178.2 (\text{kN})$$

（2）两槽钢距离为 3cm 的情形：从型钢表中可查得

$$I_x = 2 \times 198.3 = 396.6 (\text{cm}^4)$$

$$i_x = \sqrt{\frac{I_x}{A}} = \sqrt{\frac{396.6}{25.48}} = 3.95 (\text{cm})$$

$$I_y = 2 \times [I_{y1} + (1.5 + z_0)^2 \times 12.74] = 2 \times (25.6 + 3.02^2 \times 12.74) = 283.6 (\text{cm}^2)$$

$$i_y = \sqrt{\frac{I_y}{A}} = \sqrt{\frac{283.6}{25.48}} = 3.34 (\text{cm})$$

比较以上数值可知，应取 $I_{\min} = I_y$，$i_{\min} = i_y$，由式（12.11）可求得长细比为

$$\lambda_y = \frac{\mu l}{i_y} = \frac{0.5 \times 700}{3.34} = 104.8 > \lambda_P = 100$$

由欧拉公式求得临界载荷为

$$F_{Pcr2} = \sigma_{cr} A = \frac{\pi^2 E A}{\lambda^2} = \frac{\pi^2 \times 200 \times 10^9 \times 25.48 \times 10^{-4}}{104.8^2} = 457.9 (\text{kN})$$

综上可知 F_{Pcr1} 比 F_{Pcr2} 小得多。因此，为了提高压杆的稳定性，可将两槽钢分开一定距离，以增强它对 y 轴的惯性矩；分开的距离最好能使 I_x 与 I_y 尽可能相等，以便使压杆在两个方向有相等的抵抗失稳的能力。根据这样的原则来设计压杆的横截面是合理的。

12.5 压杆的稳定计算与压杆的合理截面

轴向受压杆的强度计算，可按强度条件即 $\sigma = \dfrac{F_P}{A} \leqslant [\sigma]$ 来进行，式中的许用应力 $[\sigma]$ 是由材料的极限应力除以大于 1 的安全系数得到的。但实际压杆与理想压杆有很大的区别，由于实际压杆的轴线不可能是理想的直线，常常带有初始缺陷。这些初始缺陷主要有：①初弯曲，致使压杆截面形心轴线不是理想直线；②初偏心，致使压力作用点与截面形心不重合；③残余应力，致使钢材内部留有初应力；④材质不可能是完全均匀连续的。这些缺陷的存在，不同程度地降低了压杆的稳定承载能力。因此，为了保证受压杆件具有足够的稳定性，要建立压杆的稳定条件（stability condition）。常用的建立压杆稳定条件的方法有安全系数法和稳定系数法。

12.5.1 安全系数法

工程中，为使受压杆件不失去稳定，并具有必要的安全储备，以临界应力除以安全系数作为安全储备，即要求横截面上的正应力 $\sigma = \dfrac{F_P}{A} \leqslant \dfrac{\sigma_{cr}}{n_{st}}$。通常将稳定条件写成安全系数表示的形式，即压杆稳定安全系数法的稳定条件为

$$n = \dfrac{\sigma_{cr}}{\sigma} \geqslant n_{st}$$

$$n = \dfrac{F_{Pcr}}{F_P} \geqslant n_{st} \tag{12.17}$$

式中：n_{st} 为稳定安全系数；n 为压杆的工作安全系数。

稳定安全系数 n_{st} 的取值，在有关规范和手册中均有具体规定。几种常用材料的压杆的稳定安全系数参考值如下：钢材为 $n_{st}=1.8\sim3.0$，铸铁为 $n_{st}=5.0\sim5.5$，木材为 $n_{st}=2.8\sim3.2$。

【例题 12.4】 图 12.16 所示结构中，梁 AB 为 I14 普通热轧工字钢，支柱 CD 的直径 $d=20\text{mm}$，二者的材料均为 A3 钢，结构的受力及尺寸如图所示，A、C、D 三处均为球铰约束，材料的弹性模量 $E=200\text{GPa}$，梁的许用应力 $[\sigma]=160\text{MPa}$，稳定安全系数 $n_{st}=2$，试校核此结构是否安全。

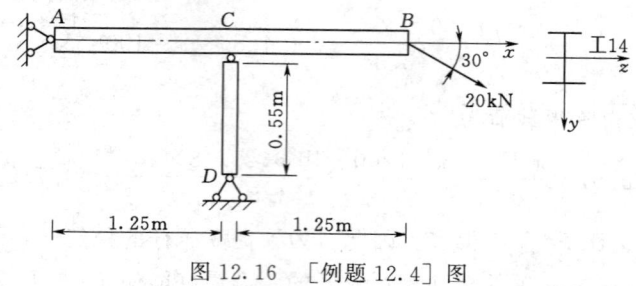

图 12.16 [例题 12.4] 图

解：

结构中 AB 梁承受拉伸与弯曲的组合变形，属于强度问题，支承杆 CD 承受压

力，属于稳定性问题，应分别校核。

(1) AB 梁的强度校核：梁在 C 处弯矩最大，故为危险截面，其弯矩和轴力分别为

$$M_{max} = 20 \times \sin30° \times 1.25 = 12.5(\text{kN·m})$$
$$F_{N max} = 20 \times \cos30° = 17.32(\text{kN})$$

由型钢表查得I14普通热轧工字钢的惯性矩和面积分别为

$$W_z = 102 \times 10^{-6} \text{m}^3, \quad A = 21.5 \times 10^{-4} \text{m}^2$$

由叠加法可求得 AB 梁的最大正应力为

$$\sigma_{max}^+ = \frac{M_{max}}{W_z} + \frac{F_{N max}}{A} = \frac{12.5 \times 10^3}{102 \times 10^{-6}} + \frac{17.32 \times 10^3}{21.5 \times 10^{-4}} = 130.6(\text{MPa}) < [\sigma]$$

故梁 AB 满足强度要求。

(2) 压杆 CD 的稳定校核：由平衡条件求得压杆 CD 的轴力为

$$F_{NCD} = 2 \times 20 \times \sin30° = 20(\text{kN})$$

压杆 CD 为圆截面杆，则 $i = \dfrac{d}{4} = 5\text{mm}$，再由压杆 CD 两端为球铰约束，$\mu = 1$，计算压杆 CD 的柔度为

$$\lambda = \frac{\mu l}{i} = \frac{1 \times 0.55}{0.005} = 110 > \lambda_P = 100$$

压杆 CD 为大柔度杆，可采用欧拉公式计算临界载荷，即

$$F_{Pcr} = \sigma_{cr} A = \frac{\pi^2 E}{\lambda^2} \times \frac{\pi d^2}{4} = \frac{\pi^2 \times 200 \times 10^9}{110^2} \times \frac{\pi \times 0.02^2}{4} = 51.25(\text{kN})$$

$$n = \frac{F_{Pcr}}{F_{NCD}} = \frac{51.25}{20} = 2.56 > n_{st} = 2$$

故 CD 压杆满足稳定性要求。

【例题 12.5】 图 12.17 所示结构中，AB、AC 均为圆截面杆，直径 $D = 80\text{mm}$，两端均为球铰支，材料为 A3 钢，弹性模量 $E = 200\text{GPa}$，$\sigma_P = 200\text{MPa}$，BC 距离为 4m；稳定安全系数 $n_{st} = 3$，由稳定条件求此结构的极限载荷 F_{Pmax}。

解：

(1) 计算各杆内力与外载荷 F_P 的关系：由节点 A 的平衡得出

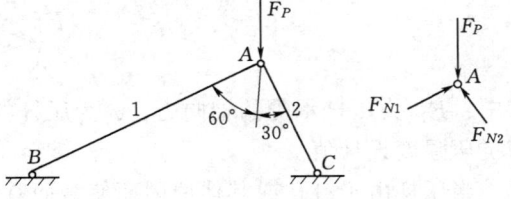

图 12.17 [例题 12.5] 图

$$F_{N1} = F_P \cos60° = 0.5 F_P$$
$$F_{N2} = F_P \sin60° = 0.866 F_P$$

(2) 计算各杆柔度，判别其类型：

$$\lambda_P = \pi \sqrt{\frac{E}{\sigma_P}} = \pi \sqrt{\frac{200 \times 10^9}{200 \times 10^6}} \approx 99$$

$$\lambda_1 = \frac{\mu l_1}{i_1} = \frac{1 \times 4000\cos30°}{\frac{80}{4}} = 173, \quad \lambda_2 = \frac{\mu l_2}{i_2} = \frac{1 \times 4000\sin30°}{\frac{80}{4}} = 100$$

故两杆件均为大柔度杆，都可用欧拉公式计算其临界载荷。

（3）确定结构的临界载荷：

$$F_{N1cr} = \frac{\pi^2 EI}{(\mu l_1)^2} = \frac{\pi^2 \times 200 \times 10^9 \times \frac{\pi \times (80 \times 10^{-3})^4}{64}}{(1 \times 4 \times \cos30°)^2} = 330.7 \text{(kN)}$$

$$F_{N2cr} = \frac{\pi^2 EI}{(\mu l_2)^2} = \frac{\pi^2 \times 200 \times 10^9 \times \frac{\pi \times (80 \times 10^{-3})^4}{64}}{(1 \times 4 \times \sin30°)^2} = 992 \text{(kN)}$$

由式（12.17）计算杆 1：

$$\frac{F_{N1cr}}{F_{N1}} \geqslant n_{st} = 3, \quad \frac{330.7}{0.5 F_P} \geqslant 3, \quad F_P \leqslant 220.5 \text{kN}$$

计算杆 2：

$$\frac{F_{N2cr}}{F_{N2}} \geqslant n_{st} = 3, \quad \frac{992}{0.866 F_P} \geqslant 3, \quad F_P \leqslant 382 \text{kN}$$

综上，该结构的临界载荷应取两者中较小者，即 $F_{P\max} = 220.5 \text{kN}$。

12.5.2 稳定系数法

上述安全系数法是使构件具有一定的稳定安全储备。在工程实际中，也常采用稳定系数法进行稳定性计算，轴心受压杆件的稳定条件表示为

$$\sigma = \frac{F_P}{A} \leqslant \varphi[\sigma] \tag{12.18}$$

通常改写为

$$\frac{F_P}{\varphi A} \leqslant [\sigma]$$

式中：F_P 为压杆承受的轴向力；φ 为压杆的稳定系数；A 为压杆的横截面面积；$[\sigma]$ 为抗压强度设计值。

当压杆由于钉孔或其他原因而使截面有局部削弱时，由于压杆的临界力是根据整根杆的失稳来确定的，所以在稳定计算中不必考虑局部截面削弱的影响，而以毛面积进行计算。但在强度计算中，危险截面为局部被削弱的截面，应按净面积进行计算。

在稳定计算中，如果已知压杆的材料、杆长、截面尺寸和杆端约束条件，利用稳定系数和稳定条件，就可以进行稳定性校核、设计截面和确定许可荷载等三方面的工作。

式（12.18）可理解为：压杆在强度破坏之前丧失稳定，由降低强度许用应力 $[\sigma]$ 来保证压杆的安全性，$[\sigma]$ 可从有关的设计规范中查出。如 Q235 钢可取 $[\sigma] = 215 \text{MPa}$；压杆的稳定系数 φ 列于表 12.3 中。

12.5 压杆的稳定计算与压杆的合理截面

表 12.3　　　　　　　　　　　压杆的稳定系数 φ

柔度 λ	φ Q235 钢	φ 16 锰钢	柔度 λ	φ Q235 钢	φ 16 锰钢
0	1.000	1.000	130	0.401	0.279
10	0.995	0.993	140	0.349	0.242
20	0.981	0.973	150	0.306	0.213
30	0.958	0.940	160	0.272	0.188
40	0.927	0.895	170	0.243	0.168
50	0.883	0.840	180	0.218	0.151
60	0.842	0.776	190	0.197	0.136
70	0.789	0.705	200	0.180	0.124
80	0.731	0.627	210	0.164	0.113
90	0.669	0.546	220	0.151	0.104
100	0.604	0.462	230	0.139	0.096
110	0.536	0.384	240	0.129	0.089
120	0.466	0.325	250	0.120	0.082

稳定条件的应用有如下三种情况：

(1) 稳定校核。验算压杆的实际应力 $\sigma = \dfrac{F_P}{A}$ 是否超过稳定许用应力。

(2) 确定许用载荷。将式（12.18）改写为 $F_P \leqslant A\varphi[\sigma]$，可计算压杆承受的许用载荷。

(3) 设计截面。压杆的横截面设计用试算法，思路如下：

在用稳定条件式（12.18）设计压杆的截面尺寸时，一般是已知压杆的计算长度 μl、轴向压力 F_P 和材料的许用应力 $[\sigma]$，但横截面面积 A 和稳定系数 φ 都是未知的。为了确定横截面面积 A 必须已知 φ，但 φ 又取决于柔度 λ，λ 又取决于截面的惯性半径 i，i 又取决于横截面的形状和面积 A。由此可见，A 与 φ 这两个量值是相互依赖的，故在设计压杆的横截面时必须采用试算法。步骤如下：

1) 首先假设 φ 值（一般是假设 $\varphi = 0.5$），用式（12.18）求得初选的 A。

2) 根据初选的 A，查型钢表或根据实践经验，选择型钢号码或求得截面的具体尺寸。

3) 根据选定的截面尺寸，计算或查表得到惯性半径 i，计算出压杆的柔度 λ。根据 λ 查表 12.3 得出相应的 φ 值。若此 φ 值与在 1) 中假设的 φ 值相差较大，则需在这两个 φ 值之间再选一个值（一般取两者之和的一半）重新按以上步骤进行计算，直到求得的 φ 值与假设的 φ 值比较接近为止。最后根据求得的 φ 值，按式（12.18）验算是否满足稳定条件。若能满足，又不是过于安全，则选得的截面就是所需的截面。若不满足或过于安全，则应参考验算结果，对截面尺寸进行适当调整，然后再进行计算，直到选择到合理的截面为止。

第12章 压杆稳定

【例题 12.6】 一钢管支柱，长 $l=2.2\text{m}$，两端铰支。外径 $D=102\text{mm}$，内径 $d=86\text{mm}$，材料为 Q235，许用应力 $[\sigma]=215\text{MPa}$，已知承受轴向压力 $F_P=30000\text{kN}$，试校核此钢管支柱的稳定性。

解：

支柱两端铰支，$\mu=1$，钢管截面惯性矩为

$$I=\frac{\pi}{64}(D^4-d^4)=\frac{\pi}{64}(102^4-86^4)=263\times 10^4(\text{mm}^4)$$

截面面积为

$$A=\frac{\pi}{4}(D^2-d^2)=23.6\times 10^2(\text{mm}^2)$$

惯性半径为

$$i=\sqrt{\frac{I}{A}}=\sqrt{\frac{263\times 10^4}{23.6\times 10^2}}=33.4(\text{mm})$$

柔度为

$$\lambda=\frac{\mu l}{i}=\frac{1\times 2200}{33.4}=66$$

查表 12.3，当 $\lambda=60$ 时，$\varphi=0.842$；当 $\lambda=70$ 时，$\varphi=0.789$。用线性内插法求得，当 $\lambda=66$ 时，$\varphi=0.82$。

$$\sigma=\frac{F_P}{A}=\frac{30000\times 10^3}{23.6\times 10^{-2}}=127.1(\text{MPa})<\varphi[\sigma]=0.82\times 215=176.3(\text{MPa})$$

故支柱满足稳定要求。

【例题 12.7】 钢柱由两根 20 号槽钢组成，截面如图 12.18 所示，柱高 $l=5.72\text{m}$，两端铰支，材料为 Q235 钢，许用应力 $[\sigma]=215\text{MPa}$。求钢柱所能承受的轴向压力 $[F_P]$。

解：

查型钢表知 20 号槽钢的参数如下：

$b=7.5\text{cm}$，$z_0=1.95\text{cm}$，$A=32.8\text{cm}^2$，$I_{z_0}=1913\text{cm}^4$，$I_{y_0}=144\text{cm}^4$。

由于钢柱截面由两根槽钢组成，因此

$$I_z=2I_{z_0}=3826\text{cm}^4$$

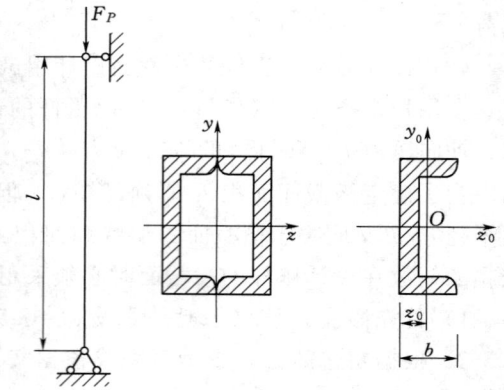

图 12.18 ［例题 12.7］图

$$I_y=2[I_{y_0}+A(b-z_0)^2]=2\times[144+32.8\times(7.5-1.95)^2]=2308.6(\text{cm}^4)$$

由于 $I_y<I_z$，失稳将在以 y 轴为中性轴方向发生。

所以

$$i_{\min}=i_y=\sqrt{\frac{I_y}{A}}=\sqrt{\frac{2308.6}{2\times 32.8}}=5.93(\text{cm})$$

钢柱两端铰支，$\mu=1$，钢柱最大柔度为

$$\lambda_{\max}=\frac{\mu l}{i_{\min}}=\frac{1\times 5720}{59.3}=96.5$$

查表12.3，当 $\lambda=90$ 时，$\varphi=0.669$；当 $\lambda=100$ 时，$\varphi=0.604$。用线性内插法求得，当 $\lambda=96.5$ 时，$\varphi=0.627$，因此许可载荷为

$$[F_P]=A[\sigma]\varphi=2\times 32.8\times 10^{-2}\times 215\times 10^6\times 0.627=88432\times 10^3(\text{N})=88432(\text{kN})$$

【例题 12.8】 一端固定、另一端自由的工字钢立柱，高 $l=1.8\text{m}$，顶部受轴向压力设计值 $F_P=200\text{kN}$，材料为 Q235，许用应用 $[\sigma]=215\text{MPa}$。试选择工字钢型号。

解：
用试算法来确定压杆的截面。
(1) 第一次试算：首先假设 $\varphi_1=0.5$，由式（12.8）可得

$$A\geqslant\frac{200\times 10^3}{0.5\times 215\times 10^6}=18.6(\text{cm}^2)$$

查型钢表得，工14 工字钢的面积 $A=21.5\text{cm}^2$，$i_{\min}=17.3\text{mm}$，由此求得

$$\lambda=\frac{\mu l}{i_{\min}}=\frac{2\times 1800}{17.3}=208$$

$$\sigma=\frac{F_P}{A}=\frac{200\times 10^3}{21.5\times 10^{-4}}=93.0(\text{MPa})$$

查表12.3并线性内插得，当 $\lambda=208$ 时，$\varphi_1'=0.173$。

$$\varphi_1'[\sigma]=0.173\times 215=37.2(\text{MPa})<\sigma=93\text{MPa}$$

由上式可知，工作应力 σ 超过许用值过多，需重新试算。

(2) 第二次试算：
取

$$\varphi_2=\frac{1}{2}\times(\varphi_1+\varphi_1')=\frac{1}{2}\times(0.5+0.173)=0.337$$

则

$$A\geqslant\frac{200\times 10^3}{0.337\times 215\times 10^6}=27.6(\text{cm}^2)$$

查型钢表得，工20a 工字钢的面积 $A=35.5\text{cm}^2$，$i_{\min}=21.1\text{mm}$，则

$$\lambda=\frac{\mu l}{i_{\min}}=\frac{2\times 1800}{21.1}=171$$

$$\sigma=\frac{F_P}{A}=\frac{200\times 10^3}{35.5\times 10^{-4}}=56.3(\text{MPa})$$

查表12.3并线性内插得，当 $\lambda=171$ 时，$\varphi_2'=0.247$。

$$\varphi_2'[\sigma]=0.247\times 215=53.1(\text{MPa})<\sigma=56.3\text{MPa}$$

由上式可知，工作应力 σ 仍超过许用值，需再次试算。

(3) 第三次试算：

取

$$\varphi_3 = \frac{1}{2}(\varphi_2 + \varphi_2') = \frac{1}{2} \times (0.337 + 0.247) = 0.292$$

则

$$A \geqslant \frac{200 \times 10^3}{0.292 \times 215 \times 10^6} = 31.9 (\text{cm}^2)$$

查型钢表得，工22a 工字钢的面积 $A = 42.1 \text{cm}^2$，$i_{\min} = 23.2\text{mm}$，则

$$\lambda = \frac{\mu l}{i_{\min}} = \frac{2 \times 1800}{23.2} = 155$$

$$\sigma = \frac{F_P}{A} = \frac{200 \times 10^3}{42.1 \times 10^{-4}} = 47.5 (\text{MPa})$$

查表 12.3 并线性内插得，当 $\lambda = 155$ 时，$\varphi_3' = 0.292$。

$$\varphi_3'[\sigma] = 0.292 \times 215 = 62.78(\text{MPa}) > \sigma = 47.5 \text{MPa}$$

这时的工作应力 σ 已小于许用值，故选择工22a 工字钢符合稳定性要求。

12.6 提高压杆稳定性的措施

为了提高压杆稳定性，应在可能的条件下，提高压杆的临界应力。影响压杆稳定性的主要因素有压杆的长度、截面形状和尺寸、两端的约束条件及材料性能等。因此，要想提高压杆的稳定性，就必须从这些方面入手，综合考虑。

12.6.1 减小压杆的长度

压杆临界压力的大小与杆长平方成反比，缩小杆件长度可以大大提高临界压力，提高抵抗失稳的能力。因此，在结构允许的情况下，应尽量减小压杆长度，这样可明显地提高压杆的稳定性。

若结构不允许减小压杆长度，可在压杆中间增加支承。如在两端铰支的压杆，在中点增加一铰链支座，如图 12.19 所示，临界力就会增大到原来的 4 倍。

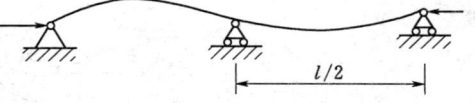

图 12.19 压杆中间增加支承

12.6.2 选择合理的截面形状

从细长压杆的欧拉公式和中长压杆的经验公式可知，这两类压杆临界应力的大小均与柔度 λ 有关，柔度越小，则临界应力越高，压杆抵抗失稳的能力越强。由于柔度 $\lambda = \frac{\mu l}{i}$，因此提高回转半径 i 的数值就能减小柔度 λ 的值。由 $i = \sqrt{\frac{I}{A}}$ 知，在截面面积一定的情况下，增大惯性矩 I。如图 12.20 所示，图 12.20（b）要比图 12.20（a）合理。尽量使截面材料远离中性轴。

当然，对于圆环截面压杆，也不能为了取得较大的惯性矩 I 和回转半径 i，而无限制地增加圆环截面的直径并减小其壁厚，这将使其变为薄壁圆管而有引起局部失稳、发生局部折皱的危险。对由型钢组成的组合压杆，也要用足够的缀条或缀板把分

开放置的型钢联成一个整体,如图 12.21 所示。否则,各型钢将变为分散单独的受压杆件,反而降低了稳定性。

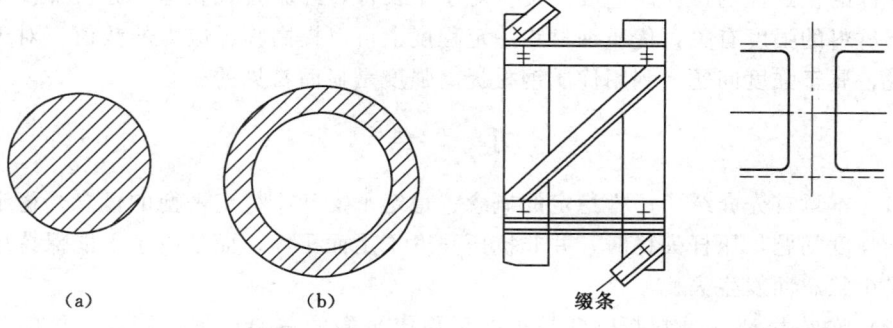

图 12.20　截面形状　　　　　图 12.21　型钢连接

当压杆在各个弯曲平面内的支承情况相同时,为了避免在最小刚度平面内先发生失稳,应尽量使各个方向的惯性矩 I 相同,例如采用圆形或方形截面。

若压杆的两个纵向对称平面内的支承情况不同,则采用两个方向惯性矩不同的截面,与相应的支承情况对应。如采用矩形或工字形截面。在具体确定截面尺寸时,抗弯刚度大的方向对应支承固结程度低的方向,抗弯刚度小的方向对应支承固结强的方向,尽可能使压杆两个方向的柔度相等或接近,以使压杆在两个纵向平面内的稳定性相同。

12.6.3　加强约束的牢固性

因压杆两端支承越牢固,长度系数 μ 就越小,柔度也就越小,从而临界压力就越大。所以,在条件允许时,应尽量使杆端不易转动,如两端固定支撑。例如,长为 l 两端铰支的压杆,如图 12.22(a)所示,其临界力为

$$F_{Pcr}=\frac{\pi^2 EI}{l^2}$$

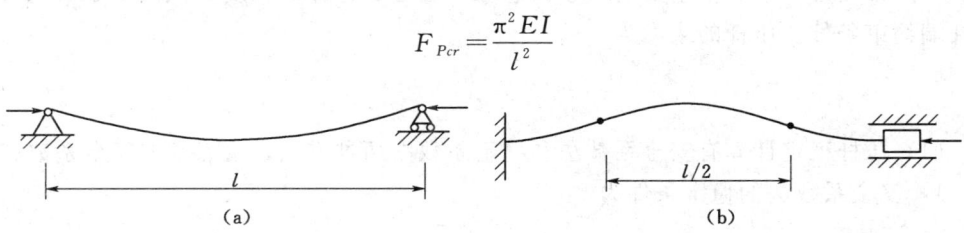

图 12.22　两端铰支的压杆

若将两端改成固定端,如图 12.22(b)所示,则相当长度 $\mu l=\dfrac{l}{2}$,其临界力为

$$F_{Pcr}=\frac{\pi^2 EI}{\left(\dfrac{l}{2}\right)^2}=\frac{4\pi^2 EI}{l^2}$$

可见,临界力是原来的 4 倍。

12.6.4　合理选用材料

在其他条件相同的情况下,选择高弹性模量的材料,可以提高压杆的稳定性。如

钢杆的临界压力大于铜、铁、木杆的临界压力。但应注意，对细长杆，临界应力与材料的强度指标无关，各种钢材的 E 值又大致是相等的，所以采用高强度钢材是不能提高压杆的稳定性的，反而造成浪费。对于中长杆，经验公式和理论分析都说明临界应力与材料的强度有关，优质钢材在一定程度上可以提高临界应力的数值。对于短粗杆来说，属于强度问题，利用优质钢材提高强度是显而易见的。

小　结

(1) 本章首先介绍了压杆稳定的概念、稳定平衡和不稳定平衡的概念。稳定问题不同于强度问题，压杆失稳时，并非抗压强度不足而压坏，而是由于不能保持原有的直线平衡状态而发生失稳。

(2) 临界力 F_{Pcr} 是判断压杆是否处于稳定平衡的重要依据，确定压杆的临界力是解决压杆稳定问题的关键，欧拉公式是计算临界力的重要公式，是压杆在一定条件下本身所具有的反映自身保持直线平衡承载能力的一个标志。由欧拉公式可知，压杆的临界力与杆的长度、截面形状和尺寸、杆两端的支承情况、杆件所用的材料有关，设计压杆时，应综合考虑这些因素。

临界应力的计算，应按压杆柔度的大小分别进行。

大柔度杆 $\lambda > \lambda_P$：

$$F_{Pcr} = \frac{\pi^2 EI}{(\mu l)^2}, \quad \sigma_{cr} = \frac{\pi^2 E}{\lambda^2} \quad \text{（欧拉公式）}$$

中柔度杆 $\lambda_P > \lambda > \lambda_s$：

$$\sigma_{cr} = a - b\lambda, \quad F_{Pcr} = \sigma_{cr} A \quad \text{（直线经验公式）}$$

小柔度杆 $\lambda < \lambda_s$，属强度问题，应按强度条件进行计算。

(3) 柔度是一个非常重要的概念，它综合考虑了杆件的长度、截面形状、尺寸以及杆端约束条件。压杆的柔度为

$$\lambda = \frac{\mu l}{i}$$

(4) 压杆稳定计算有安全系数法和稳定系数法两种方法，重点掌握安全系数法。

1) 安全系数法的稳定条件为

$$n = \frac{F_{Pcr}}{F_P} \geqslant n_{st}$$

2) 稳定系数法的稳定条件为

$$\sigma = \frac{F_P}{A} \leqslant \varphi [\sigma]$$

进行压杆稳定计算应注意以下几点：

1) 根据压杆的支承情况，确定压杆长度系数 μ。

2) 根据压杆在两个纵向平面内的支撑情况，判断压杆可能在哪个平面内首先失稳，以便计算其惯性半径 i 及柔度 λ。

3) 计算临界力时，首先考虑压杆的柔度 λ，根据 λ 的大小选择正确的计算公式。

(5) 提高压杆稳定性的方法有选择合适的材料、改善约束条件以及选取合理的截面尺寸等。

习　题

第 12 章基础知识测试

12.1　两端铰支的受压钢杆，材料为 Q235 钢，如题 12.1 图所示，材料的弹性模量 $E=200\text{GPa}$。试求题 12.1 图（a）、（b）两种情况下该压杆的临界力。题 12.1 图（a）为圆截面压杆，$l=2\text{m}$，$D=20\text{mm}$；题 12.1 图（b）截面为工 18 工字钢，$l=4\text{m}$。

12.2　一矩形截面压杆，如题 12.2 图所示，平面内两端均为铰支，在垂直于图平面内两端均不能转动，已知截面的宽为 b，高为 h，且 $b=2.5h$，试问压力逐渐增大时，压杆将在哪个平面内失稳？

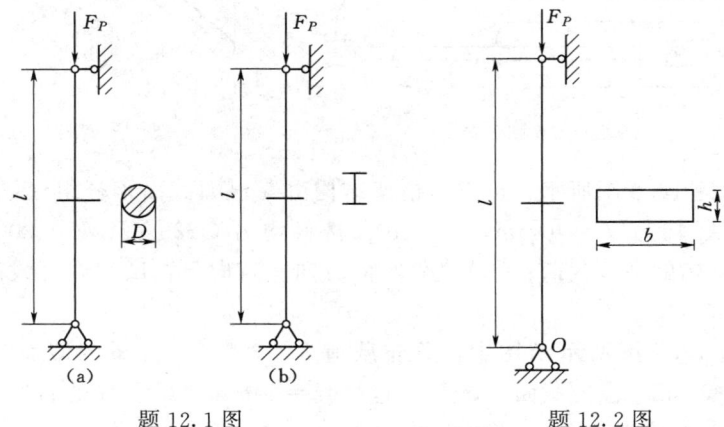

题 12.1 图　　　　　题 12.2 图

12.3　3 根圆截面压杆，直径均为 $d=160\text{mm}$，材料为 Q235 钢，$E=200\text{GPa}$，$\sigma_s=240\text{MPa}$，两端均为铰支，长度分别为 l_1、l_2、l_3，且 $l_1=2l_2=4l_3=5\text{m}$，求各杆的临界载荷。

12.4　截面为 $120\text{mm}\times200\text{mm}$ 的矩形木柱，长 $l=7\text{m}$，材料的弹性模量为 $E=10\text{GPa}$，$\lambda_P=110$。其支承情况是：在垂直于纸平面的平面内，柱的两端可视为铰支，如题 12.4 图（a）所示；在纸平面内，柱的两端可视为固定端，如题 12.4 图（b）所示。试求木柱的临界压力。

12.5　柴油机的挺杆是钢制空心圆管，内径、外径分别为 10mm 和 12mm，杆长 383mm，钢材的弹性模量 $E=210\text{GPa}$，$\sigma_P=280\text{MPa}$，挺杆上的最大压力 $F_P=2290\text{N}$。稳定安全系数 $n_{st}=3$。试校核挺杆的稳定性。

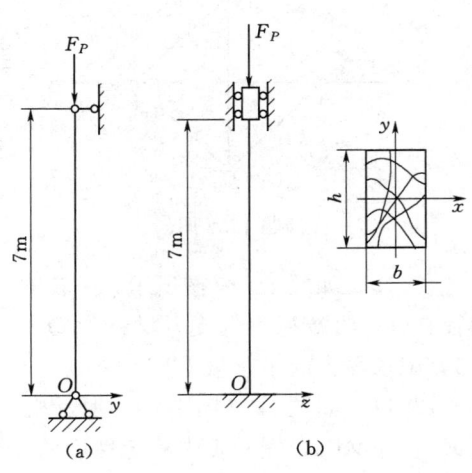

题 12.4 图

12.6 某工作台液压驱动装置如题 12.6 图所示,油缸活塞直径 $D=65$mm,油压 $p=1.2$MPa。活塞杆长度 $l=1250$mm,材料为 35 钢,$\sigma_P=220$MPa,$E=210$GPa,$n_{st}=6$,试确定活塞杆的直径。

12.7 如题 12.7 图所示,托架中杆 AB 的直径 $d=40$mm,长度 $l=800$mm,两端为球铰链约束,材料为 Q235 钢,$E=200$GPa。求:①托架的临界载荷;②若已知工作载荷 $F_P=70$kN,杆 AB 的稳定安全系数 $n_{st}=2$,校核托架是否安全;③若横梁为工 18 普通热轧工字钢,$[\sigma]=160$MPa,试问托架所能承受的最大载荷有何变化?

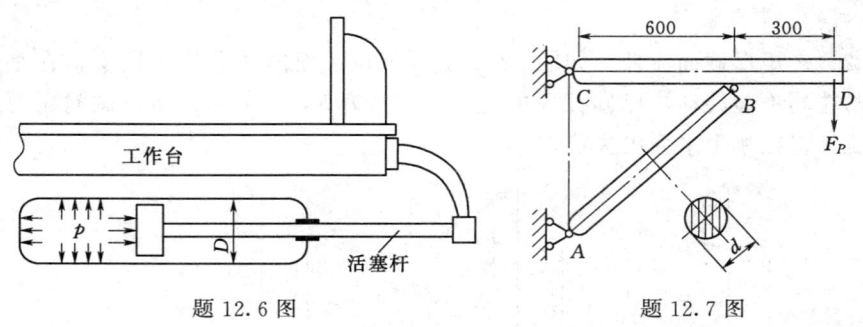

题 12.6 图　　　　　题 12.7 图

12.8 如题 12.8 图所示,正方形桁架结构由 5 根圆截面钢杆组成,连接处均为铰链,各杆直径均为 $d=40$mm,$a=1$m,材料均为 Q235 钢,$E=200$GPa,$n_{st}=1.8$。求:①结构的许可载荷;②若力 F_P 的方向竖直向上,试问许可载荷是否改变?若有改变应是多少?

12.9 题 12.9 图所示结构中,分布载荷 $q=20$kN/m。梁的截面为矩形,$b=90$mm,$h=130$mm。柱的截面为圆形,直径 $d=80$mm。梁和柱的材料均为 A3 钢,$E=200$GPa,$[\sigma]=160$MPa,稳定安全系数 $n_{st}=3$,试校核结构的安全性。

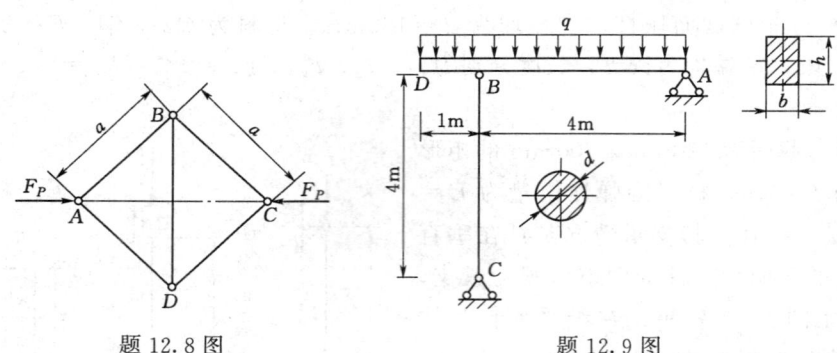

题 12.8 图　　　　　题 12.9 图

12.10 如题 12.10 图所示,一转臂起重机架 ABC,受压杆 AB 是由 $\phi 76\times 4$mm 的钢管制成,两端视为铰支,材料为 Q235 钢,若不计结构的自重,取安全系数为 $n=3.5$,试求最大起吊重量 F_P。

12.11 如题 12.11 图(a)所示机器,4 根立柱的长度为 $l=3$m,钢材的弹性模量 $E=210$MPa,立柱丧失稳定性后的变形曲线如题 12.11 图(b)所示。若 F_P 的最大值为 1000kN,规定的稳定安全系数为 $n_{st}=4$,试按稳定条件设计立柱直径。

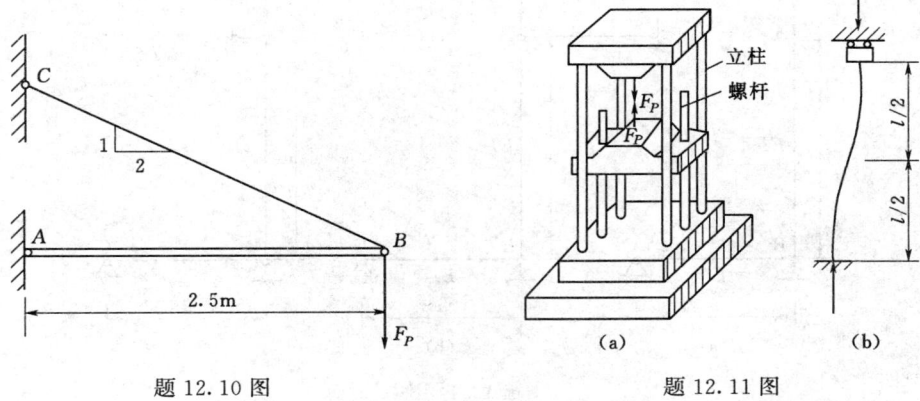

题 12.10 图　　　　　　题 12.11 图

12.12 如题 12.12 图所示，各杆材料和截面均相同，试问哪一根杆能承受的压力最大，哪一根能承受的压力最小？图（f）所示杆在中间支承处不能转动。

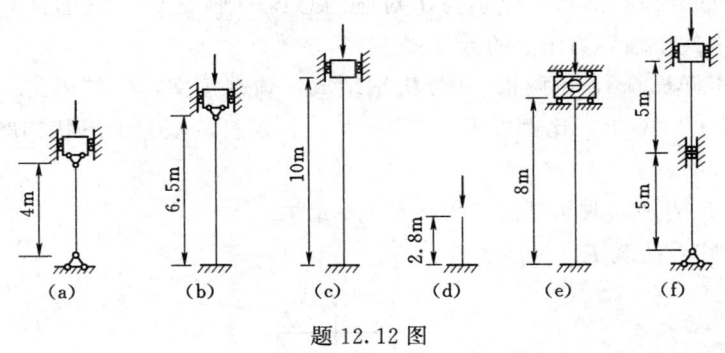

题 12.12 图

12.13 两端为球形铰支的细长压杆，如有题 12.13 图所示形式的横截面，试画出截面的失稳轴线。

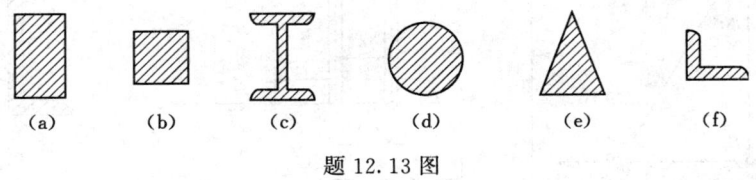

题 12.13 图

12.14 对题 12.14 图所示三种情况下的压杆 AB，试取 AB 杆的稳定计算模型，并估计其大致临界荷载值的范围。

12.15 如题 12.15 图所示，结构 $ABCD$ 由三根直径均为 d 的圆截面杆组成，在 B 点铰支，而在 A 点和 C 点固定，D 为铰接结点，$\dfrac{l}{d}=10\pi$。若此结构由于杆件在 $ABCD$ 平面内弹性失稳而丧失承载能力，试确定作用于结点 D 处的荷载 P 的临界值。

267

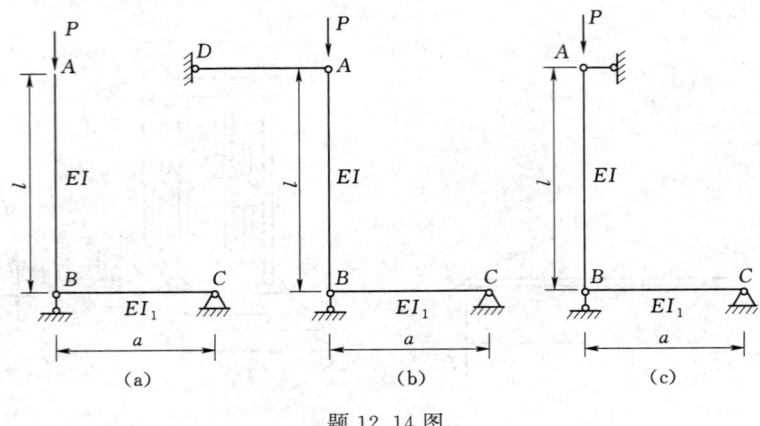

题 12.14 图

12.16 两根直径为 d 的立柱，上下端分别与强劲的顶、底块刚性连接，如题 12.16 图所示。试根据杆端的约束条件，分析在总压力 P 作用下，立柱可能产生的几种失稳情况下的挠曲线形状，分别写出对应的总压力 P 之临界值的计算式（按细长杆考虑），确定最小临界力 P_{cr} 的计算式。

12.17 压杆长 6m，由两根 10 号槽钢组成，顶端铰支，底端固定。已知：材料的弹性模量 $E=200\text{GPa}$，比例极限 $\sigma_p=200\text{MPa}$。若杆的横截面形状如题 12.17 图所示，问：

(1) 距离 a 为多大时压杆的临界荷载 P_{cr} 最大？

(2) 最大临界荷载 P_{cr} 为多少？

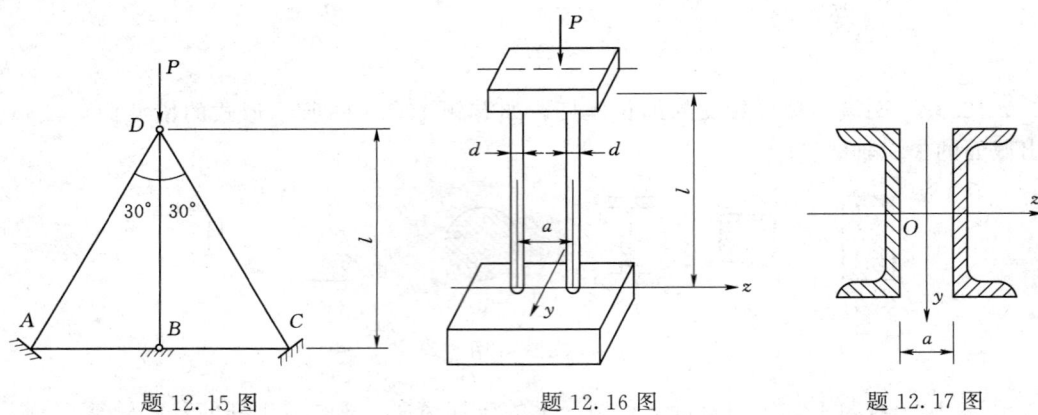

题 12.15 图　　　　题 12.16 图　　　　题 12.17 图

12.18 题 12.18 图所示为一简单托架，其撑杆 CD 为圆截面木杆，强度等级为 TC15。若托架上受集度为 $q=25\text{kN/m}$ 的均布荷载作用，CD 两端为柱形铰，材料的强度许用应力 $[\sigma]=11\text{MPa}$，试求撑杆所需的直径 d。

12.19 一支柱由 4 根 $80\text{mm}\times80\text{mm}\times6\text{mm}$ 的等边角钢组成（题 12.19 图），并符合《钢结构设计标准》（GB 50017—2017）中实腹式 b 类截面中心受压杆的要求。支柱的两端为铰支，柱长 $l=6\text{m}$，压力为 450kN。若材料为 3 号钢，强度许用应力

$[\sigma]=170\text{MPa}$，试求支柱横截面边长 a 的尺寸。

12.20 某塔架的横撑杆长 6m，截面形式如题 12.20 图所示，材料为 3 号钢，$E=210\text{GPa}$，稳定安全系数 $n_w=1.75$。若按一端固定，一端铰支细长压杆考虑，试求此杆所能承受的最大轴向安全压力。若将组合截面改为题 12.19 图所示方式，则最大轴向安全压力提高多少？（取 $a=2\times75\text{mm}$，中长杆 $\sigma_{cr}=240-0.0088\lambda^2$）

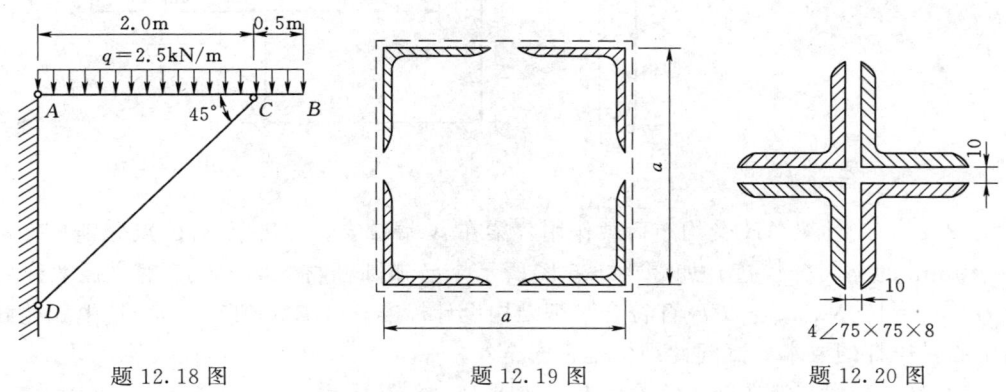

题 12.18 图　　　题 12.19 图　　　题 12.20 图

12.21 动力机车的连杆如题 12.21 图所示，截面为工字形，材料为 Q235 钢。连杆所受最大轴向压力为 425kN。连杆在摆动平面（xy 平面）内发生弯曲时，两端可认为铰支；而在与摆动平面垂直的 xz 平面内发生弯曲时，两端可认为是固定支座。试确定其工作安全系数。

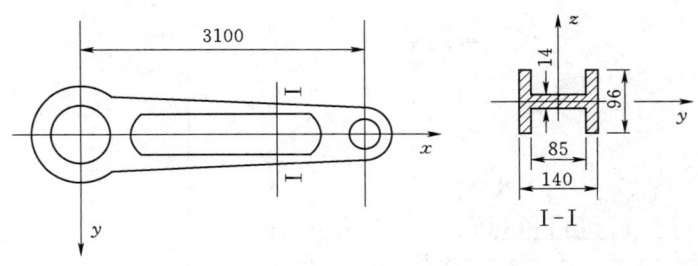

题 12.21 图

12.22 两端固定的管道长为 2m，管的内径 30mm，外径 $D=40\text{mm}$，材料为 3 号钢，已知 $E=210\text{GPa}$，$\sigma_p=200\text{MPa}$，$\sigma_s=240\text{MPa}$，热线膨胀系数 $\alpha=12.5\times10^{-6}/\text{℃}$。若安装管道时的环境温度为 16℃，问该管道在什么样的温度范围内工作是安全的？

12.23 如题 12.23 图所示，已知该结构用 5 号钢制成，$E=205\text{GPa}$，$\sigma_s=275\text{MPa}$，$\sigma_{cr}=338-1.21\lambda$，$\lambda_P=90$，$\lambda_0=50$，安全系数 $n=2$，稳定安全系数 $n_w=3$。试求图示结构上荷载 P 的容许值。

12.24 题 12.24 图所示结构中，钢梁 AB 为工16 工字钢，立柱 CD 由连成一体的两根 $63\times63\times5$ 角钢制成，CD 杆符合《钢结构设计标准》（GB 50017—2017）中的实腹式 b 类截面中心受压杆的要求。均布荷载集度 $q=48\text{kN/m}$，梁及柱的材料均为 Q235 钢，$[\sigma]=170\text{MPa}$，$E=210\text{GPa}$。试验算梁和立柱是否安全。

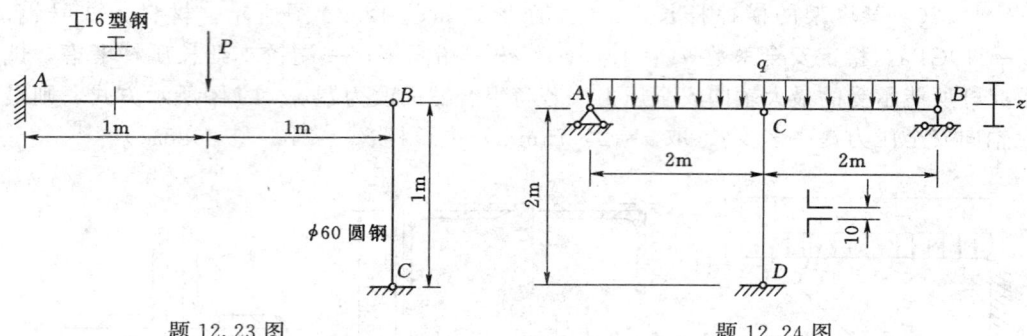

题 12.23 图　　　　　　　　　　题 12.24 图

12.25　刚性梁 AB 受均布荷载作用，梁在 A 端铰支，在 B 点和 C 点分别与直径 $d=40\text{mm}$ 的钢圆杆铰接，如题 12.25 图所示。已知圆杆材料为 Q235 钢，强度许用应力 $[\sigma]=170\text{MPa}$。若 CE 杆符合《钢结构设计标准》（GB 50017—2017）中 a 类截面中心受压杆的要求，试问此结构是否安全？

12.26　L 型刚架在杆 BC 段简支，如题 12.26 图所示。

（1）试用静力法导出压杆 AB 的临界力特征方程式。

（2）证明在 $EI=E_1I_1$、$a\dfrac{l}{2}$ 的条件下，压杆 AB 的约束影响系数 μ 的范围为 $\dfrac{10}{14}\pi<\mu<\dfrac{10}{13}\pi$。

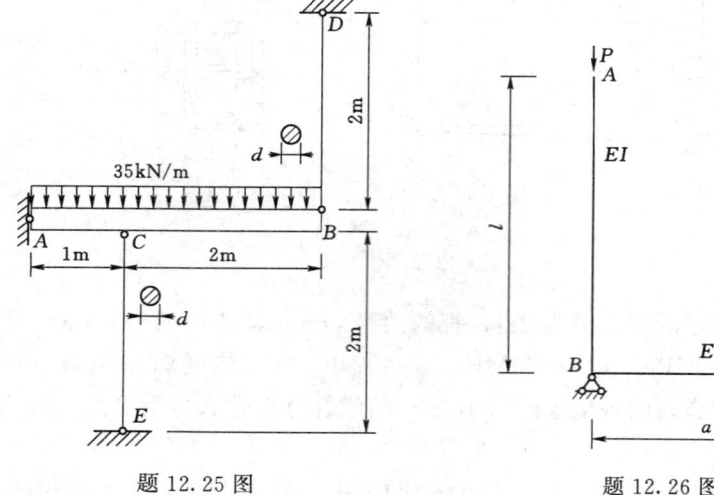

题 12.25 图　　　　　　　　　题 12.26 图

附录Ⅰ 截面的几何性质

附录Ⅰ
思维导图

在结构设计中,总希望在满足安全使用的条件下选取横截面面积较小而承载力较大的构件,以取得较好的经济效益,因此经常会遇到一些与构件截面的形状和尺寸有关的几何量。如拉伸(压缩)时遇到的横截面面积 A、弯曲时遇到的惯性矩 I 等,把这些几何量统称为截面的几何性质。截面的几何性质是影响构件承载力的一个重要因素,因此对截面几何性质的研究非常重要。附录将集中介绍经常遇到的一些截面几何性质的基本概念和计算方法。

Ⅰ.1 截面的静矩和形心

Ⅰ.1.1 静矩

图Ⅰ.1 所示的平面图形代表一任意截面,其面积为 A。坐标系 Oyz 为图形所在平面内的坐标系。在坐标为 (y,z) 处取微面积 dA,则 ydA 和 zdA 分别为该微面积 dA 对 z 轴和 y 轴的静矩(又称面积矩),而遍及整个图形面积 A 的积分则分别定义为平面图形对于 z 轴和 y 轴的静矩,即

$$\left.\begin{array}{l}S_z = \int_A y\,dA \\ S_y = \int_A z\,dA\end{array}\right\} \quad (\text{Ⅰ}.1)$$

由定义可知,截面的静矩是对某一坐标轴而言的,同一截面对于不同的坐标轴,其静矩不同。静矩的数值可能为正,可能为负,也可能为零。静矩的量纲是长度的三次方,常用单位为 m^3 或 mm^3。

Ⅰ.1.2 形心

截面图形是没有物理意义的,只有几何意义。由几何学可知,任何图形都有一个几何中心,在这里简称为形心。截面图形形心位置的确定,可以借助于求均质薄板重心位置的方法。

对于均质薄板,当薄板的厚度极其微小时,其重心就是该薄板平面图形的形心。若用 C 表示平面图形的形心,z_C 和 y_C 表示形心的坐标(图Ⅰ.1),根据理论力学中求均质薄板的重心公式,则有

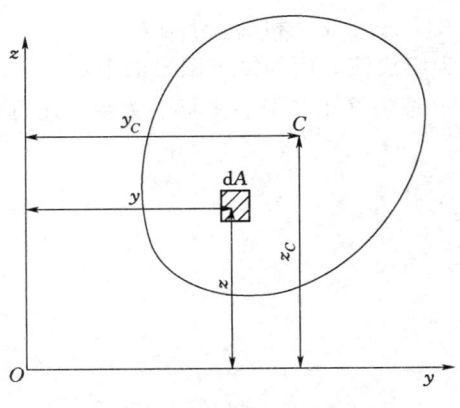

图Ⅰ.1 任意平面图

$$z_C = \frac{\int_A z\,dA}{A} \left.\begin{matrix}\\\\\end{matrix}\right\} \quad [\text{I}.2\,(a)]$$
$$y_C = \frac{\int_A y\,dA}{A}$$

由于上式中的积分 $\int_A z\,dA$ 和 $\int_A y\,dA$ 为式（I.1）中的静矩，则可将上式改写为

$$\left.\begin{matrix} z_C = \dfrac{S_y}{A} \\ y_C = \dfrac{S_z}{A} \end{matrix}\right\} \quad [\text{I}.2\,(b)]$$

因此，在已知截面对于 y 轴和 z 轴的静矩及其面积时，即可按式 [I.2（b）] 确定截面形心在 Oyz 坐标系中的坐标。若将上式改写为

$$\left.\begin{matrix} S_y = z_C A \\ S_z = y_C A \end{matrix}\right\} \quad [\text{I}.2\,(c)]$$

则在已知截面面积及其形心在 Oyz 坐标系中的坐标时，即可按式 [I.2（c）] 计算该截面对于 y 轴和 z 轴的静矩。

由以上两式可以看出：若截面对于某轴的静矩为零，则该轴必然通过截面的形心；反之，若某轴通过截面的形心，则截面对于该轴的静矩一定为零。因为截面的对称轴一定通过形心，所以截面对于对称轴的静矩总是等于零。

在实际计算中，对于简单图形，如矩形、圆形和三角形等，其形心位置可直接判断，面积可直接计算，这时可直接用式 [I.2（c）] 计算静矩。而如果一个图形是由若干个简单图形组合而成时，可根据静矩的定义，先将其分解为若干个简单图形，算出每个简单图形对于某一轴的静矩，然后求其总和，即得到整个图形对于同一轴的静矩，具体公式为

$$\left.\begin{matrix} S_z = \sum_{i=1}^{n} A_i y_{Ci} \\ S_y = \sum_{i=1}^{n} A_i z_{Ci} \end{matrix}\right\} \quad (\text{I}.3)$$

式中：A_i、y_{Ci} 和 z_{Ci} 分别为任一简单图形的面积及其形心在 Oyz 坐标系中的坐标；n 为组成该截面的简单图形的个数。

根据静矩和形心坐标的关系，还可以得出计算组合图形形心坐标的公式为

$$\left.\begin{matrix} y_C = \dfrac{\sum_{i=1}^{n} A_i y_{Ci}}{\sum_{i=1}^{n} A_i} \\ z_C = \dfrac{\sum_{i=1}^{n} A_i z_{Ci}}{\sum_{i=1}^{n} A_i} \end{matrix}\right\} \quad (\text{I}.4)$$

Ⅰ.2 截面的惯性矩、惯性积及极惯性矩

Ⅰ.2.1 惯性矩

图Ⅰ.2所示的平面图形为任一截面,其面积为 A。坐标系 Oyz 为图形所在平面内的坐标系。在坐标为 (y,z) 处取微面积 dA,则 $y^2 dA$ 和 $z^2 dA$ 分别称为微面积 dA 对 z 轴和 y 轴的惯性矩,而遍及整个图形面积 A 的积分则分别定义为平面图形对 z 轴和 y 轴的惯性矩,即

$$\left. \begin{array}{l} I_z = \int_A y^2 dA \\ I_y = \int_A z^2 dA \end{array} \right\} \qquad (Ⅰ.5)$$

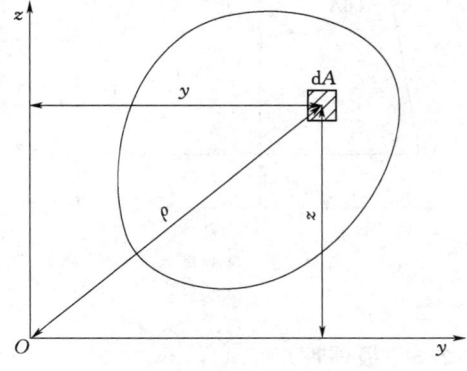

图Ⅰ.2 平面图形

由定义可知,图形的惯性矩也是对某一坐标轴而言的。同一平面图形对于不同坐标轴的惯性矩是不同的。由于 y^2 和 z^2 总是正的,所以 I_z 和 I_y 永远是正值。惯性矩的量纲是长度的四次方,常用单位为 m^4 或 mm^4。

另外,惯性矩的大小不仅与图形面积有关,而且与图形面积相对于坐标轴的分布有关,面积离坐标轴越远,惯性矩越大;反之,面积离坐标轴越近,惯性矩越小。

在工程中,为了便于计算,常将惯性矩 I_z 和 I_y 分别写成

$$I_z = i_z^2 A,\ I_y = i_y^2 A$$

于是得到

$$\left. \begin{array}{l} i_z = \sqrt{\dfrac{I_z}{A}} \\ i_y = \sqrt{\dfrac{I_z}{A}} \end{array} \right\} \qquad (Ⅰ.6)$$

式中:i_z 和 i_y 分别为平面图形对 z 轴和 y 轴的惯性半径(或回转半径)。惯性半径为正值,它的大小反映了图形面积对于坐标轴的聚焦程度。惯性半径的量纲是[长度],常用单位为 m 或 mm。在偏心压缩、压杆稳定的计算时会涉及与此有关的一些问题。

Ⅰ.2.2 惯性积

在图Ⅰ.2中,微面积 dA 与其到两轴距离的乘积 $yz dA$ 称为微面积 dA 对 y、z 两轴的惯性积,而遍及整个图形面积 A 的积分则定义为图形对 y、z 轴的惯性积,即

$$I_{yz} = \int_A yz dA \qquad (Ⅰ.7)$$

由以上定义可知,惯性积也是对一定的轴而言的,同一截面对于不同坐标轴的惯性积是不同的。惯性积的数值可以为正,可以为负,也可以等于零。惯性积的量纲是

长度的四次方，常用单位为 m⁴ 或 mm⁴。

另外，若平面图形在所取的坐标系中，有一个轴是图形的对称轴，则平面图形对于这对轴的惯性积必然为零。以图 I.3 为例，图中 z 轴是图形的对称轴，如果在 z 轴左右两侧的对称位置处各取一微面积 dA，两者的 z 坐标相同，而 y 坐标数值相等但符号相反。这时，两微面积对于 y、z 两轴的惯性积数值相等，符号相反，在积分中相互抵消，将此推广到整个截面，则有

$$I_{yz} = \int_A yz\,dA = 0$$

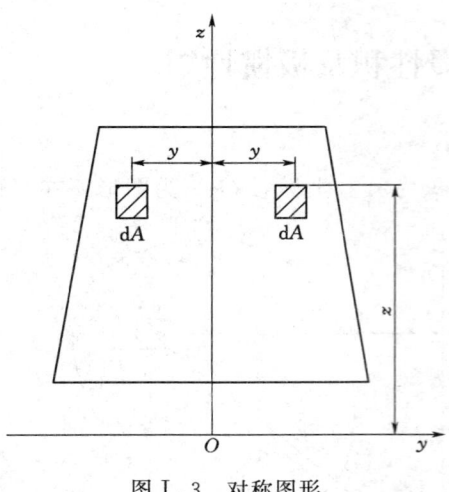

图 I.3 对称图形

I.2.3 极惯性矩

在图 I.2 中，设微面积 dA 到坐标原点 O 的距离为 ρ，则乘积 $\rho^2 dA$ 称为该微面积对坐标原点 O 的极惯性矩，而遍及整个图形面积 A 的积分则定义为平面图形对坐标原点 O 的极惯性矩，即

$$I_P = \int_A \rho^2\,dA \tag{I.8}$$

由以上定义可知，极惯性矩是对一定的点而言的，同一平面图形对于不同的点一般有不同的极惯性矩。极惯性矩恒为正值，它的量纲为长度的四次方，常用单位为 m⁴ 或 mm⁴。

从图 I.2 可以看出，微面积 dA 到坐标原点 O 的距离 ρ 和它到两个坐标轴的距离 y、z 有如下关系：

$$\rho^2 = z^2 + y^2$$

则

$$I_P = \int_A \rho^2\,dA = \int_A (z^2 + y^2)\,dA = \int_A z^2\,dA + \int_A y^2\,dA = I_y + I_z \tag{I.9}$$

上式说明，平面图形对于原点 O 的极惯性矩等于它对两个直角坐标轴的惯性矩之和。

【例题 I.1】 试计算图 I.4 所示矩形截面对于其对称轴 y 和 z 的惯性矩及对 y、z 两轴的惯性积。矩形截面的高为 h，宽为 b。

解：

（1）先求对 y 轴的惯性矩。取平行于 y 轴的狭长微面积 dA，则

$$dA = b\,dz$$

$$I_y = \int_A z^2\,dA = \int_{-\frac{h}{2}}^{\frac{h}{2}} z^2 b\,dz = \frac{bh^3}{12}$$

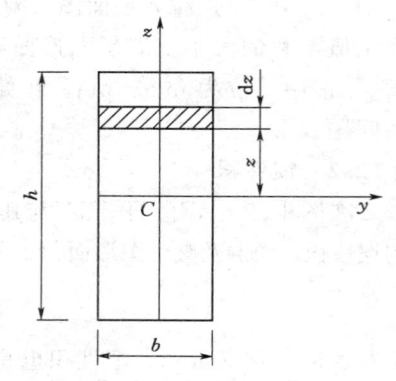

图 I.4 [例题 I.1] 图

(2) 用相同的方法可以求得
$$I_z = \frac{b^3 h}{12}$$

(3) 因为 y、z 两轴是该矩形的对称轴，所以 $I_{yz} = 0$。

【例题 I.2】 试计算图 I.5 所示圆形对其圆心的极惯性矩和对其形心轴的惯性矩。

解：

(1) 在距圆心 O 为 ρ 处取宽度为 $d\rho$ 的圆环形微面积 dA，则
$$dA = 2\pi\rho d\rho$$

图形对其圆心的极惯性矩为
$$I_P = \int_A \rho^2 dA = \int_0^{\frac{d}{2}} 2\pi\rho^3 d\rho = \frac{\pi d^4}{32}$$

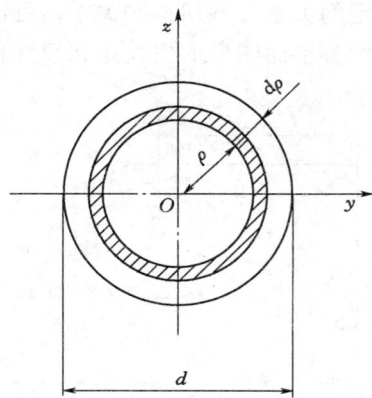

图 I.5 [例题 I.2] 图

(2) 由圆的对称性可知：$I_z = I_y$，根据式（I.9）可得
$$I_z = I_y = \frac{\pi d^4}{64}$$

另外，因为 y、z 轴是圆形的对称轴，所以 $I_{yz} = 0$。

I.2.4 组合图形的惯性矩和惯性积

组合图形是由若干个简单图形组合而成。根据惯性矩和惯性积的定义，组合图形对某个坐标轴的惯性矩等于各简单图形对于同一坐标轴的惯性矩之和；组合图形对于某对垂直坐标轴的惯性积等于各简单图形对于该对坐标轴惯性积之和，即

$$\left. \begin{array}{l} I_y = \sum_{i=1}^{n} I_{yi} \\ I_z = \sum_{i=1}^{n} I_{zi} \\ I_{yz} = \sum_{i=1}^{n} I_{yzi} \end{array} \right\} \quad (\text{I}.10)$$

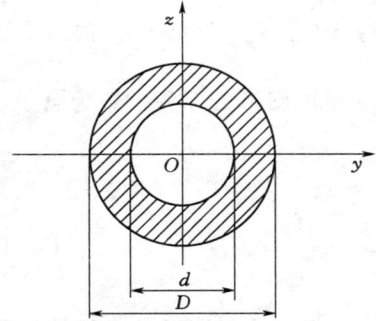

图 I.6 空心圆

若把图 I.6 所示的空心圆，看作是由直径为 D 的实心圆减去直径为 d 的圆，由式（I.10）并使用 [例题 I.2] 所得结果，即可求得

$$I_y = I_z = \frac{\pi D^4}{64} - \frac{\pi d^4}{64} = \frac{\pi}{64}(D^4 - d^4)$$

$$I_P = \frac{\pi D^4}{32} - \frac{\pi d^4}{32} = \frac{\pi}{32}(D^4 - d^4)$$

Ⅰ.3 平行移轴公式

同一截面对于不同坐标轴的惯性矩和惯性积虽然各不相同，但它们之间都存在着一定的关系。利用这些关系，可以使计算简化，有助于应用简单平面图形的结果来计算组合平面图形的惯性矩和惯性积，有助于计算截面对于某些特殊轴的惯性矩和惯性积。本节将介绍当坐标轴转换时，截面对于两对不同坐标轴的惯性矩和惯性积之间的关系。

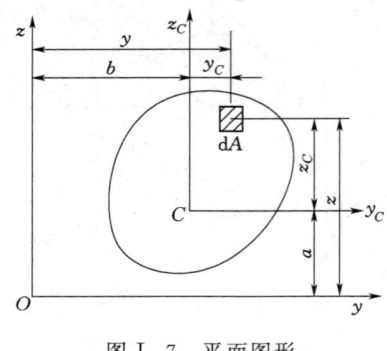

图Ⅰ.7 平面图形

图Ⅰ.7 所示的平面图形代表一任意截面，C 为图形的形心，z_C 轴、y_C 轴是平面图形的形心轴。选取另一坐标系 Oyz，其中 z 轴、y 轴是分别与 z_C 轴、y_C 轴平行的坐标轴，且形心 C 在该坐标系中的坐标为 (a, b)。显然，y 轴和 y_C 轴之间的距离为 a，z 轴和 z_C 轴之间的距离为 b。由图中可看出

$$y = y_C + b, \quad z = z_C + a$$

图形对 y 轴的惯性矩为

$$I_y = \int_A z^2 \mathrm{d}A = \int_A (z_C + a)^2 \mathrm{d}A = \int_A (z_C^2 + 2az_C + a^2) \mathrm{d}A$$
$$= \int_A z_C^2 \mathrm{d}A + 2a \int_A z_C \mathrm{d}A + a^2 \int_A \mathrm{d}A$$

在上式右边出现了 3 个积分式：积分 $\int_A z_C^2 \mathrm{d}A$ 为平面图形对于 y_C 轴的惯性矩，记为 I_{yC}。积分 $\int_A z_C \mathrm{d}A$ 为平面图形对于 y_C 轴的静矩，记为 S_{yC}。由于 y_C 轴为平面图形的形心轴，所以 $S_{yC} = \int_A z_C \mathrm{d}A = 0$。积分 $\int_A \mathrm{d}A$ 为平面图形的面积，记为 A。

将上式结果代入，即得

$$\left. \begin{array}{l} I_y = I_{yC} + a^2 A \\ I_z = I_{zC} + b^2 A \\ I_{yz} = I_{yCzC} + abA \end{array} \right\} \quad (\mathrm{Ⅰ}.11)$$

式（Ⅰ.11）为惯性矩和惯性积的平行移轴公式。该式表明：截面对于任一轴的惯性矩，等于截面对于与该轴平行的形心轴的惯性矩加上截面的面积与两轴距离平方的乘积；截面对于任意两轴的惯性积，等于截面对于与该两轴平行的形心轴的惯性积加上截面的面积与两对平行轴间距离的乘积。

由以上公式可以看出，图形对一簇平行轴的惯性矩中，以对形心轴的惯性矩为最小。另外，公式中的 a 和 b 是形心 C 在 Oyz 坐标系中的坐标，可为正，也可为负；公式中 I_{yC}、I_{zC} 和 I_{yCzC} 为图形对形心轴的惯性矩和惯性积，即 z_C 轴、y_C 轴必须通过截面的形心。对于这两点，在具体使用公式时应加以注意。

在工程实际中常会遇到组合图形,计算其惯性矩和惯性积需用到式(I.10),而此式中 I_{zi}、I_{yi}、I_{yzi} 的计算常会用到平行移轴式(I.11)。

I.4 惯性矩和惯性积的转轴公式·形心主轴和形心主惯性矩

I.4.1 惯性矩和惯性积的转轴公式

图 I.8 所示为一任意平面图形,其对 y 轴和 z 轴的惯性矩和惯性积为 I_y、I_z 和 I_{yz}。若将坐标轴绕坐标原点旋转 α 角(规定 α 角逆时针旋转为正,顺时针旋转为负),得到一对新坐标轴 y_1 轴和 z_1 轴,图形对 y_1 轴、z_1 轴的惯性矩和惯性积为 I_{y1}、I_{z1}、I_{y1z1}。

从图 I.8 中任取微面积 dA,其在新旧两个坐标系中的坐标 (y_1,z_1) 和 (y,z) 之间有如下关系:

$$y_1 = y\cos\alpha + z\sin\alpha$$
$$z_1 = z\cos\alpha - y\sin\alpha$$

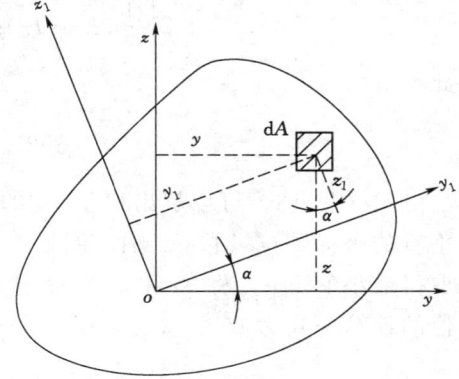

图 I.8 任意平面图形

于是

$$I_{y1} = \int_A z_1^2 dA = \int_A (z\cos\alpha - y\sin\alpha)^2 dA$$
$$= \cos^2\alpha \int_A z^2 dA + \sin^2\alpha \int_A y^2 dA - 2\sin\alpha\cos\alpha \int_A yz\, dA$$
$$= I_y \cos^2\alpha + I_z \sin^2\alpha - I_{yz} \sin 2\alpha$$

将 $\cos^2\alpha = \dfrac{1+\cos 2\alpha}{2}$、$\sin^2\alpha = \dfrac{1-\cos 2\alpha}{2}$ 代入,得

$$\left.\begin{aligned}
I_{y1} &= \frac{1}{2}(I_y + I_z) + \frac{1}{2}(I_y - I_z)\cos 2\alpha - I_{yz}\sin 2\alpha \\
I_{z1} &= \frac{1}{2}(I_y + I_z) - \frac{1}{2}(I_y - I_z)\cos 2\alpha + I_{yz}\sin 2\alpha \\
I_{y1z1} &= \frac{1}{2}(I_y - I_z)\sin 2\alpha + I_{yz}\cos 2\alpha
\end{aligned}\right\} \quad (I.12)$$

上式即为惯性矩和惯性积的转轴公式。显然,惯性矩和惯性积都是 α 角的函数。转轴公式反映了惯性矩和惯性积随 α 角变化的规律。

若将式(I.12)中的前两式相加,可得

$$I_{y1} + I_{z1} = I_y + I_z$$

这说明平面图形对于通过同一点的任意一对相互垂直的轴的两惯性矩之和为常数。

Ⅰ.4.2 形心主轴和形心主惯性矩

由式（Ⅰ.12）可以看到，截面对某一坐标系两轴的惯性矩和惯性积随着 α 取值的不同将发生周期性的变化。现将式（Ⅰ.12）对 α 求导数，以确定惯性矩的极值。于是有

$$\left.\frac{dI_{y1}}{d\alpha}\right|_{\alpha=\alpha_0}=0$$

即

$$-2\left[\frac{1}{2}(I_y-I_z)\sin2\alpha_0+I_{yz}\cos2\alpha_0\right]=0$$

由此得出

$$\tin2\alpha_0=-\frac{2I_{yz}}{I_y-I_z} \tag{Ⅰ.13}$$

由式（Ⅰ.13）可以解出相差 90°的两个角度 α_0 和 $\alpha_0+90°$，从而可确定一对相互垂直的坐标轴 y_0 轴、z_0 轴。图形对这对轴的惯性矩一个取得最大值 I_{max}，另一个取得最小值 I_{min}，将 α_0 和 $\alpha_0+90°$分别代入式（Ⅰ.12）第一式，经简化得惯性矩极值的计算公式为

$$\left.\begin{aligned}I_{y0}&=\frac{1}{2}(I_y+I_z)+\sqrt{\left(\frac{I_y-I_z}{2}\right)^2+(I_{yz})^2}\\I_{z0}&=\frac{1}{2}(I_y+I_x)-\sqrt{\left(\frac{I_y-I_z}{2}\right)^2+(I_{yz})^2}\end{aligned}\right\} \tag{Ⅰ.14}$$

由式（Ⅰ.14）可知，I_{y0} 即为极大值 I_{max}，I_{z0} 为极小值 I_{min}。

将 α_0 和 $\alpha_0+90°$代入式（Ⅰ.12）第三式，可得惯性矩 $I_{y0z0}=0$。因此，图形对于某一对坐标轴 y_0 和 z_0 取得极值的同时，图形对该坐标轴的惯性积为零。经常称惯性积为零的这对轴为主惯性轴，简称主轴。图形对主惯性轴的惯性矩称为主惯性矩，主惯性矩的值是图形对通过同一点的所有坐标轴的惯性矩的极值，具体计算见式（Ⅰ.14）。

如果主惯性轴通过形心，则该轴称为形心主惯性轴，简称形心主轴，而相应的惯性矩称为形心主惯性矩。由于图形对于对称轴的惯性积等于零，而对称轴又过形心，所以图形的对称轴就是形心主惯性轴。

综上所述，形心主惯性轴是通过形心且由 α_0 角定向的一对互相垂直的坐标轴，而形心主惯性矩则是图形对通过形心的所有坐标轴的惯性矩的极值。

对于没有对称轴的截面，为了确定形心主轴的位置和计算形心主惯性矩的数值，就必须先确定截面形心，并且计算出截面对某一对互相垂直的形心轴的惯性矩和惯性积，然后应用式（Ⅰ.13）和式（Ⅰ.14）来进行计算。

小　　结

本附录从定义出发，研究讨论了平面图形的几何性质，重点是静矩、惯性矩和惯

性积的概念和惯性矩的计算;另外还讨论了主轴、主惯性矩、形心主轴、形心主惯性矩的定义及计算公式。

习　题

Ⅰ.1　试分别计算题Ⅰ.1图所示矩形对 y、z 轴的静矩。

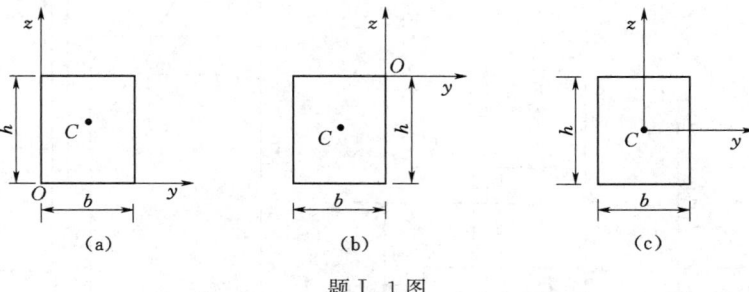

题Ⅰ.1图

Ⅰ.2　求题Ⅰ.2图所示截面的形心坐标。

Ⅰ.3　求题Ⅰ.3图所示带圆孔的矩形对 y 轴的惯性矩。

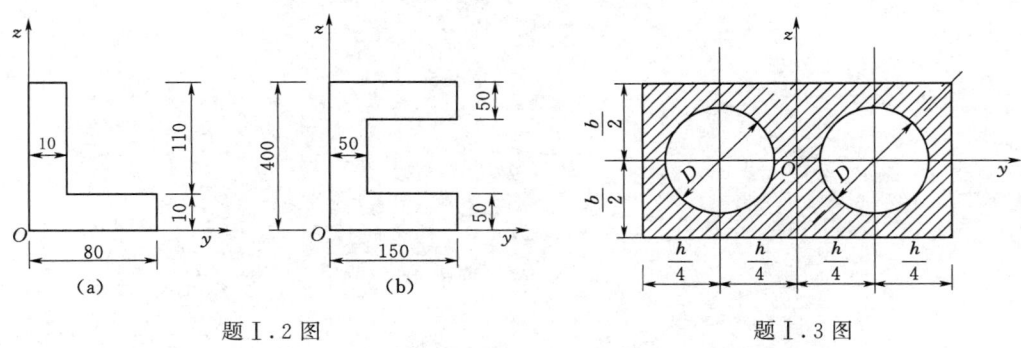

题Ⅰ.2图　　　　　　　　　　题Ⅰ.3图

Ⅰ.4　求题Ⅰ.4图所示截面对 y、z 轴的惯性矩和惯性积。

Ⅰ.5　题Ⅰ.5图所示矩形 $b=\dfrac{2}{3}h$，在左右两侧切去两个半圆形 $\left(d=\dfrac{h}{2}\right)$，试求切去部分的面积与原面积的百分比和惯性矩 I_y、I_z 比原来减少了百分之几?

Ⅰ.6　试求由 No.16a 槽钢和 No.22a 工字钢组成的组合图形的形心坐标 z_C 及对形心轴 y_C 轴的惯性矩。

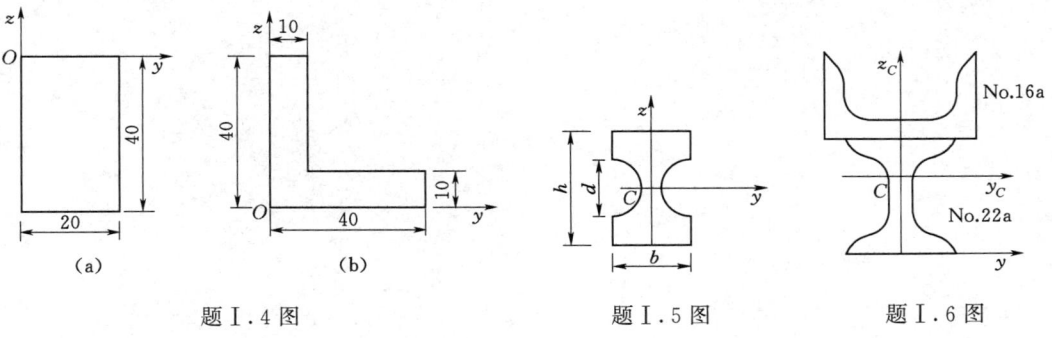

题Ⅰ.4图　　　　　　　题Ⅰ.5图　　　　　　题Ⅰ.6图

Ⅰ.7 求题Ⅰ.7图所示图形对形心轴 y 轴的惯性矩和惯性积。

Ⅰ.8 试求题Ⅰ.8图所示图形的形心主惯性轴的位置和形心主惯性矩。

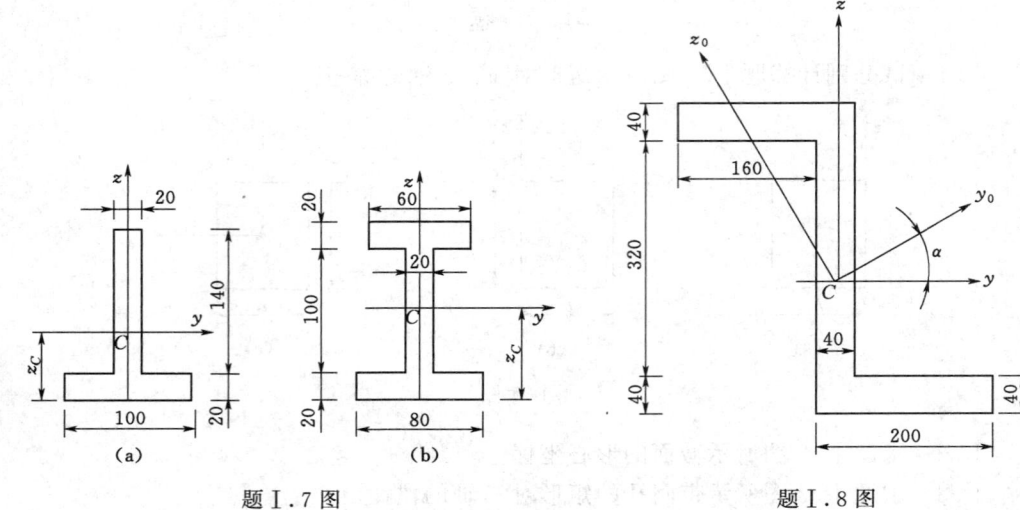

题Ⅰ.7图　　　　　　题Ⅰ.8图

附录 Ⅱ 型钢规格表

附表 Ⅱ.1 热轧等边角钢（GB/T 706—2016）

符号意义：
b—边宽度；
d—边厚度；
r—内圆弧半径；
r_1—边端内圆弧半径；
I—惯性矩；
i—惯性半径；
W—抗弯截面模量（截面系数）；
h_0—重心距离。

型号	尺寸/mm			截面面积 /cm²	理论重量 /(kg/m)	外表面积 /(m²/m)	参 考 数 值											
							$z-z$			z_0-z_0			y_0-y_0			z_1-z_1	h_0 /cm
	b	d	r				I_z /cm⁴	i_z /cm	W_z /cm³	I_{z0} /cm⁴	i_{z0} /cm	W_{z0} /cm³	I_{y0} /cm⁴	i_{y0} /cm	W_{y0} /cm³	I_{z1} /cm⁴	
2.0	20	3	3.5	1.132	0.89	0.078	0.40	0.59	0.29	0.63	0.75	0.45	0.17	0.39	0.20	0.81	0.60
		4		1.459	1.15	0.077	0.50	0.58	0.36	0.78	0.73	0.55	0.22	0.38	0.24	1.09	0.64
2.5	25	3	3.5	1.432	1.12	0.098	0.82	0.76	0.46	1.29	0.95	0.73	0.34	0.49	0.33	1.57	0.73
		4		1.859	1.46	0.097	1.03	0.74	0.59	1.62	0.93	0.92	0.43	0.48	0.40	2.11	0.76
3.0	30	3	4.5	1.749	1.37	0.117	1.46	0.91	0.68	2.31	1.15	1.09	0.61	0.59	0.51	2.71	0.85
		4		2.276	1.79	0.117	1.84	0.90	0.87	2.92	1.13	1.37	0.77	0.58	0.62	3.63	0.89

附录 Ⅱ 型 钢 规 格 表

续表

型号	尺寸/mm			截面面积/cm²	理论重量/(kg/m)	外表面积/(m²/m)	参 考 数 值										
							$z-z$			z_0-z_0			y_0-y_0			z_1-z_1	h_0
	b	d	r				I_z/cm⁴	i_z/cm	W_z/cm³	I_{z0}/cm⁴	i_{z0}/cm	W_{z0}/cm³	I_{y0}/cm⁴	i_{y0}/cm	W_{y0}/cm³	I_{z1}/cm⁴	/cm
3.6	36	3	4.5	2.109	1.66	0.141	2.58	1.11	0.99	4.09	1.39	1.61	1.07	0.71	0.76	4.68	1.00
		4		2.756	2.16	0.141	3.29	1.09	1.28	5.22	1.38	2.05	1.37	0.70	0.93	6.25	1.04
		5		3.382	2.65	0.141	3.95	1.08	1.56	6.24	1.36	2.45	1.65	0.70	1.00	7.84	1.07
4.0	40	3	5.0	2.359	1.85	0.157	3.59	1.23	1.23	5.69	1.55	2.01	1.49	0.79	0.96	6.41	1.09
		4		3.086	2.42	0.157	4.60	1.22	1.60	7.29	1.54	2.58	1.91	0.79	1.19	8.56	1.13
		5		3.792	2.98	0.156	5.53	1.21	1.96	8.76	1.52	3.10	2.30	0.78	1.39	10.70	1.17
4.5	45	3	5.0	2.659	2.09	0.177	5.17	1.40	1.58	8.20	1.76	2.58	2.14	0.89	1.24	9.12	1.22
		4		3.486	2.74	0.177	6.65	1.38	2.05	10.60	1.74	3.32	2.75	0.89	1.54	12.20	1.26
		5		4.292	3.37	0.176	8.04	1.37	2.51	12.70	1.72	4.00	3.33	0.88	1.81	15.20	1.30
		6		5.077	3.99	0.176	9.33	1.36	2.95	14.80	1.70	4.64	3.89	0.80	2.06	18.40	1.33
5.0	50	3	5.5	2.971	2.33	0.197	7.18	1.55	1.96	11.40	1.96	3.22	2.98	1.00	1.57	12.50	1.34
		4		3.897	3.06	0.197	9.26	1.54	2.56	14.70	1.94	4.16	3.82	0.99	1.96	16.70	1.38
		5		4.803	3.77	0.196	11.20	1.53	3.13	17.80	1.92	5.03	4.64	0.98	2.31	20.90	1.42
		6		5.688	4.46	0.196	13.10	1.52	3.68	20.70	1.91	5.85	5.42	0.98	2.63	25.10	1.46
5.6	56	3	6.0	3.343	2.62	0.221	10.20	1.75	2.48	16.10	2.20	4.08	4.24	1.13	2.02	17.60	1.48
		4		4.390	3.45	0.220	13.20	1.73	3.24	20.90	2.18	5.28	5.46	1.11	2.52	23.40	1.53
		5		5.415	4.25	0.220	16.00	1.72	3.97	25.40	2.17	6.42	6.61	1.10	2.98	29.30	1.57
		6		6.420	5.04	0.220	18.70	1.71	4.68	29.70	2.15	7.49	7.73	1.10	3.40	35.30	1.61
		7		7.404	5.81	0.219	21.20	1.69	5.36	33.60	2.13	8.49	8.82	1.09	3.80	41.20	1.64

附表Ⅱ.1 热轧等边角钢（GB/T 706—2016）

续表

型号	尺寸/mm			截面面积 /cm²	理论重量 /(kg/m)	外表面积 /(m²/m)	参 考 数 值										
							z−z				z_0-z_0			y_0-y_0			z_1-z_1	h_0 /cm
	b	d	r				I_z /cm⁴	i_z /cm	W_z /cm³	I_{z0} /cm⁴	i_{z0} /cm	W_{z0} /cm³	I_{y0} /cm⁴	i_{y0} /cm	W_{y0} /cm³	I_{z1} /cm⁴	
5.6	56	8	6.0	8.367	6.57	0.219	23.60	1.68	6.03	37.40	2.11	9.44	9.89	1.09	4.16	47.20	1.68
6.0	60	5	6.5	5.829	4.58	0.236	19.90	1.85	4.59	31.60	2.33	7.44	8.21	1.19	3.48	36.10	1.67
		6		6.914	5.43	0.235	23.40	1.83	5.41	36.90	2.31	8.70	9.60	1.18	3.98	43.30	1.70
		7		7.977	6.26	0.235	26.40	1.82	6.21	41.90	2.29	9.88	11.00	1.17	4.45	50.70	1.74
		8		9.020	7.08	0.235	29.50	1.81	6.98	46.70	2.27	11.00	12.30	1.17	4.88	58.00	1.78
6.3	63	4	7.0	4.978	3.91	0.248	19.00	1.96	4.13	30.20	2.46	6.78	7.89	1.26	3.29	33.40	1.70
		5		6.143	4.82	0.248	23.20	1.94	5.08	36.80	2.45	8.25	9.57	1.25	3.90	41.70	1.74
		6		7.288	5.72	0.247	27.10	1.93	6.00	43.00	2.43	9.66	11.20	1.24	4.46	50.10	1.78
		7		8.412	6.60	0.247	30.90	1.92	6.88	49.00	2.41	11.00	12.80	1.23	4.98	58.60	1.82
		8		9.515	7.47	0.247	34.50	1.90	7.75	54.60	2.40	12.30	14.30	1.23	5.47	67.10	1.85
		10		11.66	9.15	0.246	41.10	1.88	9.39	64.90	2.36	14.60	17.30	1.22	6.36	84.30	1.93
7.0	70	4	8.0	5.570	4.37	0.275	26.40	2.18	5.14	41.80	2.74	8.44	11.00	1.40	4.17	45.70	1.86
		5		6.876	5.40	0.275	32.20	2.16	6.32	51.10	2.73	10.30	13.30	1.39	4.95	57.20	1.91
		6		8.160	6.41	0.275	37.80	2.15	7.48	59.90	2.71	12.10	15.60	1.38	5.67	68.70	1.95
		7		9.424	7.40	0.275	43.10	2.14	8.59	68.40	2.69	13.80	17.80	1.38	6.34	80.30	1.99
		8		10.67	8.37	0.274	48.20	2.12	9.68	76.40	2.68	15.40	20.00	1.37	6.98	91.90	2.03
7.5	75	5	9.0	7.412	5.82	0.295	40.00	2.33	7.32	63.30	2.92	11.90	16.60	1.50	5.77	70.60	2.04
		6		8.797	6.91	0.294	47.00	2.31	8.64	74.40	2.90	14.00	19.50	1.49	6.67	84.60	2.07
		7		10.160	7.98	0.294	53.60	2.30	9.93	85.00	2.89	16.00	22.20	1.48	7.44	98.70	2.11

附录 Ⅱ 型钢规格表

续表

型号	尺寸/mm				截面面积 /cm²	理论重量 /(kg/m)	外表面积 /(m²/m)	参 考 数 值											
	b	d		r				z - z			z₀ - z₀				y₀ - y₀			z₁ - z₁	h₀ /cm
								I_z /cm⁴	i_z /cm	W_z /cm³	I_{z0} /cm⁴	i_{z0} /cm	W_{z0} /cm³	I_{y0} /cm⁴	i_{y0} /cm	W_{y0} /cm³	I_{z1} /cm⁴	
7.5	75	8		9.0	11.500	9.03	0.294	60.00	2.28	11.20	95.10	2.88	17.90	24.90	1.47	8.19	113.00	2.15
		9			12.830	10.10	0.294	66.10	2.27	12.40	105.00	2.86	19.80	27.50	1.46	8.89	127.00	2.18
		10			14.130	11.10	0.293	72.00	2.26	13.60	114.00	2.84	21.50	30.10	1.46	9.56	142.00	2.22
8.0	80	5		9.0	7.912	6.21	0.315	48.80	2.48	8.34	77.30	3.13	13.70	20.30	1.60	6.66	85.40	2.15
		6			9.397	7.38	0.314	57.40	2.47	9.87	91.00	3.11	16.10	23.70	1.59	7.65	103.00	2.19
		7			10.860	8.53	0.314	65.60	2.46	11.40	104.00	3.10	18.40	27.10	1.58	8.58	120.00	2.23
		8			12.300	9.66	0.314	73.50	2.44	12.80	117.00	3.08	20.60	30.40	1.57	9.46	137.00	2.27
		9			13.730	10.80	0.314	81.50	2.44	12.80	129.00	3.06	22.70	33.60	1.56	10.30	154.00	2.31
		10			15.130	11.90	0.313	88.40	2.42	15.60	140.00	3.04	24.80	36.80	1.56	11.10	172.00	2.35
9.0	90	6		10	10.640	8.35	0.354	82.80	2.79	12.60	131.00	3.51	20.60	34.30	1.80	9.95	146.00	2.44
		7			12.300	9.66	0.354	94.80	2.78	14.50	150.00	3.50	23.60	39.20	1.78	11.20	170.00	2.48
		8			13.940	10.90	0.353	106.00	2.76	16.40	169.00	3.48	26.60	44.00	1.78	12.40	195.00	2.52
		9			15.570	12.20	0.353	118.00	2.75	18.30	187.00	3.46	29.40	48.70	1.77	13.50	219.00	2.56
		10			17.170	13.50	0.353	129.00	2.74	20.10	204.00	3.45	32.00	53.30	1.76	14.50	244.00	2.59
		12			20.310	15.90	0.352	149.00	2.71	23.60	236.00	3.41	37.10	62.20	1.75	16.50	294.00	2.67
10.0	100	6		12	11.930	9.37	0.393	115.00	3.10	15.70	182.00	3.90	25.70	47.90	2.00	12.70	200.00	2.67
		7			13.800	10.80	0.393	132.00	3.09	18.10	209.00	3.89	29.60	54.70	1.99	14.30	234.00	2.71
		8			15.640	12.30	0.393	148.00	3.08	20.50	235.00	3.88	33.20	61.40	1.98	15.80	267.00	2.76
		9			17.460	13.70	0.392	164.00	3.07	22.80	260.00	3.86	36.80	68.00	1.97	17.20	300.00	2.80

附表 Ⅱ.1　热轧等边角钢（GB/T 706—2016）

续表

型号	尺寸/mm			截面面积 /cm²	理论重量 /(kg/m)	外表面积 /(m²/m)	参考数值									
	b	d	r				$z-z$			z_0-z_0			y_0-y_0			z_1-z_1	h_0 /cm
							I_z /cm⁴	i_z /cm	W_z /cm³	I_{z0} /cm⁴	i_{z0} /cm	W_{z0} /cm³	I_{y0} /cm⁴	i_{y0} /cm	W_{y0} /cm³	I_{z1} /cm⁴	
10.0	100	10	12	19.260	15.10	0.392	180.00	3.05	25.10	285.00	3.84	40.30	74.40	1.96	18.50	334.00	2.84
10.0	100	12	12	22.800	17.90	0.391	209.00	3.03	29.50	331.00	3.81	46.80	86.80	1.95	21.10	402.00	2.91
		14		26.260	20.60	0.391	237.00	3.00	33.70	374.00	3.77	52.90	99.00	1.94	23.40	471.00	2.99
		16		29.630	23.30	0.390	263.00	2.98	37.80	414.00	3.74	58.60	111.00	1.94	25.60	540.00	3.06
11.0	110	7	12	15.200	11.90	0.433	177.00	3.41	22.10	281.00	4.30	36.10	73.40	2.20	17.50	311.00	2.96
		8		17.240	13.50	0.433	199.00	3.40	25.00	316.00	4.28	40.70	82.40	2.19	19.40	355.00	3.01
		10		21.260	16.70	0.432	242.00	3.38	30.60	384.00	4.25	49.40	100.00	2.17	22.90	445.00	3.09
		12		25.200	19.80	0.431	283.00	3.35	36.10	448.00	4.22	57.60	117.00	2.15	26.20	535.00	3.16
		14		29.060	22.80	0.431	321.00	3.32	41.30	508.00	4.18	65.30	133.00	2.14	29.10	625.00	3.24
12.5	125	8	14	19.750	15.50	0.492	297.00	3.88	32.50	471.00	4.88	53.30	123.00	2.50	25.90	521.00	3.37
		10		24.370	19.10	0.491	362.00	3.85	40.00	574.00	4.85	64.90	149.00	2.48	30.60	652.00	3.45
		12		28.910	22.70	0.491	423.00	3.83	41.20	671.00	4.82	76.00	175.00	2.46	35.00	783.00	3.53
		14		33.370	26.20	0.490	482.00	3.80	54.20	764.00	4.78	86.40	200.00	2.45	39.10	916.00	3.61
		16		37.740	29.60	0.489	537.00	3.77	60.90	851.00	4.75	96.30	224.00	2.43	43.00	1050.00	3.68
14.0	140	10	14	27.370	21.50	0.551	515.00	4.34	50.60	817.00	5.46	82.60	212.00	2.78	39.20	915.00	3.82
		12		32.510	25.50	0.551	604.00	4.31	59.80	959.00	5.43	96.90	249.00	2.76	45.00	1100.00	3.90
		14		37.570	29.50	0.550	689.00	4.28	68.80	1090.00	5.40	110.00	284.00	2.75	50.50	1280.00	3.98
		16		42.540	33.40	0.549	770.00	4.26	77.50	1220.00	5.36	123.00	319.00	2.74	55.60	1470.00	4.06

附录Ⅱ 型钢规格表

续表

型号	尺寸/mm				截面面积 /cm²	理论重量 /(kg/m)	外表面积 /(m²/m)	参 考 数 值										
	b	d		r				z−z			z₀−z₀			y₀−y₀			z₁−z₁	h_0 /cm
								I_z /cm⁴	i_z /cm	W_z /cm³	I_{z0} /cm⁴	i_{z0} /cm	W_{z0} /cm³	I_{y0} /cm⁴	i_{y0} /cm	W_{y0} /cm³	I_{z1} /cm⁴	
15.0	150	8		14	23.750	18.60	0.592	521.00	4.69	47.40	827.00	5.90	78.00	215.00	3.01	38.10	900.00	3.99
		10			29.370	23.10	0.591	638.00	4.66	58.40	1010.00	5.87	95.50	262.00	2.99	45.50	1130.00	4.08
		12			34.910	27.40	0.591	749.00	4.63	69.00	1190.00	5.84	112.00	308.00	2.97	52.40	1350.00	4.15
		14			40.370	31.70	0.590	856.00	4.60	79.50	1360.00	5.80	128.00	352.00	2.95	58.80	1580.00	4.23
		15			43.060	33.80	0.590	907.00	4.59	84.60	1440.00	5.78	136.00	374.00	2.95	61.90	1690.00	4.27
		16			45.740	35.90	0.589	958.00	4.58	89.60	1520.00	5.77	143.00	395.00	2.94	64.90	1810.00	4.31
16.0	160	10		16	31.500	24.70	0.630	780.00	4.98	66.70	1240.00	6.27	109.00	322.00	3.20	52.80	1370.00	4.31
		12			37.440	29.40	0.630	917.00	4.95	79.00	1460.00	6.24	129.00	377.00	3.18	60.70	1640.00	4.39
		14			43.300	34.00	0.629	1050.00	4.92	91.00	1670.00	6.20	147.00	432.00	3.16	68.20	1910.00	4.47
		16			49.070	38.50	0.629	1180.00	4.89	103.00	1870.00	6.17	165.00	485.00	3.14	75.30	2190.00	4.55
18.0	180	12		16	42.240	33.20	0.710	1320.00	5.59	101.00	2100.00	7.05	165.00	543.00	3.58	78.40	2330.00	4.89
		14			48.900	38.40	0.709	1510.00	5.56	116.00	2410.00	7.02	189.00	622.00	3.56	88.40	2720.00	4.97
		16			55.470	43.50	0.709	1700.00	5.54	131.00	2700.00	6.98	212.00	699.00	3.55	97.80	3120.00	5.05
		18			61.960	48.60	0.708	1880.00	5.50	146.00	2990.00	6.94	235.00	762.00	3.51	105.00	3500.00	5.13
20.0	200	14		18	54.640	42.90	0.788	2100.00	6.20	145.00	3340.00	7.82	236.00	864.00	3.98	112.00	3730.00	5.46
		16			62.010	48.70	0.788	2370.00	6.18	164.00	3760.00	7.79	266.00	971.00	3.96	124.00	4270.00	5.54
		18			69.300	54.40	0.787	2620.00	6.15	182.00	4160.00	7.75	294.00	1080.00	3.94	136.00	4810.00	5.62
		20			76.510	60.10	0.787	2870.00	6.12	200.00	4550.00	7.72	322.00	1180.00	3.93	147.00	5350.00	5.69
		24			90.660	71.20	0.785	3340.00	6.07	236.00	5290.00	7.64	374.00	1380.00	3.90	167.00	6460.00	5.87

附表 Ⅱ.1 热轧等边角钢 (GB/T 706—2016)

续表

型号	尺寸/mm			截面面积/cm²	理论重量/(kg/m)	外表面积/(m²/m)	参考数值									
							$z-z$			z_0-z_0			y_0-y_0			z_1-z_1	h_0
	b	d	r				I_z /cm⁴	i_z /cm	W_z /cm³	I_{z0} /cm⁴	i_{z0} /cm	W_{z0} /cm³	I_{y0} /cm⁴	i_{y0} /cm	W_{y0} /cm³	I_{z1} /cm⁴	/cm
22.0	220	16	21	68.670	53.90	0.866	3190.00	6.81	200.00	5060.00	8.59	326.00	1310.00	4.37	154.00	5680.00	6.03
		18		76.750	60.30	0.866	3540.00	6.79	223.00	5620.00	8.55	361.00	1450.00	4.35	168.00	6400.00	6.11
		20		84.760	66.50	0.865	3870.00	6.76	245.00	6150.00	8.52	395.00	1590.00	4.34	182.00	7110.00	6.18
		22		92.680	72.80	0.865	4200.00	6.73	267.00	6670.00	8.48	429.00	1730.00	4.32	195.00	7830.00	6.26
		24		100.500	78.90	0.864	4520.00	6.71	289.00	7170.00	8.45	461.00	1870.00	4.31	208.00	8550.00	6.33
		26		108.300	85.00	0.864	4830.00	6.68	310.00	7690.00	8.41	492.00	2000.00	4.30	221.00	9280.00	6.41
25.0	250	18	24	87.840	69.00	0.985	5270.00	7.75	290.00	8370.00	9.76	473.00	2170.00	4.97	224.00	9380.00	6.84
		20		97.050	76.20	0.984	5780.00	7.72	320.00	9180.00	7.73	519.00	2380.00	4.95	243.00	10400.00	6.92
		22		106.200	83.30	0.983	6280.00	7.69	349.00	9970.00	9.769	564.00	2580.00	4.93	261.00	11500.00	7.00
		24		115.200	90.40	0.983	6770.00	7.67	378.00	10700.00	9.66	608.00	2790.00	4.92	278.00	12500.00	7.07
		26		124.200	97.50	0.982	7240.00	7.64	406.00	11500.00	9.62	650.00	2980.00	4.90	295.00	13600.00	7.15
		28		133.000	104.00	0.982	7700.00	7.61	433.00	12200.00	9.58	691.00	3180.00	4.89	311.00	14600.00	7.22
		30		141.800	111.00	0.981	8160.00	7.58	461.00	12900.00	9.55	731.00	3380.00	4.88	327.00	15700.00	7.30
		32		150.500	118.00	0.981	8600.00	7.56	488.00	13600.00	9.51	770.00	3570.00	4.87	342.00	16800.00	7.37
		35		163.400	128.00	0.980	9240.00	7.52	527.00	14600.00	9.46	827.00	3850.00	4.86	364.00	18400.00	7.48

附表 Ⅱ.2 热轧不等边角钢（GB/T 706—2016）

符号意义：
B—长边宽度；
d—边厚度；
r_1—边端内圆弧半径；
i—惯性半径；
z_0—重心距离；
b—短边宽度；
r—内圆弧半径；
I—惯性矩；
W—抗弯截面模量（截面系数）；
y_0—重心距离。

型号	尺寸/mm B	b	d	r	截面面积 /cm²	理论重量 /(kg/m)	外表面积 /(m²/m)	参 考 数 值														
								$z-z$			$y-y$			z_1-z_1		y_1-y_1		$u-u$				$\tan\alpha$
								I_z /cm⁴	i_z /cm	W_z /cm³	I_y /cm⁴	i_y /cm	W_y /cm³	I_{z1} /cm⁴	y_0 /cm	I_{y1} /cm⁴	z_0 /cm	I_u /cm⁴	i_u /cm	W_u /cm³	
2.5/1.6	25	16	3	3.5	1.162	0.91	0.080	0.70	0.78	0.43	0.22	0.44	0.19	1.56	0.86	0.43	0.42	0.14	0.34	0.16	0.392
			4		1.499	1.18	0.079	0.88	0.77	0.55	0.27	0.43	0.24	2.09	0.90	0.59	0.46	0.17	0.34	0.20	0.381
3.2/2.0	32	20	3	3.5	1.492	1.17	0.102	1.53	1.01	0.72	0.46	0.55	0.30	3.27	1.08	0.82	0.49	0.28	0.43	0.25	0.382
			4		1.939	1.52	0.101	1.93	1.00	0.93	0.57	0.54	0.39	4.37	1.12	1.12	0.53	0.35	0.42	0.32	0.374
4.0/2.5	40	25	3	4.0	1.890	1.48	0.127	3.08	1.28	1.15	0.93	0.70	0.49	5.39	1.32	1.59	0.59	0.56	0.54	0.40	0.385
			4		2.467	1.94	0.127	3.93	1.36	1.49	1.18	0.69	0.63	8.53	1.37	2.14	0.63	0.71	0.54	0.52	0.381
4.5/2.8	45	28	3	5.0	2.149	1.69	0.143	4.45	1.44	1.47	1.34	0.79	0.62	9.10	1.47	2.23	0.64	0.80	0.61	0.51	0.383
			4		2.806	2.20	0.143	5.69	1.42	1.91	1.70	0.78	0.80	12.10	1.51	3.00	0.68	1.02	0.60	0.66	0.380
5.0/3.2	50	32	3	5.5	2.431	1.91	0.161	6.24	1.60	1.84	2.02	0.91	0.82	12.50	1.60	3.31	0.73	1.20	0.70	0.68	0.404
			4		3.177	2.49	0.160	8.02	1.59	2.39	2.58	0.90	1.06	16.70	1.65	4.45	0.77	1.53	0.69	0.87	0.402

附表 Ⅱ.2 热轧不等边角钢（GB/T 706—2016）

续表

型号	尺寸/mm				截面面积/cm²	理论重量/(kg/m)	外表面积/(m²/m)	参 考 数 值												
								z−z			y−y			z_1-z_1		y_1-y_1		u−u		
	B	b	d	r				I_z/cm⁴	i_z/cm	W_z/cm³	I_y/cm⁴	i_y/cm	W_y/cm³	I_{z1}/cm⁴	y_0/cm	I_{y1}/cm⁴	z_0/cm	I_u/cm⁴	i_u/cm	W_u/cm³	tanα
5.6/3.6	56	36	3	6.0	2.743	2.15	0.181	8.88	1.80	2.32	2.92	1.03	1.05	17.50	1.78	4.70	0.80	1.73	0.79	0.87	0.408
			4		3.590	2.82	0.180	11.50	1.79	3.03	3.76	1.02	1.37	23.40	1.82	6.33	0.85	2.23	0.79	1.13	0.408
			5		4.415	3.47	0.180	13.90	1.77	3.71	4.49	1.01	1.65	29.30	1.87	7.94	0.88	2.67	0.78	1.36	0.404
6.3/4.0	63	40	4	7.0	4.058	3.19	0.202	16.50	2.02	3.87	5.23	1.14	1.70	33.30	2.04	8.63	0.92	3.12	0.88	1.40	0.398
			5		4.993	3.92	0.202	20.00	2.00	4.74	6.31	1.12	2.07	41.60	2.08	10.90	0.95	3.76	0.87	1.71	0.396
			6		5.908	4.64	0.201	23.40	1.96	5.59	7.29	1.11	2.43	50.00	2.12	13.10	0.99	4.34	0.86	1.99	0.393
			7		6.802	5.34	0.201	26.50	1.98	6.40	8.24	1.10	2.78	58.10	2.15	15.50	1.03	4.97	0.86	2.29	0.389
7.0/4.5	70	45	4	7.5	4.553	3.57	0.226	23.20	2.26	4.86	7.55	1.29	2.17	45.90	2.24	12.30	1.02	4.40	0.98	1.77	0.410
			5		5.609	4.40	0.225	28.00	2.23	5.92	9.13	1.28	2.65	57.10	2.28	15.40	1.06	5.40	0.98	2.19	0.407
			6		6.644	5.22	0.225	32.50	2.21	6.95	10.60	1.26	3.12	68.40	2.32	18.60	1.09	6.35	0.98	2.59	0.404
			7		7.658	6.01	0.225	37.20	2.20	8.03	12.00	1.25	3.57	80.00	2.36	21.80	1.13	7.16	0.97	2.94	0.402
7.5/5.0	75	50	5	8.0	6.126	4.81	0.245	34.90	2.39	8.12	12.60	1.44	3.30	70.00	2.40	21.00	1.17	7.41	1.10	2.74	0.435
			6		7.260	5.70	0.245	41.10	2.38	9.25	14.70	1.42	3.88	84.30	2.44	25.40	1.21	8.54	1.08	3.19	0.435
			8		9.467	7.43	0.244	52.40	2.35	10.50	18.50	1.40	4.99	113.00	2.52	34.20	1.29	10.90	1.07	4.10	0.429
			10		11.590	9.10	0.244	62.70	2.33	12.80	22.00	1.38	6.04	141.00	2.60	43.40	1.36	13.10	1.06	4.99	0.423
8.0/5.0	80	50	5	8.0	6.376	5.00	0.255	42.00	2.56	7.78	12.80	1.42	3.32	85.20	2.60	21.10	1.14	7.66	1.10	2.74	0.388
			6		7.560	5.93	0.255	49.50	2.56	9.25	15.00	1.41	3.91	103.00	2.65	25.40	1.18	8.85	1.08	3.20	0.387
			7		8.724	6.85	0.255	56.20	2.54	10.60	17.00	1.39	4.48	119.00	2.69	29.80	1.21	10.20	1.08	3.70	0.384
			8		9.867	7.75	0.254	62.80	2.52	11.90	18.90	1.38	5.03	136.00	2.73	34.30	1.25	11.40	1.07	4.16	0.381

续表

型号	尺寸/mm B	b	d	r	截面面积/cm²	理论重量/(kg/m)	外表面积/(m²/m)	$z-z$ I_z/cm⁴	i_z/cm	W_z/cm³	$y-y$ I_y/cm⁴	i_y/cm	W_y/cm³	z_1-z_1 I_{z1}/cm⁴	y_0/cm	y_1-y_1 I_{y1}/cm⁴	z_0/cm	$u-u$ I_u/cm⁴	i_u/cm	W_u/cm³	$\tan\alpha$
9.0/5.6	90	56	5	9.0	7.212	5.66	0.287	60.50	2.90	9.92	18.30	1.59	4.21	121.00	2.91	29.50	1.25	11.00	1.23	3.49	0.385
			6		8.557	6.72	0.286	71.00	2.88	11.70	21.40	1.58	4.96	146.00	2.95	35.60	1.29	12.90	1.23	4.13	0.384
			7		9.881	7.76	0.286	81.00	2.86	13.50	24.40	1.57	5.70	170.00	3.00	41.70	1.33	14.70	1.22	4.72	0.382
			8		11.180	8.78	0.286	91.00	2.85	15.30	27.20	1.56	6.41	194.00	3.04	47.90	1.36	16.30	1.21	5.29	0.380
10.0/6.3	100	63	6	10.0	9.618	7.55	0.320	99.10	3.21	14.60	30.90	1.79	6.35	200.00	3.24	50.50	1.43	18.40	1.38	5.25	0.394
			7		11.110	8.72	0.320	113.00	3.20	16.90	35.30	1.78	7.29	233.00	3.28	59.10	1.47	21.00	1.38	6.02	0.394
			8		12.580	9.88	0.319	127.00	3.18	19.10	39.40	1.77	8.21	266.00	3.32	67.90	1.50	23.50	1.37	6.78	0.391
			10		15.470	12.10	0.319	154.00	3.15	23.30	47.10	1.74	9.98	333.00	3.40	85.70	1.58	28.30	1.35	8.24	0.387
10.0/8.0	100	80	6	10.0	10.640	8.35	0.354	107.00	3.17	15.20	61.20	2.40	10.20	200.00	2.95	103.00	1.97	31.70	1.72	8.37	0.627
			7		12.300	9.66	0.354	123.00	3.16	17.50	70.10	2.39	11.70	233.00	3.00	120.00	2.01	36.20	1.72	9.60	0.626
			8		13.940	10.90	0.353	138.00	3.14	19.80	78.60	2.37	13.20	267.00	3.04	137.00	2.05	40.60	1.71	10.80	0.625
			10		17.170	13.50	0.353	167.00	3.12	24.20	94.70	2.35	16.10	334.00	3.12	172.00	2.13	49.10	1.69	13.10	0.622
11.0/7.0	110	70	6	10.0	10.640	8.35	0.354	133.00	3.54	17.90	42.90	2.01	7.90	266.00	3.53	69.10	1.57	25.40	1.54	6.53	0.403
			7		12.300	9.66	0.354	153.00	3.53	20.60	49.00	2.00	9.09	310.00	3.57	80.80	1.61	29.00	1.53	7.50	0.402
			8		13.940	10.90	0.353	172.00	3.51	23.30	54.90	1.98	10.30	354.00	3.62	92.70	1.65	32.50	1.53	8.45	0.401
			10		17.170	13.50	0.353	208.00	3.48	28.50	65.90	1.96	12.50	443.00	3.70	117.00	1.72	39.20	1.51	10.30	0.397
12.5/8.0	125	80	7	11.0	14.100	11.10	0.403	228.00	4.02	26.90	74.40	2.30	12.00	455.00	4.01	120.00	1.80	43.80	1.76	9.92	0.408
			8		15.990	12.60	0.403	257.00	4.01	30.40	83.50	2.28	13.60	520.00	4.06	138.00	1.84	49.20	1.75	11.20	0.407
			10		19.710	15.50	0.402	312.00	3.98	37.30	101.00	2.26	16.60	650.00	4.14	173.00	1.92	59.50	1.74	13.60	0.404
			12		23.350	18.30	0.402	364.00	3.95	44.00	117.00	2.24	19.40	780.00	4.22	210.00	2.00	69.40	1.72	16.00	0.400

附表 Ⅱ.2 热轧不等边角钢 (GB/T 706—2016)

续表

型号	尺寸/mm				截面面积/cm²	理论重量/(kg/m)	外表面积/(m²/m)	参考数值												
								z-z			y-y			z_1-z_1		y_1-y_1		u-u		
	B	b	d	r				I_z/cm⁴	i_z/cm	W_z/cm³	I_y/cm⁴	i_y/cm	W_y/cm³	I_{z1}/cm⁴	y_0/cm	I_{y1}/cm⁴	z_0/cm	I_u/cm⁴	i_u/cm	W_u/cm³	$\tan\alpha$
14.0/9.0	140	90	8	12.0	18.040	14.20	0.453	366.00	4.50	38.50	121.00	2.59	17.30	731.00	4.50	196.00	2.04	70.80	1.98	14.30	0.411
			10		22.260	17.50	0.452	446.00	4.47	47.30	140.00	2.56	21.20	913.00	4.58	246.00	2.12	85.80	1.96	17.50	0.409
			12		26.400	20.70	0.451	522.00	4.44	55.90	170.00	2.54	25.00	1100.00	4.66	297.00	2.19	100.00	1.95	20.50	0.406
			14		30.460	23.90	0.451	594.00	4.42	64.20	192.00	2.51	28.50	1280.00	4.74	349.00	2.27	114.00	1.94	23.50	0.403
15.0/9.0	150	90	8	12.0	18.840	14.80	0.473	442.00	4.84	43.90	123.00	2.55	17.50	898.00	4.92	196.00	2.05	74.10	1.98	14.50	0.364
			10		23.260	18.30	0.472	539.00	4.81	54.00	149.00	2.53	21.40	1120.00	5.01	246.00	2.12	89.90	1.97	17.70	0.362
			12		27.600	21.70	0.471	632.00	4.79	63.80	173.00	2.50	25.10	1350.00	5.09	297.00	2.20	105.00	1.95	20.80	0.359
			14		31.860	25.00	0.471	721.00	4.76	73.30	196.00	2.48	28.80	1570.00	5.17	350.00	2.24	120.00	1.94	23.80	0.356
16.0/10.0	160	100	10	13.0	25.320	19.90	0.512	669.00	5.14	62.10	205.00	2.85	26.60	1360.00	5.24	337.00	2.28	122.00	2.19	21.90	0.390
			12		30.050	23.60	0.511	785.00	5.11	73.50	239.00	2.82	31.30	1640.00	5.32	406.00	2.36	142.00	2.17	25.80	0.388
			14		34.710	27.20	0.510	896.00	5.08	84.60	271.00	2.80	35.80	1910.00	5.40	476.00	2.43	162.00	2.16	29.60	0.385
			16		39.280	30.80	0.510	1000.00	5.05	95.30	302.00	2.77	40.20	2180.00	5.48	548.00	2.51	183.00	2.16	33.40	0.382
18.0/11.0	180	110	10	14.0	28.370	22.30	0.571	956.00	5.80	79.00	278.00	3.13	32.50	1940.00	5.89	447.00	2.44	167.00	2.42	26.90	0.376
			12		33.710	26.50	0.571	1120.00	5.78	93.50	325.00	3.10	38.30	2330.00	5.98	539.00	2.52	195.00	2.40	31.70	0.374
			14		38.970	30.60	0.570	1290.00	5.75	108.00	370.00	3.08	44.00	2720.00	6.06	632.00	2.59	222.00	2.39	36.30	0.372
			16		44.140	34.60	0.569	1440.00	5.72	122.00	412.00	3.06	49.40	3110.00	6.14	726.00	2.67	249.00	2.38	40.90	0.369
20.0/12.5	200	125	12	14.0	37.910	29.80	0.641	1570.00	6.44	117.00	483.00	3.57	50.00	3190.00	6.54	788.00	2.83	286.00	2.74	41.20	0.392
			14		43.870	34.40	0.640	1800.00	6.41	135.00	551.00	3.54	57.40	3730.00	6.62	922.00	2.91	327.00	2.73	47.30	0.390
			16		49.740	39.00	0.639	2020.00	6.38	152.00	615.00	3.52	64.90	4260.00	6.70	1060.00	2.99	366.00	2.71	53.30	0.388
			18		55.530	43.60	0.639	2240.00	6.35	169.00	677.00	3.49	71.10	4790.00	6.78	1200.00	3.06	405.00	2.70	59.20	0.385

附表Ⅱ.3 热轧工字钢（GB/T 706—2016）

符号意义：
- h—高度；
- b—腿宽度；
- d—腰厚度；
- t—平均腿宽度；
- r—内圆弧半径；
- r_1—腿端圆弧半径；
- I—惯性矩；
- W—抗弯截面模量（截面系数）；
- i—惯性半径；
- S—半截面的静矩。

型号	截面尺寸/mm						截面面积 /cm²	理论重量 /(kg/m)	外表面积 /(m²/m)	参考数值							
										z-z					y-y		
	h	b	d	t	r	r_1				I_z /cm⁴	W_z /cm³	i_z /cm	$I_z:S_z$ /cm	I_y /cm⁴	W_y /cm³	i_y /cm
10	100	68	4.5	7.6	6.5	3.3	14.33	11.3	0.432	245	49.0	4.14	8.59	33.0	9.72	1.52
12.6	126	74	5.0	8.4	7.0	3.5	18.10	14.2	0.505	488	77.5	5.20	10.80	46.9	12.70	1.61
14	140	80	5.5	9.1	7.5	3.8	21.50	16.9	0.553	712	102.0	5.76	12.00	64.4	16.10	1.73
16	160	88	6.0	9.9	8.0	4.0	26.11	20.5	0.621	1130	141.0	6.58	13.80	93.1	21.20	1.89
18	180	94	6.5	10.7	8.5	4.3	30.74	24.1	0.681	1660	185.0	7.36	15.40	122.0	26.00	2.00
20a	200	100	7.0	11.4	9.0	4.5	35.55	27.9	0.742	2370	237.0	8.15	17.20	158.0	31.50	2.12
20b		102	9.0				39.55	31.1	0.746	2500	250.0	7.96	16.90	169.0	33.10	2.06
22a	220	110	7.5	12.3	9.5	4.8	42.10	33.1	0.817	3400	309.0	8.99	18.90	225.0	40.90	2.31
22b		112	9.5				46.50	36.5	0.821	3570	325.0	8.78	18.70	239.0	42.70	2.27
25a	250	116	8.0	13.0	10.0	5.0	48.51	38.1	0.898	5020	402.0	10.20	21.60	280.0	48.30	2.40
25b		118	10.0				53.51	42.0	0.902	5280	423.0	9.94	21.30	309.0	52.40	2.40
28a	280	122	8.5	13.7	10.5	5.3	55.37	43.5	0.978	7110	508.0	11.30	24.60	345.0	56.60	2.50
28b		124	10.5				60.97	47.9	0.982	7480	534.0	11.10	24.20	379.0	61.20	2.49

附表Ⅱ.3 热轧工字钢（GB/T 706—2016）

续表

型号	截面尺寸/mm h	b	d	t	r	r_1	截面面积 /cm²	理论重量 /(kg/m)	外表面积 /(m²/m)	I_z /cm⁴	W_z /cm³	i_z /cm	$I_z:S_z$ /cm	I_y /cm⁴	W_y /cm³	i_y /cm
32a	320	130	9.5	15.0	11.5	5.8	67.12	52.7	1.084	11100	692.0	12.80	27.50	460.0	70.80	2.62
32b	320	132	11.5	15.0	11.5	5.8	73.52	57.7	1.088	11600	726.0	12.60	27.10	502.0	76.00	2.61
32c	320	134	13.5	15.0	11.5	5.8	79.92	62.7	1.092	12200	760.0	12.30	26.30	544.0	81.20	2.61
36a	360	136	10.0	15.8	12.0	6.0	76.44	60.0	1.185	15800	875.0	14.40	30.70	552.0	81.20	2.69
36b	360	138	12.0	15.8	12.0	6.0	83.64	65.7	1.189	16500	919.0	14.10	30.30	582.0	84.30	2.64
36c	360	140	14.0	15.8	12.0	6.0	90.84	71.3	1.193	17300	962.0	13.80	29.90	612.0	87.40	2.60
40a	400	142	10.5	16.5	12.5	6.3	86.07	67.6	1.285	21700	1090.0	15.90	34.10	660.0	93.20	2.77
40b	400	144	12.5	16.5	12.5	6.3	94.07	73.8	1.289	22800	1140.0	15.60	33.60	692.0	96.20	2.71
40c	400	146	14.5	16.5	12.5	6.3	102.10	80.1	1.293	23900	1190.0	15.20	33.20	727.0	99.60	2.65
45a	450	150	11.5	18.0	13.5	6.8	102.40	80.4	1.411	32200	1430.0	17.70	38.60	855.0	114.00	2.89
45b	450	152	13.5	18.0	13.5	6.8	111.40	87.4	1.415	33800	1500.0	17.40	38.00	894.0	118.00	2.84
45c	450	154	15.5	18.0	13.5	6.8	120.40	94.5	1.419	35300	1570.0	17.10	37.60	938.0	122.00	2.79
50a	500	158	12.0	20.0	14.0	7.0	119.20	93.6	1.539	46500	1860.0	19.70	42.80	1120.0	142.00	3.07
50b	500	160	14.0	20.0	14.0	7.0	129.20	101.0	1.543	48600	1940.0	19.40	42.40	1170.0	146.00	3.01
50c	500	162	16.0	20.0	14.0	7.0	139.20	109.0	1.547	50600	2080.0	19.00	41.80	1220.0	151.00	2.96
56a	560	166	12.5	21.0	14.5	7.3	135.40	106.0	1.687	65600	2340.0	22.00	47.70	1370.0	165.00	3.18
56b	560	168	14.5	21.0	14.5	7.3	146.60	115.0	1.691	68500	2450.0	21.60	47.20	1490.0	174.00	3.16
56c	560	170	16.5	21.0	14.5	7.3	157.80	124.0	1.695	71400	2550.0	21.30	46.70	1560.0	183.00	3.16
63a	630	176	13.0	22.0	15.0	7.5	154.60	121.0	1.862	93900	2980.0	24.50	54.20	1700.0	193.00	3.31
63b	630	178	15.0	22.0	15.0	7.5	167.20	131.0	1.866	98100	3160.0	24.20	53.50	1810.0	204.00	3.29
63c	630	180	17.0	22.0	15.0	7.5	179.80	141.0	1.870	102000	3300.0	23.80	52.90	1920.0	214.00	3.27

热轧槽钢（GB/T 706—2016）

符号意义：
- h — 高度；
- b — 腿宽度；
- d — 腰厚度；
- t — 平均腿宽度；
- r — 内圆弧半径；
- r_1 — 腿端圆弧半径；
- I — 惯性矩；
- W — 抗弯截面模量（截面系数）；
- i — 惯性半径；
- h_0 — $y-y$ 轴与 y_1-y_1 轴间距。

附表 Ⅱ.4

型号	截面尺寸 /mm							截面面积 /cm²	理论重量 /(kg/m)	外表面积 /(m²/m)	参 考 数 值							
											$z-z$			$y-y$				y_1-y_1	
	h	b	d	t	r	r_1				W_z /cm³	I_z /cm⁴	i_z /cm	W_y /cm³	I_y /cm⁴	i_y /cm	I_{y1} /cm⁴	h_0 /cm
5	50	37	4.5	7.0	7.0	3.5	6.925	5.44	0.226	10.4	26.0	1.94	3.55	8.3	1.10	20.9	1.35
6.3	63	40	4.8	7.5	7.5	3.8	8.446	6.63	0.262	16.1	50.8	2.45	4.50	11.9	1.19	28.4	1.36
6.5	65	40	4.3	7.5	7.5	3.8	8.292	6.51	0.267	17.0	55.2	2.54	4.59	12.0	1.19	28.3	1.38
8	80	43	5.0	8.0	8.0	4.0	10.240	8.04	0.307	25.3	101.0	3.15	5.79	16.6	1.27	37.4	1.43
10	100	48	5.3	8.5	8.5	4.2	12.740	10.00	0.365	39.7	198.0	3.95	7.80	25.6	1.41	54.9	1.52
12	120	53	5.5	9.0	9.0	4.5	15.360	12.10	0.423	57.7	346.0	4.75	10.20	37.4	1.56	77.7	1.62
12.6	126	53	5.5	9.0	9.0	4.5	15.690	12.30	0.435	62.1	391.0	4.95	10.20	38.0	1.57	77.1	1.59
14a	140	58	6.0	9.5	9.5	4.8	18.510	14.50	0.480	80.5	564.0	5.52	13.00	53.2	1.70	107.0	1.71
14b	140	60	8.0	9.5	9.5	4.8	21.310	16.70	0.484	87.1	609.0	5.35	14.10	61.1	1.69	121.0	1.67

附表Ⅱ.4 热轧槽钢 (GB/T 706—2016)

续表

型号	截面尺寸/mm						截面面积/cm²	理论重量/(kg/m)	外表面积/(m²/m)	参考数值							
										z−z			y−y			$y_1−y_1$	h_0/cm
	h	b	d	t	r	r_1				W_z/cm³	I_z/cm⁴	i_z/cm	W_y/cm³	I_y/cm⁴	i_u/cm	I_{y1}/cm⁴	
16a	160	63	6.5	10.0	10.0	5.0	21.950	17.20	0.538	108.0	866.0	6.28	16.30	73.3	1.83	144.0	1.80
16b		65	8.5				25.150	19.80	0.512	117.0	935.0	6.10	17.60	83.4	1.82	161.0	1.75
18a	180	68	7.0	10.5	10.5	5.2	25.690	20.20	0.596	141.0	1270.0	7.04	20.0	98.6	1.96	190.0	1.88
18b		70	9.0				29.290	23.00	0.600	152.0	1370.0	6.84	21.50	111.0	1.95	210.0	1.84
20a	200	73	7.0	11.0	11.0	5.5	28.830	22.60	0.654	178.0	1780.0	7.86	24.20	128.0	2.11	244.0	2.01
20b		75	9.0				32.830	25.80	0.658	191.0	1910.0	7.64	25.90	144.0	2.09	268.0	1.95
22a	220	77	7.0	11.5	11.5	5.8	31.830	25.00	0.709	218.0	2390.0	8.67	28.20	158.0	2.23	298.0	2.10
22b		79	9.0				36.230	28.50	0.713	234.0	2570.0	8.42	30.10	176.0	2.21	326.0	2.03
24a	240	78	7.0	12.0	12.0	6.0	34.210	26.90	0.752	254.0	3050.0	9.45	30.50	174.0	2.25	325.0	2.10
24b		80	9.0				39.010	30.60	0.756	274.0	3280.0	9.17	32.50	194.0	2.23	355.0	2.03
24c		82	11.0				43.810	34.40	0.760	293.0	3510.0	8.96	34.40	213.0	2.21	388.0	2.00
25a	250	78	7.0	12.0	12.0	6.0	34.910	27.40	0.722	270.0	3370.0	9.82	30.60	176.0	2.24	322.0	2.07
25b		80	9.0				39.910	31.30	0.776	282.0	3530.0	9.41	32.70	196.0	2.22	353.0	1.98
25c		82	11.0				44.910	35.30	0.780	295.0	3690.0	9.07	35.90	218.0	2.21	384.0	1.92
27a	270	82	7.5	12.5	12.5	6.2	39.270	30.80	0.826	323.0	4360.0	10.50	35.50	216.0	2.34	393.0	2.13
27b		84	9.5				44.670	35.10	0.830	347.0	4690.0	10.30	37.70	239.0	2.31	428.0	2.06
27c		86	11.5				50.070	39.30	0.834	372.0	5020.0	10.10	39.80	261.0	2.28	467.0	2.03

续表

型号	截面尺寸/mm							截面面积/cm²	理论重量/(kg/m)	外表面积/(m²/m)	参 考 数 值							
											z−z			y−y				y_1-y_1	h_0/cm
	h	b	d	t	r	r_1					W_z/cm³	I_z/cm⁴	i_z/cm	W_y/cm³	I_y/cm⁴	i_u/cm	I_{y1}/cm⁴	
28a	280	82	7.5	12.5	12.5	6.2	40.020	31.40	0.846	340.0	4760.0	10.90	35.70	218.0	2.33	388.0	2.10
28b	280	84	9.5	12.5	12.5	6.2	45.620	35.80	0.850	366.0	5130.0	10.60	37.90	242.0	2.30	428.0	2.02
28c	280	86	11.5	12.5	12.5	6.2	51.220	40.20	0.854	393.0	5500.0	10.40	40.30	268.0	2.29	463.0	1.95
30a	300	85	7.5	13.5	13.5	6.8	43.890	34.50	0.897	403.0	6050.0	11.70	41.10	260.0	2.43	467.0	2.17
30b	300	87	9.5	13.5	13.5	6.8	49.890	39.20	0.901	433.0	6500.0	11.40	44.00	289.0	2.41	515.0	2.13
30c	300	89	11.5	13.5	13.5	6.8	55.890	43.90	0.905	463.0	6950.0	11.20	46.40	316.0	2.38	560.0	2.09
32a	320	88	8.0	14.0	14.0	7.0	48.500	38.10	0.947	475.0	7600.0	12.50	46.50	305.0	2.50	552.0	2.24
32b	320	90	10.0	14.0	14.0	7.0	54.900	43.10	0.951	509.0	8140.0	12.20	49.20	336.0	2.47	593.0	2.16
32c	320	92	12.0	14.0	14.0	7.0	61.300	48.10	0.955	543.0	8690.0	11.90	52.60	374.0	2.47	643.0	2.09
36a	360	96	9.0	16.0	16.0	8.0	60.890	47.80	1.053	660.0	11900.0	14.00	63.50	455.0	2.73	818.0	2.44
36b	360	98	11.0	16.0	16.0	8.0	68.090	53.50	1.057	703.0	12700.0	13.60	66.90	497.0	2.70	880.0	2.37
36c	360	100	13.0	16.0	16.0	8.0	75.290	59.10	1.061	746.0	13400.0	13.40	70.00	536.0	2.67	948.0	2.34
40a	400	100	10.5	18.0	18.0	9.0	75.040	58.90	1.144	879.0	17600.0	15.30	78.80	592.0	2.81	1070.0	2.49
40b	400	102	12.5	18.0	18.0	9.0	83.040	65.20	1.148	932.0	18600.0	15.00	82.50	640.0	2.78	1140.0	2.44
40c	400	104	14.5	18.0	18.0	9.0	91.040	71.50	1.152	986.0	19700.0	14.70	86.20	688.0	2.75	1220.0	2.42

材料力学符号表

符号	含义	符号	含义
$a, b, c \cdots$	常数，距离，点的位置	R	半径（radius）
$A, B, C \cdots$	点，截面的位置	S_y, S_z	静矩（static moment）
A_b	面积（area）	t	厚度（thickness），切向（tangential）
b	截面的宽度	T	扭矩（torque）
c	形心（centroid）	V	变形能
d_i	内径（in-diameter）	v_d	形状改变比能（distortional strain energy density）
d_o	外径（out-diameter）	v_v	体积改变比能（volumetric strain energy density）
D	直径（diameter）	v_ε	应变能（strain energy）
e	偏心距（eccentricity）	y	挠度（deflection）
E	弹性模量（elasticity）	W	重量（weight）
f	函数（function）	W_P	抗扭截面模量（section modulus in torsion）
F_P	集中力（force）	W_z	抗弯截面模量（weight of bending section coefficient）
F_Q	剪力（shearing force）	W_e	外力虚功（external virtual work）
F_N	轴力（normal force）	W_i	内力虚功（internal virtual work）
F_C	挤压力（bearing force）	x, y, z	直角坐标（cartesian coordinates）
G	剪切弹性模量	x_c, y_c, z_c	形心直角坐标（centroid coordinate）
F_{Pcr}	临界力	α, β, γ	角度（angle）
h	高度（height）	γ	比重（proportion），切应变（shear strain）
i	惯性半径（inertia）	$\gamma_x, \gamma_y, \gamma_z$	切应变（shear strain）
I	惯性矩（inertia）	ρ	密度（density），曲率半径（radius of curvature）
I_y, I_z	惯性矩（inertia）	δ, Δ	变形（deformation），位移（displacement）
I_P	极惯性矩（polar inertia）	σ	正应力（normal stress）
I_{yz}, I_{zx}	惯性积（inertia product）	σ_s	屈服应力（yield stress）
k	弹簧常数（spring constant）	σ_b	强度极限（ultimate strength）
E_v	体积模量（bulk modulus）	$[\sigma]$	许用正应力（allowable normal stress）
l	长度（length），跨度（span）	σ_r	疲劳极限（fatigue limit）
m	质量（mass）	σ_{cr}	临界应力（critical stress）
M_e	外力偶矩（external moment）	τ	切应力（shear stress）
M, M_z	弯矩（moment）	$[\tau]$	许用切应力（allowable shear stress）
n	法线方向（normal）	$\varepsilon, \varepsilon_x, \varepsilon_y, \varepsilon_z$	线（正）应变[line (positive) strain]
n_s, n_b	安全因数（safety factor）	θ	单位长度扭转角（unit length twist angle），转角
p	压力（pressure）	φ	扭转角（twist angle）
P	功率（power）	μ	泊松比（poisson ration）
q	线载荷集度（line load set）	ω	角速度（angular velocity）
r	半径，应力比	λ	长细比（slenderness ration）

参 考 文 献

［1］ 刘鸿文. 材料力学Ⅰ［M］. 7版. 北京：高等教育出版社，2024.
［2］ 殷雅俊，范钦珊. 材料力学［M］. 3版. 北京：高等教育出版社，2019.
［3］ 单辉祖. 材料力学Ⅰ［M］. 4版. 北京：高等教育出版社，2016.
［4］ 孙训方，方孝淑，关来泰. 材料力学Ⅰ［M］. 6版. 北京：高等教育出版社，2019.
［5］ 徐道远，黄孟生，朱为玄，等. 材料力学［M］. 南京：河海大学出版社，2004.
［6］ 龚志钰，李章政. 材料力学［M］. 北京：科学出版社，1999.
［7］ 张良成. 材料力学［M］. 北京：中国农业出版社，2003.
［8］ 申向东. 材料力学［M］. 2版. 北京：中国水利水电出版社，2017.
［9］ 刘杰民，乔燕. 材料力学［M］. 北京：中国电力出版社，2019.
［10］ 渥美光，铃木幸三，三田贤次. 材料力学［M］. 张少如，译. 北京：人民教育出版社，1981.